淮河流域水资源精细化调度技术

赵家祥　刘开磊　王启猛　时召军　著

中国建材工业出版社

图书在版编目（CIP）数据

淮河流域水资源精细化调度技术 / 赵家祥等著.
--北京：中国建材工业出版社，2022.6
ISBN 978-7-5160-3361-6

Ⅰ.①淮… Ⅱ.①赵… Ⅲ.①淮河流域—水资源管理
Ⅳ.①TV882.8

中国版本图书馆 CIP 数据核字（2021）第 249765 号

内容提要

本书针对淮河流域水资源循环结构复杂、水资源系统高度不确定性等现状问题，按照水资源系统概况认知、水资源“供用耗排”全过程解析的路线，系统性地阐述了水资源管理的问题及相应解决方案；全面介绍了淮河流域水资源禀赋条件，以及来水、需水预测预报的基本理念和技术方法；结合水资源系统规划和管理的实践，重点陈述流域水资源监控体系建设成效与规划、水资源管理业务支撑平台应用情况，并结合部分重点跨省河流水量调度实践作为实例支撑。

本书可供全国范围内的水利行业从业者参考使用。

淮河流域水资源精细化调度技术
Huaihe Liuyu Shuiziyuan Jingxihua Diaodu Jishu
赵家祥　刘开磊　王启猛　时召军　著

出版发行：中国建材工业出版社
地　　址：北京市海淀区三里河路 11 号
邮　　编：100831
经　　销：全国各地新华书店
印　　刷：北京印刷集团有限责任公司
开　　本：787mm×1092mm　1/16
印　　张：19
字　　数：470 千字
版　　次：2022 年 6 月第 1 版
印　　次：2022 年 6 月第 1 次
定　　价：78.00 元

本社网址：www.jccbs.com，微信公众号：zgjcgycbs

编写人员

（按姓氏笔画排序）

王启猛　水利部淮河水利委员会
王振龙　安徽省（水利部淮河水利委员会）水利科学研究院
刘开磊　淮河水利委员会水文局（信息中心）
时召军　安徽省（水利部淮河水利委员会）水利科学研究院
汪跃军　淮河水利委员会水文局（信息中心）
赵家祥　安徽省（水利部淮河水利委员会）水利科学研究院
徐雷诺　淮河水利委员会水文局（信息中心）
戴丽纳　淮河水利委员会水文局（信息中心）

序

淮河流域人口众多，人均水资源占有量不到500m^3，约为全国人均水资源占有量的1/5，属于严重缺水地区。随着国家实施中部发展战略和经济社会的飞速发展，淮河流域现已进入快速发展期，水资源和水环境的新问题和新矛盾更为突出：水环境水生态系统承受的压力越来越大，部分地区已面临生存和安全的压力；水资源相对紧缺已成为当前严重制约淮河流域经济社会快速发展的重要因素，供水安全和水生态安全面临前所未有的挑战。新时期水资源的合理开发、高效利用、科学调配和动态管理，实现人水和谐的治水目标，已成为淮河流域当前乃至更长时期迫切需要解决的重大问题。

从技术手段上讲，面对淮河流域日益严峻的水资源和水环境安全问题，根据淮河流域不同地区水资源开发利用特点及水资源问题，结合现有水资源工程和未来水资源形势，应从水资源现状和需求各个方面提出解决淮河流域缺水对策与水资源配置建议。正确处理好充分利用当地地表水、合理开采地下水、水资源保护和节约用水、优化调整产业结构，以及跨流域、跨区域调水之间的关系，统筹考虑上下游不同区域蓄水、退水、引调水利害关系，这不仅是解决该区域日益复杂水资源问题的迫切需要，也是事关淮河流域区域经济社会可持续发展的重大战略问题。

依托国家重点研发计划、水利部公益性行业科研专项等项目，水利部淮河水利委员会水资源管理处、安徽省（水利部淮河水利委员会）水利科学研究院等单位就该流域水资源管理与保护关键技术联合攻关，分别就淮河流域水资源监测体系升级、淮河流域来水分析预测和供需态势研判、水资源调度模拟等相关专题持续深耕。本书是项目团队在跨省河湖水资源调度技术领域的成果提炼与展示，试图体现以下特色：

（1）系统性强。针对淮河流域水资源循环结构复杂、水资源系统高度不确定性等现状问题，按照水资源系统概况认知、水资源“供用耗排”全过程解析的路线，系统性地阐述水资源管理的问题及相应解决方案；（2）理论与实际紧密结合。除介绍水资源禀赋条件分析与来水、需水预测预报的基本理念及内容外，还面向水资源系统规划和管理的实践，重点陈述了淮河流域水资源监控体系建设成效与规划、水资源管理业务支撑平台应用情况，并结合部分重点跨省河流水量调度实践作为实例支撑；（3）紧跟技术发展前沿。随着第一至第三批淮河跨省河湖水量分配方案逐步获得批复，淮河流域水量分配与调度工作开始变得更加专业化、系统化，团队在做相关技术支撑时，所用到的部分关键技术、指标以及心得都在本书中有所体现。

本书是团队多年研究和技术成果的结晶。相信本书的出版可以为淮河流域及相关流域水资源调度管理提供重要参考，为促进跨省江河水量调度实施、进一步落实最严格水资源管理作出贡献。

王振龙　汪跃军

2021年11月

前　言

流域水资源系统涉及自然、社会、工程等多维要素，受气象、下垫面、河流水系、引调水、生产结构等诸多变量影响，水资源利用与循环过程呈现显著不确定性。对于淮河流域，从地理位置上来看，淮河地处南北气候过渡带，在多个天气系统及下垫面等因素交替主导的影响下，流域来水预测预报不确定性程度高；从开发利用角度看，行业及区域间用水结构差异巨大，用水需求的多元化、季节性变化显著，需水预测及用水过程管理不确定性程度高；从水资源调蓄能力上看，淮河流域闸坝等低调蓄工程偏多，大中型水库等相对较少，淮河流域库径比仅为0.26，远低于邻近的黄河流域（1.56）、海河流域（0.71），水利工程调蓄能力总体偏低，协同调度难度大。

本书编写团队持续深耕水文水资源领域十余年，结合国内外水资源管理与保护、水量调度相关领域研究进展，对照淮河流域及安徽省水资源现状特征及最严格水资源管理制度，梳理出淮河流域存在的三大亟待解决的问题：(1) 淮河流域水文水资源要素监测能力不足与水资源精细化管理需求之间的矛盾一直存在；(2) 年内降雨、径流量、用水结构的时空变异特征显著，淮河流域来水、需水预测精细化与可靠性程度不足；(3)“水资源—水工程—用水户”互馈耦合的技术难以实现。针对上述问题，依托科技部及水利部科研项目、国家水资源监控能力建设等重点专项，安徽省（水利部淮河水利委员会）水利科学研究院（以下简称“安徽省水科院”）、淮河水利委员会水文局（信息中心）（以下简称“淮委水文局”）等单位组织人员产学研相结合，以本书作者为核心的技术团队在水资源循环机制解析、关键支撑技术研发、业务化场景应用等方面取得了一系列重要成果，为淮河流域和安徽、河南等地的水资源监管，以及河湖水量调度等方面提供了重要技术支撑。

全书共分11章，第1～2章介绍淮河流域基本概况；第3～4章介绍淮河流域水资源监测体系建设与规划成果；第5～8章分别介绍流域来水、供水条件及供需平衡态势研判技术；第9章介绍淮河水资源系统模拟技术及实例；第10章介绍支撑淮河流域日常水资源管理的业务平台；第11章为技术成果与展望。

本书第1、9章，由淮委水文局刘开磊负责编写；第2、7、8章，由安徽省水科院赵家祥负责编写；第3、4章，由淮委水文局戴丽纳负责编写；第5、6章，由安徽省水科院时召军负责编写；第10章，由淮委水文局徐雷诺负责编写；第11章，由水利部淮河水利委员会水资源管理处王启猛负责编写。全书由安徽省水科院教授级高工王振龙、淮委水文局教授级高工汪跃军统稿。

本书的出版得到了国家重点研发计划“湖沼系统生态需水核算及调控技术（2017YFC0404504）”“流域复杂系统洪水多目标协同调控技术（2016YFC0400909）”等项目资助，在此致以深深的谢意！

本书在编写过程中，参考了国内外相关文献资料，在此向所有文献作者表示衷心感谢。书中难免有不妥之处，敬请广大读者批评指正。

编者

2021年11月

目　录

1　淮河流域及重点河湖介绍 …… 1

1.1　研究背景与内容概述 …… 1
1.2　淮河流域概况 …… 3
1.3　水资源概况 …… 4
1.4　部分跨省重点河湖介绍 …… 10

2　淮河流域水资源系统解析 …… 18

2.1　水资源系统概述 …… 18
2.2　水资源演变规律分析 …… 20
2.3　水资源情势演变影响因素 …… 51

3　淮河流域水资源监测体系升级 …… 55

3.1　建设概况介绍 …… 55
3.2　水资源监测站新建工程 …… 56
3.3　水资源监测站改造工程 …… 64
3.4　水文实验站改建 …… 72
3.5　水资源监测能力提升 …… 82
3.6　基础设施建设实施情况总结 …… 89

4　水资源监测监控体系现状与规划 …… 93

4.1　淮河流域监测站网现状 …… 93
4.2　直属省界水资源监测站现状 …… 94
4.3　水资源监测现状与存在问题 …… 95
4.4　水资源监测能力提升规划 …… 98

5　流域来水条件分析与预测技术 …… 101

5.1　分析方法简介 …… 101
5.2　试验流域及站点介绍 …… 104
5.3　降雨量变化分析 …… 105
5.4　蒸发量变化分析 …… 110
5.5　径流量变化分析 …… 114
5.6　预测结果及误差分析 …… 125

6 流域供水条件分析及示例 …… 131

6.1 洪泽湖以上流域供水条件概述 …… 131
6.2 水量调度工程条件 …… 156
6.3 各水源供水可行性分析 …… 159

7 水资源开发利用及供需态势研究 …… 161

7.1 不同水平年水资源开发利用分析 …… 161
7.2 不同情境组合水资源可利用量研究 …… 177
7.3 水资源供需态势分析 …… 179

8 多用户多时段需水精细化预测预报技术 …… 182

8.1 农业灌溉需水精细预测预报技术 …… 182
8.2 工业和生活需水精准预报技术 …… 200
8.3 生态需水动态预报技术 …… 205

9 复杂水资源系统调度模拟 …… 208

9.1 水量调度原则 …… 208
9.2 水量调度目标 …… 208
9.3 水资源系统要素概化 …… 209
9.4 复杂水资源系统模型构建 …… 215
9.5 水量调度实践 …… 219

10 流域水资源调度管理信息平台 …… 243

10.1 平台建设背景 …… 243
10.2 总体设计 …… 247
10.3 需求分析 …… 256
10.4 信息服务功能设计 …… 261
10.5 水资源业务服务设计 …… 265
10.6 业务逻辑设计与实现 …… 267

11 技术成果与展望 …… 280

11.1 支撑项目基本情况 …… 280
11.2 流域水资源监控能力建设相关思考 …… 281
11.3 最严格水资源管理制度实施相关思考 …… 283
11.4 持续推进落实最严格水资源管理 …… 286

参考文献 …… 289

1 淮河流域及重点河湖介绍

1.1 研究背景与内容概述

本成果来源于水利部公益性行业科研专项“淮河流域水资源系统模拟与调度关键技术研究”（201101011）、科技部农业科技成果转化资金项目““四水’转化水文模型在淮北平原应用推广”、国家重点研发计划项目“湖沼系统生态需水核算及调控技术”（2017YFC0404504）国家、部委计划等项目，属于流域水资源安全保障的基础性、前瞻性研究，相关研究成果可为淮河流域及相关流域的综合规划、水资源优化调度与管理等提供基础性技术支撑，在促进流域水资源的可持续利用和社会、经济、环境协调发展，保障流域粮食安全、城乡供水安全和生态环境改善等方面，可产生显著的社会效益和经济效益。

淮河流域介于长江与黄河之间，地处南北气候过渡带，具有显著的来水和用水高不确定性和低工程调蓄能力的特征，同时存在水资源调控能力不足、水量调度的工程与管理手段相对粗放等现实问题。一是在多个天气系统及下垫面等因素交替主导的影响下，流域来水预测预报不确定性程度高；二是行业及区域间用水结构差异大，用水需求的多元化、季节性显著，需水预测的不确定性大；三是流域库径比（总库容/地表水资源量）仅为 0.26、工程调蓄能力偏低，且平原地区调蓄能力不足，流域水资源协同调度难度大。

1. 来水具有显著的高不确定性

淮河流域代表站径流 C_v 值（C_v=0.5）显著高于黄河（0.2）、长江（0.1），典型河流径流极值比 8.1～24.7，径流年际变化大、丰枯[①]交替频繁、丰枯年径流量变幅大，年度来水不确定性高。同时受多个气象系统交替主导，年内降雨、径流的时空分配不确定性大。黄河流域、淮河流域与长江流域的与代表站多年平均径流量、C_v 值和极值比及淮河流域典型河流代表站的径流量、C_v 值和极值比对照见表 1.1-1。

表 1.1-1 三大流域及淮河流域典型河流代表站的径流量、C_v 值和极值比对照表

流域名称	代表站	多年平均径流量（亿 m^3）	C_v 值	淮河流域典型河流名称	代表站	C_v 值	极值比
黄河	兰州	327.8	0.22	沙颍河	周口	0.56	13.3
	三门峡	484.3	0.23		阜阳	0.65	11.6
	花园口	540.8	0.24		颍河口	0.59	11.0
	利津	544.8	0.24	涡河	蒙城	0.63	20.1
淮河	息县	42.4	0.53		涡河口	0.71	18.2
	蚌埠	317.2	0.58	沂河	葛沟	0.63	19.3
	中渡	373	0.56		临沂	0.59	11.2

① 丰枯指丰水年、枯水年。

续表

流域名称	代表站	多年平均径流量（亿 m^3）	C_v 值	淮河流域典型河流名称	代表站	C_v 值	极值比
长江	寸滩	3527	0.12	沭河	沂河口	0.55	10.8
	宜昌	4331	0.11		莒县	0.64	24.7
	汉口	7121	0.12		大官庄	0.52	10.1
	大通	8956	0.15		沭河口	0.51	9.1

2. 用水具有显著的高不确定性

淮河流域是我国主要商品粮基地，以占全国10%的耕地面积生产近20%的粮食。种植作物以水稻为主，灌溉期用水集中，需水年内变化大；跨省河流省际争水问题显著，尤其在山丘区、季节性河流，水资源高强度开发利用，行业间争水问题显著、“三生”用水竞争激烈；地表水资源量年际变化大，用水量持续上升，供用水矛盾凸显。

3. 流域库径比偏小，水利工程调蓄能力较低

淮河流域控制性工程匮乏，以库径比表征流域水资源调蓄能力，淮河流域仅为0.26，远低于黄河流域、海河流域（表1.1-2），同期美国库径比0.8。尤其是沙颍河、涡河、史灌河、沂河、沭河等跨省重点流域，中小型闸坝居多（图1.1-1）、年际年内调蓄能力低。

表1.1-2　淮河流域及临近流域库径比对比

水系	总库容（亿 m^3）	多年平均径流量（亿 m^3）	库径比
长江	3600	9560	0.38
黄河	900	576	1.56
海河	264	370	0.71
淮河	143.8	452.4	0.32
沂河	18.51	30.92	0.60
沭河	9.387	18.19	0.52
洪汝河	29.43	30.21	0.97
沙颍河	35.90	55	0.65
史灌河	31.79	36.1	0.88
涡河	0	14	0.00

结合国内外水量调度相关领域研究进展，对照淮河流域及流域各省水资源现状特征及最严格水资源管理制度对统一调度、精细化管理要求，梳理出淮河流域水资源系统存在来水预测预报、需水预测及过程管控、水资源系统多主体间互馈建模难度大等问题。本成果围绕“要素监测、来水预报、用水管控、工程调度”关键难点，从技术、管理和应用层面着手，按照“机理识别、原理创新、技术集成”总体思路，由安徽水科院牵头，淮委水文局等单位产学研相结合，连续联合攻关。在水利部公益性行业科研专项、科技部农业科技成果转化资金项目、国家水资源监控能力建设项目、国家重点研发计划项目、水利部中央级预算项目等重大项目资助下，在机理解析、技术研发、场景应用等方面取得了一系列丰硕成果，为淮河流域和安徽、河南等水资源监管、河湖水量调度等提供了重要技术支撑，对促进流域水资源

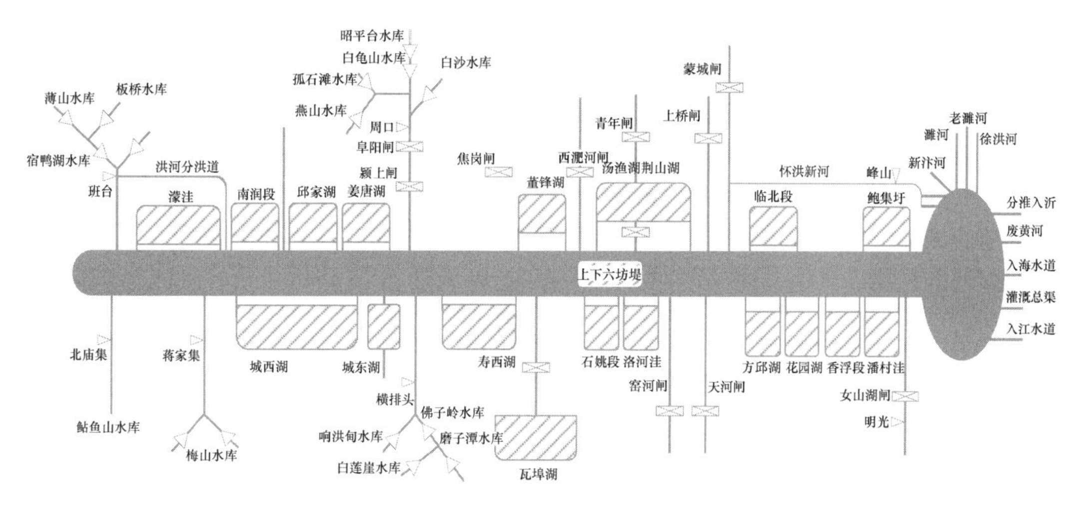

图 1.1-1　淮河中上游水利工程及方位示意图

可持续利用，实现淮河流域粮食安全、城乡供水安全和生态环境改善都具有重要意义。

针对流域来水时空变异显著的基本特征，综合考虑流域水资源调度管理中的来水用水过程高不确定性以及流域水资源协同调度难题，以水文多要素监测及来水预测预报；多用户多时段需水预测预报；多水源-多闸坝-多用户水资源精细调度决策三个方面为切入点，提出成套的技术解决方案。

(1) 创建了来水多尺度预测预报技术。以精密化降水、流量监测为基础，以基于大量物理试验的降雨径流分析模拟技术为核心，构建了机理明晰、时程渐进、精度逐步提升的径流分析预测方法，已在淮河流域取得业务化应用。

(2) 创新了多用户、多时段需水预测预报技术。依托于水文物理试验、大数据分析等手段，修正、改进了农业、工业、生态等行业需水的预测预报方法策略。

(3) 创建了复杂水系统水资源精细调度决策技术。从水资源系统多主体协同调度层面，提出了流域水资源精细调度决策技术，构建了淮河流域水资源调度管理信息平台，支撑了多水源-多闸坝-多用户流域水资源调度的业务化工作。

1.2　淮河流域概况

1.2.1　自然地理

淮河流域地处我国东部，介于黄河和长江两大流域之间，位于东经 111°55′～121°20′，北纬 30°55′～36°20′，西起桐柏山、伏牛山，东临黄海，南以大别山、江淮丘陵、通扬运河及如泰运河与长江流域分界，北以黄河南堤和沂蒙山脉与黄河流域毗邻。流域跨鄂、豫、皖、苏、鲁五省 48 个地（市），214 个县（市），流域面积为 33 万 km^2，占全国总面积的 3.4%。

淮河流域地形的总趋势是西高、东低。流域西部、南部及东北部为山区、丘陵区，其余为广阔平原，山区、丘陵、平原、湖泊洼地面积占流域面积的比率分别为 13%、19%、52%、16%。

1.2.2　气象水文

淮河流域地处我国南北气候过渡带，属暖温带半湿润季风气候区。其特点是：冬春干旱少雨，夏秋闷热多雨，冷暖和旱涝的转变十分突出。流域内多年平均降水量 854mm，其中最大四个月降水量占全年的 70%左右；多年平均陆地蒸发量 634mm。年平均气温 11～16℃，由北向南、由沿海向内陆递增。最高月平均气温 25℃左右，极端最高气温可达 44.5℃；最低月平均气温 0℃左右，极端最低气温可达－20℃左右。无霜日数在 200～240 天，日照 2000～2400h。年平均相对湿度为65%～80%，由南向北递减。

淮河流域多年平均（1980—2016 年）水面蒸发量地区间变幅为 700～1200mm，呈现自南往北递增的规律。其中，南部大别山、桐柏山区蒸发量在 700～800mm，是低值区；山东半岛北部水面蒸发量大于 1200mm，是全区的高值区。

1.2.3 社会经济

淮河流域人口多、密度大，总人口数为 1.65 亿人（2003 年数据），平均人口密度为 611 人/平方千米，是全国平均人口密度 122 人/平方千米的 4.8 倍，居我国各大江大河流域人口密度之首。

淮河流域农业较为发达，主要作物有小麦、水稻、玉米、薯类、大豆、棉花和油菜等，在我国农业生产中占有举足轻重的地位。

淮河流域工业以煤炭、电力工业及农副产品为原料的食品、轻纺工业为主。人均国内生产总值低于全国平均值，尚属经济欠发达地区。

随着社会经济的发展及人口的剧增，生活和生产活动对水资源的需求不断加大，水资源的短缺日益严重，已经严重制约了经济的发展。

1.2.4 河流水系

淮河流域由淮河及沂沭泗两大水系组成，废黄河以南为淮河水系，以北为沂沭泗河水系。淮河发源于河南省南部桐柏山，由西向东，流经豫、鄂、皖、苏四省，干流在江苏扬州三江营入长江，全长约 1000km，总落差 200m。淮河水系一级支流中，流域面积大于 2000km^2 的有 16 条，较大的支流淮北有洪汝河、沙颍河、涡河、新汴河，淮南有史河、淠河、池河。沂沭泗河水系由沂河、沭河、泗河等组成。京杭大运河及淮沭新河将淮河水系与沂沭泗河水系贯通。

淮河流域水资源配置的工程条件是流域内有大型调蓄水库、湖泊，同时具有南调长江水、北引黄河水的区位优势，而且已建有引黄和调长江水的跨流域调水工程。近年来，淮河流域年供水量在 500 亿～700 亿 m^3 之间，其中地表水 250 亿～450 亿 m^3，浅层地下水 110 亿～160 亿 m^3，跨流域调水 70 亿～160 亿 m^3，其他供水约 70 亿 m^3（其中深层地下水约 40 亿 m^3）。全流域共修建大、中、小型水库 5700 多座，总库容近270 亿 m^3，并有水电装机近 30 万 kW。其中大、中型水库 61 座，控制流域面积约3.45 万 km^3，占全流域山丘区面积的三分之一，总库容 187 亿 m^3，其中兴利库容 74 亿 m^3。

1.3 水资源概况

1.3.1 淮河流域概况介绍

淮河流域地表水资源量约仅占全国水资源量的 2.7%，人均只有 389m^3，相当于全国平均数的 18%、世界平均数的 4%；亩均 288m^3，也仅相当于全国平均数的 18%、世界平均数的 14%。淮河流域水资源的特点如下：

（1）水资源时空分布极不均匀。受典型季风气候影响，淮河流域年径流分布极不均匀，60%～88%集中在汛期 6～9 月。年际丰枯变化剧烈，最大最小月径流比为 5～30 倍之间，最大的高达 1680 倍。空间分布不均，总体呈由南向北逐渐减少的趋势。

淮河区五省径流量，以安徽省最大为 184.45 亿 m^3，占全区的 26.77%，湖北省最小为 5.96 亿 m^3，占全区的 0.87%。相对于二次评价成果，湖北省、河南省、安徽省、江苏省、山东省径流量变幅分别为 8.36%、－2.91%、3.57%、7.55%、－0.51%。

淮河区各水资源三级区的多年平均径流深均高于 50mm，其中王家坝以上南岸及王蚌区间南岸两个三级区多年平均径流深超过 300mm。各三级区之间径流深差异大，以王蚌区间南岸径流深最大，为 466.1mm；南四湖区多年平均径流深相对最小，为 83.7mm。

淮河流域 1956—2016 年期间平均年径流深的地区变幅为 50～1000mm。南部大别山区径流深 600～1000mm，北部沿黄河平原区多年平均年径流深 50mm 左右，南北最大相差 20 倍。东部滨海地区径流深 250mm 左右，西部伏牛山区 300～400mm，东西相差约 150mm，由于中部平原径流深只有 200mm 左右，因此，东西向径流深又呈中间低两端高的态势。山东半岛南部五莲山丘区径流深 250mm，北部小清河下游平原区径流深 50mm 左右，南北相差 4 倍；东部径流深 200mm 左右，西部约 100mm，东西部相差 1 倍。

按照径流量的地带分类标准，淮河区跨丰水、多水、过渡和少水 4 个地带，各带分别约占淮河区面积的 0.24%、35.63%、64.07%和 0.05%。作为多水带和过渡带分界线的年径流深 300mm 等值线，在淮河流域西起洪汝河上游山丘区，经板桥、确山、息县、固始至安徽省东淝河上游出域。山东半岛沿海诸河，径流深变幅一般在 50～250mm 之间，总体属于过渡带。

（2）年内年际变化大。地表水资源量的年际变化主要受气候和产汇流条件的影响，淮河区地表水资源量的极值比为 6.32，年际变化较大；淮河流域地表水资源量的极值比为 7.76，山东半岛地表水资源量的极值比为 19.36。

淮河区的地表水资源量由降水补给，呈现汛期径流集中，季节径流变化较大和最大至最小月径流相差悬殊等特点。淮河区多年平均连续最大 4 个月的地表水资源量占全年的比率在 27.69%～84.96%变化，集中程度最低的是峡山水库 27.69%，最高为王屋水库 84.96%。

（3）天气多变，洪涝灾害频繁。淮河流域处于我国南北气候过渡带，属北亚热带至暖温带和半湿润季风气候区，南北冷暖气流在淮河流域争夺十分剧烈，往往造成淮河流域夏季气候多变，洪涝灾害也十分频繁，且常出现连续干旱年或一年内出现先旱后涝和先涝后旱的现象。

（4）水资源禀赋条件与经济社会发展布局不相匹配，水土资源空间失衡问题突出。淮河流域 1/3 山丘区，多集中在淮河以南和淮河上游地区，该地区人口稀少，经济不发达，水资源丰富，人均占有水资源量约 900m^3。而占流域面积的 2/3、占流域耕地和人口的 80%以上的平原区，人口密集，水资源占有量不到全流域的 50%，人均不足 350m^3，淮河流域水土资源极不平衡。

（5）具有跨流域调水的区位优势。淮河流域北邻黄河、南靠长江，与淮河接壤的黄河段河底高于地面，具有自流引水的条件，而长江水资源较丰富，淮河下游具有自流引江和抽江调水的条件。

1.3.2 指标介绍

1.3.2.1 集中度、集中期

在研究我国河川径流资源的年内时空分配规律时，部分学者发现传统等值线、柱状图形式的径流分配表示方法信息含量较低，难以用简明的数据来统一反映径流量的集中程度。为此，在借鉴标志降水量年内分配的向量法的基础上，提出了河川径流年内分配研究的新指标，即集中度（C_n）、集中期（D）。

具体来讲，以月径流深替代月径流量，以消除集水面积大小对径流年内分配的影响；将年内逐月径流深视作向量，月径流深的值作为向量的模，依据所在月份指定向量的方向。在平面坐标下，将一年视作 360°，各月平均间隔为 30°，因此可以确定各月径流深对应的向量方向。比如，1 月对应的向量方向为 360°/12×1=30°，2 月对应的向量方向为 360°/12×2=60°，依此类推。在确定出向量的模、方向之后，就可以将逐月径流深向量相累加，合成向量的大小表示各月份径流深之和的总效应，合成向量的方向表示总效应的方向，即集中期；合成向量的模与年径流深的比值，即集中度（图 1.3-1）。

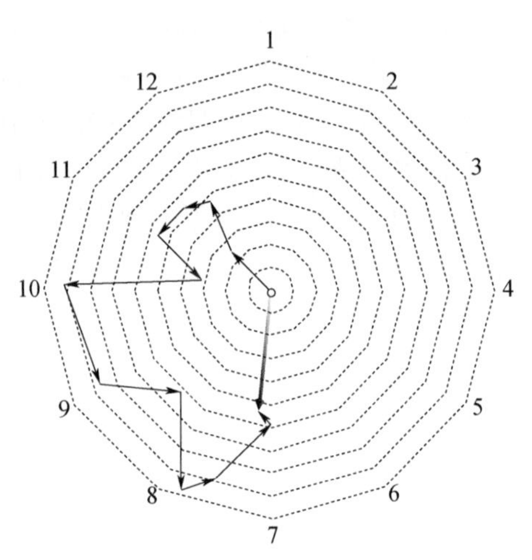

图 1.3-1 月径流深向量累加示意图

集中度反映了月径流深的年内集中程度，其变化范围为［0%，100%］。当集中度为 0%时，表明该站的全年径流深均匀地分布于各月份中，即每月径流深均占全年径流深的 8.33%；当集中度为 100%时，表明年内径流全部产生于某一月份，其余月份无径流。国内部分学者已经注意到集中度指标相对于传统不均匀系数等指标的优越性，并将该指标推广应用于径流时序特征、黄河源区年内径流分配规律、水库汛期分期等的工作。通过分析径流集中度、集中期的时空变化规律，可以辅助探讨流域历年的径流变化特征，为流域水利工程建设、生态环境保护与水资源利用提供科学依据。

降雨集中度是指示年内降雨集中程度的指标，是年降雨矢量的模与全年降雨量的比值；降雨集中期是指年降雨矢量所指示方位，代表全年降雨量集中重心所在月份，一般用反正切角度表示。以 p_i（i=1，2，…，12）表示年内逐月降雨量，p_{xi}、p_{yi} 分别表示第 i 月降雨矢量 $\overrightarrow{p_l}$ 在水平与垂直方向的分量，θ_i 表示第 i 月降雨矢量的角度，则年降雨矢量 $\overrightarrow{p}$ 的模 p 可以表示为：

$$\begin{cases} \overrightarrow{p} = \sum_{i=1}^{12} \overrightarrow{p_l} \\ p = \sqrt{p_x^2 + p_y^2}, \left(p \sum_{i=1}^{12} p_{xi}, p_y = \sum_{i=1}^{12} p_{yi} \right) \end{cases} \tag{1.3-1}$$

则，降雨集中度（PCD）与降雨集中期（PCP）可表示为：

$$PCD = p / \sum_{i=1}^{12} \overrightarrow{p_i} \tag{1.3-2}$$

$$PCP = \arctan (p_x / p_y) \tag{1.3-3}$$

上述传统意义上集中度与集中期的概念，仅能够说明某一年的降雨分布不均匀程度，不能够从多年平均的角度说明降雨的时空分布特征，参数代表性不够强、反映区域降雨时空分布特征的能力不足，尚无法为水资源调查评价、水资源供需管理与水资源科学调度提供足够有价值的数据信息。

本研究提出的多年平均降雨集中度与降雨集中期，能够从多年平均的角度回答降雨集中分布在哪一月、集中程度有多高的概念，为区域水资源分析提供有代表性与参考价值的直观数据。参考集中度的计算方法，计算多年平均降雨集中度首先要获得多年平均降雨的矢量化形式。设定有 m 年逐月降雨，多年平均年降雨矢量可以表示如下：

$$\begin{cases} \vec{p} = \sum_{j=1}^{m} \vec{p^{j}}/m = \sum_{j=1}^{m}\sum_{i=1}^{12} \vec{p_i^{j}}/m \\ p_x = \sum_{j=1}^{m} \vec{p_x^{j}}/m = \sum_{j=1}^{m}\sum_{i=1}^{12} \vec{p_{xi}^{j}}/m = \sum_{i=1}^{12}\sum_{j=1}^{m} \vec{p_{xi}^{j}}/m \\ p_y = \sum_{j=1}^{m} \vec{p_y^{j}}/m = \sum_{j=1}^{m}\sum_{i=1}^{12} \vec{p_{yi}^{j}}/m = \sum_{i=1}^{12}\sum_{j=1}^{m} \vec{p_{yi}^{j}}/m \\ p = \sqrt{p_x^2 + p_y^2} \end{cases} \tag{1.3-4}$$

多年平均降雨矢量可以用多年的年降雨矢量的矢量和除以 m 来表示，或以多年逐月降雨矢量和除以 m；同理，p_x、p_y 可以用多年的年降雨矢量在水平、垂直方向分量的均值表示，或者多年逐月降雨矢量在水平、垂直方向分量的均值表示。进而，多年平均意义下 PCD 可以表示为多年平均降雨矢量的模与多年平均年降雨量的比值，多年平均 PCD 指标（简记作$\overline{PCD}$）计算方法与前述年内降雨集中期算法一致。

$$\overline{PCD} = p/(\sum_{j=1}^{m}\sum_{i=1}^{12} p_i^j/m) \tag{1.3-5}$$

式中，j 为年序号，$1 \leqslant j \leqslant m$；$p_i^j$ 为第 j 年 i 月降雨量；p_{xi}^j，p_{yi}^j 分别为第 j 年 i 月降雨量在水平与垂直方向的分量。从$\overline{PCD}$的计算方法可知，$0 \leqslant \overline{PCD} \leqslant 1$。当多年的降雨都集中在 i 月时，$\overline{PCD}$取得最大值为 1；当 $p=0$，即多年平均降雨矢量和为 0 时，$\overline{PCD}=0$。$\overline{PCD}$、$\overline{PCP}$与年内 PCD、PCP 的计算方法具有良好的承接性，且取值范围一致。需要注意的是，部分学者会混淆 PCD 的多年平均值与$\overline{PCD}$的概念，前者是可以用根据多个年份 PCD 指标值表征 PCD 的期望，而后者的理论基础与计算公式更为明确，用与$\overline{PCD}$、$\overline{PCP}$指标一致的概念，描述多年平均意义上降雨的不均匀程度。

多年的平均集中度、平均集中期指标的计算，要求分析对象具有多年、逐月的降雨数据。在水资源评价工作中，雨量代表站往往能够提供较长系列的逐月降雨，而其他雨量选用站不具备逐月数据或系列长度不够，仅依靠逐年降雨量不能够进行矢量化，无法提供多年的平均集中度与平均集中期指标值。

1.3.2.2 不均匀程度

2015 年刘永林等学者结合正态分布函数、累积概率和百分位法，以 1960—2013 年我国降雨不均匀性的时空变化特征分析结果为基础，提出降雨不均匀性等级评价指标体系。根据集中度指标值，将降雨不均匀程度划分为高度集中、中度集中等 7 个等级。从理论分析的角度证明该划分体系的科学合理性，并基于长系列观测数据的对比分析指出该指标体系适用于全国范围内的降雨不均匀性等级评价。本研究沿用其降雨不均匀程度分级评价指标（表 1.3-1），在

基于 *PCD*、*PCP* 以及$\overline{PCD}$、$\overline{PCP}$指标对淮河区降雨时空分布不均匀程度进行定量评价分析的同时，提供其定性评价成果。降雨集中程度越低、逐月降雨之间差异越小，则年内降雨分配越均匀，防汛抗旱、水资源调配的压力就越小。

表 1.3-1　降雨不均匀程度分级评价指标

等级	类型	*PCD*
1	高度集中	(0.800，1]
2	中度集中	(0.721，0.800]
3	轻度集中	(0.647，0.721]
4	正常	(0.476，0.647]
5	轻度分散	(0.384，0.476]
6	中度分散	(0.270，0.384]
7	高度分散	[0，0.270]

1.3.2.3　分析资料简介

考虑到淮河流域二级区数量较少，不足以反映出淮河区降雨不均匀性的区域性变化，因此除对淮河区的整体分析外，还将水资源二级区作为研究单元，以探讨淮河区 *PCD*、*PCP* 指标的空间变化特征。试验流域共有 142 个雨量代表站（表 1.3-2），在各水资源分区内，依据泰森多边形方法确定分区内的各雨量站的权重，进而计算分区的面平均雨量。试验流域各雨量代表站具备 1956—2016 年共 61 年的逐月降雨数据，能够满足对水资源二级区的 *PCD*、*PCP* 以及多年平均指标统计分析的需求。

表 1.3-2　淮河流域水资源二级区雨量站分布概况

水资源分区		面积 (km^2)	雨量代表站 (个)	站点密度 (km^2/站)	多年平均降雨 (mm)
一级区	淮河区	330829	142	2329.78	838.18
二级区	淮河上游	30543	12	2545.25	994.84
	淮河中游	128888	64	2013.87	870.92
	淮河下游	31715	26	1219.81	1022.34
	沂沭泗河	78263	29	2698.74	785.37

从表 1.3-2 各水资源分区的站点密度数据中可以看出，淮河流域雨量站点以淮河下游最为密集，雨量站点密度达到 1219.81km^2/站，高于流域雨量站点密度的平均水平。淮河流域统计得到雨量代表站呈现显著的南多北少的现象，淮河的中游、下游区雨量站点较密集，山东半岛中部以及沂蒙山区、南四湖湖西区雨量站点相对较少。

1.3.3　集中度分析

淮河各子流域水资源量的集中度变化情况如图 1.3-2 所示，将各流域年降雨量集中度的变化过程绘制于同一张图上，并以虚线形式标记集中度的变化趋势。

从图 1.3-2 中可以发现 *PCP* 指标变化幅度沿着上游—下游、沂沭河区的顺序，由内陆到沿海、由南向北的趋势逐渐减弱，即相应区域年际降雨集中期指标的沿着上述区域的变得越来越稳定，年内降雨重心呈现显著的推迟趋势。

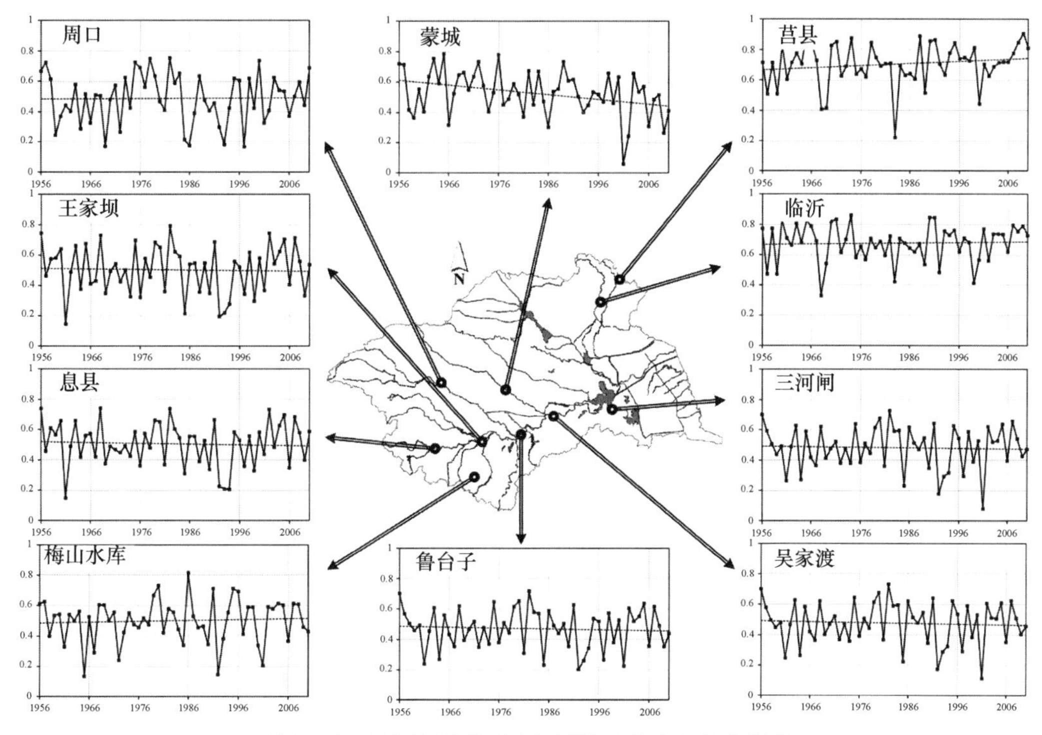

图 1.3-2 淮河各子流域水资源量的集中度变化情况

1.3.4 集中期分析

研究中我们以雷达图的形式展示 1956—2010 年期间，淮河流域内各子流域集中期的分布情况（图 1.3-3）。图 1.3-3 中记录 1～12 月作为年度集中期的频次，构成包括以下方面：(1) 数个同心圆，同心圆反映了数值大小的标准，称作标准线；(2) 依据 1～12 月的年度月份划分形式，将同心圆划分成 12 等份，对应要考察的月份；(3) 一条封闭的折线，反映以各个月份作为年度集中期的频次大小。

由图 1.3-3 中可以明显看出淮河各子流域水资源量的集中期大致集中于 6～9 月，这与淮河流域的主汛期一致，切合水文物理规律。进一步观察发现，各子流域降雨量的集中期又呈现出由东北向西南不同的规律性，淮河北部各流域集中期均为 8 月，而淮河南部如梅山水库、上游息县集中期均为 9 月。以蒙城—三河闸一线为界，界线以南的梅山水库、息县等子流域的集中期均为“多峰”分布，在 6～9 月以及 2～3 月均有可能出现较为丰沛的水量；而界线以北的莒县、临沂站点均为“单峰”形式，降水仅集中于6～9月。如梅山水库流域 9 月为集中期的频次为各月份中最高的为 22 次，对应频率为 40%，而 3 月频次为 11 次，仅低于 9 月；与其形成鲜明对比的是莒县流域，莒县流域 8 月作为集中期的频次达到 38 次，占比 69.1%，而 7～8 月两月总频次为 49 次，占比 89.1%。

各子流域集中期分布情况与集中度大小的变化情况一致。如“多峰”的梅山水库流域，其集中度为 0.500，而“单峰”的莒县流域集中度为 0.704。两指标的统计结果可以相互印证。

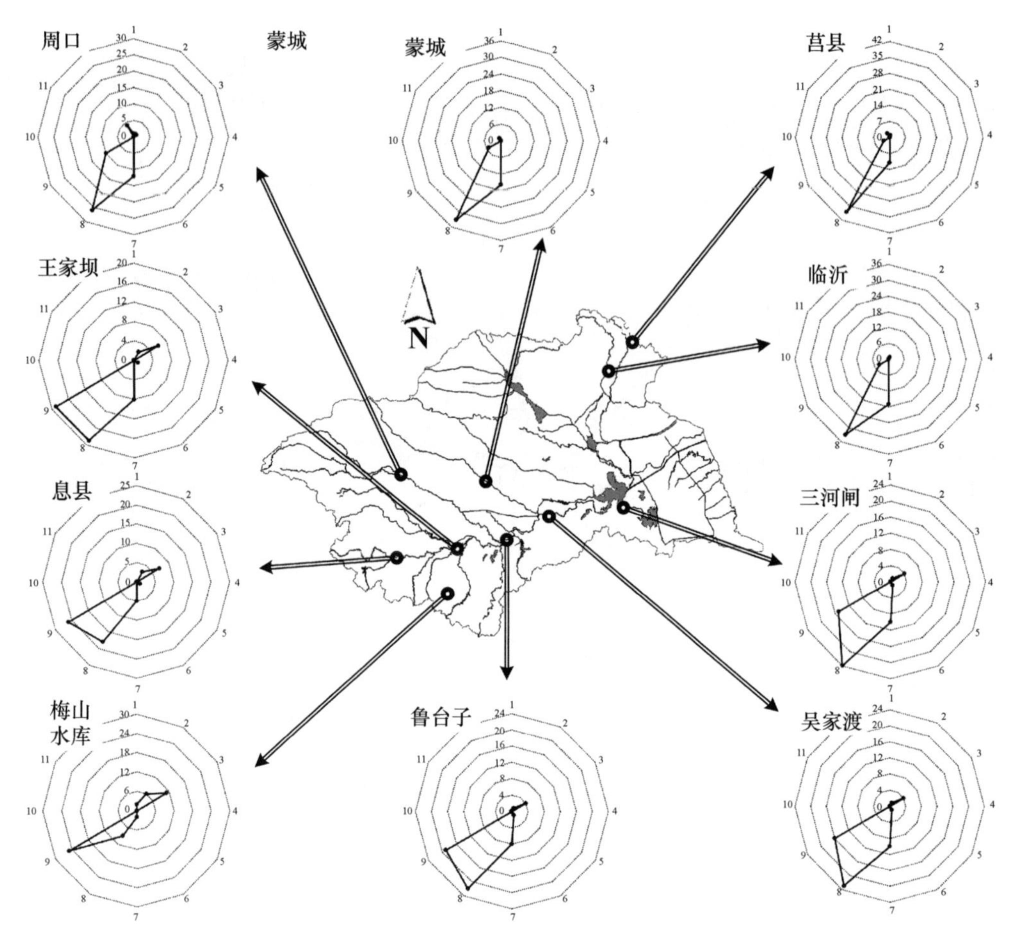

图 1.3-3　淮河各子流域水资源量集中期的分布情况

1.4　部分跨省重点河湖介绍

淮河流域典型的跨省河流水量分配是本成果的重要基础内容，基于水利部批复的水量分配方案及各省现行的水量分配方案，制定流域年度调度计划，实施水量统一调度。限于篇幅，选择淮河流域兼具山丘与平原地形、南北、东西向对称分布的四条跨省河流作为典型流域，介绍淮河流域境内跨省河流的基本情况。

1.4.1　史灌河流域

1.4.1.1　自然地理

史灌河在红石嘴以上为山区河流，河道平均比降 2.5‰，其间小支流众多，山高坡陡，水流湍急，河床大部分是裸露岩石或砾石，泥沙随山洪而下。红石嘴至黎集为丘陵坡水区，河道平均比降 0.38‰，此段河道宽浅，坡陡较缓，沙质河床，河槽不稳定。黎集以下为平原河网区，地势平坦。

史灌河流域东邻淠河水系，西接白露河水系，南依大别山山脉，北抵淮河，流域面积 6889km^2。流域地形南高北低，南部最高峰太白峰海拔 1140m，北部至淮河地面海拔一般为

23m 左右。长江河口以上为上游，属于山丘区，长江河口至黎集引水枢纽为中游，属于丘陵区，黎集引水枢纽以下为下游，属于平原区。史灌河流域多年平均表水资源量为 36.1 亿 m^3，50%、75%、90%、95%来水频率地表水资源量分别为 33.6 亿 m^3、24.2 亿 m^3、19.8 亿 m^3、14.1 亿 m^3。

1.4.1.2 气象水文

史灌河流域地处北亚热带向暖温带过渡的季风湿润区，受亚热带季风的影响，气候温和，雨水丰沛，降水量由北向南递增，年降水量 800～1400mm，是淮河流域重要的水稻产区。但由于雨量时空分配不均，历史上水旱灾害频繁。

多年平均气温 15.2℃，最高月平均气温 27.4℃，出现在 7 月，最低月平均气温 1.9℃，出现在 1 月。多年平均降雨量 1240mm，多年平均水面蒸发量 874mm，多年平均日照时数 2139h，多年平均风速 3.4m/s，最大风速 21m/s，无霜期 228d。史灌河为淮河南岸最大的支流，是淮河干流主要产水地区之一。

史河发源于大别山北麓的安徽省金寨县大伏山，史河上游 1956 年建成梅山水库，控制流域面积 1970km^2。灌河发源于河南省商城县黄柏山，灌河上游 1975 年建成鲇鱼山水库，控制流域面积 924km^2，两水库控制流域面积占全流域的 42%，库区以下还有 4001km^2。

史河干流出梅山水库后，北流 10km 至红石嘴渠首枢纽，继续北流 31.5km 有黎集渠首枢纽，流经固始县城后，至蒋集与灌河相汇，经霍邱县临水集汇泉河后，在固始县三河尖入淮河。自进入彭州孜后，史河成为安徽与河南两省的界河，至叶集孙家沟后，进入河南固始县境内。

通过史河总干渠及分干渠向沣河、汲河流域内的史河灌区供水，渠首为红石嘴枢纽工程；通过鲇鱼山总干渠及分干渠向白露河流域内的鲇鱼山灌区供水，渠首为烟北头枢纽。

1.4.1.3 社会经济

史灌河流域主要涉及安徽省的六安市（金寨县、霍邱县）和河南省的信阳市（商城县、固始县）。2016 年史灌河流域总人口 219.1 万人，其中城镇人口 91.4 万人，城镇化率 41.7%；国内生产总值 598.4 亿元，人均 2.73 万元；耕地面积 374.9 万亩[①]，农田有效灌溉面积 226.2 万亩。

1.4.2 涡河流域

1.4.2.1 自然地理

涡河流域地处黄河冲积平原，地势由西北向东南倾斜，从河源至安徽省亳州市两河口地面高差 42m，坡降为 1/4000～1/7000。河南省境内由涡河、惠济河河间缓坡地和封闭槽形、碟形洼地组成，土壤质地以淤土、两合土为主，间有沙土、盐碱土分布。安徽省境内地面坡降为 1/10000～1/12000，地形为河谷地貌形态，地势平坦，河谷呈 U 形，第四系地层分布广泛，多具二元结构。流域狭长，省界以上平均宽约 70km，省界至亳州段平均宽度 75km，亳州至涡阳平均宽度 45km，涡阳至蒙城平均宽度约 27km，蒙城以下宽约 15km，怀远县境流域宽度仅 2～5km。全流域呈扇形。

涡河是淮河北岸的重要支流之一，是淮河第二大支流。河道全长 421km，流域面积

① 1 亩≈666.7m^2。

15905km²。流域范围地跨豫、皖两省，发源于废黄河南堤河南省开封县（现祥符区），东南流经通许、太康、柘城、鹿邑四县，入安徽省亳州市、涡阳县、蒙城县，于怀远县城附近注入淮河。涡河流域北起黄河废黄河南堤，右与颍河、西淝河、茨河流域为邻，左与黄河、废黄河南堤、濉河、北淝河流域接壤。

涡河为淮北平原型河道，又屡次受黄泛影响，其源头和河南省太康县以上河道变化较大。今涡河支流众多，流域面积大于 1000km² 的支流有惠济河；主要跨省边界河道包括赵王河、油洺河、武杨河等；流域面积大于 100km²，的支流河道有 54 条，其中河南省境内有 40 条，安徽省境内有 14 条。

1.4.2.2 水文气象

涡河流域多年平均年降水量 720mm，降水量在地区上分布很不均匀。总的趋势是南部大、北部小；涡河流域来水主要为上游平原区河网汇集，支流繁多，至亳州以下强干弱支，流域形状狭长。年降水量 800mm 的等值线，自西南经西淝河利辛县苗老集附近向东北方向至涡河涡阳以北，后经涡阳新兴附近向东北方向延伸至河南境内；降水以涡河入淮口怀远县附近最大，年降水量可达 890mm；流域广阔的平原地区降水量在620～890mm 范围内变化。降水量年内分布不均，6～9 月多年平均降水量占全年降水量的 70%左右。降水量年际变幅亦较大，最大年降水量为最小值的 4 倍。

涡河流域地处我国南北气候过渡地带，属暖温带半湿润大陆性季风气候区。冬春干旱少雨，夏秋季西太平洋副热带高压增强，暖湿海洋气团从西南、东南方向侵入，冷暖气团交汇形成降水，降水量集中，易造成洪涝。涡河流域多年平均气温 14.5℃，各月平均气温以 1 月最低，7 月最高，分别为－0.1℃和 28.0℃。极端最高气温为 41.2℃，极端最低气温为－22℃。多年平均相对湿度 71%。多年平均年无霜期 210d，多年平均风速为 2.8m/s，多年平均年日照时数为 2400h。多年平均蒸发量上游为 1200～1400mm，中下游为 1866mm。涡河流域多年平均地表水资源量为 14.0 亿 m³，50%、75%、90%、95%来水频率地表水资源量分别为 12.4 亿 m³、7.8 亿 m³、6.1 亿 m³、3.6 亿 m³。

1.4.2.3 社会经济

涡河流域主要涉及河南省郑州、开封、商丘、周口四个市，以及兰考、鹿邑两个省直管县，涉及安徽省的亳州市以及蚌埠市。2016 年涡河流域总人口 1135.8 万人，其中城镇人口 489.8 万人，城镇化率 43.1%；国内生产总值 3175.5 亿元，人均 2.8 万元；耕地面积 1614.3 万亩，农田有效灌溉面积 1175.8 万亩。

1.4.3 沂河流域

1.4.3.1 自然地理

沂河位于沂蒙山前与沂沭丘陵之间的山前冲洪积平原以及沂沭河冲积平原。沂河地形西北高、东南低。从河源至跋山水库，大部分为山区，重峦叠嶂，海拔高程 300～800m；以下至东汶河口，多为丘陵及高地，海拔高程 100～300m；东汶河口以下向平原过渡；临沂以下进入平原，地面高程由 70m 逐渐下降，坡降 1/2000～1/3000。沂河流域在地貌上属构造剥蚀堆积平原区。

沂河流域内地下水以第四系孔隙潜水为主，局部为微承压水，含水层主要由细砂、中砂、砾质粗砂组成，亦有少数赋存于胶结松散的砂礓层中，水量较为丰富。孔隙承压水主要赋存于上更新统砂层中，为中等-强透水性。地下水主要接受大气降水补给，与河水成互补关系。局部地区存在基岩裂隙水，基岩裂隙水主要赋存于砂岩、砾岩及泥岩、片麻岩等岩层风化带与构造裂隙中；富水性取决于裂隙构造发育程度、风化程度、补给条件。

沂河流域属于季节性河流，水资源的年际变化大，丰枯悬殊。全流域多年平均降水量855.9mm，其中6～9月的降水量占全年降水量的71%。最大年降水量1287mm，最小年降水量499.3mm。多年平均蒸发量909.9mm，最大蒸发量1068.8mm，最小蒸发量771.3mm。沂河流域多年平均年地表水资源量为30.92亿m^3，多年平均地表水与地下水不重复的年水资源总量为39.10亿m^3。

1.4.3.2 水文气象

沂河流域属温带大陆性季风气候区。四季变化明显，降水比较集中。冬季寒冷少雪，春旱夏涝，春末夏初平原多大风，山区多阵雨和冰雹，夏季炎热多雨，秋季凉爽，昼夜温差大。多年平均气温13～16℃，由北向南递增。历年极端最高气温40℃，极端最低气温－16.5℃，月平均气温7月最高为30.7℃，1月最低为－5.5℃。历年平均相对湿度为68%，最大为82%，最小为62%。年平均日照时数为2402h，年平均无霜期为200d左右，冰冻期为92d，最大平均冻土深0.3m，历年最大冻土深0.4m。

沂河发源于沂蒙山沂源县西部，向南流经山东省沂源、沂水、沂南、兰山、河东、罗庄、苍山和郯城八县（区）以及江苏省徐州市的邳州市和新沂市，至新沂苗圩入骆马湖。河道全长333km，控制流域面积11820km^2，其中山东省境内河长287.5km，流域面积10772km^2，江苏省境内河长45.5km，流域面积1048km^2。沂河在刘家道口处辟有分沂入沭水道，由彭家道口闸控制，分泄沂河洪水东南流至大官庄枢纽与沭河洪水汇合，经新沭河直接入海；在江风口处辟有邳苍分洪道，由江风口闸控制，分泄沂河洪水西南流至江苏境内的邳州大谢湖入中运河，全长74km。

沂河支流众多，长度在10km以上的一级支流共38条。较大的一级支流大都从右岸汇入，主要有东汶河、蒙河、祊河、小涑河、浪青河、白马河等。干支流上建有田庄、跋山、岸堤、唐村和许家崖5座大型水库及昌里等22座中型水库，总库容22.45亿m^3，控制流域面积5064km^2。

1.4.3.3 社会经济

沂河流域涉及山东、江苏两省，包含淄博、临沂和徐州3个地级市。2010年沂河流域总人口699.5万人，其中城镇人口186.4万人。2010年实现GDP 1601.6亿元，其中工业增加值866.2亿元。沂河流域是山东、江苏两省重要的商品粮基地，盛产优质小麦、玉米、水稻、豆类、棉花等农作物，2010年该区域耕地面积636.5万亩，农田有效灌溉面积391.0万亩，粮食产量293.6万t。

1.4.4 沭河流域

1.4.4.1 自然地理

沭河位于鲁南山区山前冲洪积扇的边缘，流经马陵山丘陵区谷地。沭河流域上游为山区，地势较陡，进入新沂市境内地势渐渐平缓，平均坡降1/5000。王庄闸至口头段，由于连年的冲刷和挖沙，河道比降陡。

沭河流域内地下水以第四系孔隙潜水为主，局部为微承压水，含水层主要由细砂、中砂、砾质粗砂组成，亦有少数赋存于胶结松散的砂礓层中，水量较为丰富。孔隙承压水主要赋存于上更新统砂层中，为中等-强透水性。地下水主要接受大气降水补给，与河水成互补关系。局部地区存在基岩裂隙水，基岩裂隙水主要赋存于砂岩、砾岩及泥岩、片麻岩等岩层风化带与构造裂隙中；富水性取决于裂隙构造发育程度、风化程度、补给条件。

沭河流域内多年平均降雨量为830mm，降雨量年际变化较大，最大年降水量为1098mm（1964年），最小年降水量为562mm（1966年）。降水量年内分配亦不均匀，多年平均年内分配3～5月为131mm，占全年的15.8%，6～9月为592mm，占全年的71.3%，10～12月为77mm，占全年的9.3%，1～2月仅占全年的3.6%。蒸发量南部小，北部大，自南向北多年平均水面蒸发量为1016.1～1443mm。年最大水面蒸发量1563.6mm（1978年），年最小水面蒸发量693.6mm（1990年）。沭河多年平均年地表水资源量为18.19亿m^3，多年平均地表水与地下水不重复的年水资源总量为22.84亿m^3。

1.4.4.2 水文气象

沭河流域属温带大陆性季风气候区。四季变化明显，降水比较集中。冬季寒冷少雪，春旱夏涝，春末夏初平原多大风，山区多阵雨和冰雹，夏季炎热多雨，秋季凉爽，昼夜温差大。多年平均气温13～16℃，由北向南递增。历年极端最高气温40℃，极端最低气温－16.5℃，月平均气温7月最高为30.7℃，1月最低为－5.5℃。历年平均相对湿度为68%，最大为82%，最小为62%。年平均日照时数为2402h，年平均无霜期为200d左右，冰冻期为92d，最大平均冻土深0.3m，历年最大冻土深0.4m。

沭河流域发源于沂蒙山沂水县沂山南麓，向南流经山东省沂水、莒县、莒南、河东、临沭和郯城六县（区）以及江苏省徐州市的新沂市以及连云港市的东海县，于新沂市口头村入新沭河。河道全长300km，其中大官庄人民胜利堰闸以上长196.3km，以下长103.7km（江苏省境内47km）。流域面积6400km^2，大官庄枢纽以上流域面积4519km^2，大官庄以下1881km^2（江苏省境内1048km^2）。

沭河在大官庄处与分沂入沭水道分泄的沭河洪水汇合后，向南由人民胜利堰闸控制入老沭河，流经山东省郯城县老庄子至江苏省沭阳口头入新沭河；向东由新沭河泄洪闸控制入新沭河，于江苏临洪口入黄海。沭河支流大都分布在中上游，长度在10km以上的一级支流共24条。较大的一级支流主要有袁公河、鹤河、浔河、高榆河、武阳河、汤河等。干支流上建有沙沟、青峰岭、小仕阳和陡山4座大型水库及石泉湖等4座中型水库。

1.4.4.3 社会经济

沭河流域主要涉及山东省的日照、临沂，江苏省的徐州、连云港。2010年沭河流域总人口405万人，其中城镇人口134万人，城镇化率33.1%；国内生产总值1174亿元，人均2.9万元；耕地面积369万亩，农田有效灌溉面积226万亩，粮食产量183万t。

其中，山东省沭河流域人口330万人，其中城镇人口94万人，城镇化率28.5%；国内生产总值934亿元，人均2.8万元；耕地面积287万亩，农田有效灌溉面积160万亩，粮食产量140万t。

江苏省沭河流域人口75万人，其中城镇人口40万人，城镇化率53.5%；国内生产总值240亿元，人均3.2万元；耕地面积82万亩，农田有效灌溉面积66万亩，粮食产量43万t。

1.4.5 代表性分析

本成果中试验流域的筛选需要综合考虑所选河流天然径流量、水资源开发利用、水利工程等方面条件的代表性，保障试验流域资料相对翔实的同时，充分考虑能够将理论、软件化成果，与实际的水量调度、水资源管理工作相结合。依第二次（1956—2000 年系列）全国水资源调查评价成果对下文所采用部分典型流域的地表水资源量、可利用量的代表性进行分析。

1.4.5.1 地表水资源量

1. 沙颍河

沙颍河是淮河的最大支流，流域面积 36728km^2，河长 557km。沙颍河径流系列为阜阳站与阜阳以下未控区间径流成果合成而来。阜阳以下未控区间径流量采用控制站上一级区间的当年径流系数乘以控制站以下区间的当年降水量。

沙颍河 1956—2000 年系列年平均径流量 55.0 亿 m^3，相应径流深约 150.0mm。1964 年径流量最大，达 143.9 亿 m^3；1966 年径流量最小，仅 13.1 亿 m^3，两者相差 10 倍多。颍河支流众多，除沙河外，超过 5000km^2 的支流还有北汝河、贾鲁河和汾泉河；各支流间径流差异较大，其中以沙河径流量最大，径流深达 200mm 以上，贾鲁河径流量最小，径流深仅为 80mm 左右。

2. 涡河

涡河是典型平原形河道。涡河径流系列为蒙城站与蒙城以下未控区间径流成果合成而来。蒙城以下未控区间径流量用径流系数推求，即采用控制站上一级区间的当年径流系数乘以控制站以下区间的当年降水量。涡河 1956—2000 年系列，年平均降水深 750mm；年平均径流量 14.0 亿 m^3，相应径流深 88.1mm，径流系数 0.097。最大年径流量 63.5 亿 m^3（1963 年），是最小年径流量 3.49 亿 m^3（1966 年）的 18 倍。1956—2000 年系列五条河流及其主要控制站不同频率径流量统计见表 1.4-1。

表 1.4-1 1956—2000 年系列五条河流及其主要控制站不同频率径流量统计

河流	控制站	集水面积(km^2)	天然年径流量									
			多年平均		不同频率年径流量(亿 m^3)				最大		最小	
			径流量(亿 m^3)	径流深(mm)	20%	50%	75%	95%	径流量(亿 m^3)	出现年份(年)	径流量(亿 m^3)	出现年份(年)
沙颍河	周口	25800	37.8	147.4	52.9	34.7	23.5	12.3	119.8	1964	8.98	1966
	阜阳	35246	53.6	148.3	73.4	47.3	31.6	15.9	138.6	1964	12	1966
	颍河口	36728	58.3	149.7	76.5	50.1	34	17.8	143.9	1964	13.1	1966
涡河	蒙城	15475	14.6	85.5	18.3	12.1	8.29	4.4	61.4	1963	3.06	1966
	涡河口	15905	15.7	88.1	19.3	12.9	8.89	4.79	63.5	1963	3.49	1966
史灌河	梅山	1970	13.7	698.6	18.3	12.9	9.45	5.67	29.6	1991	3.92	1978
	蒋家集	5930	30.8	530.2	42.7	29.2	20.6	11.7	65.9	1991	7.88	1978
	史河口	6889	35.1	523.3	48.8	33.5	23.9	13.7	75.2	1991	9.33	1978

续表

河流	控制站	集水面积（km^2）	天然年径流量									
			多年平均		不同频率年径流量（亿 m^3）				最大		最小	
			径流量（亿 m^3）	径流深（mm）	20%	50%	75%	95%	径流量（亿 m^3）	出现年份（年）	径流量（亿 m^3）	出现年份（年）
沂河	葛沟	5565	14.3	258.6	21	12.5	7.72	3.32	41.8	1964	2.17	1989
	临沂	10315	26.8	261.8	38.6	24	15.5	7.3	62.2	1964	5.54	1989
	沂河	10772	28.1	261.6	40.1	25.2	16.4	7.85	64.3	1963	5.95	1989
沭河	莒县	1676	3.5	212.4	5.4	2.92	1.6	0.54	8.4	1964	0.34	1968
	大官庄	4529	12.2	264.9	16.9	10.8	7.15	3.55	24.4	1974	2.42	1989
	沭河	5747	15.5	264.7	21.2	13.8	9.28	4.76	30.7	1974	3.39	1989

3. 史灌河

史灌河流域东邻淠河水系，西接白露河水系，南依大别山山脉，北抵淮河，河流全长261km，流域面积6889km^2。史灌河为淮河南岸最大的支流，是淮河干流主要产水地区之一。流域1956—2000年多年平均年地表水资源量36.1亿m^3，径流系数0.42。最大年径流量75.2亿m^3，是最小年径流量9.3亿m^3的8倍。多年平均地表水与地下水不重复的年水资源总量为41.2亿m^3。

4. 沂河

沂河径流系列为临沂站与临沂以下至省界未控区间径流成果合成而来。临沂以下未控区间径流量采用控制站上一级区间的当年径流系数乘以控制站以下区间的当年降水量。沂河（山东省境内）1956—2000年系列多年平均年径流量28.2亿m^3，最大年径流量为1963年的64.3亿m^3，最小年径流量为1989年的5.95亿m^3。

5. 沭河

沭河径流系列为大官庄站与大官庄以下至省界未控区间径流成果合成而来。大官庄以下未控区间径流量采用控制站上一级区间的当年径流系数乘以控制站以下区间的当年降水量。沭河（山东省境内）多年平均年径流量为15.2亿m^3，最大年径流量为1974年的130.7亿m^3，最小年径流量为1989年的3.99亿m^3。

1.4.5.2 地表水资源可利用量

淮河区地表水资源可利用量为330.2亿m^3，可利用率为48.8%。其中淮河流域为289.5亿m^3，可利用率为48.7%；山东半岛为40.7亿m^3，可利用率为49.6%（表1.4-2）。

表1.4-2 试验流域地表水资源可利用量特征

河流	面积（km^2）	多年平均天然径流量（亿 m^3）	地表水资源可利用量（亿 m^3）	地表水资源可利用率（%）
沙颍河	36651	55.0	25.5	46.44
涡河	15905	14.0	6.6	46.98
史灌河	6889	36.1	21.1	58.44
沂河	11820	27.2	17.4	61.59
沭河	6400	14.8	9.3	61.37
淮河区	330009	676.9	330.2	48.78

综合上述，地表水资源量及其可利用量的统计数据进行分析，五条水量分配河流占淮河区面积的23.5%、地表水资源量占淮河区的21.7%、可利用量占淮河区的24.2%，地表水资源量及其可利用量占比相对面积占比相差不多，并未表现出强烈的地表水资源偏多或者偏少，具有一般代表性。

对比上述五条河流的地表水资源量之间的差异也可以看出，史灌河流域多年平均径流深相对最大为523.3mm，沂河、沭河（在山东省境内部分）的多年平均径流深分别为261.6mm、264.7mm，沙颍河流域多年平均径流深为149.7mm，而涡河流域的径流深相对最小为88.1mm。各流域之间来水条件差异巨大，并且除去史灌河流域以外其他四个流域地表水资源量相对偏少，尤其涡河流域地表水资源量仅为36.1亿m^3，对水量合理调度需求极为显著。

2 淮河流域水资源系统解析

2.1 水资源系统概述

2.1.1 自然水资源系统

淮河干流发源于河南省南部桐柏山，自西向东流经河南、安徽，入江苏境内洪泽湖，在洪泽湖南面经入江水道在三江营入长江，在洪泽湖东面有灌溉总渠、二河及新开辟的入海水道入黄海。王家坝、中渡以上控制面积分别为 3 万 km^2 和 16 万 km^2；中渡以下（包括洪泽湖以东里下河地区）面积为 3 万 km^2。淮河干流水资源分区分为淮河上游区、中游区和下游区，本次研究的区段主要为：王蚌区间北岸区、王蚌区间南岸区、蚌洪区间北岸区和蚌洪区间北南岸区及洪泽湖周边部分区域。

淮河水系两岸支流众多，呈不对称的扇形分布，淮河北岸的支流主要有洪汝河、颍河、涡河、怀洪新河、西淝河、北淝河、新淝河、浍河、沱河、老濉河、新濉河、徐洪河和新汴河等；淮河南岸较大的天然支流有浉河、潢河、史灌河、淠河、东淝河、窑河、天河和池河。人工河流有茨淮新河、怀洪新河和新汴河，均自西北向东南汇入淮河或洪泽湖。

淮河区域内地势平坦，湖泊众多，湖面大而水不深，水面面积约 7000km^2，占流域总面积的 2.6%左右，总蓄水能力 280 亿 m^3，其中兴利蓄水量 60 亿 m^3。沿淮主要的湖泊洼地有城东湖、城西湖、邱家湖、姜唐湖、瓦埠湖、寿西湖、董峰湖、汤渔湖、高塘湖、四方湖、香涧湖、欠河洼、荆山湖、天河洼、方邱湖、沱湖、天井湖、女山湖、七里湖、洪泽湖等众多湖。其中洪泽湖是连接淮河中下游调节水量的枢纽，承接上中游 15.8 万 km^2 的来水，蓄水面积约为 2000km^2，最大蓄水面积约为 3700km^2，为淮河流域最大的湖泊，也是我国第四大淡水湖，具有拦蓄淮河洪水并兼有供水、航运、水产养殖等多种功能。淮河水系水资源自然系统概化图，如图 2.1-1 所示。

2.1.2 水资源工程系统

淮河流域共修建大、中、小型水库 5700 多座，总库容近 270 亿 m^3，并有水电装机近 30 万 kW。其中大型水库 36 座，控制流域面积超过 3.45 万 km^2，占全流域山丘区面积的 1/3，库容 187 亿 m^3，其中兴利库容 74 亿 m^3。

淮河流域现有各类水闸 5000 多座，其中大、中型水闸约 600 座。它们的主要作用是拦蓄河水，调节地面径流和补充地下水，发展灌溉、供水和航运事业，汛期泄洪、排涝，有的是分洪、御洪、挡潮。全淮河流域现有大、中、小型电力抽水站超过 5.5 万处，总装机超过 300 万 kW，为排涝、灌溉和供水发挥了重要作用。

流域供水工程包括地表水源、地下水源和其他水源三大类型。地表水源工程：分为蓄水、引水、提水和调水工程。蓄水工程包括大、中、小型水库和塘坝，共 59 万座，总库容

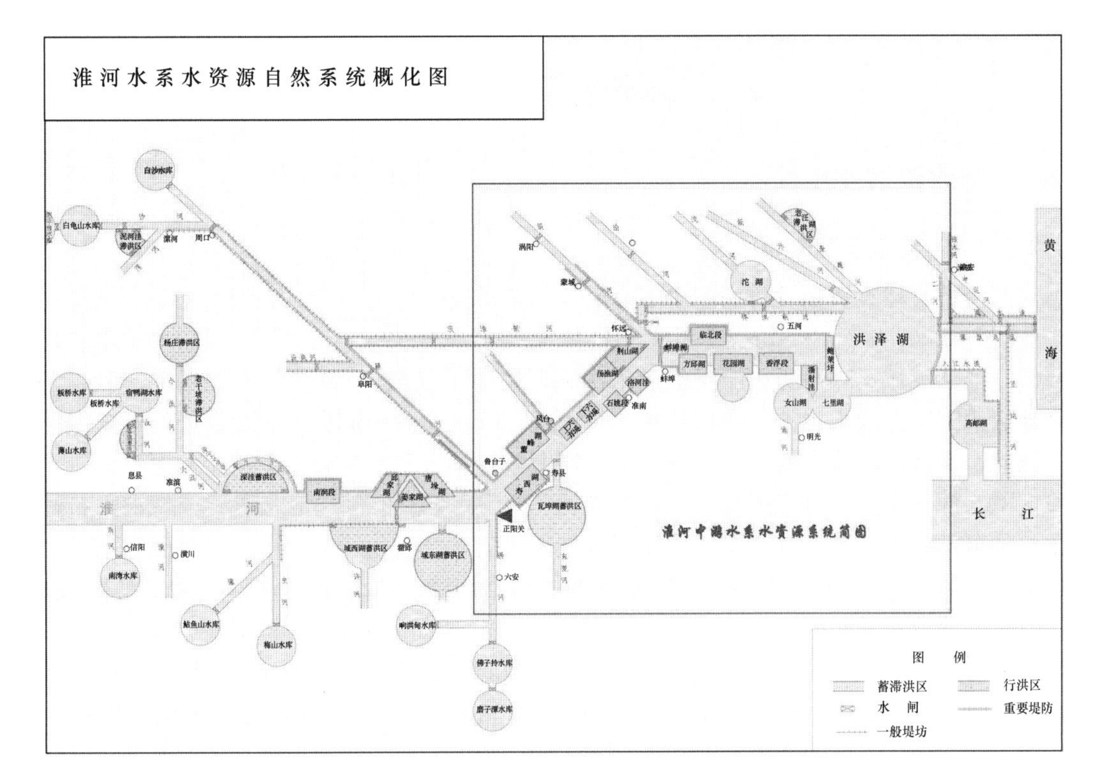

图 2.1-1 淮河水系水资源自然系统概化图

389.2 亿 m^3，其中兴利库容 193.0 亿 m^3，分别占多年平均年径流量的 58%和 29%；引水工程 950 处，总引水规模为 3.1 万 m^3/s，其中淮河流域 390 处，引水规模为 3.05 万 m^3/s；提水工程 18340 处，提水规模 0.74 万 m^3/s，大型提水工程规模占总提水规模的 17%；跨流域调水工程 43 处，总调水规模 0.3 万 m^3/s，大型调水工程占总提水规模的 93%。

地下水源工程：淮河区现有机电井 177 万眼，配套机电井 150 万眼，供水能力 199 亿 m^3，其中淮河流域 149 亿 m^3，山东半岛 50 亿 m^3。

其他水源工程包括集雨工程、污水处理回用工程和海水利用工程，共 9.2 万处，供水能力约 2.4 亿 m^3，主要分布在山东半岛。

2.1.3 水资源管理架构

淮河流域和山东半岛的水资源管理机构是水利部淮河流域水利委员会。水利部淮河流域水利委员会是水利部在淮河流域和山东半岛设立的派出机构，在水利部授权范围行使所在流域内的水行政管理职能。在水利部淮河水利委员会（以下简称“淮委”）内部涉及淮河流域水资源管理的机构有淮委水政与安全监督处、淮委水资源处、淮河流域水资源保护局、淮河流域水环境监测中心、淮委水文局（信息中心）和负责沂沭泗水系管理的沂沭泗水利管理局。

水利部淮河流域水利委员会的水资源管理职责包括：组织开展淮河流域和山东半岛范围内供水管理与监督、流域管辖范围内用水管理与监督、流域水资源保护和调配、流域水资源统计管理与信息发布、水资源应急管理。水利部淮委沂沭泗水利管理局负责淮河流域沂沭泗水系管理。

2.2 水资源演变规律分析

2.2.1 降水量演变规律

2.2.1.1 降水演变分析

淮河流域自然灾害频发，而降水多寡造成的旱涝灾害更为频繁。有记录的最大洪水发生在1954年；2003年6月下旬至7月上旬淮河流域出现自1954年以来的第三大洪水；2007年夏天，淮河流域又直面历史罕见的洪水洗礼，发生了仅次于1954年的大洪水，多个大城市和地区遭遇罕见暴雨袭击，灾情严重。可以说，降水是制约流域工农业发展的重要因素之一。因此，掌握流域降水的变化特征，对该区域旱涝综合防治具有重要意义。近年来，关于区域内降水演化特征的研究成为热点：张金玲等利用1961—2006年江淮流域降水资料，计算了6种极端降水指数，分析了江淮流域极端降水的时空变化特征。信忠保等研究了ENSO事件对淮河流域降水的影响，指出ENSO事件和淮河流域降水异常之间有明显的相关性。马晓群等的研究成果表明，淮河流域年总降水量、大雨量和暴雨量随时间变化的趋势不显著，但年总降水日数减少，大雨以上级别雨日有微弱增加趋势，夏季降水量和大雨以上级别降水占总降水量的比例也有增加趋势；夏季的大雨和暴雨强度随时间呈显著的二次曲线关系，20世纪90年代后呈增大趋势。李想等利用1881—2002年的降水资料，通过谱分析、历史曲线分析、小波变换和相关分析等多种分析方法，分析得到海河流域、黄河流域和淮河流域的降水都存在着76年左右的显著周期，在20世纪70年代发生了由多雨期向少雨期的转变。未来10～15年，海河流域、黄河流域和淮河流域仍将处于少雨期。王慧和王谦谦在研究淮河流域夏季降水异常的周期性特征、年代际和年际变化特征，以及淮河流域多、少雨年的流场特征时也发现，淮河流域夏季降水70年代中期以前偏多，70年代中期以后偏少；在周期性特征上有2.3年左右的主周期和8年左右的次周期；淮河流域夏季降水异常与印度西南季风、东亚副热带季风以及冷空气异常有密切关系。另外，还有学者提出，年降水量的变化可能与全球气温偏高存在着一定的对应关系。

本节在已有成果基础上，对项目研究流域代表站的观测系列较长、代表性较佳的雨量变化特征进行分析，然后根据流域多站降水观测资料对整个淮河流域的降水时空变化特征进行探讨。

1. 鲁台子站降水量变化分析

鲁台子水文实验站位于淮河干流的中游，汇水流域面积为8.86万km^2，汇集上游及各大支流（沙颍河、洪汝河、史河等）的地表径流，是蚌埠闸上径流量的主要水源，选用该站作为项目研究流域的代表站，进行降水变化的研究以便了解该流域的水资源情势。为了能深刻地反映降水的变化特征，将鲁台子实验站的降水资料分成三类：年降水系列、汛期降水系列（6～9月）、非汛期降水系列（10月～次年5月），分别对这三个系列进行时序分析。

（1）降水量时序变化分析

根据鲁台子水文站1951—2005年资料分析，多年平均降水量约为1061.4mm，最大年降水量为2003年的1632.9mm，最小年降水量为1966年的579.6mm，最大年降小量是最小年的2.82倍。鲁台子水文站汛期（6～9月）多年平均降水量为591.8mm，最大汛期降水量为 1956 年的 1047.3mm，最小汛期降水量为 1966 年的 195.3mm；非汛期（10 月～次年 5 月）多年平均降水量为 472.8mm，最大非汛期降水量为 1997—1998 年的 737.5mm，最小非汛期降水量为 1998—1999 年的 314.2mm。为了便于表达，其中非汛期将年际间非汛期认为是上一年度非汛期，如 1966 年非汛期即指 1966 年 10 月至 1967 年 5 月的时段。降水量、汛期降水量、非汛期降水量统计分析计算成果见表 2.2-1。

表 2.2-1　鲁台子实验站降水量统计分析计算成果

项目		年降水量（mm）	汛期降水量（mm）	非汛期降水量（mm）
统计参数	均值	1061.4	591.8	472.8
	C_v	0.22	0.34	0.21
	C_s/C_v	2	2	3.43
频率（%）	1	1678.7	1157.1	754.5
	5	1472.4	956.8	653.7
	20	1251.3	751.1	551.0
	50	1044.3	569.1	461.0
	75	896.0	446.6	401.0
	95	708.6	304.0	332.1
	99	594.5	225.38	294.9

对于年降水量，以频率 $P \leqslant 15\%$ 为丰水年，可以读出其对应年降水量为 1302.7mm；$15\% < P \leqslant 35\%$ 为偏丰年，其对应年降水量为 1302.7～1136.0mm；$35\% < P \leqslant 62.5\%$ 为平水年，其对应年降水量为 1136.0～972.3mm；$62.5\% < P \leqslant 85\%$ 为偏枯年，其对应年降水量为 972.3～822.6mm；$P > 85\%$ 为枯水年，其对应年降水量为 822.6mm。而且，在降水的年内分布上，1 月和 12 月占全年平均降水的比例最小，分别为 2.8%和 2.4%，而 7 月占全年的比例最大，为 19.8%，其次是 6 月和 8 月，分别为 14.6%和 13.3%，6～9 月的总降水量可以占到全年降水总量的 55.8%，而另外 8 个月合计仅占 44.2%。另外，年内降水分布最不均匀的是 1982 年，其 6～9 月占全年降雨的比率高达 71.8%，而 1964 年这个比率仅为 32.8%，前者是后者的近 2.2 倍。综上所述，鲁台子站观测到的年内降水分布极不均匀。

值得一提的是，年降水量和汛期降水量最值出现的年份通常并不一致。汛期最大降水量为 1956 年的 1047.3mm，而全年最大降水量则是 2003 年的 1632.9mm。年降水量线性拟合的公式为 $y = -0.5148x + 2079.6$，即可以认为年降水量 5.148mm/10a 的速率递减，但其距平图显示这种减少趋势带有较强烈的波动性，尤其是 20 世纪 90 年代以后至 21 世纪初，偏少和偏多年份都频繁出现。而对于汛期降水量，其距平图显 50 年代与 60 年代出现强烈波动，偏多与偏少年份频繁出现；70 年代和 90 年代降水呈现减少趋势。对于跨年非汛期降水量，由距平图知，其平均降水量较少，且其波动性亦有别于全年和年内汛期降水量，90 年代至 21 世纪初降水波动剧烈，降水减少年份较集中，而降水增加年份较少。鲁台子站年降水、汛期降水、非汛期降水量距平如图 2.2-1 所示。

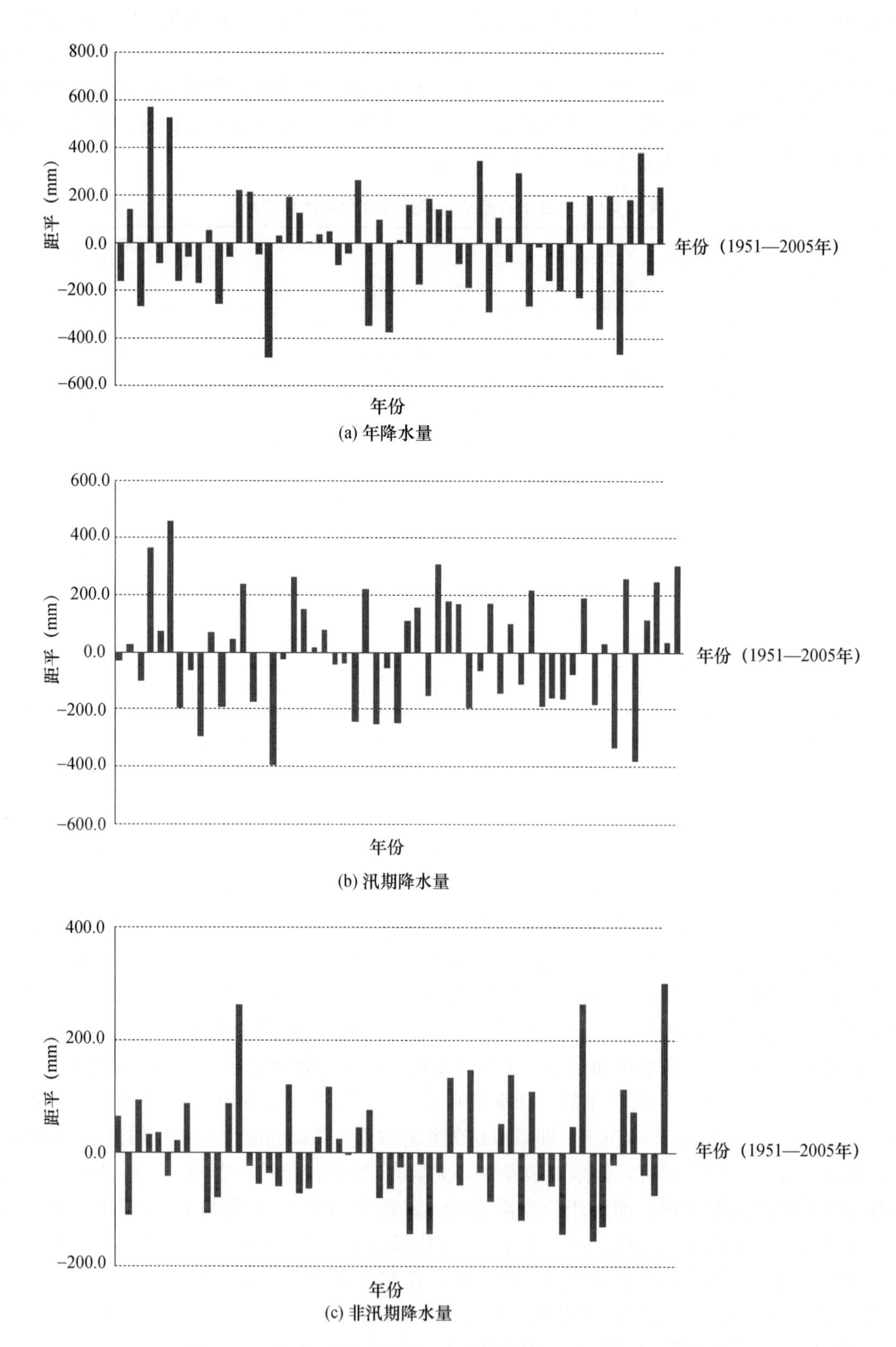

图 2.2-1　鲁台子站年降水量、汛期降水量、非汛期降水量距平

鲁台子站的全年、汛期和非汛期降水量分年代统计结果见表 2.2-2。

表 2.2-2 分年代降水量统计

年代	20 世纪 50 年代	20 世纪 60 年代	20 世纪 70 年代	20 世纪 80 年代	20 世纪 90 年代	21 世纪初
全年降水量均值（mm）	1099.8	1054.9	1036.2	1071.7	1024.3	1101.3
汛期降水量均值（mm）	620.6	582.7	559.3	616.4	548.7	654.1
非汛期降水量均值（mm）	492.1	476.0	477.1	453.7	462.0	482.5

由表 2.2-2 可以清楚地看到，鲁台子站的年平均降水量在 20 世纪 70 年代和 90 年代的降雨量偏少而 50 年代和 21 世纪初则偏多，尤以进入 21 世纪后偏多更甚。

（2）降水趋势性和突变分析

在水文领域用于趋势分析和突变诊断的方法很多，国内外从概率统计方面着手，发展了参数统计，非参数统计等多种方法。其中 Mann-Kendall 检验法是世界气象组织推荐并已广泛使用的非参数检验方法。许多学者不断应用该方法来分析降水、径流、气温等要素时间序列的趋势变化。Mann-Kendall 检验法不需要样本遵从一定的分布，也不受少量异常值的干扰，适从水文、气象等非正态分布的数据，具有计算简便特点。

在 Mann-Kendall 检验中，原假设 H_0 为时间序列数据（x_l，…，x_n），是 n 个独立的、随机变量同分布的样本；备择假设 H_1 是双边检验，对于所有的 k，$j\leqslant n$ 且 $k\neq j$，x_j，x_k 的分布是不相同的，检验的统计变量 S 计算如下式：

$$S=\sum_{k=1}^{n-1}\sum_{j=k+1}^{n}\mathrm{Sgn}(x_j-x_k) \tag{2.2-1}$$

其中，

$$\mathrm{Sgn}(x_j-x_k)=\begin{cases}+1, & (x_j-x_k)>0\\ 0, & (x_j-x_k)=0\\ -1, & (x_j-x_k)<0\end{cases} \tag{2.2-2}$$

S 为正态分布，其均值为 0，方差 $\mathrm{Var}(S)=n(n-1)(2n+5)/18$。当 $n>10$ 时，标准的正态统计变量通过下式计算：

$$Z=\begin{cases}\dfrac{S-1}{\sqrt{\mathrm{Var}(S)}}, & S>0\\ 0, & S=0\\ \dfrac{S+1}{\sqrt{\mathrm{Var}(S)}}, & S<0\end{cases} \tag{2.2-3}$$

在双边的趋势检验中，在给定的 α 置信水平上，如果 $|Z|\geqslant Z_{1-\alpha/2}$，原假设不成立，即在 α 置信水平上，时间序列数据存在明显的上升或下降趋势。对于正态统计变量 $Z>0$ 时，是上升趋势；$Z<0$ 时，则是下降趋势。Z 的绝对值分别在大于等于 1.28、1.64 和 2.32 时，表示通过了信度 90%、95%和 99%的显著性检验。当 Mann-Kendall 检验进一步用于检验序列突变时，检验统计量与上述 Z 有所不同，通过构造一秩序列：

$$S_k = \sum_{i=1}^{k}\sum_{j=1}^{i-1}\alpha_{ij} \qquad (k = 2,3,4,\cdots,n) \tag{2.2-4}$$

其中，

$$\alpha_{ij} = \begin{cases} 1, & x_i > x_j \\ 0, & x_i \leqslant x_j \end{cases}, \ 1 \leqslant j \leqslant i \tag{2.2-5}$$

定义统计变量

$$UF_k = \frac{|S_k - E(S_k)|}{\sqrt{\mathrm{Var}(S_k)}} \qquad (k=1,2,\cdots,n) \tag{2.2-6}$$

式中，$E(S_k)=k(k+1)/4$，$\mathrm{Var}(S_k)=k(k-1)(2k+5)/72$，$UF_k$为标准正态分布，给定显著性水平 α，若，$|UF_k|>U_{\alpha/2}$。$|UF_k|>U_{1-\alpha/2}$则表明序列存在明显的趋势变化。将时间序列 x 按逆序排列，在按照上式计算，同时使

$$\begin{cases} UB_k = -UF_k \\ k = n+1-k \end{cases} \qquad (k=1,2,\cdots,n) \tag{2.2-7}$$

通过分析统计序列 UF_k和 UB_k可以进一步分析序列 x 的趋势变化，而且可以明确突变的时间，指出突变的区域。若 UF_k值大于 0，则表明序列呈上升趋势；小于 0 则表明呈下降趋势；当它们超过临界直线时，表明上升或下降趋势显著。如果 UF_k和 UB_k这 2 条曲线出现交点，且交点在临界直线之间，那么交点对应的时刻就是突变开始的时刻。本文选取 $\alpha=0.05$，此时 $|U_{0.05}|=1.96$。

鲁台子站降水 MK 检测、线性趋势分别如图 2.2-2、图 2.2-3 所示。

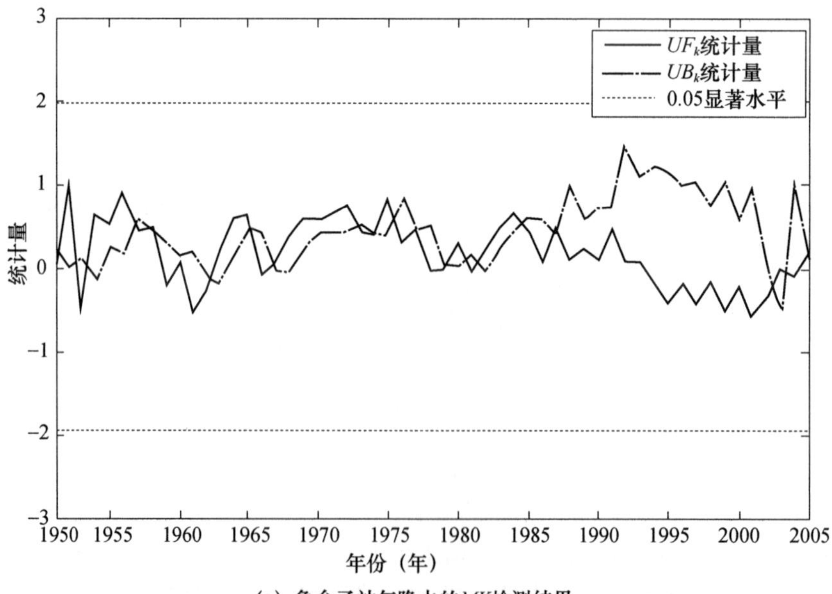

(a) 鲁台子站年降水的MK检测结果

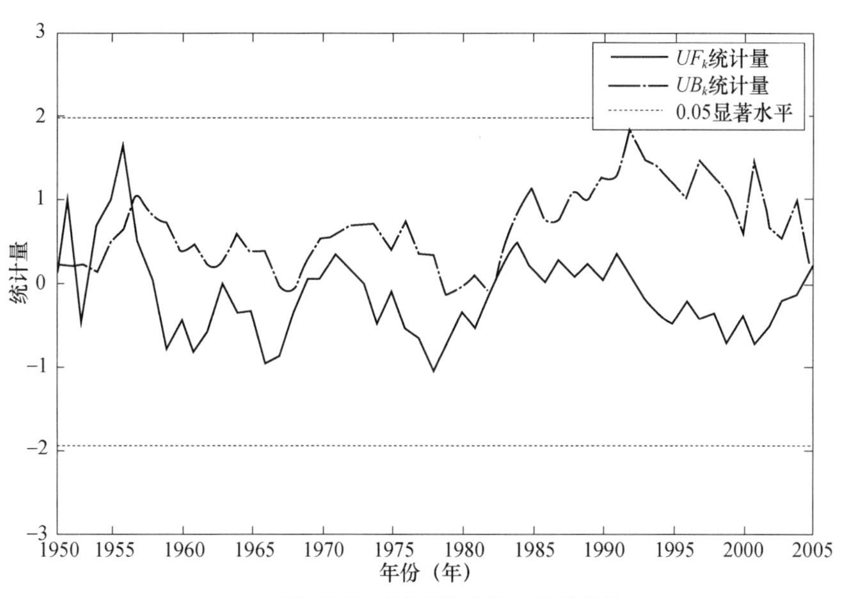

(b) 鲁台子站汛期降水的*MK*检验结果

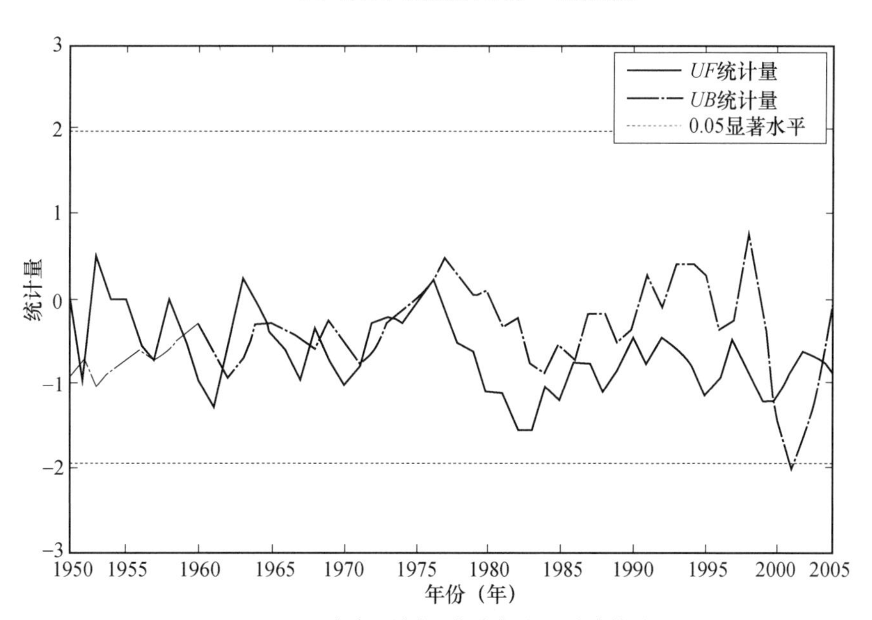

(c) 鲁台子站非汛期降水的*MK*检验结果

图 2.2-2 鲁台子站年降水、汛期、非汛期降水的 *MK* 检测结果

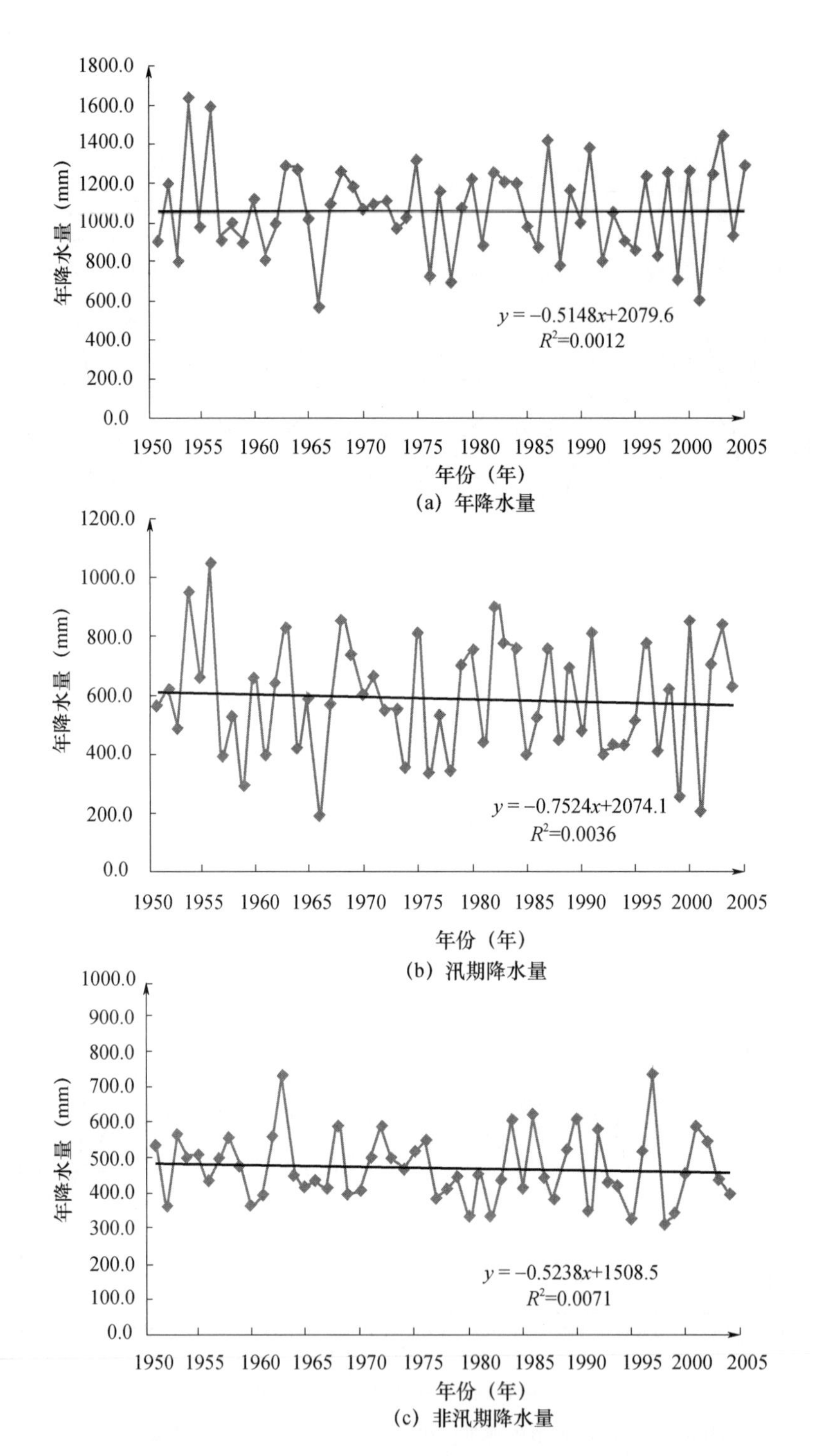

图 2.2-3　鲁台子站年降水量、汛期降水量、非汛期降水量线性趋势分析

从图 2.2-2、图 2.2-3 可知，对于年降水和 MK 显示，20 世纪 50 年代初至 90 年代初年降水量处于增加—减少交替进行波动，但未超过 95%置信区间范围；1985 年以后降水量开始了长达近 20 年的减少。按照突变点的定义，年降水量的几乎每次变化都会产生突变点：1953 年前后由增加到减少的突变点，1954 年前后由减少到增加的突变点，1956 年由增加到

减少的突变点，1963 年由减少到增加的突变点，1965 年由增加到减少的突变点，1968 年由减少到增加的突变点，在此研究时段内出现了多个交叉点。

对于汛期降水和 MK 检测显示，突变点出现在 50 年代，1953 年前后存在一个降水量由增加到减少的突变点，1954 年由减少到增加的突变点，1957 年降水量开始减少，1958 年以后降水基本上处于减少阶段。汛期降水在 95%置信区间范围内，总体来说，汛期降水呈现减少趋势。

非汛期降水量较汛期降水量趋势变化更加频繁，出现了多个突变点，突变点多集中在 50 年代至 70 年代中期，在 21 世纪初出现两个突变点。总体来说，非汛期降水基本上呈现减少趋势。

2. 蚌埠站降水变化分析

蚌埠站位于淮河干流的中游，蚌埠闸以上淮河干流河长约 651km，汇水流域面积为 12.1 万 km^2，涉及 4 个水资源三级区（即王家坝以上北岸、王家坝以上南岸、王蚌区间北岸、王蚌区间南岸），人口密度高，如以王蚌区间北岸为例，人口密度为 780 人/km^2（2000 年），是淮河流域平均人口密度的 1.28 倍、全国的 5.9 倍。选用该站作为项目研究流域的代表站，进行降水变化的研究以便了解该流域的水资源情势。为了能深刻地反映降水的变化特征，将蚌埠站的降水资料分成三类：年降水系列、汛期降水系列（6～9 月）、非汛期降水系列（10 月～次年 5 月），分别对这三个系列进行时序分析。

根据蚌埠站 1952—2012 年资料分析，多年平均降水量约为 929mm，最大年降水量为 1956 年的 1559.5mm，最小年降水量为 1978 年的 441.7mm，最大年降水量是最小年降水量的 3.53 倍。蚌埠水文站汛期（6～9 月）多年平均降水量为 570.2mm，最大汛期降水量为 1956 年的 1060.1mm，最小汛期降水量为 1966 年的 184.8mm；非汛期（10 月～次年 5 月）多年平均降水量为 358.0mm，最大非汛期降水量为 1997—1998 年的 604.6mm，最小非汛期降水量为 2010—2011 年的 150.9mm。蚌埠站年降水量、汛期降水量、非汛期降水量距平如图 2.2-4 所示。为了便于表达，其中非汛期将年间非汛期认为是上一年度非汛期，如 1966 年非汛期即指 1966 年 10 月至 1967 年 5 月的时段。年降水量、汛期降水量、非汛期降水量统计分析计算成果见表 2.2-3。

表 2.2-3 蚌埠站年降水量、汛期降水量、非汛期降水量统计分析计算成果

项目		年降水量（mm）	汛期降水量（mm）	非汛期降水量（mm）
统计参数	均值	929	570.2	358.0
	C_v	0.24	0.33	0.27
	C_s/C_v	2	2	2
频率（%）	1	1524.6	1096.4	620.4
	5	1323.5	910.8	530.5
	20	1109.5	719.6	435.9
	50	911.2	549.7	349.4
	75	770.5	434.7	289
	95	595.1	299.8	215.2
	99	489.8	224.8	172

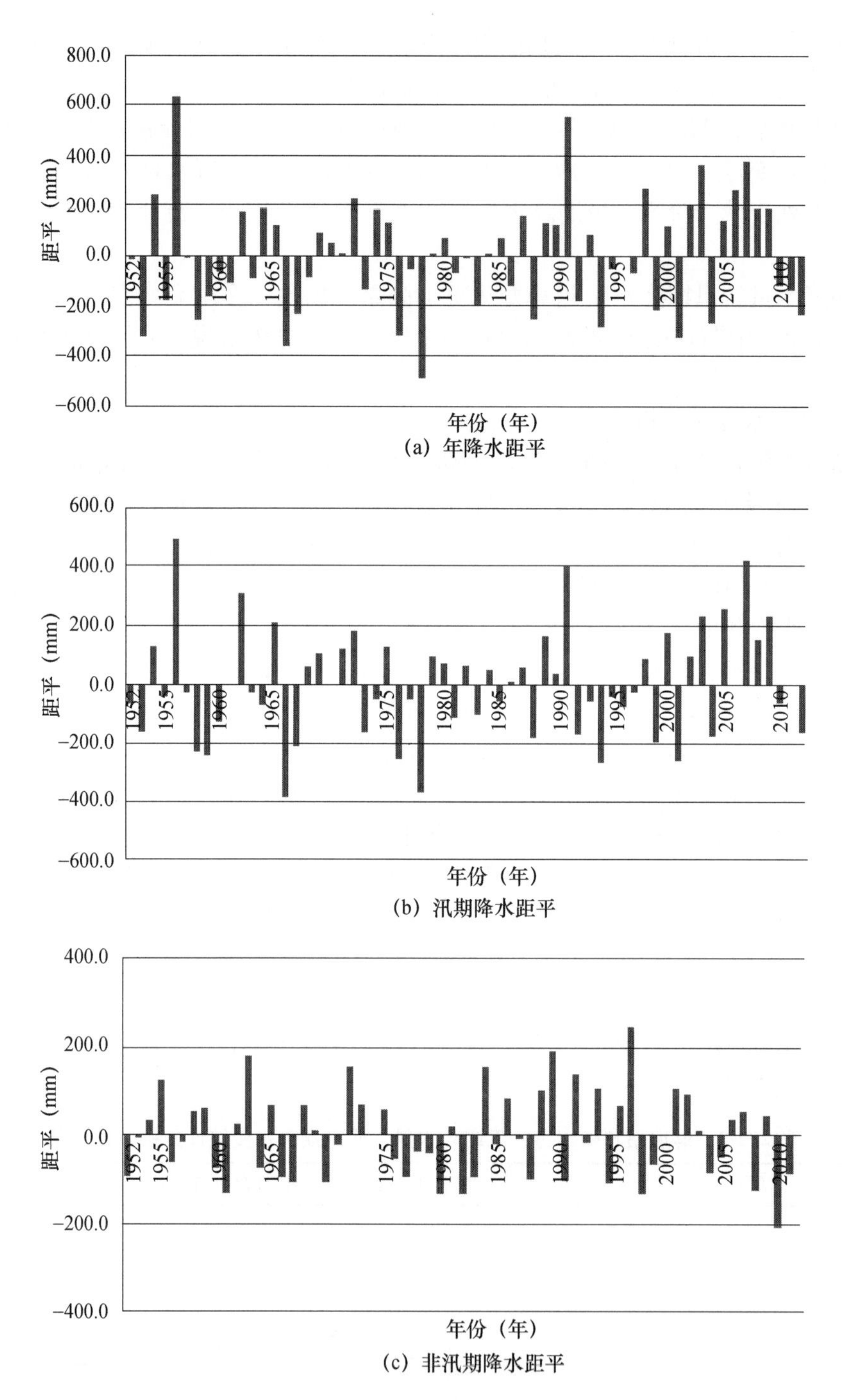

图 2.2-4　蚌埠站年降水量、汛期降水量、非汛期降水量距平

对于年降水量，以频率 $P\leqslant15\%$ 为丰水年，可以读出其对应年降水量为 1159.2mm；$15\%<P\leqslant35\%$ 为偏丰年，其对应年降水量为 1159.2～998.8mm；$35\%<P\leqslant62.5\%$ 为平水年，其对应年降水量为 998.8～842.7mm；$62.5\%<P\leqslant85\%$ 为偏枯年，其对应年降水量为 842.7～701.4mm；$P>85\%$ 为枯水年，其对应年降水量为 701.4mm。在降水的年内分布上，1 月和 12 月占全年平均降水的比例最小，分别为 2.8% 和 2.3%，而 7 月占全年的比例

最大，为23.3%，其次是6月和8月，分别为13.3%和15.9%，6～9月的总降水量可以占到全年降水总量的61.4%，而另外8个月合计仅占38.6%。年内降水分布最不均匀的是1962年，其6～9月占全年降雨的比率高达79.8%，而1966年这个比率仅为32.4%，前者是后者的近2.5倍，蚌埠站年内降水分布极不均匀。

年降水量和汛期降水量最值出现的年份通常并不一致。汛期最小降水量为1966年的184.8mm，而全年最小降水量则是1978年的441.7mm。年降水量以11.197mm/10a的速率递增，但其距平图显示这种增加趋势带有较强烈的波动性，50年代降水低于年平均降水量的年份居多，21世纪初降水明显偏多。而对于汛期降水量，其距平图显示50年代至80年代末降水出现强烈波动，降水偏多偏少交替进行；在90年代降水量低于年平均降水量年份居多，21世纪初则相反。对于跨年非汛期降水量，由距平图知，在整个研究期间降水波动不大，降水偏多偏少交替进行。

蚌埠站全年降水量、汛期降水量和非汛期降水量分年代统计结果见表2.2-4。

表2.2-4 分年代降水量统计结果

年代	50年代	60年代	70年代	80年代	90年代	21世纪初
全年降水量均值（mm）	917.1	904.8	893.4	913.8	951.9	1028.4
汛期降水量均值（mm）	538.1	567.7	539.5	559.6	552.9	676.8
非汛期降水量均值（mm）	370.9	345.9	352.3	353.0	390.9	347.4

由表2.2-4可以清楚地看到，蚌埠站观测到的年平均降水量在20世纪60年代和70年代的降水量偏少，而20世纪90年代和21世纪初则偏多，尤以进入21世纪后偏多更甚。

蚌埠站年降水量*MK*检测与线性趋势，如图2.2-5、图2.2-6所示。

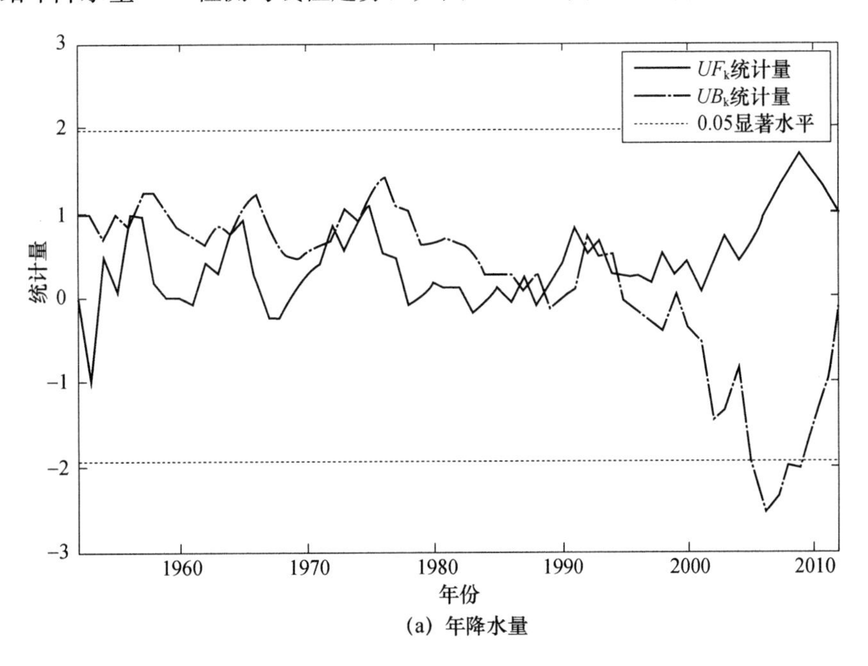

(a) 年降水量

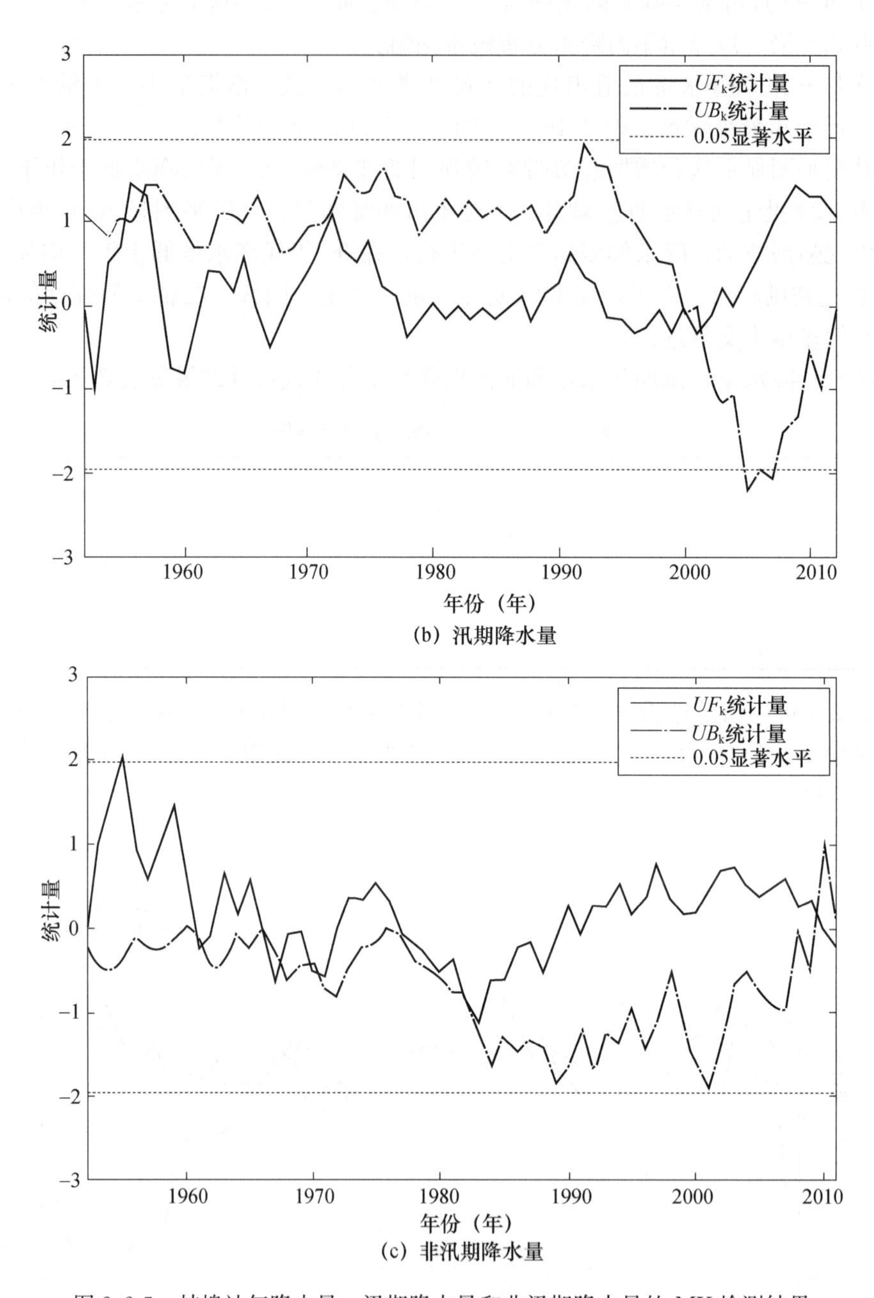

(b) 汛期降水量

(c) 非汛期降水量

图 2.2-5　蚌埠站年降水量、汛期降水量和非汛期降水量的 *MK* 检测结果

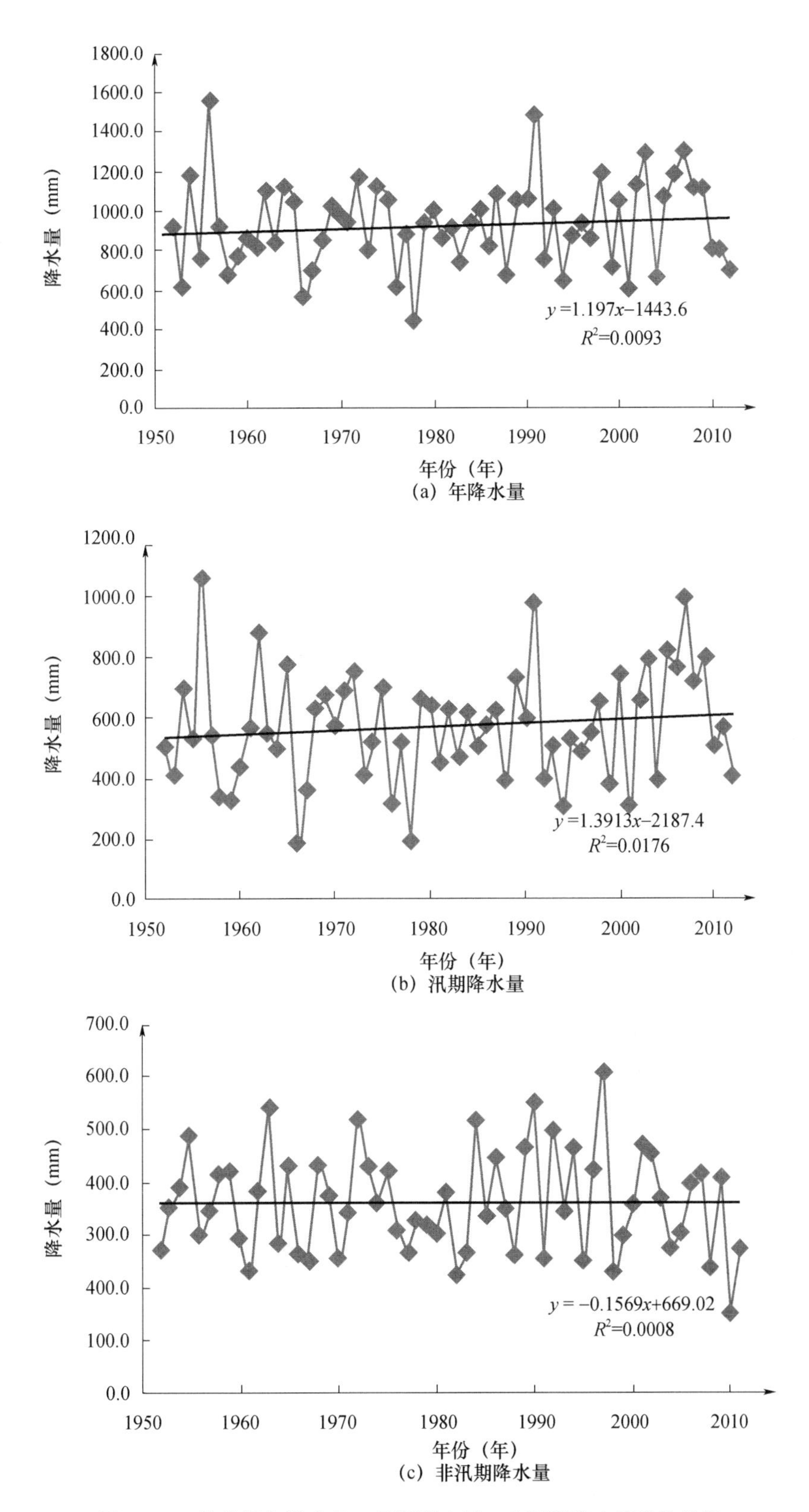

图 2.2-6　蚌埠站年降水量、汛期降水量、非汛期降水量线性趋势

对于年降水量，MK 检测显示，UF_k 曲线在多数年份处于统计量 0 以上，表明年降水序列呈上升趋势，在 90 年代中期至 21 世纪初，年降水量呈现明显的上升趋势，由线性趋势分析知年降水量与年份的相关方程为 $y=1.197x-1443.6$，年降水量以 11.97mm/10a 的速率递增；在分析年份内出现多个交叉点，则年降水量发生突变的次数较多，在 70 年代初和 80 年代末至 90 年代初，年降水量发生多次突变。

对于汛期降水量，在 50 年代初至 70 年代末，UF_k 在统计量 0 刻度线上下剧烈波动，说明此时间段汛期降水量变化大；在 80 年代初至 90 年代末，降水量基本上没什么变化，除 90 年代初出现不明显的递增；在 21 世纪初，汛期降水量呈现明显上升趋势；由线性趋势分析知 $y=1.3913x-2187.4$，说明汛期降水量以 13.913mm/10a 趋势递增；在研究时间范围内，出现了两次明显的突变点，在 1958 年前后降水量由增加到减少突变，在 2001 年前后降水量由减少到增加突变。

非汛期降水量较汛期降水量趋势变化更加频繁，在 50 年代初至 80 年代初出现多个降水突变点；UF_k 与 UB_k 曲线均在显著水平 95%范围内变化；由线性趋势分析知，非汛期降水以 1.569mm/10a 的速率递减，在 50 年代初至 80 年代初，降水量呈现明显减少趋势，在 80 年代中后期至 21 世纪初，降水量总体变化不明显，略微增加。

2.2.1.2 淮河流域降水变化研究

1. 空间分布

为了全面地把握淮河流域降水量变化趋势，将整个流域分为三大分区：淮河上游区、淮河中游区、淮河下游区，并在各流域分区选择足够数量且代表性较好的观测站。将降水情况分成偏丰年、平水年、偏枯年和枯水年，其相应的保证率分别为：12.5%～37.5%、37.5%～62.5%、62.5%～87.5%、>87.5%，利用差积曲线法研究各个流域分区降水量变化趋势。淮河流域多年平均分区降雨频次变化如图 2.2-7 所示。

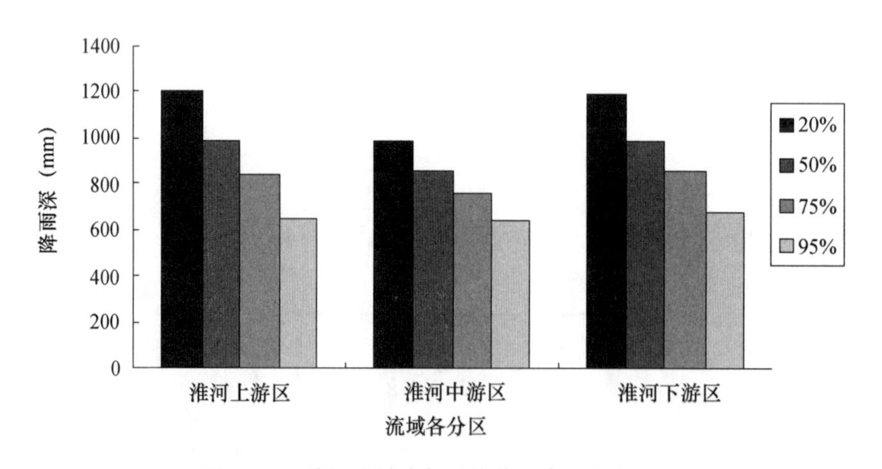

图 2.2-7 淮河流域多年平均分区降雨频次变化

淮河流域多年平均分区降雨差积曲线如图 2.2-8 所示，可以看出：(1) 淮河以南区域：降水变化趋势基本一致，总体规律大致如下：50 年代中期到 60 年代末降水量趋于减少，60 年代末到 70 年代中期降水量有所上升，70 年代中期到 70 年代末又有一短期减少过程，所以总体上，1956—1979 年系列基本上降水减少；70 年代末到 90 年代初为持续多雨，1990 年以后又持续减少。(2) 淮河以北区域：该区域降水变化趋势可分为两种类型，淮河以北上游近淮河区域降水变化趋势与淮河以南大致一致，只是80年代末期降水持续减少的幅度较淮河以南区域大得多；而淮河以北中游北部区域，降水变化趋势有较明显的不同，不少测站60年代中期以后，降水持续偏少，只有少数年份降水有增加趋势。

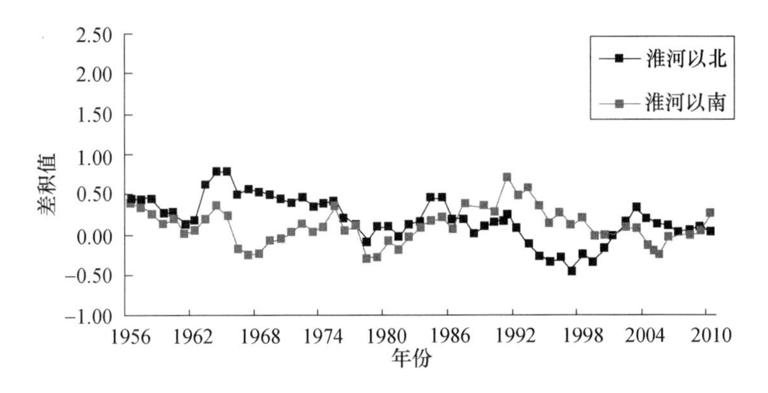

图2.2-8 淮河流域多年平均分区降雨差积曲线

经分析计算结果，淮河流域多年平均年降水深874.9mm，相应降水量2353亿m^3，其中淮河水系年均降水深910.9mm，相应降水量1731亿m^3。淮河水系的上、中、下游降水深分别为1008.5mm、863.8mm和1011.2mm，分别折合降水量308.5亿m^3、1112.4亿m^3和310.0亿m^3。地形条件对降水量的分布影响很大，淮河流域西部、西南部及东北部为山区和丘陵区，东临黄海。来自印度洋孟加拉湾、南海的西太平洋的水汽，受边界上大别山、桐柏山、伏牛山、沂蒙山和内部局部山丘地形的影响，产生抬升作用，利于降水；而在广阔的平原及河谷地带，缺少地形对气流的抬升作用，则不利于降水。因此，在水汽和地形的综合影响下，致使降水呈现自南部、东部向北部、西部递减，山丘降水大于平原区，山脉迎风坡降水量大于背风坡的特征。

2. 时程分布

淮河流域1953—2012年的逐年降水量呈波动型变化，没有显著的年际变化趋势。显著性检验表明，各时段的降水量趋势均未达到0.05的置信水平，淮河流域降水的年际变化应属于气候的自然波动。降水量在各季节的分配比例随年份波动较大，总体上没有明显的变化趋势，近年来汛期和夏季降水所占比例有上升趋势。汛期降水的变化特征基本与年降水量一致，年际波动较强烈，无明显的阶段特征。通过波谱分析，淮河流域汛期（6～9月）降水有着准10年和2年的降水周期。由年代距平百分比分析知，淮河流域年代际变化较明显，年降水量变化具有明显的阶段性。1953—1963年和2003—2012年处于相对多水的年代际背景，1992—2002年处于相对少水的年代际背景，20世纪70年代和80年代则处于相对平稳时期。对于汛期，年代际波动较为明显，1964—1991年基本为波动下降，1991年后下降较为明显，进入2003年后，降水量增幅较大。夏冬季年代际变化特征与汛期类似，春秋季降水呈波动型变化。淮河流域降水量年代际距平百分比图如图2.2-9所示。

2.2.2 径流情势演变规律

径流是指河流、湖泊、冰川等地表水体中由当地降水形成的可以逐年更新的动态水量。径流是地貌形成的外营力之一，并参与地壳中的地球化学过程，它还影响土壤的发育，植物的生长和湖泊、沼泽的形成等。径流在国民经济中具有重要的意义。径流量是构成地区工农

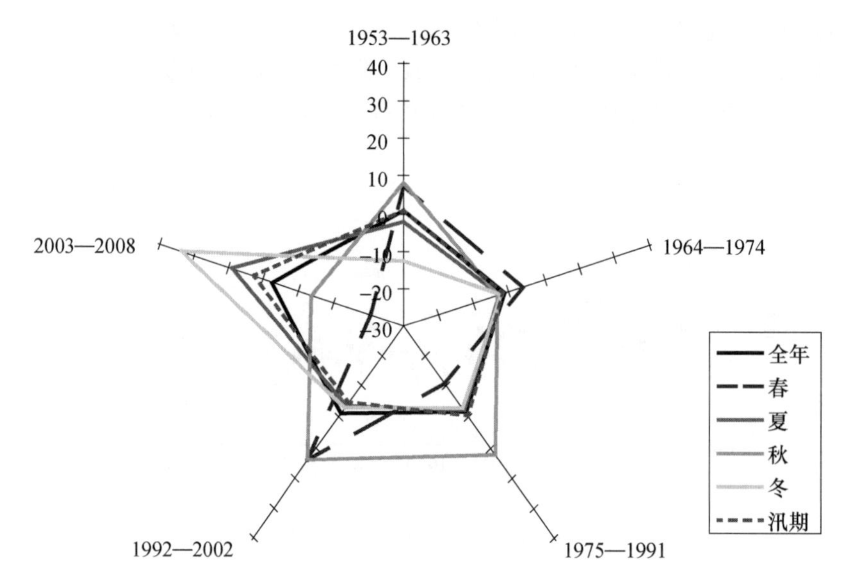

图 2.2-9 淮河流域降水量年代际距平百分比图

业供水的重要条件，是地区社会经济发展规模的制约因素。人工控制和调节天然径流的能力，密切关系到工农业生产和人们生活是否受洪水和干旱的危害。因此，径流的测量、计算、预报以及变化规律的研究对人类活动具有相当重要的指导意义。本节在已有成果基础上通过对项目研究流域所选取代表水文站分析，根据 1956—2012 年长系列径流资料，研究淮河流域径流变化规律，进行动态模拟分析。

2.2.2.1 代表年径流分析

1. 鲁台子径流变化分析

(1) 径流变化特征

根据淮河干流上的鲁台子站，处于中游，以上流域汇水面积为 8.86 万 km^2，汇集了上游及各大支流（沙颍河、洪汝河、淠河、史河等）的地表径流，是蚌埠闸上径流量的主要源水，后者又是淮南、蚌埠市和凤台、怀远县等地的供水水源。所以探讨鲁台子站年径流量（包括汛期和非汛期）的年内分配、年际变化以及多时间尺度周期变化对于淮河中游地区供需水安全的研究至关重要，可以通过鲁台子站年径流量的丰枯变化作为一个参考指标来制定流鲁台子 1951—2012 年的资料分析，多年平均径流量约为 218.1 亿 m^3，最大年径流量为 1956 年的 522.3 亿 m^3，最小年径流量为 1966 年的 34.7 亿 m^3，最大年径流量是最小年的 15 倍，丰枯年份变化幅度非常大；汛期（6～9 月）多年平均径流量为 136.0 亿 m^3，最大汛期径流量为 1956 年的 419.8 亿 m^3，最小汛期径流量为 1966 年的 12.7 亿 m^3，最大汛期径流量是最小年的 33 倍；非汛期（汛期之外的月份）多年平均径流量为 81.9 亿 m^3，最大非汛期径流量为 1964 年的 282.5 亿 m^3，最小非汛期径流量为 1978 年的 16.9 亿 m^3，最大非汛期径流量是最小年的 16.7 倍。值得一提的是，年径流量和汛期径流量最值出现的年份一致，但与非汛期径流量最值出现的年份并不一致。全年和汛期最大年径流量为 1956 年，最小径流量为 1966 年，而非汛期最大年径流量为 1964 年，最小径流量则是 1978 年。

鲁台子站 1951—2012 年各月平均径流量年内分配见图 2.2-9，在径流的年内分布上，1 月占全年平均平均径流的比例最小，仅为 2%，其次是 2 月和 12 月，都是 3%；而 7 月占全年的比例最大，为 24%，其次是 8 月为 19%。汛期 6～9 月份的总径流量可以占到全年径流总量的 64%，而非汛期的另外 8 个月合计仅占 46%。另外，年内径流分布最不均匀的是 1982 年，其 6～9 月占全年径流量的比例高达 82.7%，而 2001 年这个比例仅为 17.7%，前者是后者的近 4.7 倍。因此，可以说鲁台子站观测到的年内径流分布极不均匀，这也与淮北平原典型的季风性气候导致的降雨量年内分配不均进而导致年内径流量分布不均有一定的关系，另外原因是人工取水并没有在枯水年份适当的减少。鲁台子站多年径流量年内分配如图 2.2-10 所示。

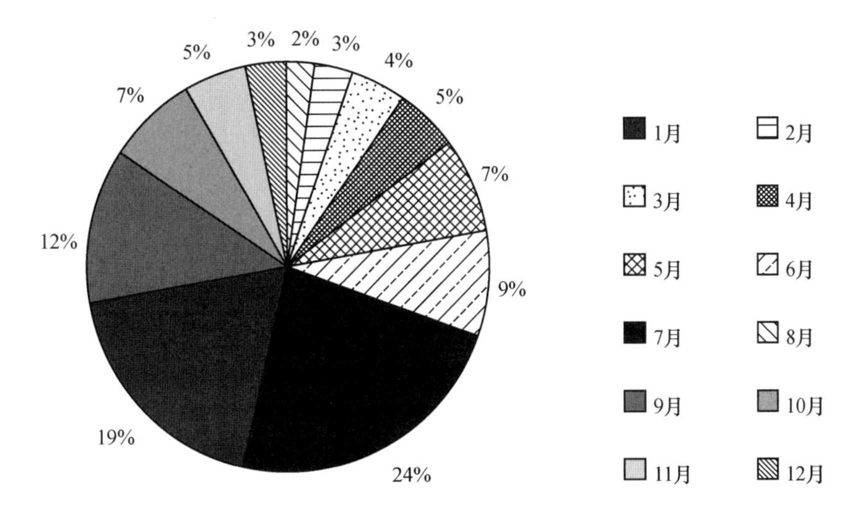

图 2.2-10　鲁台子站多年径流量年内分配

根据鲁台子市年径流量实测数据，绘制皮尔逊Ⅲ型曲线，以频率 $P\leqslant15\%$ 为丰水年，可以读出其对应年径流量为 343.8m³；$15\%<P\leqslant35\%$ 为偏丰年，其对应年径流量为 343.8～243.3m³；$35\%<P\leqslant62.5\%$ 为平水年，其对应年径流量为 243.3～158.9m³；$62.5\%<P\leqslant85\%$ 为偏枯年，其对应年径流量为 158.9～96.2m³；$P>85\%$ 为枯水年，其对应年径流量为 96.2m³。经过皮尔逊Ⅲ型曲线排频分析过的鲁台子全年径流量、汛期和非汛期径流量的特征值计算成果见表 2.2-5。

表 2.2-5　鲁台子径流量排频统计分析计算成果

项目		全年径流量（亿 m³）	汛期径流量（亿 m³）	非汛期径流量（亿 m³）
统计参数	均值	218.1	136.0	82.1
	C_v	0.58	0.73	0.58
	C_s/C_v	2	2	2
频率（%）	1	613.3	462.3	229.2
	5	458.9	328.2	171.8
	15	343.9	231.5	129.0
	32.5	252.8	158.1	95.1
	50	194.2	113.0	73.2
	62.5	159.0	87.1	60.0
	75	125.1	63.5	47.4
	85	96.2	44.6	36.6
	95	59.0	22.6	22.5
	99	31.3	9.1	12.1

① 全年径流量

据鲁台子站1951—2012年的年径流量序列和年径流序列距平所示，从趋势来看整体呈减少趋势，减少速率为0.68亿m^3/a，且有明显的波动。在1986年之前，年径流量丰转枯，枯转丰经历两个明显的波峰波谷，而1986—2006年之间，年径流量丰枯变化只出现了一个明显的波峰波谷，可以简单认为，在1986年之前径流量变化周期为10年左右，1986年之后径流量变化周期为20年左右。按照前面提到的丰、偏丰、平水、偏枯、枯年份的五级划分方法以及皮尔逊Ⅲ型曲线排频分析成果来判断鲁台子站1951—2012年间，丰水年有七年分别是1954年、1956年、1963年、1964年、1975年、1984年、2003年，其中1954年和1956年超过30年一遇的丰水年标准；枯水年有六年分别是1961年、1966年、1978年、1992年、1994年、2001年，其中1966年和1978年达到50年一遇的枯水年标准。

② 汛期径流量

据鲁台子站1951—2012年的汛期径流量序列和年径流序列距平分析，从线性趋势来看整体呈减少趋势，减少速率为0.24亿m^3/a，汛期径流量在58年有明显的波动，波动趋势和周期变化和上述年径流量序列分析结果一致。按照前面提到的丰、偏丰、平水、偏枯、枯年份的五级划分方法以及皮尔逊Ⅲ型曲线排频分析成果来判断鲁台子站1951—2012年间，丰水年有八年分别是1954年、1956年、1963年、1975年、1984年、1991年、2003年、2005年，其中1954年和1956年超过20年一遇的汛期丰水年标准；枯水年有十年分别是1959年、1961年、1966年、1978年、1981年、1992年、1994年、1997年、1999年、2001年，其中1966年和2001年达到50年一遇的汛期枯水年标准，1978年接近20年一遇汛期枯水年份。

③ 非汛期径流量

据鲁台子站1951—2012年的非汛期径流量序列和年径流序列距平分析，从线性趋势来看整体呈减少趋势，减少速率为0.44亿m^3/a，非汛期径流量在58年有明显的波动，波动趋势和周期变化也和上述年径流量序列分析结果一致。按照前面提到的丰、偏丰、平水、偏枯、枯年份的五级划分方法以及皮尔逊Ⅲ型曲线排频分析成果来判断鲁台子站1951—2012年间，丰水年有六年分别是1952年、1963年、1964年、1969年、1985年、2003年，其中只有1964年20超过年一遇非汛期丰水年标准并且超过100年一遇的非汛期丰水年标准；枯水年有四年分别是1966年、1978年、1986年、1995年，其中只有1978年达到20年一遇非汛期枯水年份。

总之，自20世纪50年代至21世纪初，丰枯年份频繁交替出现。而对于汛期径流量和非汛期径流量，其平均径流量的多少，其波动性亦有别于年径流量，相对而言，汛期径流量和年径流量的丰枯年份的变化的相似程度要比非汛期和全年径流量丰枯年份变化测相似度高，非汛期径流量的年际波动较为平稳。我们对年际变化的分析离不开对周期的分析，通过周期分析我们可以清楚地看到径流量序列的发展趋势进而可以预测未来年份的径流量走势。

（2）多时间尺度动态模拟

所谓多时间尺度，指系统变化并不存在真正意义上的周期性，而是时而以这种周期变化，时而以另一种周期变化，并且同一时段中又包含这种时间尺度的周期变化。目前水文多时间尺度分析已开展了一定的研究工作。

小波分析是由法国油气工程师Morlet在20世纪80年代初分析地震资料时提出来的一种调和分析方法，自从其面世以来就成为科学技术界研究的热点。小波分析具有多分辨率特

点，被誉为数学“显微镜”。1993 年 Kumar 和 Foufoular Gegious 将小波介绍到水文学中，小波在水文科学中已经取得了包括多尺度分析在内的许多研究成果。

小波分析是一种窗口大小固定但性状可变（时宽和频宽可变）的时频局部化分析方法，具有自适应的时频窗口。小波分析的关键在于引入了满足一定条件的基本小波函数 $\psi(t)$ 代替傅里叶变化中的基函数。$\psi(t)$ 经伸缩和平移得到一族函数：

$$\psi_{a,b}(t)=|a|^{-\frac{1}{2}}\psi\left(\frac{t-b}{a}\right)\quad a,\ b\in R,\ a\neq 0 \tag{2.2-8}$$

式中，$\psi_{a,b}(t)$ 称分析小波或连续小波；a 为尺度（伸缩）因子，b 为时间（平移）因子。实数平面内连续小波变化（wavelet transform—WT）为

$$W_f(a,b)=|a|^{-\frac{1}{2}}\int_{t=-\infty}^{\infty}f(t)\bar{\psi}\left(\frac{t-b}{a}\right)\mathrm{d}t \tag{2.2-9}$$

式中，$W_f(a,b)$ 为 $f(t)$ 在相平面 (a,b) 处的小波变化系数。

连续小波变换的关键是基本小波 $\psi(t)$ 的选取。所谓小波（Wavelet）函数，就是具有震荡性、能够迅速衰减到零的一类函数。数学上的定义为：

$$\int_{-\infty}^{\infty}\psi(t)\mathrm{d}t=0 \tag{2.2-10}$$

满足式（2.2-10）的函数 $\psi(t)$ 称为基本小波。目前广泛使用的小波函数有 Haar 小波、Mexcian hat 小波、（复）Morlet 小波、正交小波、半正交小波、样条小波等，其中水文分析中常用的是墨西哥帽小波（Mexcian hat）和（复）Morlet 小波，本项目采用这三类小波函数（系）分析鲁台子站年径流量对时间尺度变换规律，比较其优缺点之后，选择某一种小波进行研究。

Morlet 小波定义为

$$\psi(t)=Ce^{-t^2/2}\cos 5t \tag{2.2-11}$$

复 Morlet 小波定义为

$$\psi(t)=\mathrm{e}^{i\omega_0 t}\mathrm{e}^{-t^2/2} \tag{2.2-12}$$

其傅里叶变换为

$$\psi'(\omega)=\sqrt{2\pi}\omega^2\mathrm{e}^{-(\omega-\omega_0)^2/2} \tag{2.2-13}$$

Morlet 小波伸缩尺度 a 与周期 T 有如下关系：

$$T=\left[\frac{4\pi}{\omega_0\sqrt{2+\omega_0^2}}\right]\times a \tag{2.2-14}$$

Mexcian hat 小波（Marr）是高斯函数的二阶导数的负数，其函数表达式为

$$\psi(t)=(1-t^2)\mathrm{e}^{-t^2/2} \tag{2.2-15}$$

为了便于比较，对于全年径流量采用（复）Morlet 和 Mexcian hat 三种母函数利用 MATLAB 分别得到等值线图、立体图。这里我们仅选用表现较为清晰直观的立体图和等值线图进行分析。另外，还要对小波系数的模、模平方以及方差等进行计算，以精确显示各个时间尺度的对比情况。

① 年径流量分析

采用不同母函数检测鲁台子年径流量结果具有类似的特征：在大尺度上表现为减少-增加的特点，而在中小尺度上则是众多尺度交错出现，相互包含，但二者都显示 2008 年及随后的几年将处于年径流量的增长期，但这种趋势并不会持续太长，因为其均处于正信号区域即增长期的末期。

Mexcian hat 小波系数图如图 2.2-11 所示，首先对于时间周期 T 和伸缩尺度具有明确关系的 Mexcian hat 函数（MEXH），由于其伸缩尺度相对较大，取最大尺度 max（a）=30，可以看出 20 世纪 50 年代初至 70 年代初，$a=2\sim3$ 的小尺度发育明显，即在时间上存在 8～12 年的周期；类似地，70 年代中后期到 2008 年资料序列末，$a=5$ 即时间上 20 年左右的周期表现显著，且检测时段末未闭合，由于其处于正信号区域故 2006 年之后可能是一个短暂的多雨期。

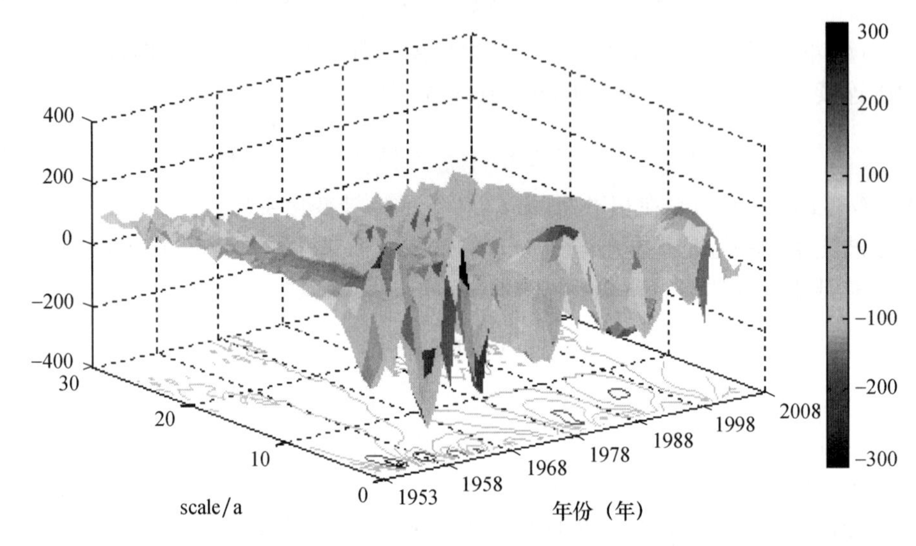

(a) MEXH Coef time-frequency distribution space pattern

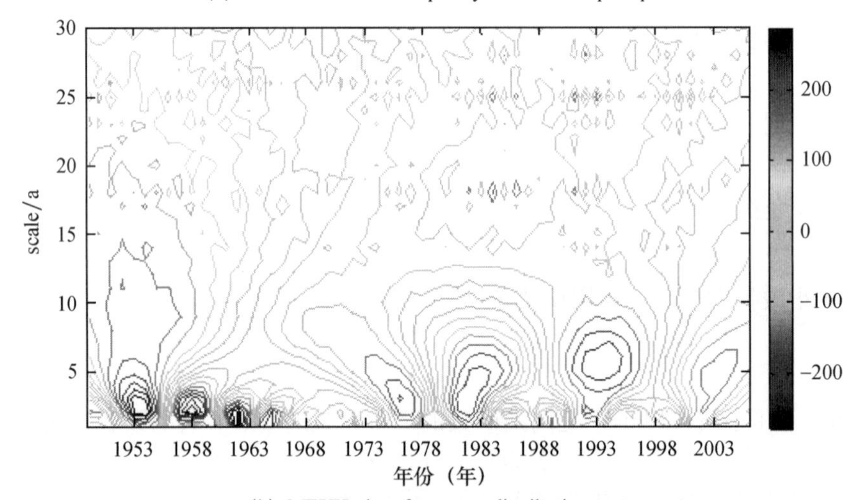

(b) MEXH time-frequency distribution contour

图 2.2-11　Mexcian hat 小波系数图

Morlet 小波系数图如图 2.2-12 所示，Morlet 小波检测的结果表明，在 20 世纪 50 年代初至 2008 年资料序列末，小尺度上 $a=5\sim8$ 的发育明显即在时间上存在 1.6～2.5 年的周期；中尺度上 $a=20\sim22$ 的尺度表现显著即时间上存在 6 年的周期；但从大尺度上看，实际上鲁台子年径流量在 20 世纪 50 年代到 60 年代中期年径流量总偏丰，70 年代初到 80 年代末总体偏枯，90 年代之后到 2008 年年径流量开始转丰，预计在未来会有两三年的偏丰年。

cmor2-1 小波（复 Morlet 小波，选择带宽参数为 2，中心频率为 1Hz）在小尺度和大尺

度上检测的结果显示与实 Morlet 小波基本相同（图 2.2-12），但在中尺度上显示 80 年代中期之前有 $a=18$ 和 $a=28$ 尺度表现显著即时间上存在 5～6 年和 9～10 年的周期；在 80 年代之后显示 $a=20$ 即 6 年左右的周期。

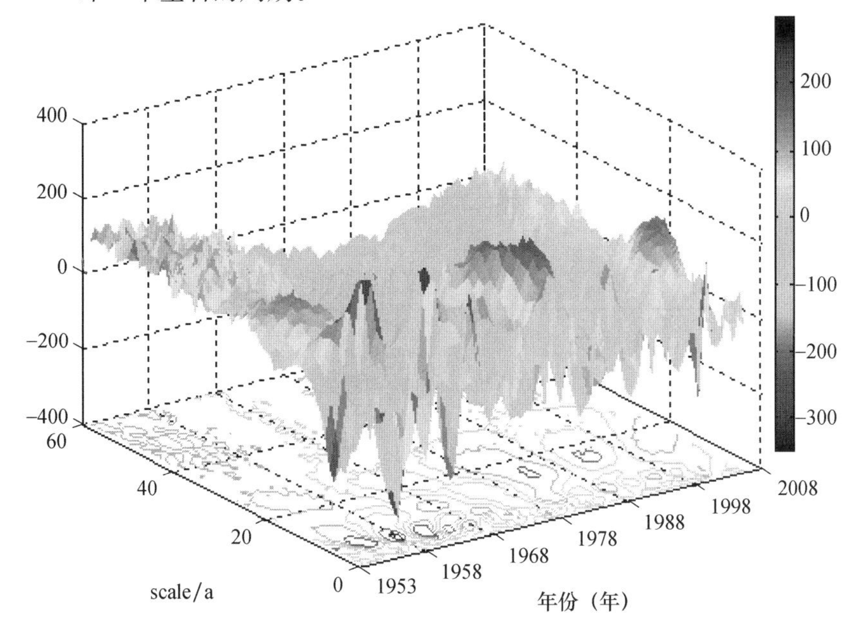

(a) morl Coef time-frequency distribution space pattern

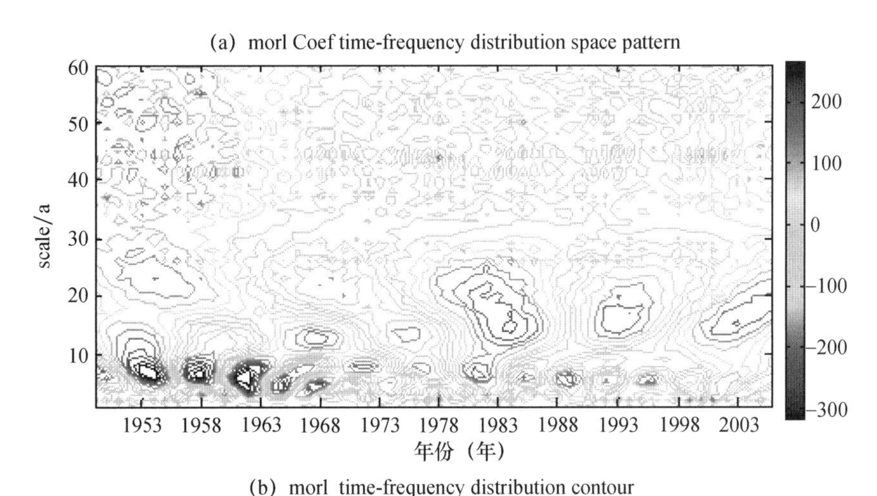

(b) morl time-frequency distribution contour

图 2.2-12 Morlet 小波系数图

总体上看，Morlet 小波和 cmor2-1 小波检测的结果较 Mexcian hat 小波分别率要高，但在宏观分析上却逊于 Mexcian hat 小波。Morlet 小波比 cmor2-1 小波简便易用，但是从模值图展示各种时间尺度的周期变化在时间域中的分布情况却不如复 Morlet 小波（cmor2-1）直观方便。

小波系数分析结果显示鲁台子年径流序列中隐含着许多尺度的周期，哪个是主周期，起到主要的影响作用还有待进一步分析，下面我们通过小波系数的模值、模值平方以及小波方差来寻找主周期和次主周期，进一步揭示其周期变化规律。

通过小波方差图可以非常方便地查找一个时间序列中起主要作用的尺度（周期）。Mexcian hat 小波系数方差，Morlet 小波方差和 cmor2-1 小波系数方差分别如图 2.2-13 所示。

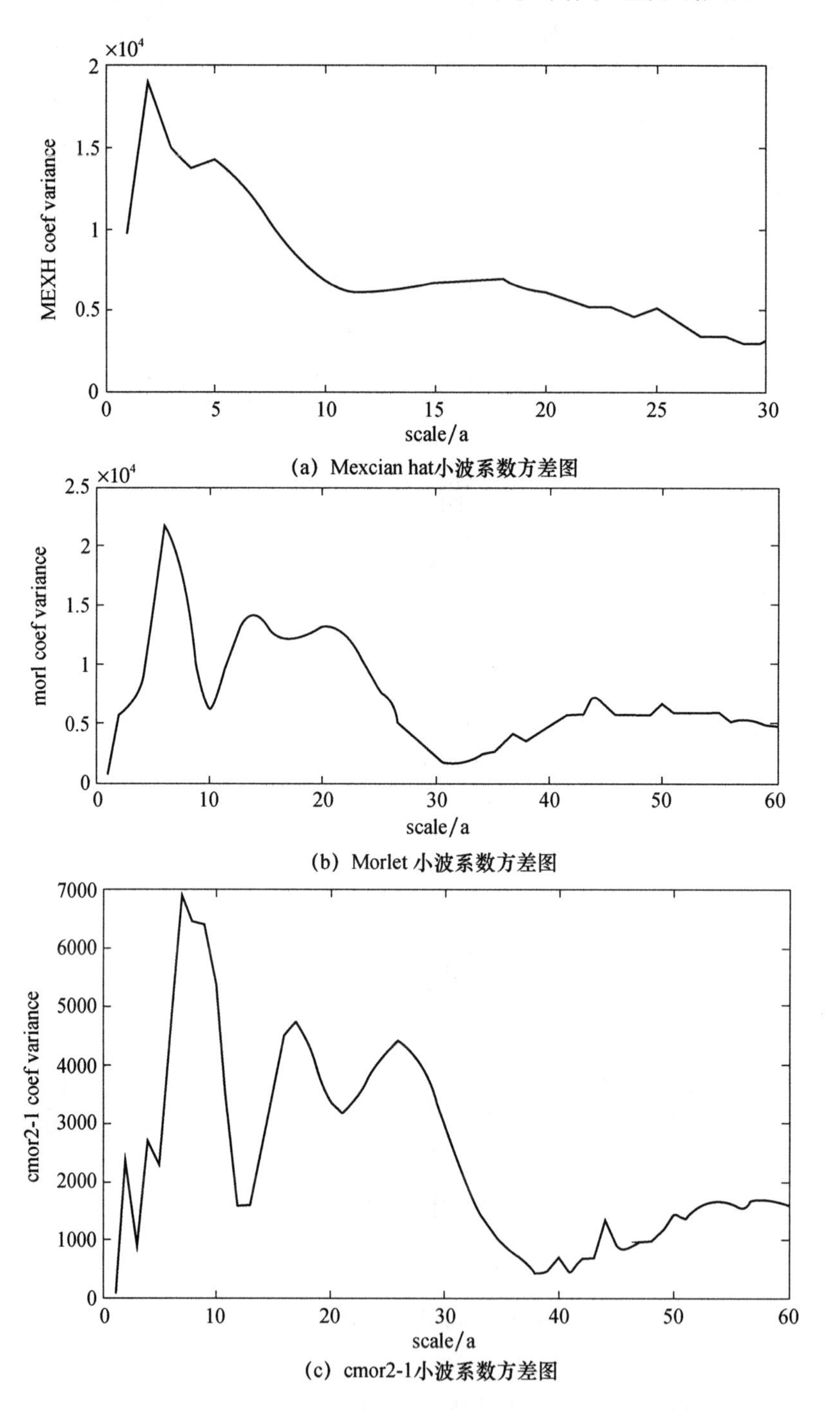

(a) Mexcian hat小波系数方差图

(b) Morlet 小波系数方差图

(c) cmor2-1小波系数方差图

图 2.2-13 Mexcian hat、Morlet、cmor2-1 小波系数方差图

Mexcian hat 小波系数方差检测鲁台子年径流量序列在 2a 左右尺度的小波方差极值表现最为显著，说明鲁台子年径流过程存在 2a 即 8 年左右的主要周期；在 5a 左右尺度的小波方差极值表现次显著，说明鲁台子年径流过程存在 5a 即 20 年左右的次主周期。这 2 个周期的波动决定着鲁台子年径流量在整个时间域内的变化特征。

Morlet 小波方差检测鲁台子年径流量序列在 6a～8a 尺度的小波方差极值表现最为显著，说明鲁台子年径流过程存在 2 年左右主要周期；在 14a 和 20a 左右尺度的小波方差极值表现次显著，说明鲁台子年径流过程存在 4 和 6 年左右两个次主周期。这 3 个周期的波动决定着鲁台子年径流量在整个时间域内的变化特征。

cmor2-1 小波系数方差检测鲁台子非汛期径流量序列在 8a 左右尺度的小波方差极值表现最为显著，说明鲁台子年径流过程存在 2.5 年左右主要周期；在 16a 和 25a 左右尺度的小波方差极值表现次显著，说明鲁台子年径流过程存在 5 和 8 年左右两个次主周期。这 3 个周期的波动决定着鲁台子非汛期径流量在整个时间域内的变化特征。

从小波变换系数模值及模值平方图可以看出，鲁台子年径流量 8a～10a 尺度的周期变化最为明显，模值最大，能量最强，但其周期性变化具有局部化特征；其次，16a 和 25a 尺度周期变化次明显，并且具有随时间推移能量进一步加大的趋势；其他尺度周期变化都较弱，能量较低。

通过上述三种小波的对比分析，不难发现小波函数不同分析结果会有细微差异，但是整体周期变化基本相同，比较其分析结果的相似性和各自的优缺点，我们下面分析多周期时间尺度只选择 cmor2-1 小波。cmor2-1 小波系数模值及模值平方图如图 2.2-14 所示。

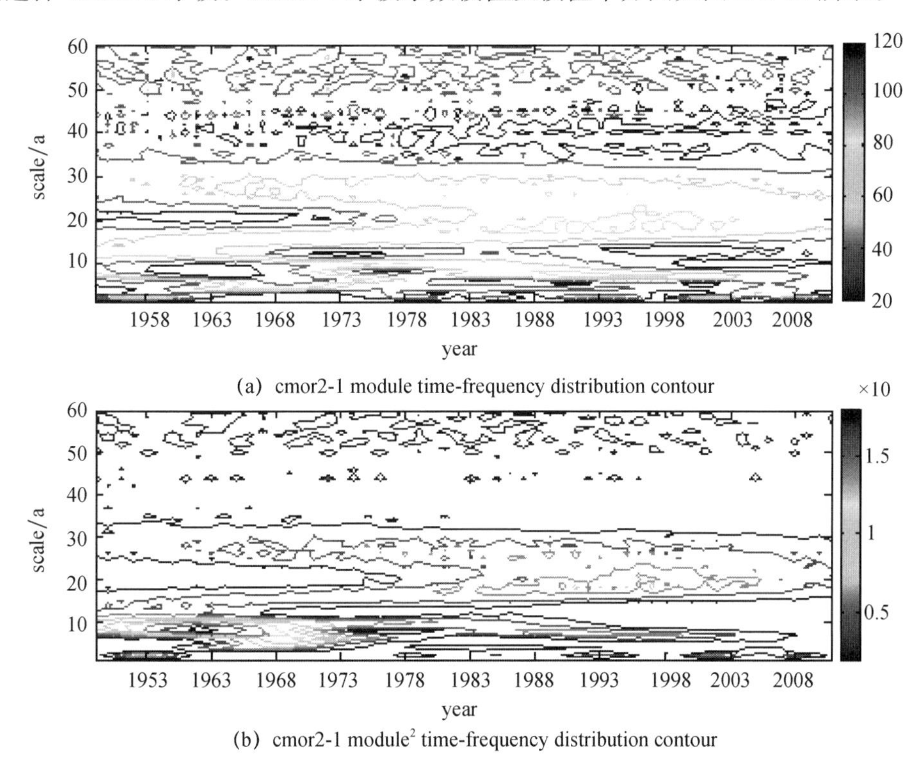

(a) cmor2-1 module time-frequency distribution contour

(b) cmor2-1 module^2 time-frequency distribution contour

图 2.2-14　cmor2-1 小波系数模值及模值平方图

② 汛期径流量分析

鲁台子汛期径流量周期分析结果如图 2.2-15 所示：在 45a～55a 大尺度即 15～18 年上表现为减少-增加的特点，而在 28a 左右中尺度即 8～9 年上则峰值谷值交错出现，周期显著，二者都显示 2008 年及随后的几年处于汛期径流量的增长期末期，8a 左右小尺度即 2～3 年显示 2008 年及随后的几年处于汛期径流量的减少期末期即将要转变成为增长期，另外在

20 世纪 90 年代之前有个 15a～20a 尺度即 5～6 年的存在明显的周期性，90 年代之后此尺度未表现出周期波动。多周期表现出杂乱的规律性，为了简化周期规律，需要找到几个主周期。

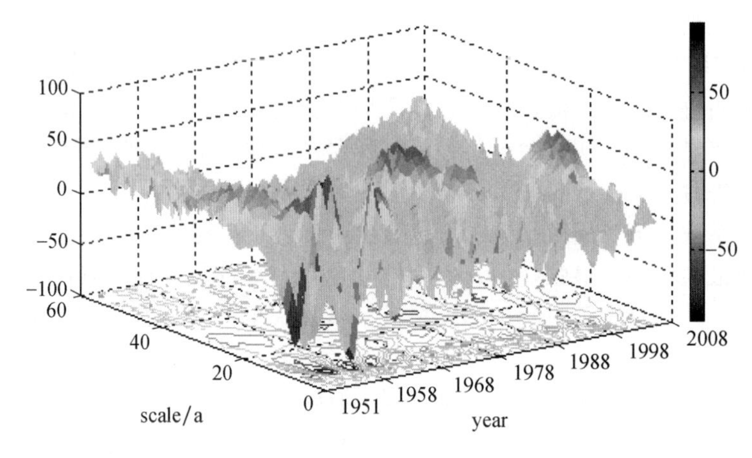

(a) cmor2-1 Coef real time-frequency distribution space pattern

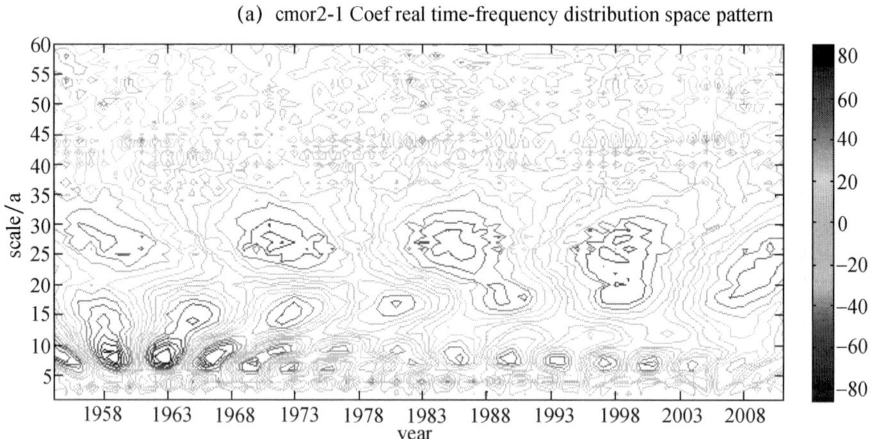

(b) cmor2-1 time -frequency distribution contour

图 2.2-15 汛期径流量 cmor2-1 小波系数组图

小波变换系数模值及模值平方图如图 2.2-16 所示，可以看出，鲁台子年径流量 8a～10a 尺度的周期变化最为明显，模值最大，能量最强，但其周期性变化具有局部化特征；其次，16a 和 25a 尺度周期变化次明显，并且具有随时间推移能量进一步加大的趋势；其他尺度周期变化都较弱，能量较低。结合 cmor2-1 小波系数方差图，如图 2.2-17 所示，检测出鲁台子非汛期径流量序列在 8a 左右尺度的小波方差极值表现最为显著，说明鲁台子年径流过程在 20 世纪 70 年代之前存在 2.5 年左右主要周期，70 年代之后 2.5 年左右的周期消失；在 25a 左右尺度的小波方差极值表现次显著，说明鲁台子年径流过程在 1951—2008 年间存在 8 年左右的次主周期；在 16a 左右尺度的小波方差极值表现第三显著，说明鲁台子年径流过程在 1951—2008 年间存在 5 年左右的第三主周期。这 3 个周期的波动决定着鲁台子非汛期径流量在整个时间域内的变化特征。

③ 非汛期径流量分析

鲁台子汛期径流量周期分析结果显示：在 40a～50a 大尺度即 12～15 年上表现为减少-增加的特点，而在 20a 左右中尺度即 6 年上则峰值谷值交错出现，周期显著，前者显示

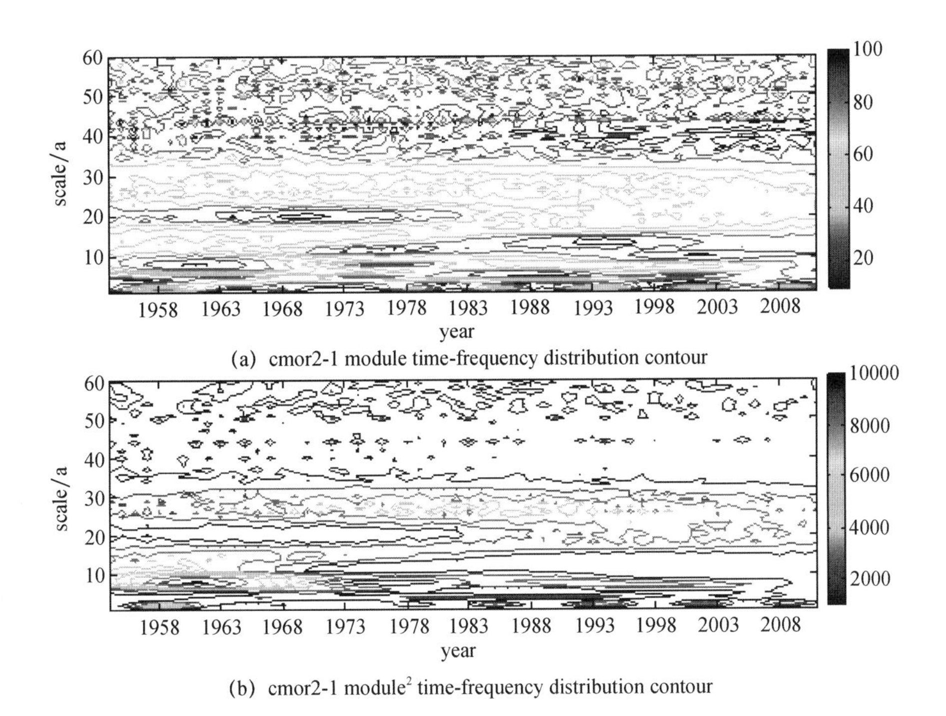

(a) cmor2-1 module time-frequency distribution contour

(b) cmor2-1 module² time-frequency distribution contour

图 2.2-16　汛期径流量 cmor2-1 小波系数模值和模平方图

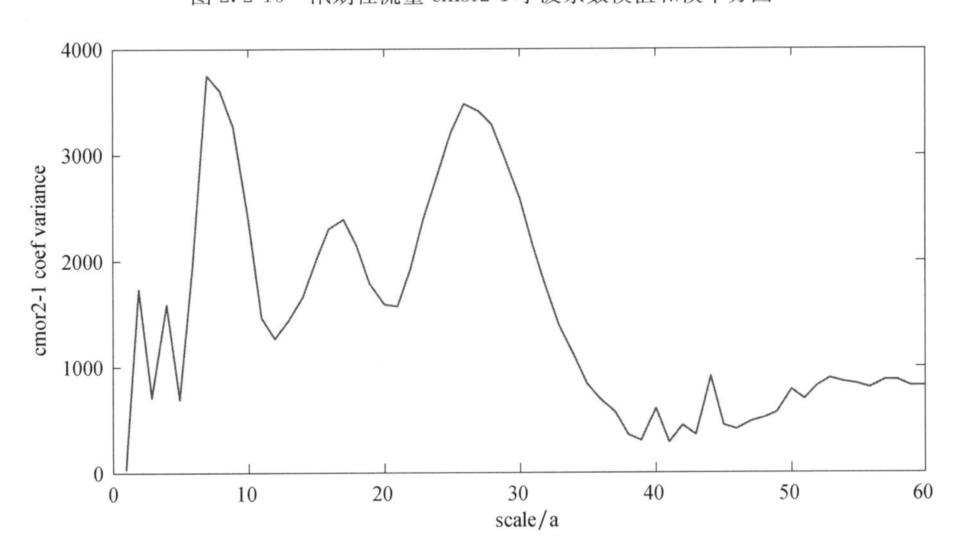

图 2.2-17　汛期径流量 cmor2-1 小波系数方差图

2008 年及随后的几年处于汛期径流量的增长期，后者显示 2008 年及随后的几年处于汛期径流量的减少期，10a 左右小尺度即 3 年在 2008 年及随后的几年处于汛期径流量周期变化不明显。非汛期径流量周期变化规律跟年径流量、汛期径流量周期变化规律有些差异。

小波变换系数模值及模值平方图，如图 2.2-18 所示，可以看出，鲁台子年径流量 5a～10a 尺度的周期变化最为明显，模值最大，能量最强，但其周期性变化只在 20 世纪 60 年代初至 80 年代末能量最大，具有局部化特征；其次 20a 尺度周期变化次明显，也具有局部化特征，在 70 年代初至 90 年代末能量最大；其他尺度周期变化都较弱，能量较低。结合 cmor2-1 小波系数方差图，如图 2.2-19 所示，检测出鲁台子非汛期径流量序列在 5a～10a 尺度的小波方差极值表现最为显著，说明鲁台子年径流过程只在60年代初至80年代末存在2～3年主要周期，90年代之后此主周期消失；在20a左右尺度的小波方差极值表现次显著，说明鲁台子年径流过程在70年代初至90年代末周期明显。这2个局部周期的波动决定着鲁台子非汛期径流量在整个时间域内的变化特征。总体来说，非汛期周期变化不如全年径流量和汛期径流量周期变化明显。

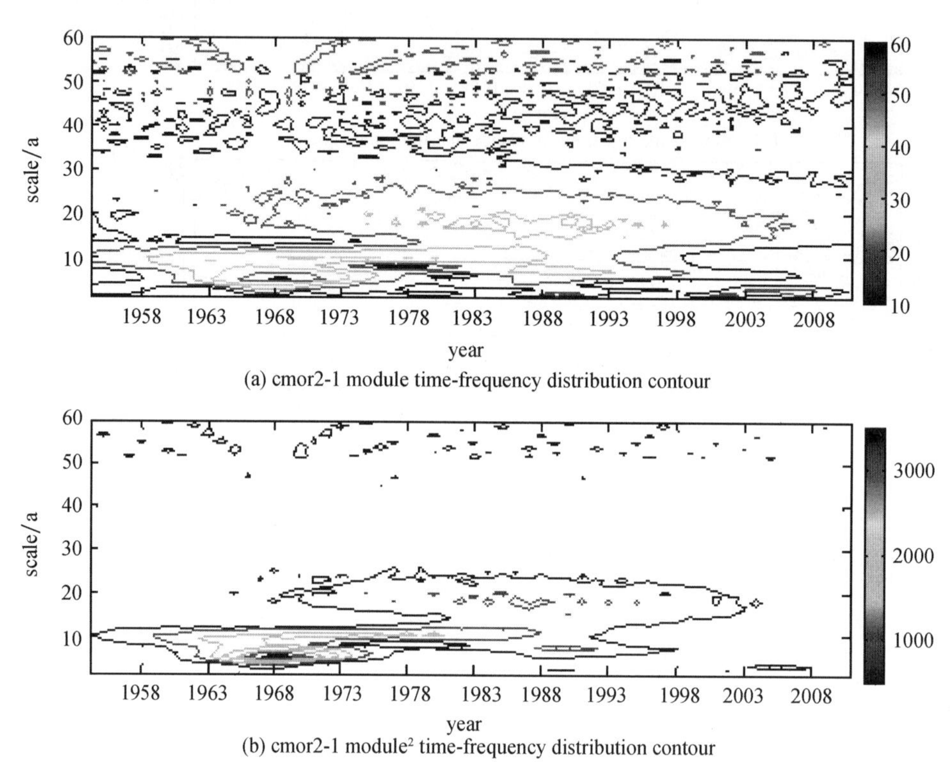

图 2.2-18 非汛期径流量 cmor2-1 小波系数模值和模平方图

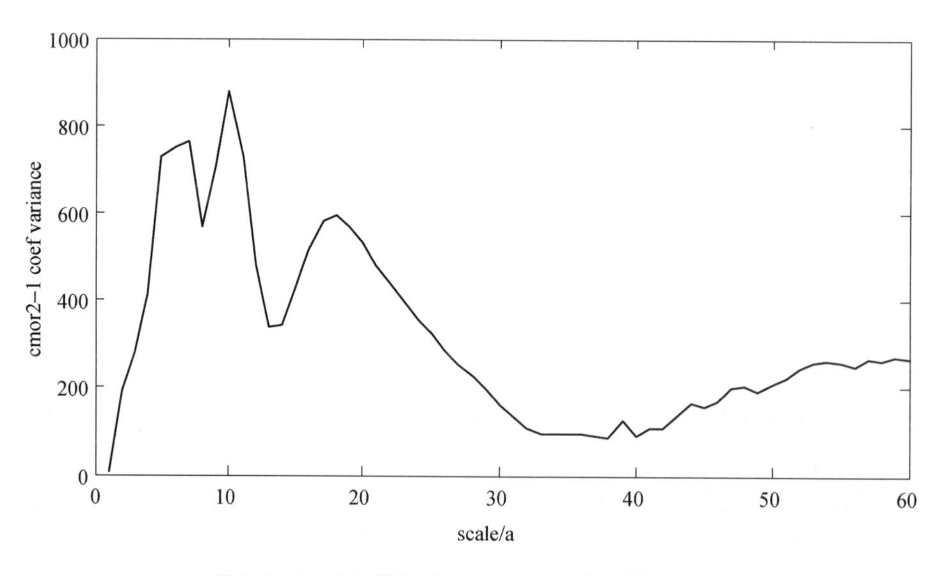

图 2.2-19 非汛期径流量 cmor2-1 小波系数方差图

(3) 径流趋势分析

季节性 Kendall 检验是 Mann-Kendall 检验的一种推广，它首先是由 Hirsch 及其同事提出。该检验的思路是用于多年的收集数据，分别计算各季节（或月份）的 Mann-Kendall 检验统计量 S 及其方差 Var（S），再把各季节统计量相加，计算总统计量，如果季节数和年数足够大，那么通过总统计与标准正态表之间的比较来进行统计显著性趋势检验。

首先进行径流趋势分析：选取鲁台子站 1951—2012 年年径流资料进行分析，年径流变化过程线如图 2.2-20 所示。从图中可以看出，多年来淮干鲁台子站年径流总体上呈下降趋势，年径流量下降的趋向率为 7.94×108m³/10a，其中 1954—1956 年、1963—1965 年、1968—1969 年、1982—1985 年年径流量处在小波动的偏高年，说明年径流量偏大；1957—1962 年、1966—1967 年、1970—1974 年、1976—1979 年、1992—1995 年年径流量处在下降期，说明年径流量偏小；根据统计资料得出：上述各时段的年径流量分别为 442.765 亿 m³、421.006 亿 m³、276.255 亿 m³、324.190 亿 m³、155.472 亿 m³、82.624 亿 m³、180.071 亿 m³、112.899 亿 m³、94.293 亿 m³。用 Mann-Kendall 趋势检验法检验，其下降趋势显著，检验结果见表 2.2-6。

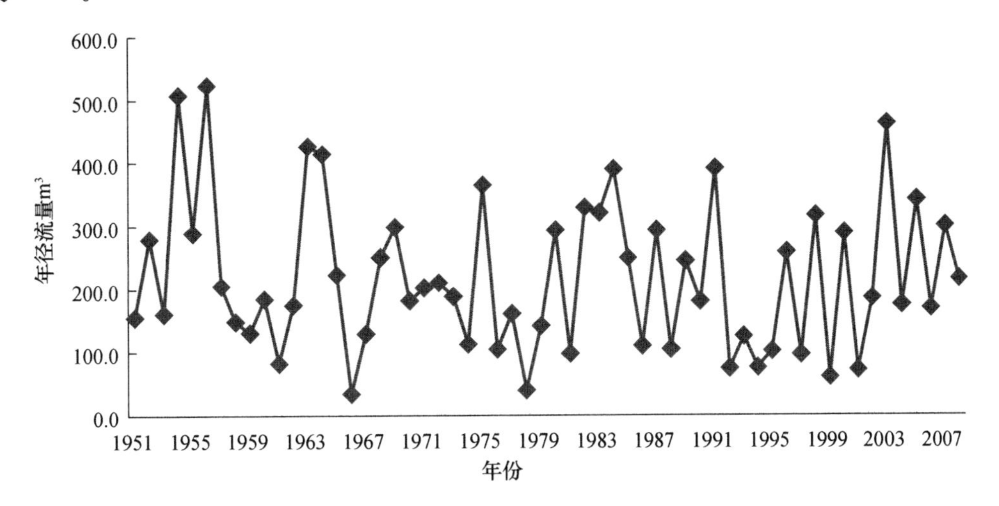

图 2.2-20 淮干鲁台子站年径流变化过程线

表 2.2-6 *MK* 检验结果

项目	年径流量序列
n	59
M	−6.28
检验过程	1.96
检验结果	有下降趋势，显著

2. 蚌埠站径流变化分析

蚌埠（吴家渡）水文站是淮河干流中游重要控制站，蚌埠以上流域面积 11.21 万 km²，占淮河水系面积的 60%，研究蚌埠站天然径流量的多年变化规律对淮河上中游地区水资源利用有着非常重要的意义。

(1) 径流趋势分析

对蚌埠站 1950—2012 年年径流资料进行径流趋势分析，如图 2.2-21 所示，可以看出，多年来淮干蚌埠站年径流总体上呈下降趋势，年径流量下降的趋向率为24.76×10^8m^3/10a，其中1954—1956年、1963—1965年、1968—1969年、1982—1985年年径流量处在小波动的偏高年，说明年径流量偏大；1957—1962年、1966—1967年、1973—1974年、1976—1979年、1992—1995年年径流量处在下降期，说明年径流量偏小。根据统计资料得出：上述各时段的年径流量分别为531.908×10^8m^3、455.906×10^8m^3、341.220×10^8m^3、408.391×10^8m^3、192.054×10^8m^3、90.508×10^8m^3、198.519×10^8m^3、134.911×10^8m^3、104.226×10^8m^3。用Mann-Kendall趋势检验法检验，其下降趋势显著，检验结果见表2.2-7。

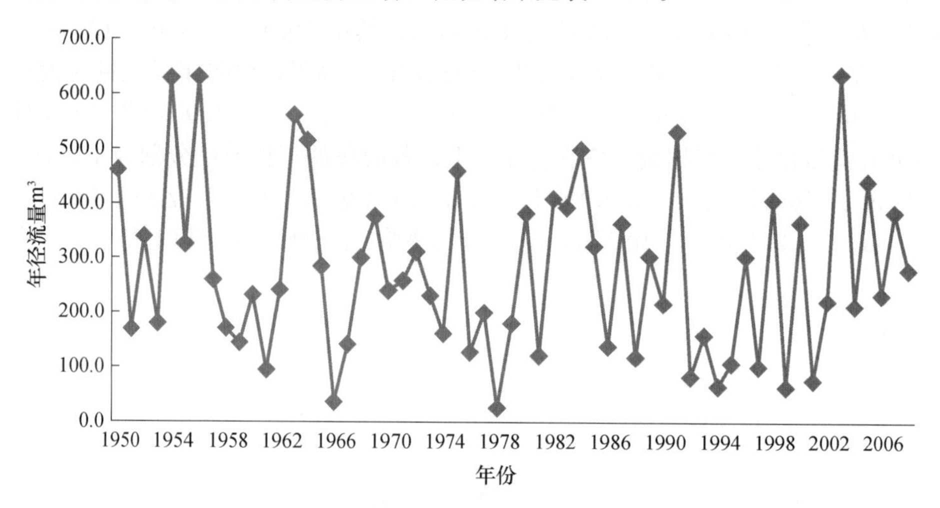

图2.2-21 淮干蚌埠站年径流变化过程线

表2.2-7 *MK*检验结果

项目	年径流量序列
n	53
M	−3.04
检验过程	$\|M\|>M_{0.05}=1.96$
检验结果	有下降趋势，显著

受水文循环和人类活动的影响，水文情势在时间或空间上往往发生变异，即明显超过规则化的体系改变。这种使水文序列发生不一致的改变点就是我们要找的变异点。本节采用变点分析方法来分析变异年。变点分析采用滑动t检验方法。其原理是：

$$t=\frac{\bar{x}_1-\bar{x}_2}{s\sqrt{\frac{1}{n_1}+\frac{1}{n_2}}} \tag{2.2-16}$$

其中，$s=\sqrt{\frac{n_1s_1^2+n_2s_2^2}{n_1+n_2-2}}$，式中，$\bar{x}_1$，$s_i$和$n_i$分别是两个子样本的均值、标准差和长度。它是从正态母体中选择相邻的两个固定长度的子样本进行t检验，然后依次向后滑动。最后取最佳变异点。

为进一步分析研究淮河流域年径流量的变化趋势及变异年份，本文选择了鲁台子和蚌埠两站点进行变异年份分析，取子样长度为10a，取$\alpha=0.05$的显著水平，相应的$t_\alpha=2.1$。$t>0$代表该点为要素趋向减少的变点，$t<0$则代表该点为要素趋向增加的变点。结果如图

2.2-22 所示。两站的变异点完全一致，年径流量增加的变异点出现在 1953 年及 1981 年，年径流量减少的变异点出现在 1956 年及 1991 年。

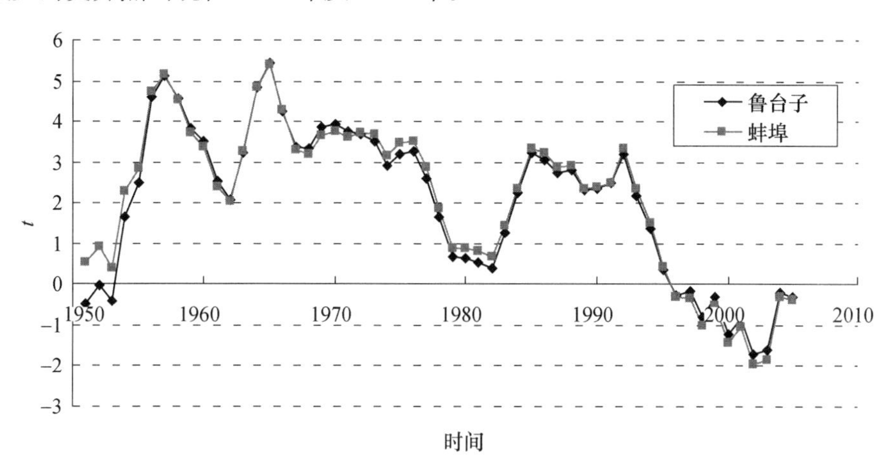

图 2.2-22　t 值变化趋势

总之，淮河流域年径流量减少的趋势主要是由人类活动影响造成的（胡余忠《淮河流域人类活动影响的水文变化》：降水变化趋势基本稳定，蒸发年际变化呈减少趋势，降水径流关系存在减少趋势）。

（2）丰枯转移特性动态模拟

用马尔科夫（Markov）过程对淮河蚌埠站 1916—2012 年天然径流量进行转移概率分析，揭示蚌埠站年径流量丰平枯状态转移特性。Markov 过程是随机过程的一个分支，它的最基本特征是“后无效性”，即在已知某一随机过程“现在”的条件下，其“将来”与“过去”是独立的，它是一个不仅时间离散、状态也离散的时间序列。它研究事物随机变化的动态过程，依据事物状态之间的转移概率来预测未来系统的发展。

以 $P_{i,j(m,m+k)}$ 表示 Markov 链在 t_m 时刻出现 $X_m=a_i$ 的条件下，在 t_{m+k} 时刻出现 $X_{m+k}=a_j$ 条件的概率，即转移概率为：

$$P_{i,j(m,m+k)}=P\ (X_{m+k}=a_j \mid X_m=a_m)\ (i,\ j=1,\ 2,\ \cdots,\ N;\ m,\ k \text{都是正整数})$$

当转移概率 $P_{i,j(m,m+k)}$ 的 $k=1$ 时，有 $P_{i,j}=P_{i,j(m,m+1)}=P\ (X_{m+1}=a_j \mid X_m=a_m)$，称之为一步转移概率，表示马氏链由状态 a_i 经过一次转移到达状态 a_j 的转移概率。所有的一步转移概率可以构成一个一步转移概率矩阵。当马氏链为齐次时，对于 K 步转移矩阵 $\boldsymbol{P_K}$，有：

$$\boldsymbol{P}=\boldsymbol{P_K} \tag{2.2-17}$$

其中，$\boldsymbol{P}$ 为一步转移矩阵：

$$\boldsymbol{P}=\begin{bmatrix} P_{11} & P_{12} & \cdots & P_{1N} \\ P_{21} & P_{22} & \cdots & P_{2N} \\ \cdots & \cdots & \cdots & \cdots \\ P_{N1} & P_{N2} & \cdots & P_{NN} \end{bmatrix}$$

一个有限状态的 Markov 过程，经过长时间的转移后，初始状态的影响逐渐消失，过程达到平稳状态，即此后过程的状态不再随时间而变化。这个概率称为稳定概率，又称为极限概率，它是与起始状态无关的分布。定义为：

$$p=\lim_{m\to\infty}P\ (m) \tag{2.2-18}$$

极限概率的存在，代表着系统处于任意特定状态的概率，而用 $1/p$ 则可表示该特定状态重复再现的平均时间。也就是说，极限概率表现了离散时间序列趋于稳定的静态特征。

用 Markov 过程来研究径流丰枯状态转变的过程，就是要通过对其转移概率矩阵的分析，认识年径流丰枯各态自转移和相互转移概率的特性；用对年径流 Markov 状态极限概率的分析，显示年径流变化趋于稳定的静态特征。

① 状态划分

首先划分系列丰枯平标准。先计算系列均值 X 和标准差 S，按大于 $X+S$、$X+S\sim X+0.5S$、$X+0.5\sim X-0.5S$、$X-0.5S\sim X-S$，小于 $X-S$ 的标准分别划分为丰水年、偏丰水年、平水年、偏枯水年和枯水年进行统计。

根据径流丰枯状态划分标准，把淮河蚌埠站 1916—2012 年天然年径流随时间丰枯演变的情况划分为 5 种状态，由此构成时间离散、状态也离散的随机时间序列。

② 丰平枯状态转移特性动态模拟分析

如果该序列从某一时刻的某种状态，经时间推移，变为另一时刻的另一种状态，则是该序列状态的转移，以此构成 Markov 矩阵。可以计算出年径流丰枯状态一步转移概率矩阵，见表 2.2-8。可以看出：

表 2.2-8　年径流丰枯状态一步转移概率矩阵

状态	J				
I	1	2	3	4	5
1	0.214	0.000	0.286	0.357	0.143
2	0.000	0.000	0.400	0.600	0.000
3	0.194	0.065	0.355	0.258	0.129
4	0.182	0.136	0.409	0.136	0.136
5	0.000	0.083	0.417	0.250	0.250
平均	0.118	0.057	0.373	0.320	0.132

③ 丰平枯静态特性

由 Markov 极限概率的定义，通过一步转移概率则可得到极限概率，其计算结果如表 2.2-9所示。

表 2.2-9　年径流丰枯状态极限概率

状态	J				
I	1	2	3	4	5
极限概率 P（%）	15.2	7.1	37.2	26.4	14.1
平均重复时间（年）	6.6	14.1	2.7	3.8	7.1

在表 2.2-9 中，年径流在状态 3（平水年）重复再现的平均时间最短，为 2.7 年一遇：其次为状态 4（偏枯水年），重复再现的平均时间为 3.8 年一遇；在状态 1（丰水年）和状态 5（枯水年）重复再现的时间分别为 6.6 年和 7.1 年一遇；而状态 2（偏丰水年）重复再现的平均时间最长，为 14.1 年一遇。由此可以看出，在淮河蚌埠站年径流长期丰枯变化中，出现平水年和偏枯水年的状态占优势，概率为 63.6%，出现极端的丰水年和枯水年的概率也达 29.3%。

④ 不计自转移状态的各态互转化特性

在上述 Markov 状态转移概率矩阵中，包括了系统中任意状态自转移的特性，从一定程度上削弱了各状态间的相互转化特性的体现。因此，为减少任意状态自转移因素对系统各状态间相互转化的影响，采用在不计自转移状态的条件下分析 Markov 过程，来充分体现其年径流丰枯各态相互转化的特性。

将转移概率矩阵中 $\boldsymbol{P}_{ij}$（$i=j$）项设定为零，计算各态互转移概率，组成不计自转移状态下的互转移 Markov 矩阵，以此来分析年径流长期丰枯各状态的转化特性。

从表 2.2-10 可以看出，各态（i_1～i_5）转入的状况主要集中在状态 3 和状态 4，各态转入状态 3 的平均概率为 0.357，各态转向状态 4 的概率为 0.333；转向状态 1 的概率为 0.128；而转向状态 2 和状态 5 的概率较小，分别为 0.092 和 0.089。说明各态向平水年和偏枯水年转移的概率较大，而向偏丰水年和枯水年转移的概率较小。

表 2.2-10 年径流丰枯各态互转移概率矩阵

状态	*J*				
I	1	2	3	4	5
1	—	0	0.364	0.455	0.182
2	0	—	0.400	0.600	0
3	0.300	0.100	—	0.400	0.200
4	0.211	0.158	0.474	—	0.158
5	0	0.111	0.566	0.333	—
平均	0.128	0.092	0.357	0.333	0.089

在淮河蚌埠站年径流长期丰枯变化的各态相互转移中，存在以状态 3 和状态 4 为转移中心的转移模式，表现为：

偏枯水年与平水年之间的邻态互转移模式。

丰水年、偏丰水年和平水年向偏枯水年的转移模式。

偏丰水年、偏枯水年和枯水年向平水年的转移模式。

经分析，结论如下：

a. 淮河蚌埠站年径流在长期丰枯状态的概率转变中，平水年的自转移概率较大，即平水态自保守性强。

b. 概率转移分析显示，年径流处于丰水和偏丰水的初始状态，向偏枯水年转移的概率较大；年径流处于平水、偏枯水年和枯水年的初始状态，向平水年转移的概率较大。淮河年径流在长期丰枯状态的转变中，出现平水和偏枯水年的状态占优势。

c. 在淮河年径流长期丰枯变化的各态相互转移中，存在以平水和偏枯水年为状态转移中心的转移模式。

d. 系列数据状态划分对分析结论的影响是显而易见的，如何合理地确定划分标准有待进一步探讨。

2.2.2.2 淮河流域径流情势演变

1. 径流情势分析

为了全面地把握淮河流域降雨径流情势，需在流域内选择足够数量且代表性较好的流量观测站进行降雨径流情势分析，通过分析识别径流有衰减的区域。研究选用 35 个水文控制站情况见表 2.2-11。

表 2.2-11　研究选用的水文控制站

分区	河名	站名	面积（km^2）	分区	河名	站名	面积（km^2）
淮河以南	洪河	新蔡	4110	淮河以北	史河	梅山	1970
	洪河	班台	11280		淠河	横排头	4370
	沙河	白龟山	2730		淠河	响洪甸	1476
	沙河	昭平台	1416		史河	蒋家集	5930
	涡河	砖桥	3410		池河	明光	3501
	涡河	玄武	4014				
	新汴河	永城	2237				
	颍河	阜阳	38240				
	涡河	蒙城	15475				
	沙颍河	周口	25800				
	沙颍河	沈丘	3094				

采用降雨径流相关法和径流系数法，研究径流情势如下：

（1）降雨径流相关法

建立流域各分区年降雨径流相关关系，如图 2.2-23、图 2.2-24 所示，1980—2012 年系列年降水量小于 600mm 的大多数点据偏于 1956—1979 年系列的左边，表明同样量级的降雨量所产生的地表径流量偏小，即地表径流有衰减的趋势。

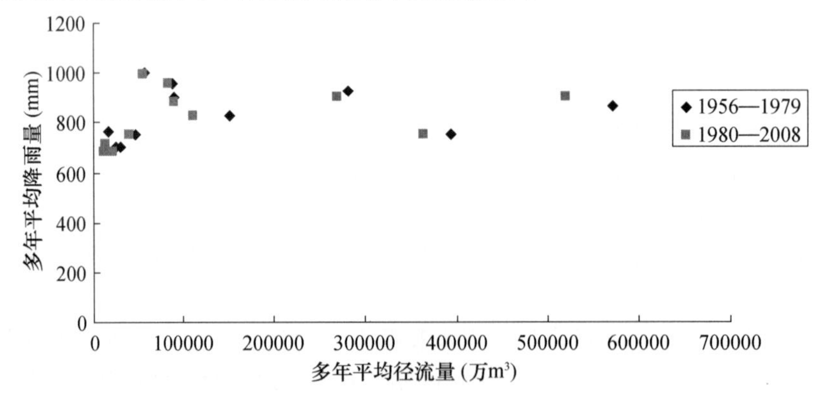

图 2.2-23　淮河以北流域分区年降雨径流相关分析

（2）径流系数法

径流系数反映降水形成径流的比例，径流系数集中反映了下垫面的水文地质情况和降水特性对地表径流产流量的影响，其中影响较大的因子包括下垫面的土壤和植被类型、土壤前期土壤含水量、降水量和强度等。一般而言，降水越大或降水强度越大，径流系数也相应较大；下垫面土壤含水量越大，径流系数也相应越大，且这种关系是非线性的。所以用径流系数研究径流演变情势，必须区分降水影响和下垫面的影响，如果径流系数的减小幅度远大于降水减少的幅度，那么其中有一部分可能是由下垫面变化所致。计算流域各分区两个系列的

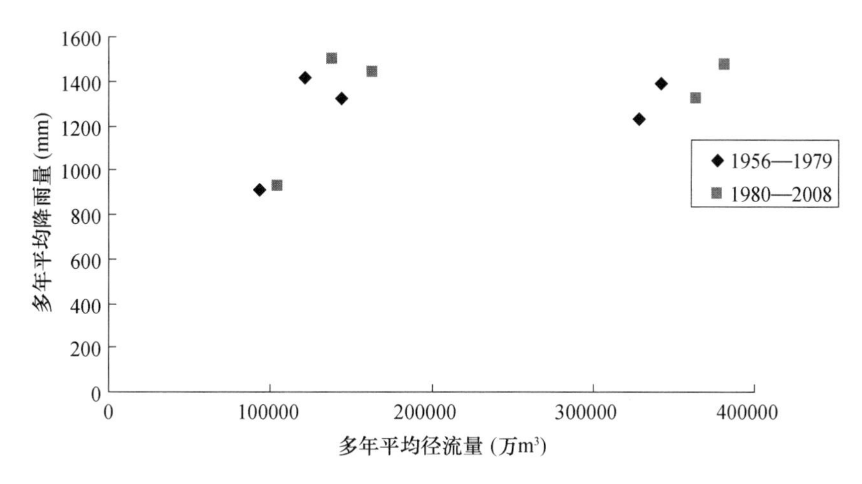

图 2.2-24 淮河以南流域分区年降雨径流相关分析

径流系数，发现：①淮河以南 1980—2008 年系列的径流系数均略大于 1956—1979 年系列，说明该区域地表径流量没有衰减现象。②淮河以北除个别水文控制站外，1980—2008 年系列的径流系数均较 1956—1979 年系列小，说明相同降雨产生的径流偏小。

2. 径流的时空变化

(1) 空间分布

淮河流域年径流地区分布呈现山区大、平原小，南部大、北部小，沿海地区大、内陆小的变化趋势。淮河流域年径流深变幅在 50～1000mm 之间，淮河以南及上游山丘区，年径流深为 300～1000mm；淮河以北地区，年径流深为 50～300mm，并自南向北递减。流域南部的大别山区是本区径流深最高的地区，年径流深可达 1000mm，北部沿黄地区为径流最小地区，年径流深仅有 50～100mm，南北相差 10～20 倍。西部伏牛山区年径流深为 400mm，而东部沿海地区年径流深为 250mm，东西相差 1.6 倍多。

(2) 时程分布

淮河流域径流年内分配不均匀。主要体现在汛期十分集中、季径流变化大、最大与最小月径流相差悬殊等方面。年径流的大部分主要集中在汛期 6～9 月，各地区河流汛期径流量占全年径流量的 50%～88%，呈现出由南向北递增的规律。最大与最小月径流相差悬殊。最大月径流量占年径流量的比例一般为 14%～40%，由南向北递增；最小月径流量占年径流量的比值仅为 1%～5%，地区上变化不大。

淮河流域径流年际变化较大。主要表现在最大与最小年径流量倍比悬殊、年径流变差系数较大和年际丰枯变化频繁等。最大与最小年径流量倍比悬殊，本区各控制站最大与最小年径流量的比值一般在 5～30 之间，最小仅为 3，而最大可达 1680。变差系数 C_v 值较大，年径流变差系数值与年降水量变差系数值相比，不仅绝对值大，而且在地区分布上变幅也大，呈现由南向北递增、平原大于山区的规律。

2.3 水资源情势演变影响因素

2.3.1 气候条件变化的影响

为说明近 20 多年来我国气候状况的变化情况及其引起的水资源变化，进行 1956—1979

年、1980—2012年两时段气候要素多年平均值的对比及其影响分析。

1. 年降水量演变趋势空间分布

由1980—2012年与1956—1979年两时段多年降雨量（表2.3-1）可知，淮河流域年均降水量为875mm，其中淮河水系911mm。降水量在地区分布上不均，变幅为600～1400mm，南多北少，同纬度地区山区大于平原，沿海大于内陆。降水量在年内分配上也呈现出不均衡性，淮河上游和淮南地区降水多集中在5～8月，其他地区在6～9月。多年平均连续最大4个月的降水量为400～800mm，占年降水量的55%～80%；降水集中程度自南向北递增，淮南山区约55%。受季风影响，流域年降水量年际变化剧烈。丰水年与枯水年的降水量之比约为2.1。单站最大与最小年降水量之比大多为2～5，少数在6以上。流域全年降水日数大致是南多北少，淮南和西部山区100～120天，大别山区最多，约为140天，淮北平原为30～100天。

表2.3-1 淮河流域水资源分区多年平均降雨量

区域	河名	站名	面积（km²）	多年平均降雨量		
				1956—1979年	1980—2012年	增减率（%）
淮河以北	洪河	新蔡	4110	899.3	880	−2.15
	洪河	班台	11280	926.3	900.7	−2.76
	沙河	白龟山水库	2730	956.2	955	−0.13
	沙河	昭平台水库	1416	999.3	993.3	−0.6
	涡河	砖桥	3410	702.3	685.7	−2.36
	涡河	玄武	4014	702.3	685.7	−2.36
	新汴河	永城	2237	766.9	715.7	−6.68
	颍河	阜阳	38240	866	899.5	3.87
	涡河	蒙城	15475	826.1	824.6	−0.18
	沙颍河	周口	25800	751.7	753.3	0.21
	沙颍河	沈丘	3094	751.7	753.3	0.21
淮河以南	史河	梅山水库	1970	1323.5	1442.5	8.99
	淠河	横排头	4370	1391.8	1470.4	5.65
	淠河	响洪甸水库	1476	1410.8	1498	6.18
	史河	蒋家集	5930	1225.5	1323	7.96
	池河	明光	3501	906.3	925.9	2.16

2. 蒸发变化及其影响

蒸发量的大小与日照时数、太阳辐射强度、风速、平均最高气温、气温日较差等多因子相关。造成蒸发量增加的原因主要是水资源开发利用程度增大，下垫面情况发生了变化；同时气候原因如日照时数、太阳辐射及平均风速和气温日较差的增加也可能引起蒸发量增大，尚需进一步深入研究。根据气象部门预测，在未来相当长一段时期内我国温度仍然将持续上升，势必要增大蒸发量，减少径流量，水资源将更趋紧张。

2.3.2 下垫面变化的影响

近20年来人类对自然的干预越来越多，人为的措施如封山育林、采伐森林、变林地为

农田、都市和道路建设、水利工程等引起水资源下垫面的变化，导致降雨入渗、地表径流、蒸发等水平衡要素发生了变化，从而造成了径流的减少或增加。

为了保证1956—2012年天然径流量系列的一致性，反映近期下垫面条件下的天然径流量，对下垫面变化引起的水资源变化进行了一致性处理，统一修正到1980—2012下垫面。对变化大的地区同时进行了向前还原，分析1956—2012年系列中的1956—1979年和1980—2012年两种下垫面条件下天然径流量的变化。

1. 一致性修正方法

建立降水径流关系线，将不同年代的降水径流点据点绘在关系图上，通过点据的分散程度确定下垫面变化前后的年代（也可以采用降雨、径流双累计法寻找拐点，确定下垫面改变的年代），从而确定下垫面变化前后的两个系列，并通过两个系列点据的点群关系定出不同的关系线，并以P～R（前）和P～R（后）表示。

2. 影响分析

考虑到天然水资源量还原资料可靠性和精确性、下垫面对地表径流影响的代表性、流域的闭合性以及下垫面资料的可得性，选取峡山水库流域作为典型流域研究下垫面条件变化下的径流演变趋势。

如图2.3-1所示，峡山水库径流系数分析表明：1980—2012年系列的径流系数均较1956—1979年系列小，即1980—2012年相同降雨产生的径流较1956—1979年系列偏小。从大趋势上看，1975年是一个分界点，即1975年前，年降水量为递增趋势，1975年后为递减趋势。尤其是80年代递减趋势十分明显，而且递减梯度较大，进入90年代这种递减趋势有所缓和，降水量趋于稳定。

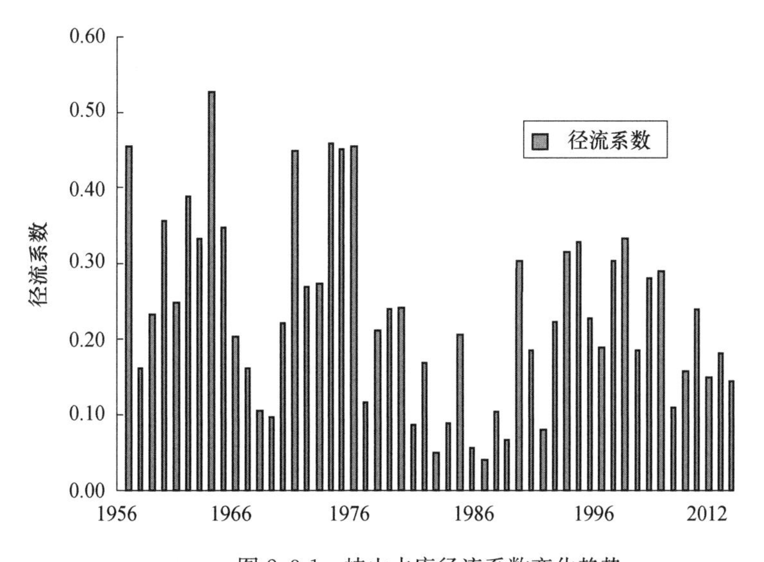

图2.3-1　峡山水库径流系数变化趋势

如图2.3-2所示，从峡山水库年径流量的5年和10年滑动平均过程线分析，年径流量的5年和10年滑动平均过程线表现为两个趋势，即80年代前滑动平均过程线位于多年平均过程线之上，而80年代后活动平均过程线位于多年平均过程线之下。年径流量滑动平均过程线围绕其多年平均线波动较大，这可能是由两个因素所致：一是降雨偏少；二是可能由下垫面变化引起径流衰减。

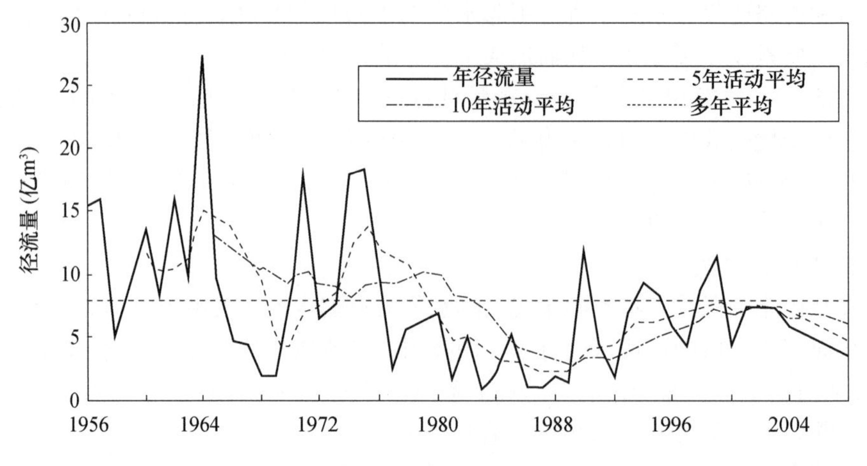

图 2.3-2　峡山水库年径流滑动平均过程

如图 2.3-3 所示，当降水量小于 600mm 时，点据有比较明显的分离现象，即两系列同量级的降雨量所产生的径流量有比较明显的分带现象，即第二系列（1980—2012 年）同量级降雨产生的径流量偏小。在现状下垫面条件下，同等级雨量下的径流量比 1956—1979 年下垫面条件下径流量系统偏左，其差值即为由于下垫面变化引起的径流变化量。

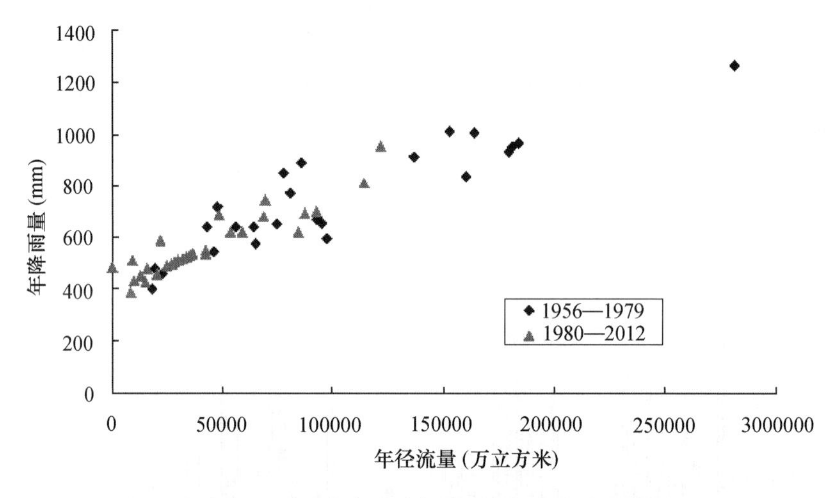

图 2.3-3　峡山水库流域年降雨量与年径流量关系

研究表明，影响峡山水库流域水资源衰减的主要因素是大量的小型水利工程蓄水引起水面蒸发量的增加，包括小型水库、塘坝和拦河闸，在平、枯水年份，流域径流的大部分都被这些蓄水工程所拦蓄，使得很大一部分水资源被蒸发和渗漏损失，而且这部分水资源在天然水资源还原计算中没有考虑。从平均情况看，20 世纪 80 年代以来较 80 年代以前峡山水库以上流域增加的水资源损失量，小型水库和塘坝水面蒸发量约为 0.183 亿 m^3，拦河水闸蓄水水面蒸发约为 0.38 亿 m^3，总计蒸发量约为 0.562 亿 m^3。小型水库和塘坝侧渗量约为 0.2 亿 m^3，拦河水闸蓄水体侧渗量约为 0.1 亿 m^3，总计侧渗量约为 0.3 亿 m^3。因此，所增加的蒸发损失和侧渗量总计为 0.862 亿 m^3。扣除建设用地增大不透水面积增加的地表径流量 0.15 亿 m^3，流域净减少地表径流量为 0.712 亿 m^3，影响较大。

3 淮河流域水资源监测体系升级

根据《全国水文基础设施建设规划（2013—2020年）》，水利部淮河水利委员会（以下简称“淮委”）在2013—2020年间先后组织实施了淮河流域省界断面水资源监测站网新建工程（一期），淮河流域顺河店、杨桥等省界断面水资源监测站网建设，淮河流域马兰闸、官庄闸等省界断面水资源监测站网建设，淮河水系重要省界断面水资源监测16水文站改造，沂沭泗河水系重要省界断面水资源监测8水文站改造，五道沟水文实验站改建，中小河流水文监测系统淮河流域水文应急机动测验队建设等项目，水资源监测站点新建39处、改造24处，水文水资源监测设施设备愈加丰富和先进，运行管理制度愈加完善。以上项目的实施实现了流域水文水资源的监测要素增加、站网密度加密、监测频次加密、监测水平提升和监测手段多样化，从而实现了流域水资源监测体系升级，完善了淮河流域水资源监控体系，为水资源精细调度等工作打下了坚实基础。

3.1 建设概况介绍

淮河流域独特地形、气候、社会经济、工程体系等特点导致水问题交织而复杂。人多水少，水资源时空分布不均、与生产力布局不相匹配，是经济社会发展需要长期面临的突出水情和基本国情。尤其是跨省的河流、湖泊、水资源区域，水事关系更为复杂。因此，迫切需要加强这些区域的省界水资源监控与监管，省界水资源监测站网（断面）建设则是水资源监管的基础。

淮河流域省界断面水资源监测站网工程建设，是贯彻落实水资源管理“三条红线”“四项制度”的基础性工作，也是建立水资源管理责任和量化考核制度的前提。通过省界断面水资源监测站网，建立淮河流域干流及主要支流省界断面水量监测体系，是实现省际区域水资源开发利用总量管理的监督管理，落实省界断面水量分配方案实施的基础支撑。

根据《全国水文基础设施建设规划（2013—2020年）》和《水利部关于印发全国省际河流省界水资源监测断面名录的通知》（水资源〔2014〕286号），在淮河流域淮河、洪河、史河、颍河、涡河、沂河、沭河这7条省界河流中（包括其支流水系）省界水量监测站点规划有81个。2016年，依据淮河流域水量分配方案要求，在史河入淮河河口设河口控制断面陈村（桥沟）站、沭河苏鲁省界设红花埠站。淮河流域7条水量分配省际河流省界水量监测站点共有83（81+2）个，其中现有水文站32处，新建水文站51（49+2）处。

1. 现有水文站情况

32处现有水文站中王家坝等8处水文站已能满足省界水资源监测工作的需要，但其他24处水文站需要进行更新改造后方能满足省界水资源监测工作的要求，因此淮委开展了“淮河水系重要省界断面水资源监测16水文站改造”和“沂沭泗河水系重要省界断面水资源监测8水文站改造”项目。2013年6月启动两项目前期工作，2014年1月水利部批复两项目的可行性研究报告，2014年3月，淮委批复两项目的初步设计报告。2014—2015两年间两项目完成全部建设任务，于 2019 年 8 月通过了淮委组织的竣工验收。

2. 拟新建站点基本情况

由于“名录”中魏家冲、马家畈、付桥闸、棉集、尚桥、苏巷公路桥、涧溪、石门头、涛沟桥等 9 处水文站列入了所在省中小河流水文监测系统项目中进行建设；另外，后吕家北桥和北王庄桥水文站集水面积都只有 17km²，经水利部审核核减这 11 处水文站的建设，同意新建水文站为 40（51-9-2）处，分 3 个项目实施：淮河流域省界断面水资源监测站网新建工程（一期）12 处［实际包括名录上的 13 处站点，根据水利部要求将许家冲水库（输）、许家冲水库（管道）2 个断面合并为一处后，站点数量变为 12 处］，淮河流域顺河店、杨桥等省界断面水资源监测站网建设 14 处，淮河流域马兰闸、官庄闸等省界断面水资源监测站网建设 13 处。

2013 年 5 月启动三个项目前期工作，经过多次技术方案现场察勘复核和报告修改后，可行性研究报告分别于 2016 年 8 月、2017 年 2 月获得水利部批复，初步设计报告分别于 2017 年 1 月、2017 年 5 月获得淮委批复。2017—2018 年，三个项目完成全部建设任务，于 2019 年 12 月通过了淮委组织的竣工验收。

3.2 水资源监测站新建工程

3.2.1 批复与建设内容

淮河流域省界断面水资源监测站网新建任务涉及 39 处水文站，分 3 个项目实施：淮河流域省界断面水资源监测站网新建工程（一期），淮河流域顺河店、杨桥等省界断面水资源监测站网建设，淮河流域马兰闸、官庄闸等省界断面水资源监测站网建设。为表述方便，未做特别注释时 3.2 节中将淮河流域省界断面水资源监测站网新建工程以“本项目”替代。

淮河流域省界断面水资源监测站网新建工程 3 个项目的批复过程如下：2013 年 5 月启动 3 个项目前期工作，经过多次技术方案现场察勘复核和报告修改后，可行性研究报告分别于 2016 年 8 月、2017 年 2 月获得水利部批复；根据项目开展情况和实际工作需要，为进一步发挥淮河流域省界断面水资源监测站网新建工程的整体效益，更好地落实最严格水资源管理制度量化考核制度，淮委水文局组织编制了设计变更报告，并于 2018 年 5 月获得淮委批复。

项目批复建设任务为新建淮河、洪河、史河、颍河、涡河、沂河、沭河这 7 条水量分配河流的 39 处水文站，分别为清浅桥、梅北桥、樊庄桥、花山岭隧道、飞沙河水库、许家冲水库（输）、南界漫水坝、蒋埝桥、新庄闸、山头闸、三大家闸、伊桥、顺河店、杨桥、杜桥、孙店、吕楼桥、耿庄闸、叶集、陈村（桥沟）、杨庵、旧县闸、天高大桥、洋湖闸、沂湖闸、龙岗、马兰闸、官庄闸、燕桥、新戴村、后朱楼村、南桥、季庄村、沙元、王樊庄、沙沟、孔园村桥、红花埠、烈疃村水文站。主要建设内容包括自记水位台、水文缆道及缆道房、水文测桥、进站道路、观测道路与踏步、护坡、直立式水尺等基础设施；配置水位计、雷达波自动测流系统设备、ADCP、遥控测船、全站仪、视频监控设备等主要仪器设备，批复工程建设投资 6195 万元。淮委水文局作为项目法人，负责项目建设实施，建设工期为 2017—2018 年两年。

淮河流域省界断面水资源监测站网新建工程建设位置具有点多面广的特点，新建的 39

处水文站站址涉及湖北省随州市，河南省信阳、周口、商丘市，安徽省六安、蚌埠、阜阳、宿州、滁州市，江苏省徐州市，山东省临沂市等5省11个地市，具体位置分布见表3.2-1。

表3.2-1 淮河流域省界断面水资源监测站网新建工程站点名录

序号	站名	河流名称	上游省份	下游省份	测站地址
1	花山岭隧道	浆溪店河	河南	湖北	湖北省随州市广水市郝店镇花山岭隧道出口
2	飞沙河水库	界河	河南	湖北	湖北省随州市广水市蔡河镇白果树飞沙河水库
3	许家冲水库（输）	界河	河南	湖北	湖北省随州市广水市蔡河镇小河乡许家冲水库
4	南界漫水坝	界河	湖北	河南	湖北省随州市广水市蔡河镇南界村
5	清浅桥	黑茨河	河南	安徽	安徽省阜阳市太和县清浅镇清浅村
6	梅北桥	赵王河	河南	安徽	安徽省亳州市谯城区十河镇梅城村
7	樊庄桥	洺河	河南	安徽	安徽省亳州市谯城区淝河镇王天庄村
8	蒋埝桥	沱河	河南	安徽	安徽省淮北市濉溪县铁佛镇蒋埝村
9	新庄闸	运料河	江苏	安徽	安徽省宿州市灵璧县下楼镇高王村新庄闸
10	山头闸	潼河	安徽	江苏	安徽省宿州市泗县山头镇山头村
11	三大家闸	废黄河	安徽	江苏	安徽省宿州市萧县刘套镇三大家村
12	伊桥	奎河	江苏	安徽	安徽省宿州市埇桥区杨庄乡房上村伊桥
13	顺河店	淮河	湖北	河南	河南省信阳市浉河区吴家店乡顺河店村
14	杨桥	淮河	河南	安徽	河南省周口市郸城县双楼乡杨楼村
15	孙店	涡河	河南	安徽	河南省周口市鹿邑县宋河镇枣集村
16	杜桥	涡河	河南	安徽	河南省周口市鹿邑县宋河镇杜桥村
17	吕楼桥	淮河	河南	安徽	河南省商丘市虞城县界沟镇吕楼村
18	耿庄闸	淮河	河南	安徽	河南省商丘市虞城县黄冢乡焦楼村
19	叶集	史灌河	安徽	河南	安徽省六安市312国道叶集大桥
20	陈村（桥沟）	史河	河南	安徽	河南省固始县丰港乡史河大桥上游
21	旧县闸	淮河	安徽	江苏	安徽省滁州市明光市女山湖镇旧县闸
22	天高大桥	淮河	安徽	江苏	安徽省滁州市天长市秦栏镇
23	洋湖闸	淮河	安徽	江苏	安徽省滁州市天长市界牌镇
24	沂湖闸	淮河	安徽	江苏	安徽省滁州市天长市杨村镇
25	龙岗	淮河	安徽	江苏	安徽省滁州市天长市龙岗镇
26	杨庵	淮河	安徽	江苏	安徽省蚌埠市五河县城关镇张庙村
27	马兰闸	琅溪河	江苏	安徽	江苏省徐州市铜山区棠张镇马兰村
28	官庄闸	阎河	江苏	安徽	江苏省徐州市铜山区棠张镇官庄村
29	燕桥	灌沟河南支	江苏	安徽	江苏省徐州市铜山区三堡镇燕桥
30	新戴村	墨河	山东	江苏	江苏省徐州市新沂市陇海铁路跨墨河处
31	后朱楼村	西泇河	山东	江苏	山东省临沂市苍山县南桥镇后朱楼村
32	南桥	汶河	山东	江苏	山东省临沂市苍山县南桥镇
33	季庄村	燕子河	山东	江苏	山东省临沂市苍山县长城镇季庄村燕子河大桥
34	沙元	吴坦河	山东	江苏	山东省临沂市苍山县长城镇沙元村
35	王樊庄	邳苍分洪道	山东	江苏	山东省临沂市苍山县长城镇王樊庄村

续表

序号	站名	河流名称	上游省份	下游省份	测站地址
36	沙沟	武河	山东	江苏	山东省临沂市苍山县二庙乡赵楼村
37	孔园村桥	白马河	山东	江苏	山东省临沂市郯城县杨集乡孔园村
38	红花埠	沭河	山东	江苏	山东省临沂市郯城县红花镇
39	烈疃村	朱范河	山东	江苏	山东省临沂市临沭县蛟龙镇烈疃村

3.2.2 项目组织及工作开展情况

项目主管单位为水利部淮河水利委员会，主要负责工程建设的投资计划安排、财务审计、建设管理及安全生产等方面的宏观管理工作。

项目法人为淮河水利委员会水文局（信息中心），全面负责项目的建设实施。编制了《淮河流域重要省界断面水资源监测站网新建工程项目法人组建方案》并向淮委报送备案；印发了《关于调整淮河流域重要省界断面水资源监测站项目领导小组的通知》，确立了淮河流域省界断面水资源监测站网新建工程领导小组，领导小组内部各个部门与人员职责清晰，分工协作，密切配合，围绕项目建设目标，严格履行各自职责，积极做好项目管理工作。

设计单位为中水淮河规划设计研究有限公司，根据项目建设目标以及设计合同要求，完成了项目可行性研究报告、初步设计报告、设计变更报告并得到有关部门的批复同意；在项目建设实施过程中，还配合项目法人对施工现场查勘、隐蔽工程验收以及设备采购方案、设备选型等相关工作提供技术指导。

监理单位为中水淮河安徽恒信工程咨询有限公司、徐州水利工程建设监理中心，需依据监理合同，编制工程监理规划和实施细则，本着“监督、检查、服务”的宗旨，按照“公正、独立、自主、科学”的原则，做好对建设过程中“三控制、两管理、一协调”的各项监督管理工作。

施工单位有湖北昌盛楚天实业有限公司、安徽省宿州市水利水电建筑安装公司等14家。各施工单位均按设计文件、招标文件、投标文件、施工合同等按期完成建设内容并达到了验收标准。在项目法人的组织下，完成对施工资料和档案的整理归类工作。

设备供应商有北京美科华仪科技有限公司、武汉楚航测控科技有限公司等10家，各设备供应商按招标文件、投标文件、采购合同、水文仪器装备标准以及水文监测规范等文件要求，采购货物并按时交付货物，同时提供产品的技术培训，为产品的使用人员详细讲解了采购的主要仪器设备的工作原理、产品性能以及操作使用，也对部分产品设备进行了试运行实验。在项目法人的组织下，完成对所采购标段的资料和档案的整理归类工作。

质量监督部门为水利部水利工程建设质量与安全监督总站淮河流域分站。质量监督部门对项目全过程实施质量监督，对项目建设过程中的质量安全、生产安全等进行检查，提出建议和意见。

第三方检测单位为淮河流域水工程质量检测中心。第三方检测单位编制完成项目质量抽检大纲，按照大纲要求对项目工程进行原材料和实体工程质量检测，并根据抽检情况提交项目质量抽检工作报告。抽检的原材料、实体工程等质量全部合格。

委托建设管理单位为湖北随州，河南信阳、周口、商丘，安徽六安、阜阳、蚌埠、滁

州、宿州，江苏徐州，山东临沂等11个地市级水文部门。委托建设管理单位负责辖区内站点建设工程现场协调、质量安全管理等，与项目法人共同推进新建工程项目建设实施。由于工程站点十分分散，淮委水文局技术力量有限，在有限时间内完成项目实施难度很大，而地方水文部门具备交通便利、熟悉本地情况，且在以往水文基础建设项目中积累了丰富经验。经友好协商，淮委水文局将39处站点按行政区划分为11个部分，并将11个部分的工程现场管理任务委托给对应的11个地市级水文部门实施。

3.2.3　主要建设过程

为加强淮河流域省界断面水资源监测站网新建工程建设与管理工作，2017年3月，项目法人印发了《关于调整淮河流域重要省界断面水资源监测站项目领导小组的通知》，确立了淮河流域省界断面水资源监测站网新建工程领导小组，领导小组内部各个部门与人员职责清晰，分工协作，密切配合，围绕项目建设目标，严格履行各自职责，积极做好项目管理工作。根据水利部对工程建设程序的有关要求，淮委水文局编制了《淮河流域重要省界断面水资源监测站网新建工程项目法人组建方案》，并通过正式文件向淮委报送备案。

2017年3月20日，项目法人组织召开了淮河流域省界断面水资源监测站网新建工程启动工作会议。会议上，项目法人对淮河流域省界断面水资源监测站网新建工程建设内容、实施要求等进行了安排部署，和参会单位对工程的建设管理工作认真讨论达成共识。会后，项目法人及时与湖北随州，河南信阳、周口、商丘，安徽六安、阜阳、蚌埠、宿州、滁州，江苏徐州，山东临沂等11个地市水文局签订了委托建设管理协议，委托其开展工程现场建设管理工作。11个地市水文局先后成立现场管理办公室，与项目法人共同推进新建工程项目建设实施。

项目法人为进一步加强安全生产管理工作，印发了《关于成立淮河流域省界断面水资源监测站网新建工程安全生产管理委员会的通知》，明确安全生产管理工作的机构人员和管理职责，对安全生产和质量控制起到了保障措施。

为实现规范化管理，项目法人还根据项目特点先后编制了淮河流域省界断面水资源监测站网新建工程规章制度汇编和工程档案整编技术要求等，并分别以文件形式印发给各参建单位。

项目中的走航式声学多普勒流速剖面仪（ADCP）设备拟采购进口产品，根据进口设备政府采购的有关要求，2017年3月，项目法人上报了采购进口产品论证审批的请示。2017年6月，水利部财务司论证通过并批复同意了走航式声学多普勒流速剖面仪（ADCP）采购进口设备。

经向淮委治淮工程招标投标管理办公室报备，项目法人委托安徽安兆工程技术咨询服务有限公司作为招标代理机构，组织相关招标投标工作。为履行招标程序，项目法人向淮委招标办报备了项目工程设计、建设监理、建筑工程、仪器设备采购和水文比测等各项内容的招标方案，明确了分标方案、招标方式及招标计划等内容。招标代理公司安徽安兆工程技术咨询服务有限公司严格按照招标投标法、政府采购法实施招标投标工作，并履行招标方案备案、全国公共资源交易平台（安徽合肥公共资源交易中心）内公开招标、招标结果备案等程序。根据工程进度安排，各个标段招投标工作陆续实施。

招标代理公司在安徽合肥公共资源交易中心完成各标段的水文比测标的招标评标工作后，项目法人与中标单位及时签订了合同书，随后各标段进入了紧张的工程建设实施阶段。

淮委水文局作为项目法人，对建设过程的进度、质量、安全、资金使用等负总责。建筑工程方面，淮委水文局十分重视现场施工质量、安全与进度。认真组织了各建筑工程标段的施工设计交底，要求各施工单位按照建设内容和设计图纸开展建设，并对隐蔽工程、重要部位、关键节点等进行专项验收，对施工质量控制严格把关。仪器购置及安装工程方面，要求各供应商对照合同和招投标文件进行采购、安装、调试、培训，对采购设备及时办理开箱检验，对设备安装和调试进行现场监督。经一段时间的试运行，各仪器设备运行正常，数据信息采集传输等及时准确，工程运行情况良好。为进一步发挥淮河流域省界断面水资源监测站网新建工程的整体效益，同时结合水量监测的实际工作需要，更好地落实最严格水资源管理制度量化考核制度，2018 年 3 月，项目法人组织设计单位开展了变更设计工作，包括完善水文站基础设施建设、驻测站生产业务用房集中建设、增补设备配置与系统集成等。2018 年 5 月淮委批复同意本工程设计变更建设内容。变更设计中增补的设备购置及安装工程也以公开招标投标的方式选取了供应商，并顺利推进后续实施工作。

2018 年 10 月，各建筑工程标段完成全部建设内容并通过了淮委水文局组织的合同工程完工验收；2019 年 4 月，各设备标全部完成安装调试且运行情况正常，通过合同完工验收；2019 年 7 月，水文比测服务单位提交的施工期和运行期的水文比测分析报告顺利通过审查；2019 年 8 月，设计变更的设备购置及安装工程完成建设内容并运行正常，淮委水文局组织完成合同工程完工验收。至此，项目法人淮委水文局完成全部建设任务，累计完成投资 6195 万元，占批复总投资的 100%。

项目建设实施过程受淮委建设与管理处和水利部水利工程建设质量与安全监督总站淮河流域分站的监督。项目实施过程中，淮委建管处和淮河流域分站给予了高度重视，多次进行施工质量与安全检查，淮委水文局也及时组织各相关单位针对检查出的问题进行了整改落实。同时，根据淮委建管处的有关要求，淮委水文局委托淮河流域水工程质量检测中心对建筑安装工程施工开展第三方检测工作，加强项目法人对施工质量的把控管理。如图 3.2-1 所示，为淮委和淮委水文局共同实施南界漫水坝水文站施工现场检查与质量抽检。

2019 年 4 月，项目法人淮委水文局在安徽蚌埠组织了工程档案集中整理和归类工作，监理单位、施工单位、设备供应商等二十余家参建单位全部参与此次集中整理。2019 年 9 月淮委在安徽蚌埠组织召开档案专项验收会议，经综合考核评议，档案达到优良等级。

淮委水文局在项目建设内容全部完成之后，及时组织开展竣工财务决算编制，进行了项目资料收集整理、确定基准日期、竣工财务清理等相关工作。2019 年 10～11 月，受淮委审计处委托，安徽九通会计师事务所、安徽九通工程造价咨询事务所有限公司进行了竣工决算审计，项目法人及有关参建单位积极配合。11 月 6 日淮委下达了竣工财务决算审查意见，12 月 11 日淮委下达了竣工决算的审计意见。

2019 年 12 月淮委组织并通过了项目竣工验收。从 2019 年 1 月起，淮河流域省界断面水资源监测站网新建工程新建的 39 处水文站全部进入试运行阶段，水文要素的监测、站点的运行、基础设施的看护、仪器设备的维护等运行管理工作全面开展。39 处水文站的水文监测数据按月整编和上报，为建立淮河流域干流及主要支流省界断面水量监测体系提供了数据基础。如图 3.2-2 所示，为叶集水文站现场安装的雷达波自动测流设备及水文监测数据展示情况。

图 3.2-1 南界漫水坝水文站施工现场检查与质量抽检

图 3.2-2 叶集水文站现场遥测设备与数据展示

3.2.4 工程建设管理

3.2.4.1 招标投标过程

淮河流域省界断面水资源监测站网新建工程根据淮委关于招标投标工作的要求，符合《水利工程建设项目招标投标管理规定》第三条规模标准以上的，适用《中华人民共和国招标投标法》及其实施条例，其招投标工作进入公共资源交易市场，受淮委治淮工程招标投标管理办公室监督管理。采购进口产品的，需按规定履行报批手续，获得财政部批复后方可采购。

淮委水文局先后进行了勘测设计、监理、施工、设备、水文比测等标段的公开招标工作，主要程序如下：招标方案备案，发布招标公告，按属地管理原则在安徽合肥公共资源交易中心进行开标评标，发布中标公示、签发中标通知书，签订合同，招标结果备案。

3.2.4.2 资金与合同管理

项目法人对工程工期和实施计划进行全盘考虑后，合理分配了年度投资，并向水利部报送年度投资建议计划。投资计划下达后，项目法人按照批复的工期组织项目实施，在确保资金安全和工程质量的前提下，保证资金节点支付进度，加快计划执行和项目建设进度，尽早发挥项目建设成效。2017 年下达投资 3200 万元，2018 年下达投资 2995 万元，均顺利完成年度投资，保障了中央财政资金支付进度和资金安全。

合同采用标准示范文本，并对安全生产责任、廉政建设责任、档案整编要求等进行了突出说明，以对合同双方形成法律意义上的约束。合同签订依次经过技术部门、财务部门和单位负责人审签。合同支付依据合同中关于付款条款的规定和已完成的工程量，并按照规定程序，由建设监理单位确认后，及时进行了合同价款结算，并按时支付，无工程款拖欠情况。本项目共签订设计、监理、土建、设备、委托建管、质量抽检、档案整编等合同 106 份，全部执行良好。

3.2.4.3 工程质量管理

1. 质量管理体系

本项目质量的保证，是建立和完善了质量管理三大体系，即政府部门的工程质量监督体系，建设（监理）单位的质量控制体系和施工单位与供货商的质量保证体系。

政府部门的工程质量监督体系是指水利部水利工程质量与安全监督总站淮河流域分站对

项目实施全过程的质量监督。项目法人严格按国家基本建设管理程序，及时履行各项报批手续，并按有关规定办理质量监督手续，认真接受质量监督和检查。

建设（监理）单位的质量控制体系是指项目法人单位建立了质量检查体系，领导小组办公室成立了工程管理组专门负责质量安全工作，并安排专人参与项目质量管理，各地市现场管理机构安排专人在现场进行项目质量管理，共同对土建施工和设备采购质量进行全面检验与校核。项目法人委托淮河流域水工程质量检测中心为第三方检测单位，对施工质量进行检测和把关。监理单位承担该项目建设监理任务，设总监理工程师、专业监理工程师，各负其责；监理部制定了《监理规划》和《监理实施细则》。监理工程师对工程施工和设备采购全过程进行跟踪检查和监理。

施工单位和供货商的质量保证体系是指施工单位和供货商的质量保证体系是保证工程质量的主体和核心，积极推行全面质量管理，建立了由建设单位主要技术领导负责的质量管理体系，配备专职质量检查技术人员，对照招标文件、投标文件、相关规范等文件要求，评定产品质量标准，严格控制施工及设备质量。

2. 质量控制标准

本工程主要工程质量控制标准严格按设计要求和国家及部颁有关规范执行。为加强项目的质量管理，规范水文工程仪器设备采购单元工程质量检验验收评价工作，在质量监督部门水利部水利工程质量与安全监督总站淮河流域分站的支持和帮助下，项目法人根据水文工程特点，制订了设备安装单元的单元工程施工质量验收评定表和仪器设备采购单元工程质量检验验收评价表。

单元工程施工质量验收评定表和仪器设备采购单元工程质量检验验收评价表在单元工程中划分了主控项目和一般项目，涵盖了全部的质量检验内容，标准制定科学，可操作性强，符合水文工程特点，满足了施工质量验收评定和仪器设备采购质量检验验收评价工作的需要。

3. 工程质量情况

淮河流域省界断面水资源监测站网新建工程每个分部工程的设施或设备均已按照设计文件、招标文件和合同要求完工并交付，施工质量、设备产品质量均达到合格及以上等级。整个项目质量也达到合格要求，项目建设过程中未出现质量事故。

淮委水文局根据有关规程规范和标准要求及规定，结合工程实际，同时以便于组织施工、工程施工质量评定和验收等，对本工程进行项目划分并获得了水利部水利工程质量与安全监督总站淮河流域分站的批复。项目划分为单位工程、分部工程和单元工程等3级，1个独立项目作为1个单位工程；每个水文站的土建、每个标段设备采购安装各作为1个分部工程。土建部分根据施工部署、施工图纸及相关标准划分单元工程；设备采购安装划分为设备采购质量检验、设备安装质量评定2类单元工程。经评定，所有单位工程、分部工程、单元工程质量等级均为合格。

3.2.4.4 设计变更情况

为进一步发挥淮河流域省界断面水资源监测站网新建工程的整体效益，同时结合水量监测的实际工作需要，更好地落实最严格水资源管理制度量化考核制度，2018年3月，淮委水文局组织设计单位开展了项目变更设计工作，对原来项目中建设内容做了适当调整，并新增部分必需项目。

2018年5月，淮委批复同意项目设计变更报告，变更设计内容包括：部分水文站的自记水位台、生产业务用房、沉砂池、缆道等的基础设施完善，增设水文监测信息集中处理系

统等，增加投资在工程结余和预备费中解决。

3.2.4.5 历次验收情况

淮河流域省界断面水资源监测站网新建工程依次通过了仪器设备开箱验收、土建分部工程验收、合同工程完工验收、工程档案专项验收、财务竣工决算审计、竣工验收。

仪器设备开箱验收：仪器设备开箱验收由监理单位负责主持开展，项目法人、现场管理机构、设备供应商代表共同参加，并邀请水文建设及仪器设备方面的专家成立验收工作组，对到货交付的仪器设备进行开箱。

开箱验收工作组对照设计和招投标等文件，认真检查了设备供货商交付的产品数量、型号、性能以及外观，全部交付设备都外观完好，产品性能指标均符合设计和招标文件规定，满足本工程的建设需要。

合同工程完工验收：合同工程完工验收由项目法人负责组织，建设、设计、监理和施工单位或设备供应商等参建单位共同参加，对建筑工程、仪器购置及安装工程等进行合同工程完工验收，水利部水利工程建设质量与安全监督总站淮河流域分站派员督导。

验收工作组通过察看现场，听取汇报，查阅资料，认为全部标段已按合同规定内容全部完成，质量合格，资料齐全，合同工程满足设计及规范要求，同意通过完工验收。

工程档案专项验收：工程档案专项验收由项目主管单位水利部淮河水利委员会组织，邀请专家成立项目档案验收组，项目法人、监理、设计、施工单位、设备供应商等项目参建单位代表参加。项目形成建管、监理、施工、设备等档案资料500余卷，综合考核评议为优良等级，顺利通过档案专项验收。

财务竣工决算审计：财务竣工决算审计由项目主管单位淮河水利委员会组织。项目法人淮委水文局在建设内容全部完成之后，及时组织建设部门和财务人员开展竣工财务决算编制，进行了项目资料收集整理、确定基准日期、竣工财务清理等相关工作，确定2019年5月31日为竣工决算基准日，10月编制完成了竣工财务决算报告。

审计意见认为，本项目已按照概算批复的内容建设完成，投资控制有效，工程质量合格；淮委水文局能够履行职责，重视工程建设管理；落实了项目法人制、工程招投标制、工程监理制和合同制的要求，建设程序基本合规；财务管理、会计核算基本符合《基本建设财务规则》和《国有建设单位会计制度》规定；会计档案基本完整。淮委水文局编制的竣工财务决算，反映了工程投资完成情况，可以作为竣工验收的依据。

竣工验收：竣工验收由项目主管单位淮河水利委员会组织。竣工会议成立了由淮委、水利部水利工程建设质量与安全监督总站淮河流域分站、淮委水文局、淮委治淮档案馆等单位代表组成的验收委员会。验收工作组通过现场检查项目建设情况，听取项目建设管理、设计、监理、施工、设备采购及质量监督工作报告，查阅项目建设档案资料，经充分讨论，同意通过竣工验收。

图3.2-3　界河南界漫水坝水文站（湖北随州）

根据水利部水文司对省界断面水文站点监测工作的要求，39处省界断面新建水文站点于2019年1月投入正式运行，由淮委水文局负责工程运行管理和各站点的测报工作。

图3.2-3～图3.2-7为部分水文站建成后的形象。

图 3.2-4　游河顺河店水文站
（河南信阳）

图 3.2-5　史河叶集水文站
（安徽六安）

图 3.2-6　新墨河新戴村水文站
（江苏徐州）

图 3.2-7　沭河红花埠水文站
（山东临沂）

3.3　水资源监测站改造工程

3.3.1　批复与建设内容

淮河流域省界断面水资源监测站网现有水文站 32 个，其中王家坝、淮滨（三）、固口闸、团结闸、永城闸（闸下）、天长、砖桥、槐店等 8 个水文站在其他工程中建设或已有安排，能够基本满足省界水资源监测工作的需要，但其他 24 处水文站需要进行更新改造后方能满足省界水资源监测工作的要求。因此，经水利部审核同意，淮委组织开展了“淮河水系重要省界断面水资源监测 16 水文站改造”和“沂沭泗河水系重要省界断面水资源监测 8 水文站改造”项目，以下统一介绍为淮河流域省界断面水资源监测站网改造项目。为表述方便，未做特别注释时 3.3 节中将“淮河流域省界断面水资源监测站网改造项目”以“本项目”替代。

2013 年 6 月启动淮河流域省界断面水资源监测站网改造项目前期工作，2014 年 1 月水利部批复两项目的可行性研究报告，2014 年 3 月，淮委批复两项目的初步设计报告。2015 年 5 月，考虑方便水文站运行管理，更好地发挥水文站改造工程的整体效益，对原来项目中建设内容做了适当调整，并新增部分必需项目，淮委水文局组织编制了两项目设计变更报告，并于 2015 年 7 月获得淮委批复。

项目批复建设任务为对淮河、洪河、史河、颍河、涡河、沂河、沭河这 7 条水量分配河流的24处水文站进行建设改造，分别为淮河小柳巷和盱眙水文站，官沙湖分洪道钐岗水文站，洪河班台、方集水文站，洪河分洪道地理城水文站，颍河界首水文站，黑河周堂桥水文站，泉河沈丘闸（闸下）水文站，涡河黄庄水文站，惠济河安溜水文站，史河南干渠闸（闸下）水文站，浍河黄口集闸水文站，濉河泗洪（濉）水文站，老濉河泗洪（老）水文站，怀洪新河双沟水文站，沂河马头和港上水文站，沭河大官庄水文站，老沭河新安和大兴镇水文站，邳苍分洪道林子水文站，中运河台儿庄闸和运河水文站。本项目工程位置分布点多面广，具体位置见表3.3-1。

表3.3-1 淮河流域省界断面水资源监测站网改造项目站点名录

序号	站名	河流名称	上游省份	下游省份	测站（断面）地址
1	小柳巷	淮河干流	安徽	江苏	安徽省滁州市明光市小柳巷乡小柳巷村
2	盱眙	淮河干流	安徽	江苏	江苏省淮安市盱眙县盱城镇
3	钐岗	官沙湖分洪道	河南	安徽	安徽省阜阳市阜南县王家坝镇前进村
4	黄口集闸（闸下）	浍河	河南	安徽	河南省商丘市永城市黄口乡黄口村
5	泗洪（濉）	濉河	安徽	江苏	江苏省宿迁市泗洪县车门乡洪桥村姚圩
6	泗洪（老）	老濉河	安徽	江苏	江苏省宿迁市泗洪县车门乡洪桥村姚圩
7	双沟	怀洪新河	安徽	江苏	江苏省宿迁市泗洪县双沟镇
8	班台	洪河	河南	安徽	河南省驻马店市新蔡县顿岗乡小李庄
9	方集	洪河	河南	安徽	安徽省阜阳市阜南县方集镇马街村
10	地理城	洪河分洪道	河南	安徽	安徽省阜阳市阜南县洪河桥乡高园村
11	南干渠闸（闸下）	史河南干渠	安徽	河南	安徽省六安市金寨县江店镇老河岔村
12	界首	颍河	河南	安徽	安徽省阜阳市界首市城关镇
13	沈丘闸（闸下）	泉河	河南	安徽	河南省周口市沈丘县城关镇李坟村
14	周堂桥	黑河	河南	安徽	河南省周口市郸城县城郊乡周堂桥村
15	黄庄	涡河	河南	安徽	安徽省亳州市安溜乡黄庄
16	安溜	惠济河	河南	安徽	安徽省亳州市谯城区安溜集
17	马头	沂河	山东	江苏	山东省临沂市郯城县马头镇马头村
18	港上	沂河	山东	江苏	江苏省徐州市邳州市港上镇港西村
19	大官庄	沭河	山东	江苏	山东省临沂市临沭县石门镇大官庄
20	新安	老沭河	山东	江苏	江苏省徐州市新沂市新安镇
21	大兴镇	新沭河	山东	江苏	山东省临沂市临沭县大兴镇大兴一村
22	林子	邳苍分洪道	山东	江苏	江苏省徐州市邳州市岔河镇林子村
23	台儿庄闸	中运河	山东	江苏	山东省枣庄市台儿庄区台儿庄闸
24	运河	中运河	山东	江苏	江苏省徐州市邳州市运河镇前索家村

项目批复主要建设内容包括新建或重建生产业务用房和配套附属设施、流速仪缆道、水位自记台、雨量观测场、时差法测流平台、码头等；配置走航式ADCP、测船、超声波流速仪、RTU、能坡法自动测流设备、时差法测流系统设备、缆道测流控制系统等仪器设备，批复工程建设投资3298万元。淮委水文局作为项目法人，负责项目的建设实施，建设工期为2014—2015年两年。

3.3.2 项目组织及工作开展情况

主管单位：水利部淮河水利委员会，主要负责工程建设的投资计划安排、财务审计、建设管理及安全生产等方面的宏观管理工作。

项目法人为淮河水利委员会水文局（信息中心），全面负责项目的建设实施。项目法人成立了“淮河流域重要省界断面水资源监测站建设项目”领导小组，领导小组由淮委水文局法人担任组长，下设办公室，办公室内又分设综合管理组、合同管理组和工程管理组。领导小组内部各个部门与人员职责清晰，分工协作，密切配合，围绕项目建设目标，严格履行各自职责，积极做好项目管理工作。

设计单位为中水淮河规划设计研究有限公司，根据项目建设目标以及设计合同要求，完成淮河流域省界断面水资源监测站网改造项目可行性研究报告、初步设计报告、设计变更报告，并得到有关部门的批复同意。项目建设实施过程中，中水淮河规划设计研究有限公司还配合项目法人对施工现场查勘、隐蔽工程验收以及设备采购方案、设备选型等相关工作提供技术指导。

监理单位为中水淮河安徽恒信工程咨询有限公司、安徽省大禹水利工程科技有限公司，依据监理合同，编制了项目监理规划和实施细则，本着“监督、检查、服务”的宗旨，按照“公正、独立、自主、科学”的原则，做好对项目建设过程中“三控制、两管理、一协调”的各项监督管理工作。

施工单位为河南忠信建筑工程有限公司、安徽省淠史杭灌区管理总局工程处、江苏华禹水利工程处等 12 家单位，均按设计文件、招标文件、投标文件、施工合同等按期完成建设内容并达到了验收标准，并在项目法人的组织下完成了施工资料和档案的整理归类工作。

设备供应商为河南黄河水文科技有限公司、徐州思瑞水资源信息技术有限责任公司、江苏南水科技有限公司等 13 家单位，均按招标文件、投标文件、采购合同、水文仪器装备标准以及水文监测规范等文件要求，采购货物并按时交付货物，同时提供产品的技术培训，为产品的使用人员详细讲解了采购的主要仪器设备的工作原理、产品性能以及操作使用，也对部分产品设备进行了试运行实验，并在项目法人的组织下完成了所采购标段的资料和档案的整理归类工作。

质量监督部门为水利部水利工程建设质量与安全监督总站淮河流域分站，对淮河流域省界断面水资源监测站网改造项目实施质量监督，对项目建设过程中的质量安全、生产安全等进行检查，提出建议和意见。

第三方检测单位为淮河流域水工程质量检测中心，编制了《淮河流域省界断面水资源监测站网改造项目工程质量检测工作大纲》，按照大纲要求进行原材料和实体工程质量检测，并提交淮河流域省界断面水资源监测站网改造项目检测报告。本项目抽检的原材料、实体工程等质量全部合格。

委托建设管理单位为河南驻马店、周口、商丘，安徽六安、阜阳、滁州，江苏淮安、宿迁、徐州，山东临沂、枣庄等 11 个地市级水文部门，负责辖区内站点建设工程现场协调、质量安全管理等，与项目法人共同推进新建工程项目建设实施。

由于工程站点十分分散，淮委水文局技术力量有限，在有限时间内完成项目实施难度很大，而地方水文部门具备交通便利、熟悉本地情况，且在以往水文基础建设项目中积累了丰富经验。经友好协商，淮委水文局将 24 处站点按行政区划分为 11 个部分，并将 11 个部分的工程现场管理任务委托给对应的 11 个地市级水文部门实施。

3.3.3 主要建设过程

2014 年 3 月 28 日，项目法人淮委水文局成立淮河流域重要省界断面水资源监测站建设项目领导小组，并正式启动淮河流域省界断面水资源监测站网改造项目的建设实施工作。

因本项目涉及流域内河南、安徽、江苏、山东四省 12 个地市 24 个水文站，项目分散，且单站投资均较小。为淮河流域省界断面水资源监测站网改造项目的顺利建设，经上级同意将项目建设分为项目法人实施部分和委托省市水文局实施部分。项目法人实施内容全部为仪器设备采购部分；委托省市水文局实施内容分为建筑安装部分、仪器设备采购与安装部分。

2014 年 5 月 30 日，项目法人在安徽蚌埠组织四省及 12 个地市水文局召开了项目实施工作座谈会。会议明确了河南、安徽、江苏、山东四省及相关地市水文部门在建设实施过程中各自的职责，并同意在项目建设中发挥各自优势，共同实施工程建设管理工作。同日，项目法人与河南省水文水资源局，安徽省水文局，江苏省水文水资源局，山东省水文局，河南省驻马店、周口、商丘水文水资源局，安徽省阜阳、六安、滁州水文水资源局，江苏省水文水资源勘测局宿迁、淮安、徐州、连云港分局，山东省临沂市、枣庄市水文局，分别签订了委托建设管理协议，由其负责相关水文站改造的实施工作。2014 年 6 月，河南、安徽、江苏、山东省及 12 个地市先后成立了省局领导小组和地市现场管理办公室。

经向淮委治淮工程招标投标管理办公室报备，项目法人委托安徽安兆工程技术咨询服务有限公司作为项目招标代理机构，组织相关招标投标工作。为履行招标程序，项目法人正式行文向淮委治淮工程招标投标管理办公室报备了项目招标方案，明确了项目法人负责部分和地方实施部分的分标方案、招标方式及招标计划等内容。2014 年 6～8 月，各标段基本完成了各建筑安装工程、仪器设备采购安装工程的公开招标或直接委托工作（宿迁部分建筑安装标段因第二次招标到 9 月中旬完成），并与有关单位签订了合同，项目建设实施工作全面开展。

2014 年 6 月底，水利部水利工程建设质量与安全监督总站淮河流域分站正式批复同意实施质量监督。在 2014—2015 年工程实施过程中，水利部水利工程建设质量与安全监督总站淮河流域分站多次到施工现场进行了质量与安全监督检查，并提出检查意见。项目法人、监理及现场管理机构严格按照检查意见，及时进行了整改和落实。

2014 年 9 月 10 日，项目法人在安徽蚌埠组织监理、设计、各现场管理和施工单位的技术代表召开了设计交底及第一次监理现场会议，为各建筑安装工程标段的顺利实施打下了坚实基础。

2014 年 9 月 19 日，项目法人与淮河流域水工程质量检测中心签订工程质量检测技术服务合同，委托其在工程施工各个阶段对原材料、实体工程质量等进行第三方质量检测，从而加强项目法人对施工质量的把控管理。

由于在工程建设中，部分水文站现场情况发生变化需要进行变更，为更好地落实最严格水资源管理制度，充分发挥水文站改造工程的整体效益，结合省界水量监测的实际需要，淮委水文局组织编制了项目设计变更报告并于 2015 年 7 月获得淮委批复。设计变更建设内容包括：部分水文站基础设施完善，建设刘家道口、团结闸水文站雷达波在线自动监测系统，建设王家坝、港上、新安等 7 处水文站的视频监控系统等。

设计变更建设内容也分为项目法人实施的仪器设备采购与安装部分和委托省市水文局实

施的土建工程部分。设计变更新增设备采购与安装部分于2015年7月中旬，淮委水文局委托招标代理单位以竞争性谈判的方式确定了中标单位。

至2015年12月，全部仪器设备采购与安装部分依次完成了开箱验收、现场安装调试、合同工程完工验收，全部建筑安装工程依次完成了分部工程验收、合同工程完工验收等建设程序。累计完成投资3298万元，占批复总投资的100%。

随后，项目法人及时组织了各地市水文局、施工单位、设备供应商、监理等项目参建单位对全部资料和档案进行整理归类。2016年3月17～18日，淮河水利委员会在安徽蚌埠组织召开档案专项验收会议，经综合考核评议，档案达到优良等级。

淮委水文局在项目建设内容全部完成之后，及时组织开展竣工财务决算编制，进行了项目资料收集整理、确定基准日期、竣工财务清理等相关工作。2017年3月，淮委审计处委托江苏天目会计师事务所有限公司和天目苏建投资项目管理有限公司进行了竣工决算审计，淮委水文局及各地市水文局给予了积极配合。2017年6月，淮委下达了竣工决算审计意见。

2016—2018年，项目进入试运行阶段，项目法人与各地市水文局密切配合，做好设施、设备的维护管理，特别是流量自动监测系统和视频监控系统的运行管理工作。2019年8月，淮委组织并通过了项目竣工验收。

3.3.4 工程建设管理

3.3.4.1 招标投标管理

本项目招标投标工作在淮委治淮工程招标投标管理办公室的指导下，严格按照水利部和淮委有关规定执行。经向淮委治淮工程招标投标管理办公室报备，项目法人委托安徽安兆工程技术咨询服务有限公司作为招标代理机构，组织相关招标投标工作。为履行招标程序，项目法人正式行文向淮委治淮工程招标投标管理办公室报备了项目招标方案，明确了报备项目招标方案，明确了项目法人负责部分和地方实施部分的分标方案、招标方式及招标计划等内容。

2014年6月，安徽安兆工程技术咨询服务中心组织了仪器设备采购标的招投标工作，根据评委会推荐，经规定程序确定河南黄河水文科技有限公司中标。项目法人与河南黄河水文科技有限公司签订仪器设备采购合同。

2014年6月27日，项目法人向淮委治淮工程招标投标管理办公室报备了项目地方实施招标方案，方案详细说明了地方实施部分的分标方案、招标方式及招标计划等内容。地方实施部分共分为25个标段，其中14个标段采取公开招标的方式，11个标段采取非公开招标（直接委托）的方式。公开招标的项目包括河南驻马店、周口部分，江苏宿迁、徐州、连云港部分，山东临沂部分的建筑安装工程和河南驻马店、周口部分，安徽阜阳部分，江苏宿迁、徐州、连云港部分，山东临沂部分的仪器设备采购安装工程，委托安徽安兆工程技术咨询服务有限公司组织招标；非公开招标的项目包括河南商丘部分，安徽滁州、六安、阜阳部分，江苏淮安部分的建筑安装工程和河南商丘部分，安徽滁州、六安部分，江苏淮安部分，山东枣庄部分的仪器设备采购安装工程。

2014年8月上旬，河南、安徽、江苏三省8个地市水文局基本完成了公开招投标或直接委托工作（宿迁建筑安装标段因第二次招标到9月中旬完成），并与有关单位签订了合同。

2015年7月，项目法人向淮委治淮工程招标投标管理办公室报备了项目设计变更招标方案，明确了设计变更内容的分标方案、招标方式及招标计划。7月17日，项目法人通过竞争性谈判的方式确定了成交单位，并与之签订协议。各标段招标完成后，淮委水文局及时向淮委治淮工程招标投标管理办公室进行了招标结果备案。

3.3.4.2 资金与合同管理

根据水利部和淮委批复，淮河流域省界断面水资源监测站网改造项目批复概算为3298万元，全部为中央投资。项目设计变更增加投资为256.1万元，在原批复概算投资中调剂解决。

2014年计划下达投资2298万元，实际下达投资2298万元，完成投资2298万元；2015年计划下达投资1000万元，实际下达投资1000万元，完成投资1000万元。截至2015年年底，项目累计完成投资3298万元，占批复总投资的100%。

合同是项目法人进行建设管理的重要依据，合同管理是建设管理的核心，工程的建设管理最终要体现和落实到合同管理上。为加强合同管理，项目法人严格按照国家有关规定规范合同的立项与签订，严格合同履行。在合同执行过程中，双方均严格履行合同条款，维护合同的严肃性，对出现的争议、变更及时协商处理，合同执行情况良好。项目共签订39份合同，包括建设监理、施工承包、委托建设管理等多项合同，合同执行总额3269.6万元。项目法人和12个地市水文局依据合同中关于付款条款的规定和已完成的工程量，并按照规定程序，由建设监理单位确认后，及时进行了合同价款结算，并按时支付，无工程款拖欠情况。

项目法人严格按照国家及水利部颁发的有关基本建设方面的政策、法规、规章、制度贯彻执行，并按审定的概算控制工程投资，确保建设资金管理、使用安全。

3.3.4.3 工程质量管理

淮河流域省界断面水资源监测站网改造项目建立和完善了政府部门的工程质量监督体系，建设（监理）单位的质量控制体系和施工单位与供货商的质量保证体系等三大体系，工程质量控制标准严格按设计要求和国家及部颁有关规范执行。

根据有关规程规范和标准要求及规定，并结合工程实际，同时以便于组织施工、工程施工质量评定和验收等，对本工程进行项目划分并获得了水利部水利工程质量与安全监督总站淮河流域分站的批复。项目划分为单位工程、分部工程和单元工程等3级，1个独立项目作为1个单位工程；每个水文站的土建、每个标段设备采购安装各作为1个分部工程。土建部分根据施工部署、施工图纸及相关标准进行划分单元工程；设备采购安装划分为设备采购质量检验、设备安装质量评定2类单元工程。

为加强项目质量管理，规范水文工程仪器设备采购单元工程质量检验验收评价工作，在质量监督部门水利部水利工程质量与安全监督总站淮河流域分站的支持和帮助下，项目法人根据水文工程特点，制订了设备安装单元的单元工程施工质量验收评定表和仪器设备采购单元工程质量检验验收评价表。单元工程施工质量验收评定表和仪器设备采购单元工程质量检验验收评价表在单元工程中划分了主控项目和一般项目，涵盖了全部的质量检验内容，标准制定科学，可操作性强，符合水文工程特点，满足了施工质量验收评定和仪器设备采购质量检验验收评价工作的需要。

经评定，淮河流域省界断面水资源监测站网改造项目每个分部工程的设施或设备均已按照设计文件、招标文件和合同要求完工并交付，施工质量、设备产品质量均达到合格及以上等级。整个项目质量也达到合格要求。本项目建设过程中未出现质量事故。

3.3.4.4 设计变更情况

由于在工程建设中，部分水文站现场情况发生变化需要进行变更，为更好地落实最严格水资源管理制度，充分发挥水文站改造工程的整体效益，结合省界水量监测的实际需要，淮委水文局组织编制了项目设计变更报告并于 2015 年 7 月获得淮委批复。设计变更建设内容包括：部分水文站基础设施完善，建设刘家道口、团结闸水文站雷达波在线自动监测系统，建设王家坝、港上、新安等 7 处水文站的视频监控系统等。

项目设计变更增加投资为 256.1 万元，在原批复概算投资中调剂解决。

3.3.4.5 项目历次验收情况

淮河流域省界断面水资源监测站网改造项目依次已经完成了仪器设备开箱验收、合同工程完工验收、工程档案专项验收、财务竣工决算审计、竣工验收等验收程序。

仪器设备开箱验收：仪器设备开箱验收由监理单位主持，邀请水文设备方面的专家成立验收工作组，对到货交付的仪器设备进行开箱检查，项目法人、现场管理机构、设备供应商代表共同参加。

2014 年 8 月 1 日，项目法人负责采购的仪器设备采购标进行开箱验收；2014 年 9 月 26 日，河南驻马店部分、安徽阜阳部分仪器设备采购安装工程进行仪器设备进场开箱检查；2014 年 10 月 25 日，江苏淮安部分、安徽小柳巷部分仪器设备采购安装工程进行仪器设备进场开箱检查；2014 年 10 月 31 日，河南周口部分仪器设备采购安装工程进行仪器设备进场开箱检查；2014 年 11 月 1 日，河南商丘部分仪器设备采购安装工程进行仪器设备进场开箱检查；2015 年 1 月 11 日，江苏宿迁部分仪器设备采购安装工程进行仪器设备进场开箱检查；2015 年 6 月 12 日，安徽六安部分仪器设备采购安装工程进行仪器设备进场开箱检查；2015 年 9 月 30 日，项目法人负责采购的设计变更流量自动监测及信息集成系统采购安装工程标开箱验收。

合同工程完工验收：合同工程完工验收由项目法人组织，建设、设计、监理和施工单位或设备供应商等单位共同参加，对合同工程进行完工验收，水利部水利工程建设质量与安全监督总站淮河流域分站派员督导。

2014 年 8 月 1 日，项目法人负责采购的仪器设备采购合同工程进行完工验收；2014 年 12 月 7 日，江苏淮安部分盱眙水文站建筑安装工程标合同工程和仪器设备安装工程标合同工程完工验收；2014 年 12 月 12 日，安徽阜阳部分建筑安装工程标合同工程和仪器设备采购安装工程标合同工程完工验收；2014 年 12 月 13 日，河南商丘部分土建工程合同工程和仪器设备采购合同工程完工验收；2015 年 6 月 18 日，河南周口部分建筑安装工程标合同工程和仪器设备采购安装工程标合同工程完工验收；2015 年 6 月 19 日，安徽六安部分土建工程合同工程和仪器设备采购合同工程完工验收；2015 年 7 月 31 日，河南驻马店部分建筑安装工程标合同工程和仪器设备采购安装工程标合同工程进行完工验收；2015 年 9 月 25 日，安徽小柳巷部分土建工程合同工程和仪器设备采购合同工程完工验收；2015 年 11 月 22 日，江苏宿迁部分建筑安装工程标合同工程和仪器设备采购安装工程标合同工程完工验收；2015 年 12 月 20 日，项目法人负责采购的设计变更流量自动监测及信息集成合同工程完工验收。

分部工程验收一般与合同工程完工验收合并进行，但少数合同包含多个分部工程的，分别进行了分部工程验收。分部工程验收由监理单位主持，邀请水利工程施工方面的专家成立验收工作组，对建成的水文设施进行现场检查，项目法人、现场管理机构、施工单位代表共同参加。2014 年 12 月 10 日，安徽阜阳部分黄庄、安溜水文站土建分部工程和界首、方集、地理城、钐岗水文站土建分部工程完工验收；2015 年 6 月 18 日，河南周口部分沈丘站土建分部工程和周堂桥站土建分部工程完工验收；2015 年 11 月 18 日，江苏宿迁部分泗洪（老）水文站土建分部工程、泗洪（濉）水文站土建分部工程和双沟水文站土建分部工程完工验收。

工程档案专项验收：档案专项验收由项目主管单位水利部淮河水利委员会组织，邀请专家成立项目档案验收组，项目法人、监理、设备供应商等项目参建单位代表参加。2016 年 3 月 17～18 日，淮委在安徽蚌埠组织召开项目档案专项验收会议，综合考核评议达到优良等级，同意项目档案通过验收。

财务竣工决算审计：财务竣工决算审计由项目主管单位淮河水利委员会组织。2017 年 3 月，江苏天目会计师事务所、天目苏建投资项目管理有限公司受淮河水利委员会委托进行了竣工决算审计，并出具了项目竣工决算审计报告。2017 年 6 月 1 日，淮委印发了竣工决算的审计意见。

竣工验收：竣工验收由项目主管单位淮河水利委员会组织。2019 年 8 月，淮委在安徽蚌埠组织召开项目竣工验收会议，会议成立了由淮委、水利部水利工程建设质量与安全监督总站淮河流域分站、淮委水文局、淮委治淮档案馆等单位代表组成的验收委员会。验收工作组通过现场检查项目建设情况，听取项目建设管理、设计、监理、施工、设备采购及质量监督工作报告，查阅项目建设档案资料，经充分讨论，同意通过竣工验收。

3.3.5 工程运用及效益

本项目主要是对 24 处现有水文站进行水位观测、流量测验方面设施及设备的改造，并新建了流量在线自动监测系统和视频监控系统，以及开发和利用流量自动监测系统信息集成软件。目前，所有建设内容已全部完成，所有设施设备已投入使用，经过改造的 24 处水文站全部运行正常，顺利完成水文测报任务，尤其是在 2017 年以来的汛期以及“温比亚”“利奇马”等台风中，积累了珍贵的水文资料。

淮河流域省界断面水资源监测站网的改造、建设与完善，为水资源管理、节水型社会建设、水资源科学配置与调度、水生态保护和修复等方面，提供基础水文信息支撑，具有极大的社会效益和经济效益。尤其是自 2019 年以来，按照水利部水文司对省界水文站监测数据的统一要求，各省界水文站按照“日清月结”的目标组织监测和整编，以月报和年报形式上报水利部，时效性更强的监测数据在水资源管理等方面得到了广泛应用。

图 3.3-1 改造后的沈丘水文站（河南周口）

图 3.3-1～图 3.3-7 为部分水文站改造后的形象。

图 3.3-2 改造后的小柳巷水文站（安徽滁州）

图 3.3-3 改造后的新安水文站（江苏徐州）

图 3.3-4 改造后的新安水文站缆道房及气象观测场

图 3.3-5 改造后的港上水文站（江苏徐州）

图 3.3-6 新建的港上水文站时差法测流平台（左岸、右岸）

图 3.3-7 新建的新安水文站能坡法测流信息采集及传输系统

3.4 水文实验站改建

3.4.1 建设缘由

五道沟水文实验站是淮河流域平原区水文水资源综合性实验站，是安徽省水利水资源重点实验室的重要组成部分，是水利部水文局批准的首批由淮委水文局和安徽省水利厅共建共管的水文水资源实验站。现已成为河海大学、武汉大学国家重点实验室和安徽农业大学的野外实验实习基地。实验站位于安徽省蚌埠市固镇县境内，紧邻京沪铁路和蚌埠—徐州公路，始建于1953年，前身是青沟径流实验站，隶属于原水利部治淮委员会，原淮委撤销后，归属安徽省水文总站，1963年改设五道沟径流实验站，1969年并入安徽省（水利部淮河水利委员会）水利科学研究院。自1953年建站以来，60年实验资料系列从未间断过，成为淮河流域平原区综合型实验站。实验站六十年来，一直围绕水文、水资源、水环境、水生态、灌溉排水等方面的科学及生产问题，开展范围广泛的水文水资源实验研究，系统刊印了60年系列水文实验资料年鉴。在水文径流实验、三水转化、淮河流域平原区水文水资源综合开发利用等方面开展长期观测与科研实验，取得了一系列科研成果，为流域水文实验、水文学科及工农业生产的发展做出了重要的贡献。其实验研究成果为全国及淮河流域第一次、第二次水资源评价及水利规划起到重要的支撑性作用。

为加强水文实验站的建设与管理，水利部水文局曾在2006年发文开展了全国水文实验站调查（水文科〔2006〕90号），2007年7月底，水利部水文局在沈阳召开了全国水文实验站工作座谈会，与会代表对水文实验站规划的内容、分级分类原则、运行管理、资料的共享与利用等方面进行了充分讨论，并提出了意见和建议。

为落实水利部领导关于加快水文实验站建设的指示，满足与适应现代条件下水文基础理论和应用技术研究需要，推进全国水文实验站规范管理，水利部水文局组织编写了《全国水文实验站管理办法（试行）》，并对各单位上报的水文实验站点按照“突出重点、流域与水文分区相结合、布局合理、经济科学、需要与可能兼顾”等原则，进行了认真的讨论和筛选，初步形成了全国水文实验站规划拟建设的站点。并针对当前我国水文实验站数量、实验内容、实验设施及装备、实验能力均不能适应经济社会快速发展要求的现状，组织编制了《全国水文实验站规划》，提出了恢复和补充实验站、进行基础设施建设、构建水文实验平台的目标，希望通过水文实验研究在山洪灾害监测与预测技术、旱情评估与预测预报技术、地下水和水生态监测与分析技术等研究领域形成一批有价值的实验成果。

由于长期投入不足，实验站的综合实验能力与新时期水文实验的研究和国家需求差距甚远。水文水资源基础设施建设标准低，实验基础设施和仪器设备以及自动化程度水平远不能满足新时期水文水资源实验发展要求。因此，迫切需要对本站基础设施和仪器设备进行进一步更新改造升级。

新时期经济社会发展对水文水资源实验工作提出了新要求。主要表现在：应对全球气候变化、人类活动影响频繁、保障民生和防洪抗旱减灾、供水安全及水环境安全、水资源可持续利用支撑经济社会可持续发展、经济社会和城市（镇）化建设快速发展、保障人畜饮水和国家粮食安全、科学技术进步和新仪器设备应用等，均对水文水资源实验提出了新要求。

3.4.2　批复情况与建设内容

根据水利部水文局的统一部署，淮委水文局委托中水淮河规划设计研究有限公司编制完成了五道沟水文实验站改建可行性研究报告。水利部于2014年11月25日批复了该项目的可行性研究报告。随后，五道沟水文实验站改建项目初步设计报告于2014年12月31日得到淮委批复，核定工程投资1422万元。

根据项目实施和建设目标，综合考虑整体布局、合理利用、便于管理，更加充分地发挥建设项目的综合效益情况，淮委水文局先后组织编制完成了五道沟水文实验站改建设计变更报告和五道沟水文实验站改建增补完善设计报告，分别于2016年8月25日、2017年10月11日获得淮委批复。

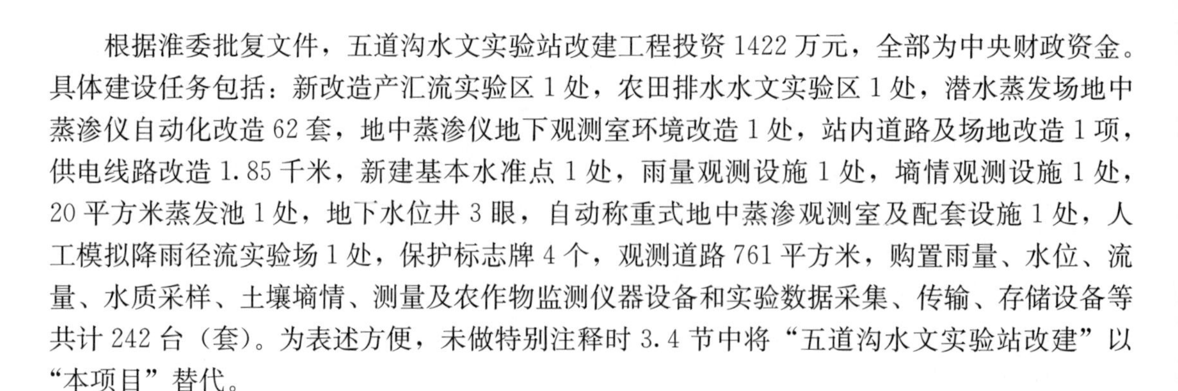
根据淮委批复文件，五道沟水文实验站改建工程投资1422万元，全部为中央财政资金。具体建设任务包括：新改造产汇流实验区1处，农田排水水文实验区1处，潜水蒸发场地中蒸渗仪自动化改造62套，地中蒸渗仪地下观测室环境改造1处，站内道路及场地改造1项，供电线路改造1.85千米，新建基本水准点1处，雨量观测设施1处，墒情观测设施1处，20平方米蒸发池1处，地下水位井3眼，自动称重式地中蒸渗观测室及配套设施1处，人工模拟降雨径流实验场1处，保护标志牌4个，观测道路761平方米，购置雨量、水位、流量、水质采样、土壤墒情、测量及农作物监测仪器设备和实验数据采集、传输、存储设备等共计242台（套）。为表述方便，未做特别注释时3.4节中将“五道沟水文实验站改建”以“本项目”替代。

3.4.3 项目组织及工作开展情况

主管单位为水利部淮河水利委员会。主要负责工程建设的投资计划安排、财务审计、建设管理及安全生产等方面的宏观管理工作。

项目法人为淮河水利委员会水文局（信息中心）。为加强本项目建设与管理工作，2015年3月，淮委水文局成立了五道沟水文实验站改建工程建设领导小组（水文〔2015〕11号文）。领导小组内部各个部门与人员职责清晰，分工协作，密切配合，围绕项目建设目标，严格履行各自职责，积极做好项目管理工作。为加强项目建设的安全生产工作，2016年8月，淮委水文局成立了五道沟水文实验站改建工程建设安全生产管理委员会（水文〔2016〕42号文）。

委托建设管理单位为安徽省（水利部淮河水利委员会）水利科学研究院。为了保证五道沟水文实验站改建项目的顺利实施、进一步加强项目现场施工管理工作，2015年4月，安徽省水科院成立了五道沟水文实验站改建工程现场建设管理办公室（皖水科研〔2015〕20号文），成立了内设机构并制定了现场管理制度。

设计单位为中水淮河规划设计研究有限公司。根据项目建设目标以及设计合同要求，完成项目可行性研究报告、初步设计报告、设计变更报告、增补完善设计报告并得到有关部门的批复同意。项目建设实施过程中，中水淮河规划设计研究有限公司还配合项目法人对采购方案、设备选型等相关工作提供技术指导。

监理单位为安徽省大禹水利工程科技有限公司。依据监理合同，编制了项目监理规划，本着“监督、检查、服务”的宗旨，按照“公正、独立、自主、科学”的原则，做好对项目建设过程中“三控制、两管理、一协调”的各项监督管理工作。

施工单位为安徽省地质矿产勘查局三一二地质队、马鞍山首建建设有限公司等4家单位。4家施工单位均按设计文件、招标文件、投标文件、施工合同等按期完成建设内容并达到了验收标准。在项目法人的组织下，完成对施工资料和档案的整理归类工作。

设备供应商为北京澳作生态仪器有限公司、深圳东深电子股份有限公司等5家设备供应商。5家设备供应商按招标文件、投标文件、采购合同、水文仪器装备标准以及水文监测规范等文件要求，采购货物并按时交付货物，同时提供产品的技术培训，为产品的使用人员详细讲解了采购的主要仪器设备的工作原理、产品性能以及操作使用，也对部分产品设备进行了试运行实验。在项目法人的组织下，完成了对所采购标段的资料和档案的整理归类工作。

质量监督部门为水利部水利工程建设质量与安全监督总站淮河流域分站。实施质量监督，对项目建设过程中的质量安全、生产安全等进行了检查，提出了建议和意见。

第三方质量检测单位为淮河流域水工程质量检测中心。编制完成工程质量检测工作大纲，并按照大纲对本项目工程进行了原材料和实体工程质量检测。

运行管理单位为淮河水利委员会水文局（信息中心）、安徽省（水利部淮河水利委员会）水利科学研究院。负责项目建成后项目经费申报、日常管理等运行管理工作。

3.4.4 主要建设过程

项目批复以后，淮委水文局成立了“五道沟水文实验站改建项目领导小组”，加强对项目的建设管理工作，并组织安徽省（水利部淮河水利委员会）水利科学研究院（以下简称安徽省水科院）启动了项目建设实施前期工作。2015 年 1 月，淮委水文局组织有关技术人员对五道沟水文实验站改建项目建设区的水电、道路、施工场地等情况进行了详细的调研与勘察，并多次就建设实施中的重点、难点和关键节点等问题进行了磋商。2015 年 3 月，有关技术人员关于五道沟水文实验站建设实施中的建管方式、监理委托、标段划分等有关事宜进行了详细讨论，并及时完成项目的招标代理合同、监理合同和委托建设管理协议的签订。2015 年 4 月对项目施工图进行了专家评审，为项目的招标和实施提供了基础。五道沟水文实验站改建项目按项目特点分为建筑工程和仪器及设备采购安装工程，其中建筑工程分为 3 个标段，仪器及设备采购安装工程分为 5 个标段，共 8 个标段经报淮委治淮工程招标投标管理办公室备案，各个标段的招投标工作委托给招标代理单位安徽安兆工程技术咨询服务有限公司进行。根据工程进度安排，各个标段招投标工作陆续实施。至 2015 年 8 月，完成了建筑工程 3 个标段和设备采购 3 个标段的招投标工作，并与中标单位签订了协议，各个标段进入紧张有序的建设实施阶段。

根据进口设备政府采购的有关要求，经过对项目中所需采购的全部进口设备进行了专家论证，2016 年 5 月，淮委水文局向淮委报送了购置五道沟水文实验站改建项目进口设备的请示，并于 2016 年 6 月 17 日得到水利部财务司批复同意采购进口便携式土壤水分测量仪等设备。2016 年 7 月，剩余的 2 个设备采购标段完成招投标工作。2016 年根据批复的设计变更内容新增了 1 个建筑工程标段并于 11 月完成招投标工作。

淮委水文局与安徽省水科院共同对建筑工程、设备采购各个标段实施建设过程的进度、质量、安全、资金使用等开展建设管理工作。对于建筑工程标段，要求各施工单位按照建设内容和设计图纸开展建设，并对隐蔽工程、重要部位、关键节点等进行专项验收；设备采购标段，要求各供应商对照合同和招投标文件进行采购、安装、调试、培训，对采购设备及时办理开箱检验，对设备调试进行现场监督。图 3.4-1～图 3.4-5 为五道沟水文实验站改建过程中经历的部分验收程序。

项目建设实施过程受淮委建设与管理处和水利部水利工程建设质量与安全监督总站淮河流域分站的监督。项目实施过程中，淮委建管处和质量与安全监督总站多次对建设过程进行施工质量与安全检查，淮委水文局也及时组织各相关单位针对检查出的问题进行了整改落实。同时，根据淮委建管处的有关要求，淮委水文局委托淮河流域水工程质量检测中心开展第三方检测工作。

为进一步加强项目建设管理工作，淮委水文局成立了五道沟水文实验站改建工程建设领导小组和建设安全生产领导小组，先后下发了《关于进一步做好五道沟水文实验站改建项目建设管理工作的通知》《关于转发〈水利工程质量管理规定〉等规定的通知》等文件，并定期前往工程现场检查建设进展及质量安全情况。

截至2017年11月，全部标段通过合同工程完工验收。2017年12月，淮委水文局组织各参建单位对工程档案进行了集中整编，完成了工程建设前期、建设管理、施工过程、设备采购安装过程、监理过程、验收等资料的有效收集和科学分类，为档案专项验收做好了准备。2018年4月，该项目以优良等级顺利通过淮委组织的档案专项验收。

2017年7月起，淮委审计处委托江苏天目会计师事务所有限公司和天目苏建投资项目管理有限公司进行了竣工决算审计，各级参建单位给予了积极配合。2018年10月，淮委成立审查组对项目竣工财务决算进行了审查，并于12月下达了竣工财务决算审查意见。2019年1月，淮委下达了项目竣工决算的审计意见，意见认为本项目竣工决算符合有关规定，反映了投资完成情况，可作为竣工验收的依据。

2017—2018年，项目进入试运行阶段，项目法人与委托建管单位密切配合，做好了项目设施、设备的维护管理等工作，保证了设施设备的正常运行。2019年3月，淮委组织并通过了项目竣工验收。

图3.4-1　2015年12月18日设备Ⅰ标地中蒸渗仪罐体出厂前验收

图3.4-2　2016年4月14日人工模拟降雨行车等设备进场验收

图3.4-3　2015年11月30日人工降雨设施基础验收

图3.4-4　2015年12月22日地下室隐蔽工程验收

图3.4-5　2016年12月16日人工模拟降雨径流实验场设备联合调试

3.4.5 工程建设管理

3.4.5.1 招标投标过程

1. 招标准备

项目实施前，淮委水文局组织有关单位讨论确定了项目标段划分事宜，并于2015年11月向淮河流域分站报送了五道沟水文实验站改建工程项目划分的请示。同月，水利部水利工程建设淮河流域分站发布了五道沟水文实验站改建工程项目划分的确认意见，同意该工程划分为1个单位工程、8个分部工程。2016年11月1日，项目法人向淮河流域分站报送了五道沟水文实验站改建工程项目划分调整审核表，在原项目划分的基础上增加一个分部工程，由8个分部工程调整为9个。9个分部（标段）主要实施内容见表3.4-1。

表3.4-1 五道沟水文实验站改建项目项目划分情况

分部工程（标段）	建设内容
建筑工程Ⅰ标段	（1）地表水和地下水水位观测设施，包括基本水准点，浅、中、深层各一眼地下水位井（设计井深分别为50m、150m、300m），井房，观测孔房。（2）抽水机电设备采购及安装，包括机泵设备、发电机、电缆
建筑工程Ⅱ标段	（1）产汇流流域水文实验区及测验河段整治，包括流域闭合工程，嵌套小径流实场重建，测验河段整治，断面重建，地下水位观测井配套；（2）农田排水水文实验区设施恢复重建；（3）闸门金属结构采购及安装
建筑工程Ⅲ标段	（1）水文气象观测设施，包括配套雨量观测设施，墒情观测设施，$20m^2$蒸发池；（2）自动称重式地中蒸渗观测室，包括地下室基础建筑工程水电系统及安装（配套设施）；（3）人工模拟降雨径流实验场设施，包括径流区建设，变坡钢槽地基，行车轨道地基，模拟降雨蓄水池，砂姜黑土实验小区取土，黄泛沙土实验小区取土；（4）其他配套设施建设，包括保护标志牌，观测道路，供电线路改造
建筑工程Ⅳ标段	（1）气象场移址；（2）供水、排水系统改造；（3）站内道路及地面改造；（4）地下室环境改造；（5）实验站北侧和东侧围栏更换；（6）侧流房还原重建
仪器购置安装工程Ⅰ标段	自动称重式地中蒸渗仪（口径$4m^2$、土柱高4m）及配套仪器（包括主体箱、土壤水分测量仪、土壤水采集仪、称重系统、数据采集系统）。包括其设计、制造、包装、运输、保险、装卸、安装调试、售后服务等
仪器购置安装工程Ⅱ标段	（1）潜水蒸发场地中蒸渗仪水平衡要素实验观测自动化改造；（2）土壤水分仪（TDR自动土壤含水率）；（3）墒情遥测设备；（4）实验数据采集、传输、储存系统建设
仪器购置安装工程Ⅲ标段	新建人工模拟降雨径流实验场购置的配套设备，主要包括1套移动式人工模拟降雨系统设备、2个固定式液压变坡钢槽、8套水土流失监测系统等
仪器购置安装工程Ⅳ标段	（1）雨量观测设备；（2）水位观测设备；（3）流量观测设备；（4）水质采样设备；（5）测量观测设备；（6）农作物监测设备；（7）高精度自动气象站；（8）底泥采样器；（9）农作物水分测定仪；（10）叶面积仪器
仪器购置安装工程Ⅴ标段	（1）H-ADCP；（2）便携式土壤水分测量仪；（3）土壤要素分析仪；（4）土壤水分特征曲线仪；（5）数字水准仪器

2015年5月，淮委水文局与安徽安兆工程技术咨询服务有限公司签订招标代理委托合同，委托其组织相关招标投标工作。

2015年5月，淮委水文局向淮委治淮工程招标投标管理办公室报送了五道沟水文实验站改建项目招标方案，建筑工程Ⅰ、Ⅱ、Ⅲ标段和设备采购Ⅰ、Ⅱ、Ⅲ标段采用公开招标的形式选择承包人。

由于项目采购设备中便携式土壤水分测量仪等为进口设备，按照水利部《关于规范部属单位政府采购进口产品管理工作的通知》要求，2016 年 5 月，向水利部报送了《水利部淮河水利委员会关于淮委水文局购置五道沟水文实验站改建项目进口设备的函》。2016 年 6 月，水利部印发了《水利部财务司关于淮河水利委员会申请采购便携式土壤水分测量仪等进口设备的复函》，批复同意了本项目便携式土壤水分测量仪等进口设备的采购。

2016 年 6 月 6 日，淮委水文局向淮委治淮工程招标投标管理办公室报送了仪器及设备购置安装工程Ⅳ标段、Ⅴ标段招标方案，两标段通过公开招标的方式进行采购。

项目设计变更报告批复后，2016 年 9 月，淮委水文局向淮委治淮工程招标投标管理办公室报送了设计变更项目招标方案，新增的设计变更内容作为建筑工程Ⅳ标段进行公开招标。

2. 招标投标过程

公开招标流程为：项目招标代理机构安徽安兆工程技术咨询服务中心在中国采购与招标网、中国政府采购网、淮河水利网等相关网站上发布招标公告；在指定时间地点开标并组建评标委员会进行评标，确定中标候选人；在中国采购与招标网、中国政府采购网、淮河水利网等相关网站上发布评标结果；公示期满后向中标人送发中标通知书；将中标结果报送淮委治淮工程招标投标管理办公室备案。

设计、监理标：由于设计、监理费用均不足 50 万元，根据招标投标法规定并经招标办同意，本项目设计、监理工作分别委托给具有资质的中水淮河规划设计研究有限公司、安徽省大禹水利工程科技有限公司。

项目法人统招仪器设备Ⅲ、Ⅳ、Ⅴ采购标：2015 年 7 月 24 日，发布了仪器及设备购置安装工程Ⅲ标段的招标公告；8 月 25 日，在安徽蚌埠对该标段进行了开标评标，评标委员会专家评选确定由西安清远测控技术有限公司中标；8 月 26 日，评标结果在相关网站公示。

2016 年 6 月 8 日，发布了仪器及设备购置安装工程Ⅳ、Ⅴ标段的招标公告；6 月 28 日，在安徽合肥公共资源交易中心对两标段进行了开标评标，评标委员会专家评选确定由江苏南水科技有限公司、安徽融众电子科技股份有限公司分别为仪器及设备购置安装工程Ⅳ、Ⅴ标段的第一中标候选人；6 月 29 日，在相关网站发布了两标段的中标公示。

安徽省水科院实施招标标段：2015 年 5 月 25 日，发布了建筑工程、仪器及设备购置安装工程招标公告；6 月 23 日，在安徽蚌埠对建筑工程Ⅰ～Ⅲ标段和设备采购Ⅰ、Ⅱ标段进行了开标评标工作。经评标委员会专家评选确定，建筑工程Ⅱ、Ⅲ标段分别由马鞍山首建建设有限责任公司、安徽龙湖建设集团有限公司中标，设备采购Ⅰ标段由北京澳作生态仪器有限公司中标，建筑工程Ⅰ标段、设备采购Ⅱ标段流标。6 月 24 日，评标结果在相关网站公示。

6 月 24 日，发布了建筑工程Ⅰ标段、仪器及设备购置安装工程Ⅱ标段第二次招标公告；7 月 21 日，在安徽蚌埠对建筑工程Ⅰ标段和设备采购Ⅱ标段进行了第二次开标评标，建筑工程Ⅰ标段再次流标，设备采购Ⅱ标段由深圳市东深电子股份有限公司中标；7 月 22 日，评标结果在相关网站公示。

7 月 25 日，发布了建筑工程Ⅰ标段第三次招标公告；8 月 25 日，在安徽蚌埠对建筑工程Ⅰ标段进行开标评标，确定由安徽省地质矿产勘查局三一二地质队中标。8 月 26 日，评标结果在相关网站公示。

2016 年 10 月 13 日，发布了建筑工程Ⅳ标段招标公告；11 月 2 日，在安徽合肥公共资源交易中心对两标段进行了开标评标，评标委员会专家评选确定由蚌埠市新宇建筑安装工程有限公司中标；11 月 4 日，评标结果在相关网站公示。

所有的招投标工作，均严格按照《水利工程建设项目招标投标管理规定》等要求，办理了招标申请和中标结果备案等各项手续，招标公告和中标结果均在中国采购与招标网、中国政府采购网、淮河水利网等网站上进行了发布和公示。淮委监察处、淮委治淮工程招标投标管理办公室、淮委政府采购办公室对项目的招投标活动进行了监察、监督。

3.4.5.2　资金与合同管理

项目法人对工程工期和实施计划进行全盘考虑后，合理分配了年度投资，并向水利部报送年度投资建议计划。投资计划下达后，项目法人按照批复的工期组织项目实施，在确保资金安全和工程质量的前提下，保证资金节点支付进度，加快计划执行和项目建设进度，尽早发挥项目建设成效。2015 年下达投资 700 万元，2016 年下达投资 722 万元，均顺利完成年度投资，保障了中央财政资金支付进度和资金安全。

合同采用标准示范文本，并对安全生产责任、廉政建设责任、档案整编要求等进行了突出说明，以对合同双方形成法律意义上的约束。合同签订依次经过技术部门、财务部门和单位负责人审签。合同支付依据合同中关于付款条款的规定和已完成的工程量，并按照规定程序，由建设监理单位确认后，及时进行了合同价款结算，并按时支付，无工程款拖欠情况。项目共签订设计、监理、土建、设备、委托建管、质量抽检、档案整编等合同 22 份，合同金额 1431.7861 万元，全部执行良好。

3.4.5.3　工程质量管理

五道沟水文实验站改建项目建立和完善了政府部门的工程质量监督体系，建设（监理）单位的质量控制体系和施工单位与供货商的质量保证体系等三大体系，工程质量控制标准严格按设计要求和国家及部颁有关规范执行。

根据有关规程规范和标准要求及规定，并结合工程实际，同时以便于组织施工、工程施工质量评定和验收等，对本工程进行项目划分并获得了水利部水利工程质量与安全监督总站淮河流域分站的批复。项目划分为单位工程、分部工程和单元工程等 3 级，1 个独立项目作为 1 个单位工程，每个土建标段、每个标段设备采购安装各作为 1 个分部工程。土建部分根据施工部署、施工图纸及相关标准进行划分单元工程；设备采购安装划分为设备采购质量检验、设备安装质量评定 2 类单元工程。

为加强项目质量管理，规范水文工程仪器设备采购单元工程质量检验验收评价工作，在质量监督部门水利部水利工程质量与安全监督总站淮河流域分站的支持和帮助下，项目法人根据水文工程特点，制订了设备安装单元的单元工程施工质量验收评定表和仪器设备采购单元工程质量检验验收评价表。单元工程施工质量验收评定表和仪器设备采购单元工程质量检验验收评价表在单元工程中划分了主控项目和一般项目，涵盖了全部的质量检验内容，标准制定科学，可操作性强，符合水文工程特点，满足了施工质量验收评定和仪器设备采购质量检验验收评价工作的需要。

经评定，五道沟水文实验站改建项目每个分部工程的设施或设备均已按照设计文件、招标文件和合同要求完工并交付，施工质量、设备产品质量均达到合格及以上等级。整个项目质量也达到合格要求。项目建设过程中未出现质量事故。

3.4.5.4 设计变更情况

根据项目实施和建设目标，综合考虑整体布局、合理利用、便于管理，更加充分地发挥建设项目的综合效益情况，淮委水文局先后组织编制完成了《五道沟水文实验站改建设计变更报告》和《五道沟水文实验站改建增补完善设计报告》。2016年8月25日、2017年10月11日，淮委先后以淮委规计〔2016〕154号、〔2017〕200号批复了该项目设计变更报告、增补完善设计报告。

批复设计变更内容：将地下水水位观测设施移至实验站内；将墒情监测点移至站内土壤墒情比测区；将人工模拟降雨径流实验场场地调整至综合楼西侧；将现状气象场南移扩建；优化实验控制闸结构形式及测流断面数量；潜水蒸发场地中蒸渗仪水平衡要素实验观测自动化改造；站内变压器升级改造；地下观测室环境改造；站内供水、排水系统改造；站内道路（此项的站内道路是指五道沟实验站原有的站区内的道路，不含改建项目新建的站内道路）及地面改造；实验站北侧和东侧围栏更换；测流房重建。

批复增补完善内容：取消产汇流实验区周边配套的管径100cm涵管桥1座；20m^{2}蒸发池罐体材质由普通钢板变更为不锈钢板材；潜水蒸发场地中蒸渗仪地下室不锈钢柜体变更为绝缘板材柜体；站内附属设施增补完善；土壤多参数监测系统等仪器设备购置。

3.4.5.5 项目历次验收情况

五道沟水文实验站改建项目已经完成了仪器设备开箱验收、合同工程（分部工程）完工验收、工程档案专项验收、财务竣工决算审计、竣工验收等。

仪器设备开箱验收：仪器设备开箱验收由监理单位主持，邀请水文设备方面的专家成立验收工作组，对到货交付的仪器设备进行开箱检查，项目法人、设备供应商代表共同参加。2015年12月18日，对设备Ⅰ标段的设备进行出厂前验收；2015年12月21日，对设备Ⅱ标段采购的仪器设备进行开箱验收；2016年4月14日，对设备Ⅲ标段进行仪器设备进场开箱验收；2016年9月13日，对设备Ⅳ标段进行仪器设备进场开箱验收；2016年10月15日，对仪器设备Ⅴ标段进行仪器设备进场开箱验收。

合同工程（分部工程）完工验收：合同工程完工验收由项目法人组织，建设、设计、监理和施工单位或设备供应商等单位共同参加，对合同工程进行完工验收，水利部水利工程建设质量与安全监督总站淮河流域分站派员督导。2016年12月6日，设备Ⅳ、Ⅴ标段采购合同工程进行完工验收；2017年4月7日，建筑工程Ⅰ、Ⅱ、Ⅲ标段合同工程完工验收；2017年4月8日，设备Ⅰ、Ⅲ标段合同工程完工验收；2017年11月17日，建筑工程Ⅳ标段和设备Ⅱ标段合同工程完工验收。

分部工程验收与合同工程完工验收合并进行。完工验收前，建筑工程标段包含地下室填埋、人工降雨实验场基础等隐蔽工程的，也进行了隐蔽工程验收。隐蔽工程验收由监理单位主持，邀请水利工程施工方面的专家成立验收工作组，对建成的水文设施进行现场检查，项目法人、委托建设现场管理、施工单位代表在场参加。

工程档案专项验收：档案专项验收由项目主管单位淮委组织，邀请专家成立项目档案验收组，项目法人、监理、施工和设备供应商等项目参建单位代表参加。2018年4月9日，淮委在安徽蚌埠组织召开五道沟水文实验站改建项目档案专项验收会议，经综合考核评议，档案评分90.8分，达到优良等级，同意该项目档案通过验收。

财务竣工决算审计：财务竣工决算审计由项目主管单位淮委组织。2017年7月起，淮委审计处委托江苏天目会计师事务所有限公司和天目苏建投资项目管理有限公司进行了竣工决算审计，各级参建单位给予了积极配合。2018年10月，淮委成立审查组对竣工财务决算进行了审查，并于12月以办财务〔2018〕161号文件下达了财务竣工决算审查意见。2019年1月，淮委以办审计〔2019〕1号文件下达了竣工决算的审计意见，意见认为竣工决算符合有关规定，反映了投资完成情况，可作为竣工验收的依据。

竣工验收：竣工验收由项目主管单位淮河水利委员会组织。竣工会议成立了由淮委、水利部水利工程建设质量与安全监督总站淮河流域分站、淮委水文局、淮委治淮档案馆等单位代表组成的验收委员会。验收工作组通过现场检查项目建设情况，听取项目建设管理、设计、监理、施工、设备采购及质量监督工作报告，查阅项目建设档案资料，经充分讨论，同意通过竣工验收。

3.4.6 工程移交、运用及效益

五道沟水文实验站改建项目于2019年完成固定资产划分和工程移交工作。

自项目建成以来，五道沟水文实验站改建项目工程建设的地下室、控制闸等其他附属工程均未出现不均匀沉降等质量问题，仪器设备等各项指标均满足设计和使用功能要求。所有建设内容已全部完成，所有设施设备已投入使用，运行情况良好。

五道沟水文实验站改建工程的建设完成，极大地弥补了近年来淮河流域乃至全国在水文水资源实验研究基础设施及基础实验研究方面投入的不足，改进了五道沟水文实验站实验装备，拓展了其实验研究领域，提升了其综合研发能力和产学研转化能力，将其建成为全国第一流的综合性水文实验研究基地打下了良好的基础。

五道沟水文实验站改建工程更好地为淮河流域的水旱灾害治理、城乡供水与防洪安全以及水资源规划管理等方面提供了技术支持；为淮委水文局的职能建设提供了更好的技术保障，为淮河流域的水文试验研究和水资源管理提供了支撑平台；改善了该站在水文循环与水资源演变机理、水资源开发与高效利用、水旱灾害形成机理及防灾减灾、水生态与水环境演变规律及保护措施等方面的实验环境，使得该站能够更好地开展气候变化背景下的水文循环规律研究，人类活动影响下的平原区产汇流规律实验研究，不同尺度流域水文实验与应用研究，农田水资源转化规律实验研究，农业面源污染机理及运移规律实验研究，农田除涝防渍地下水位调控技术实验研究，农田旱情墒情指标监控及旱灾治理研究，地下水动态与预测模拟研究，农作物生长与水（降水、土壤水及地下水）的关系实验研究，农田灌溉排水的水文实验研究等，取得了显著的社会效益和经济效益。

近年来，运行管理单位安徽省水科院充分利用新改造的实验设施设备进行了不同雨强和坡度对两种土壤裸土及大豆条件下产流产沙规律、地下水埋深对土壤水变化的影响、潜水蒸发昼夜变化差异性、原状土与回填土的潜水蒸发差异性、作物系数及蒸散量之间的关系、淮北平原冬小麦生育期土壤墒情预测等方面的研究，2015—2019年期间撰写了几十篇学术论文，其中《基于温度效应的作物系数及蒸散量计算方法》（EI，水力学报）、《淮北平原黄潮土多雨强变坡度产流产沙规律试验模拟》（核心，水土保持学报）、《淮北平原气象因素对裸地潜水蒸发的影响》（核心，灌溉排水学报）等7篇核心及以上级别，申请了一项实用新型专利《一种测量泥沙浓度及径流水位的三角堰装置》，并顺利取得授权。

图3.4-6～图3.4-11为五道沟水文实验站改建后的形象。

图 3.4-6　改造后的实验站大门及进站道路

图 3.4-7　新建的人工模拟降雨径流实验场

图 3.4-8　新建的自动称重式地中蒸渗观测室

图 3.4-9　改造后的 62 套地中蒸渗仪群及地下室

图 3.4-10　新建的水文气象观测场

图 3.4-11　五道沟水文实验站信息管理系统

3.5　水资源监测能力提升

3.5.1　建设缘由

为加快推进《全国中小河流治理和病险水库除险加固、山洪地质灾害防御和综合治理总体规划》中监测预报预警体系建设，2011 年 8 月，水利部在北京组织召开全国中小河流水文监测系统建设工作会议，部署各流域机构加快编制中小河流水文监测系统水文应急机动测验队建设实施方案。

根据《中华人民共和国水文条例》，流域机构具有“负责开展流域重点区域的水文巡测工作，负责省际水体、重要水域和直管江河湖库及跨流域调水的水量监测工作，承担着流域重要跨省河流、水事纠纷敏感地区突发性水事件的水文应急监测工作”等职责。

淮河流域地处我国南北气候、高低纬度和海陆相三种过渡带的重叠地区，山洪灾害、洪涝灾情、水质污染、应急补水等突发性水事件十分频繁，现有水文应急测验手段短缺，设施设备匮乏。因此基于淮委水文监测任务以及现有水文站网的实际情况，在全国中小河流水文监测系统工程中，开展了淮河流域水文应急机动测验队的建设。

淮河流域水文应急机动测验队，主要对淮河流域突发水事件、重大水情气象、重大及突发性水污染等进行应急水文监测，实现快速机动实施突发性水事件的应急测验，实时准确地掌握突发水事件现场的水文应急测验第一手资料。通过应对突发性水事件反应速度的提升，应急测验手段的加强，应急监测精度的精准，实现淮河流域防洪减灾、水资源管理与服务能力的快速发展。

3.5.2 批复情况与建设内容

2011年8月31日，水利部在北京组织召开全国中小河流水文监测系统建设工作会议，部署各流域机构加快编制中小河流水文监测系统水文应急机动测验队建设实施方案。为表述方便，未做特别注释时3.5节中将“中小河流水文监测系统淮河流域水文应急机动测验队建设”以“本项目”替代。

2011年11月《中小河流水文监测系统淮河流域水文应急机动测验队建设实施方案》报告编制完成，同年12月经淮委审查通过后上报水利部。2013年12月底根据国家政策的调整，对实施方案报告进行修改后，淮委于2014年3月再次上报水利部。

2014年4月15日，水利部水利水电规划设计总院在北京对《中小河流水文监测系统淮河流域水文应急机动测验队建设实施方案》进行审查。2014年6月，水利部批复同意《中小河流水文监测系统淮河流域水文应急机动测验队建设实施方案》。批复工程投资1426万元，全部为中央财政资金。

2015年6月，淮委水文局完成《中小河流水文监测系统淮河流域水文应急机动测验队建设增补完善项目设计报告》，并于2015年6月获得淮委批复。

项目建设位置位于淮河水利委员会水文局（信息中心），安徽省蚌埠市东海大道3055号和凤阳西路41号。建设目标为：建设中小河流水文监测系统淮河流域水文应急机动测验队，初步建成能对淮河流域突发水事件、重大水情气象、重大及突发性水污染事件等进行应急水文测验队伍，及时掌握突发水事件现场水文应急测验第一手资料，能基本完成突发性的水文应急测验任务。

主要建设内容为：淮河流域共建设1支水文应急机动测验队，内设3个测验组，共配备人员28人。依据《水文基础设施建设及技术装备标准》（SL 276—2002）及水利部水文局《中小河流水文监测系统建设技术指导意见》，结合淮河流域水文监测实际情况进行设备的配置，配置雷达水位计6套、便携式水情应急自动监测站2套、电波流速仪6套、双频回声测深仪1台、单频回声仪1台、手持式便携测深仪1台、冲锋舟3艘、ADCP遥控电动船3套、走航式ADCP（M9）2套、相控阵多普勒流速剖面仪2套、微型ADCP3套、现场测沙仪（激光）1套、现场测沙仪（红外）1套、微波流速仪3套、电磁流速仪3套、ADV声学多普勒流速仪（便携式）1套、超声波流速流向仪3套、便携式水质监测仪1套、全站仪3

套、测距望远镜3套、激光测距仪3套、双频GPS（1+2）2套、亚米级手持GPS3套、微光夜视仪3套、三维激光扫描仪1套、电子水准仪1套、水准仪3台、水准尺3对、卫星电话3部、对讲机15对、便携式计算机9台、应急照明灯6套、LED露营灯28个、头戴式锂电池照明灯28个、警示灯8个、应急工机具3套、汽油发电机3台、在线流量监测系统3套、RTK系统1套、应急布控视频系统2套、北斗卫星终端1套、无线传输模块3套、潜水设备1套、现场施工工具8套等仪器设备共277台（套）。

3.5.3 项目组织及工作开展情况

主管单位为水利部淮河水利委员会，主要负责项目建设的投资计划安排、财务审计、建设管理及安全生产等方面的宏观管理工作。

项目法人为淮河水利委员会水文局（信息中心）。2014年3月，淮河流域重要省界断面水资源监测24处水文站改造项目批复建设，3月28日淮委水文局为加强项目管理工作，成立了“淮河流域重要省界断面水资源监测站建设项目”领导小组。同年6月，水利部批复同意中小河流水文监测系统淮河流域水文应急机动测验队建设的实施方案。根据党的十八大有关精简机构的精神，中小河流水文监测系统淮河流域水文应急机动测验队建设不再新设项目领导小组和管理办公室，由“淮河流域重要省界断面水资源监测站建设项目”领导小组及其下设的办公室统一负责本项目的建设实施。“淮河流域重要省界断面水资源监测站建设项目”领导小组由淮委水文局法人担任组长，下设办公室，办公室内又分设综合管理组、合同管理组和工程管理组。领导小组内部各个部门与人员职责清晰，分工协作，密切配合，围绕项目建设目标，严格履行各自职责，积极做好项目管理工作。

设计单位为中水淮河规划设计有限公司。根据项目建设目标以及设计合同要求，完成《中小河流水文监测系统淮河流域水文应急机动测验队建设实施方案》《中小河流水文监测系统淮河流域水文应急机动测验队建设增补完善项目设计报告》并得到有关部门的批复同意。在项目建设实施过程中，中水淮河规划设计有限公司还协助项目法人对采购方案、设备选型等相关工作提供技术指导。

监理单位为安徽省大禹水利工程科技有限公司。依据监理合同，编制了《中小河流水文监测系统淮河流域水文应急机动测验队建设监理规划》，本着“监督、检查、服务”的宗旨，按照“公正、独立、自主、科学”的原则，做好对建设过程中“三控制、两管理、一协调”的各项监督管理工作。

设备供应商为北京燕禹水务科技有限公司、合肥徕拓电子科技有限公司等6家。按招标文件、投标文件、采购合同、水文仪器装备标准以及水文监测规范等文件要求，采购货物并按时交付货物，同时提供产品的技术培训，为产品的使用人员详细讲解了采购的主要仪器设备的工作原理、产品性能以及操作使用，也对部分产品设备进行了试运行实验。在项目法人的组织下，完成对所采购标段的资料和档案的整理归类工作。

质量监督部门为水利部水利工程建设质量与安全监督总站淮河流域分站。对中小河流水文监测系统淮河流域水文应急机动测验队建设工程建设进行质量监督，对项目建设过程中的质量安全、生产安全等进行检查，提出建议和意见。

3.5.4 主要建设过程

项目主要建设内容为仪器设备的采购，主要通过公开招投标的方式进行采购。2014年8

月初，淮委水文局向淮委治淮工程招标投标管理办公室报送了项目招标方案，仪器设备计划分为两批5个标段采用公开招标的形式选择承包人。由于其中第二批为进口设备的购置，按照水利部办公厅《关于规范部属单位政府采购进口产品管理工作的通知》要求，淮委水文局于8月中旬开展了进口产品专家论证会，并将有关专家意见整理汇总后及时向上级部门报送了购置进口水文应急监测设备的请示。同年12月10日，财政部批复同意了项目中9种进口设备的采购。

2014年9～10月，淮委水文局组织完成了两批5个标段的公开招标，并分别签订仪器采购合同。截至2014年12月14日，5个标段设备供应商分别完成了雷达水位计、便携式水情应急自动监测站、冲锋舟、ADCP遥控电动船、走航式ADCP（M9）等全部仪器设备的采购。并按照各家到货的顺序，于12月10日，对合肥徕拓电子科技有限公司提供的第一批Ⅱ标段水位信息采集和测绘仪器等设备进行了开箱验收，14日分别对北京燕禹水务科技有限公司提供的第一批Ⅰ标段流量和泥沙信息采集等设备、南京星测天宝仪器仪表有限公司提供的第一批Ⅲ标段应急通信指挥和应急保障系统等设备、河南黄河水文科技有限公司提供的第二批Ⅰ标段流量和泥沙信息采集等设备和北京燕禹水务科技有限公司提供的第二批Ⅱ标段水位信息采集和测绘仪器等设备进行了开箱验收。

2015年6月23～29日，北京燕禹水务科技有限公司、南京星测天宝仪器仪表有限公司、合肥徕拓电子科技有限公司、河南黄河水文科技有限公司4家设备供应商在安徽蚌埠分别组织了使用和操作培训，向相关技术人员详细讲解了采购的主要仪器设备的工作原理、产品性能以及操作使用，同时也对部分产品设备进行了试运行实验。

2015年7月13～15日，项目法人淮委水文局及时组织监理、设计等有关单位对两批次5个标段仪器设备采购合同进行了合同工程完工验收工作。

另外，2015年6月，根据项目实施情况和建设目标，淮委水文局编制完成了《中小河流水文监测系统淮河流域水文应急机动测验队建设增补完善项目设计报告》并得到上级部门的批复同意。

2015年6月，淮委水文局以竞争性谈判的方式完成了增补完善项目2个标段的招标工作。至2015年7月底，两家公司完成了固定式水下声学多普勒换能器、流速流量积算仪表、RTK系统、应急布控视频系统、北斗卫星终端、无线传输模块、潜水设备、现场施工工具等设备采购，并将货物及时送至指定地点。8月13日，淮委水文局组织开展了两个标段仪器设备的开箱验收。9月中旬，淮委水文局及时组织监理、设计等有关单位进行了增补完善项目的2个标段的合同工程完工验收。

2015年10～11月，淮委水文局组织监理、设计、设备供应商等有关单位对项目全部资料和档案进行整理归类。11月下旬，工程档案开展集中汇编，并邀请淮委档案馆的老师对工程档案整理工作进行现场指导。12月30日，淮委组织了中小河流水文监测系统淮河流域水文应急机动测验队建设项目的档案专项验收，经综合考核评议，工程档案达到优良等级。

截至2015年12月，中小河流水文监测系统淮河流域水文应急机动测验队建设项目完成全部建设内容，所有设备已交货验收并投入使用。累计完成建设投资1426万元，占批复总投资的100%。

2015年12月至2016年4月，为切实提高水文应急监测能力，达到熟练掌握监测仪器设备的操作和联合应用的目的，淮委水文局利用中小河流水文监测系统淮河流域水文应急机动测验队建设等项目购置的先进仪器设备，在南水北调东线苏鲁省界台儿庄闸、韩庄闸等断面组织开展了水文应急测报工作，达到了预期目的。

2016年4～5月，淮委水文局于2016年3月对竣工财务决算编制工作进行了部署，由财务部门牵头，业务部门配合，做好工程竣工验收前的财产清查和应收应付款项的核实工作，对需要移交给有关单位的资产逐一进行清理核查，做到账物相符：对应收应付款项进行逐笔核实清理，确定2016年3月31日为编制基准日，并明确了编制依据，组织实施及编制进度和编制口径及要求。竣工财务决算（送审稿）于5月完成。

2016年7月28日，淮委在安徽合肥组织召开水利基本建设项目竣工财务决算审查会，专家组经质询、听取汇报、查阅资料和现场质询等方式，同意通过中小河流水文监测系统淮河流域水文应急机动测验队建设项目竣工财务决算审查。

2016年8月，淮委委托江苏天目会计师事务所有限公司对中小河流水文监测系统淮河流域水文应急机动测验队建设项目竣工决算进行了审计；2016年9月，淮委印发了《水利部淮河水利委员会关于中小河流水文监测系统淮河流域水文应急机动测验队建设项目竣工决算的审计意见》，审计认为，淮委水文局组织编制的淮河流域水文应急机动测验队建设竣工财务决算基本符合《水利部基本建设项目竣工财务决算管理暂行办法》《水利基本建设项目竣工财务决算编制规程》等有关规定，反映了投资完成情况，可作为竣工验收的依据之一。2017年3月，淮委组织并通过了竣工验收。

3.5.5 工程建设管理

3.5.5.1 招标投标过程

中小河流水文监测系统淮河流域水文应急机动测验队建设，主要的建设内容为仪器设备的采购。2014年8月，淮委水文局向淮委治淮工程招标投标管理办公室报送了项目招标方案，仪器设备采购计划分为两批：第一批3个标段，全部为国产设备采购，第二批2个标段，为进口设备采购。5个标段分别采用公开招标的形式选择设备供应商，委托安徽安兆工程技术咨询服务有限公司作为项目招标代理机构组织招标投标工作。

2014年9月9日，项目招标代理机构在中国采购与招标网、中国政府采购网、淮河水利网分别发布了两批5个标段的招标公告；9月22～26日，出售了招标文件；10月15～17日，发布第一批3个标段的招标文件补充通知，10月9～15日，发布了第二批2个标段的招标文件补充通知。

10月21日，项目招标代理机构安徽安兆工程技术咨询服务中心在安徽省水利工程招标投标服务中心对中小河流水文监测系统淮河流域水文应急机动测验队建设公开招标标段进行了开标评标工作，经评标委员会审核评定，最终确定由北京燕禹水务科技有限公司、合肥徕拓电子科技有限公司、南京星测天宝仪器仪表有限公司、河南黄河水文科技有限公司和北京燕禹水务科技有限公司分别作为设备采购的2个批次5个标段的设备供应商。

2015年6月，经向淮委治淮工程招标投标管理办公室报备，中小河流水文监测系统淮河流域水文应急机动测验队建设增补完善项目的2个标段，采用竞争性谈判的方式进行采购。2015年6月19日，安徽安兆工程技术咨询服务有限公司在中国采购与招标网、中国政府采购网、淮河水利网分别发布了应急监测及通信指挥系统和应急保障系统的竞争性谈判公告；6月23日，在中国采购与招标网、中国政府采购网、淮河水利网分别发布了应急监测及通信指挥系统和应急保障系统的竞争性谈判更正公告；6月19～24日，出售了竞争性谈判文件；6月25日，项目招标代理机构组织竞争性谈判开启会议和评审工作，经谈判委员

会审核评定，分别选定南京灵快水测量技术有限公司、江苏雨能水利工程有限公司作为应急监测及通信指挥系统和应急保障系统的2个标段的设备供应商。

根据有关规定并结合项目实际情况，经淮委治淮工程招标投标管理办公室同意，设计单位和建设监理单位采用直接委托方式确定，其中实施方案设计工作直接委托中水淮河规划设计有限公司，工程建设监理直接委托安徽省大禹水利工程科技有限公司。

中小河流水文监测系统淮河流域水文应急机动测验队建设的所有招投标工作，均严格按照《水利工程建设项目招标投标管理规定》等要求，办理了招标申请等手续，招标公告和中标结果均在中国采购与招标网、中国政府采购网、淮河水利网等网站上进行了发布和公示。淮委监察（审计）处、淮委治淮工程招标投标管理办公室、淮委政府采购办公室对项目的招投标活动进行了监察、监督。

3.5.5.2 资金与合同管理

根据淮委批复文件，中小河流水文监测系统淮河流域水文应急机动测验队建设总投资为1426万元，从中央预算内投资安排。2014年计划下达投资1300万元，实际下达投资1300万元，完成投资1276万元；2015年计划下达投资126万元，实际下达投资126万元，完成投资150万元。截至2015年12月31日，项目累计完成投资1426万元，占批复总投资的100%。

合同采用标准示范文本，并对安全生产责任、廉政建设责任、档案整编要求等进行了突出说明，以对合同双方形成法律意义上的约束。合同签订依次经过技术部门、财务部门和单位负责人审签。合同支付依据合同中关于付款条款的规定和已完成的工程量，并按照规定程序，由建设监理单位确认后，及时进行了合同价款结算，并按时支付，无工程款拖欠情况。共签订设计、建设监理、设备采购、档案整理、聘用人员等合同17份，合同总额1416.0128万元，全部执行良好。

3.5.5.3 工程质量管理

中小河流水文监测系统淮河流域水文应急机动测验队建设项目的质量管理主要为仪器设备采购单元的质量控制。为规范水文工程仪器设备采购单元工程质量检验验收评价工作，在质量监督部门水利部水利工程质量与安全监督总站淮河流域分站的支持和帮助下，淮委水文局和监理单位共同组织制订了《水文工程仪器设备采购单元工程质量检验验收评价表》。该表格在仪器设备采购单元工程中划分了主控项目和一般项目，涵盖了全部的质量检验内容，标准制定科学，可操作性强，符合水文工程特点，满足了仪器设备采购质量检验验收评价工作的需要。

项目建设过程中未出现质量事故。7个标段的仪器设备均已按照招标文件和合同要求采购交付，仪器设备的外观包装、规格型号、数量和随机附件等经检查核实齐全，产品质量达到合格等级。整个项目质量也达到合格要求。

3.5.5.4 设计变更情况

项目实施过程中，为进一步提高水文应急机动测验队的应急监测能力，淮委水文局结合淮河流域水文应急监测的实际需要，编制了《中小河流水文监测系统淮河流域水文应急机动测验队建设增补完善项目设计报告》，并于2015年6月获得淮委批复，核定增补完善项目投资为84.75万元，所需投资在原批概算中调剂解决。

增补完善项目主要建设内容：增加购置3套实施在线流量监测系统和1套RTK系统；

2 套应急布控视频系统、1 套北斗卫星终端和 3 套无线传输模块；1 套潜水设备和 8 套现场施工工具。

3.5.5.5 项目历次验收情况

本项目主要是仪器设备的采购，目前已经顺利完成了设备开箱验收、合同工程完工验收、档案专项验收、财务审查、竣工验收等。

设备开箱验收：设备开箱验收由监理单位主持，邀请水文设备方面的专家成立验收工作组，对到货交付的仪器设备进行开箱检查，项目法人、设备供应商代表在场参加。

2014 年 12 月 10 日和 14 日分别组织并通过了两个批次 5 个标段采购的仪器设备的开箱验收；2015 年 8 月 13 日组织并通过了增补完善项目 2 个标段采购的仪器设备的开箱验收。另外，采购的办公用品也进行了开箱验收：2015 年 9 月 14 日，文件柜到货验收；2015 年 9 月 17 日，碎纸机等货物到货验收；2015 年 10 月 12 日，资料柜和办公椅等货物到货验收。

合同工程完工验收：合同工程完工验收由项目法人淮委水文局（信息中心）组织建设、设计、监理和设备供应商等单位对合同工程进行完工验收，淮委、水利部水利工程建设质量与安全监督总站淮河流域分站派员参加。2015 年 7 月 13～15 日，先后组织并通过了中小河流水文监测系统淮河流域水文应急机动测验队建设 2 批 5 个标段的设备采购合同工程完工验收并印发了合同工程完工验收鉴定书；2015 年 9 月 15～16 日，先后组织并通过了增补完善项目 2 个标段的设备采购合同工程完工验收并印发了合同工程完工验收鉴定书。另外，办公用品的采购合同也进行了合同验收，并出具了合同验收意见；2015 年 7 月 10 日，设备架等货物采购合同验收；9 月 21 日，文件柜采购合同验收和碎纸机等采购合同验收；10 月 12 日，资料柜和办公椅等货物采购合同验收。

档案专项验收：档案专项验收由项目主管单位水利部淮河水利委员会组织，邀请专家成立项目档案验收组，项目法人、监理、设备供应商等项目参建单位代表参加。2015 年 12 月 30 日，淮委在安徽蚌埠组织召开中小河流水文监测系统淮河流域水文应急机动测验队建设工程档案专项验收会议，经综合考核评议，档案评分 94.5 分，达到优良等级，同意该项目档案通过验收。

财务审查：财务审查由项目主管单位水利部淮河水利委员会组织，邀请专家成立项目专家组，项目法人代表参加。

2016 年 7 月 28 日，淮委在安徽合肥组织召开水利基本建设项目竣工财务决算审查会，专家组经质询，通过听取汇报、查阅资料和现场质询等方式，同意通过中小河流水文监测系统淮河流域水文应急机动测验队建设项目竣工财务决算审查。

竣工验收：竣工验收由项目主管单位淮河水利委员会组织。竣工会议成立了由淮委、水利部水利工程建设质量与安全监督总站淮河流域分站、淮委水文局、淮委治淮档案馆等单位代表组成的验收委员会。验收工作组通过现场检查项目建设情况，听取项目建设管理、设计、监理、设备采购及质量监督工作报告，查阅项目建设档案资料，经充分讨论，同意通过竣工验收。

3.5.6 工程运用效益

2015 年 7 月，设备供应商和生产厂家的专业人员在安徽蚌埠吴家渡水文站对走航式 ADCP（M9）和微型 ADCP 等主要设备进行了现场测试和试运行。

2015 年 12 月至 2016 年 4 月，淮委水文局（信息中心）在台儿庄闸、韩庄闸等断面开

展了南水北调东线苏鲁省界水量监测工作中，大量利用购置的先进仪器设备，如各类走航式ADCP（YSI/M9、TRDI/相控阵、微型ADCP）的使用、ADCP与遥控船测控系统、便携式应急测船与动力系统、监测现场视频信息采集传输等。切实提高水文应急监测能力，熟练掌握监测仪器设备的操作和联合应用，达到了预期目的。

通过初期的运用，可以基本证明，在淮河流域建设一支水文应急机动测验队，能发挥明显的社会效益和经济效益。在恶劣条件下，采用先进的、快速的水文监测手段，能完成突发性、复杂性的应急监测任务；在大洪水时，可及时准确地为淮河防总决策提供急需的水文监测信息，提高洪水预报精度，最大限度地减少洪涝灾害造成的损失；开展突发性水污染事件水量应急监测和追踪监测，能保障饮用水安全，减少省际段水事纠纷。

中小河流水文监测系统淮河流域水文应急机动测验队建设，为淮河流域水文应急监测配备了大量先进的仪器设备，在今后的管理和运行中，需要有一定数额的管理经费保证，并做好仪器设备的存放、保管以及维护等日常管理工作，保证设备应急时能正常运行和使用。此外，水文应急机动测验队项目配备了大量的高新与精密仪器设备，仅仅用于应急监测，这些仪器设备的利用率较低、浪费较大，因此应积极拓展业务范围，在保证完成应急监测任务的同时，努力为水资源管理、水利测量、水务管理等流域提供服务，实现“平”“战”相结合，以充分发挥其作用与效益。

3.6 基础设施建设实施情况总结

水文基础设施项目按项目属性分为水文基础设施、技术装备、业务应用与服务系统三类，除了具有水利工程受河道汛期影响的共性外，还具有建设地点分散、建设规模小、专业性较强等特性，所以其建设实施要求也不同于常规的水利工程。

结合3.2～3.5节项目建设，从项目法人的角度，总结了流域水文基础设施项目建设实施经验和存在问题，供类似项目借鉴参考。

3.6.1 建设管理经验

3.6.1.1 科学、翔实的前期设计文件是水文基础设施建设的根本保障

项目立项后，需择优选取具有相应资质的设计单位，依据相关设计规范，围绕项目建设目标，充分进行现场勘察、建设方案论证、仪器设备调研选型，保证设计深度和设计质量。

省界断面拟建地点涉及鄂、豫、皖、苏、鲁五省11个地市，设计过程中多次组织各地水文部门进行了汇总交流，经统筹考虑，水位自记井、缆道房等主体工程样式保留了各省既有的习惯和风格，同时将一些好的经验做法应用到了其他省市。例如，在河南省应用较好并获得实用新型专利的自记水位井自动冲淤装置，在江苏、山东等地得到了推广应用，解决了人工清淤费时、费力的难题，并降低了运行成本，如图3.6-1所示。受水文基础设施建设项目批复的临时工程费用偏少的限制，河道水位较高时只能拖延工期，等待合适时机开工，本项目中，在满足条件的徐州等地区，水文站自记水位井基坑开挖应用了较先进的轻型井点降水，施工简单、临时工程费用少，能够较好满足基坑开挖的降排水需要，如图3.6-2为官庄闸水文站现场施工情况。

图 3.6-1　项目应用的实用新型专利自记水位井自动冲淤装置

图 3.6-2　官庄闸水文站轻型井点降水及自记水位井基坑开挖

3.6.1.2　程序化、规范化的建设管理是水文基础设施建设的重中之重

水文基础设施项目建设管理执行四制。笔者从方便实施的角度，将项目的建设管理程序总结为 8 个步骤：(1) 组建项目法人、成立相关管理机构、编制管理制度；(2) 确定监理单位、编制项目划分方案、组织施工图审查、编制招标文件；(3) 组织招投标、签订合同；(4) 施工组织设计交底、施工建设、单元工程验收等，设备购置与安装标组织设备到货开箱检验、安装调试、单元工程验收等；(5) 分部工程验收、合同工程验收；(6) 工程档案整编与验收，竣工财务决算编制与审查、审计；(7) 竣工验收；(8) 竣工财务决算审核与批复、资产移交。

1. 机构设置与管理制度

项目建设管理涉及的专业和部门较多，为明确职责和分工，实现高效协调管理，项目法人成立项目建设领导小组是十分必要的。

省界断面建设项目建设站点多、分布散，建设实施协调难度大，而地方水文部门具备基建经验丰富、与当地相关部门协调便利等优势，因此项目法人积极与 11 个当地水文部门展开合作，委托其承担项目现场建设管理任务。

因项目参建单位较多，项目法人建立了较完善的工程建设管理规章制度，实现项目规范化管理。

2. 项目划分

按有利于组织施工、质量评定和验收的原则，省界断面建设将项目划分为单位工程、分部工程和单元工程 3 级。1 个独立项目作为 1 个单位工程；每个水文站的土建、每个标段设备采购安装各作为 1 个分部工程；土建部分单元工程根据施工部署、施工图纸及相关标准划分，设备采购安装单元工程划分为设备采购质量检验、设备安装质量评定 2 类。项目划分表及说明呈报质量监督机构审查和确认。

3. 招标投标

根据淮委关于招标投标工作的要求，符合《水利工程建设项目招标投标管理规定》第三条规模标准以上的，适用《中华人民共和国招标投标法》及其实施条例，其招投标工作进入公共资源交易市场，受淮委治淮工程招标投标管理办公室监督管理。采购进口产品的，需按规定履行报批手续，获得财政部批复后方可采购。

省界断面建设项目严格按照要求履行了如下程序：招标方案备案，发布招标公告，按属

地管理原则在安徽合肥公共资源交易中心进行开标评标，发布中标公示、签发中标通知书，签订合同，招标结果备案。

4. 质量安全管理

根据以往建设经验，影响工程质量的因素主要有设计文件质量、施工单位建设经验与内部管理水平、监理单位业务水平、项目法人和现场管理单位管理力度等。

及时组织设计交底。施工单位确定后，项目法人应及时组织设计交底，参建各方就设计图纸、施工方案进行细化和完善。

建立质量安全管理体系。为保证工程建设质量安全，省界断面建设项目建立健全了三大质量安全管理体系，即承建单位质量安全保证体系、建设（监理）单位质量安全控制体系、政府部门质量安全监督体系。项目法人与现场管理单位，对工程实施的重要工序和关键节点进行质量安全检控，并委托具备相关资质的单位实施第三方质量检测。

规范质量检验程序。土建单元质量评定参照国家及行业有关技术标准；经过质量监督机构的认可后，设备采购安装单元采用由项目法人组织监理、施工、设计单位编制的设备安装单元的单元工程施工质量验收评定表和设备采购单元工程质量检验验收评价表。

5. 资金与合同管理

项目法人应全盘考虑工程实施计划，合理上报年度投资建议。预算资金下达后，项目法人应在确保资金安全和工程质量的前提下，保证资金节点支付进度，加快计划执行和项目建设进度，尽早发挥项目建设成效。

省界断面建设项目合同采用标准示范文本，并对安全生产责任、廉政建设责任、档案整编要求等进行了突出说明，以对合同双方形成法律意义上的约束。

6. 设计变更

水文基础设施项目设计变更分为重大设计变更和一般设计变更。前者由项目法人按原报审程序报原设计文件审批单位审批，后者由项目法人组织审查确认后实施，并报主管部门核备。在动用预备费前应履行相关手续，保证资金合规使用。

7. 项目验收

省界断面建设项目依次经历分部工程完工验收、合同工程完工验收、工程完工验收、工程档案专项验收、财务竣工决算审查和审计、竣工验收。其中因省界断面建设项目工程构成较为简单，经报请主管部门同意，工程完工验收和竣工验收合并进行。

工程通过竣工验收后，应尽快完成资产移交并投入使用。运行管理单位应根据有关业务定额标准测算运行维护经费并积极落实，确保水文基础设施设备良性运行。

3.6.2 实施过程存在不足

地质勘测不充分。项目批复勘测费不足以对每个水文站进行详细地勘，部分站点为借用附近闸坝或其他工程的地勘资料，可能导致基础开挖后才发现地基条件较差，需要进行基础加固或者更换建设地点的情况。

施工招标难度大。建设地点分散、单站投资少，招标吸引力小，易发生流标，从而延长招标周期，影响下一步工作计划。

施工占地协调难度大。水文站站址所在的河滩地多已承包给当地百姓，部分地方百姓对用地补偿要价虚高且态度反复，甚至阻挠施工，严重影响施工进度。

临时工程费少。因自记水位井等工程需要在河道内施工，水位越高，发生的临时工程费越高。在临时工程费有限的情况下，易出现工期延长（等水位下降后施工）或挤占其他工程费影响工程质量的现象。

设备现场安装协调难度大。涉及通信传输的水位、流量遥测设备及视频监控设备，由不同的供应商承包，提供的设备品牌型号不同，大大增加了信息传输对接工作难度。

监理单位监管强度不够。因站点分散，监理单位投入人员有限，监理工作只能保证施工关键环节的监督，无法实现全过程旁站管理，更多依靠现场管理单位现场监督。

3.6.3 建议

工程前期规划设计阶段，应紧密结合建设目标，充分调研先进建设经验，积极应用现代技术和新仪器、新设备，提高水文监测能力，促进水文现代化。

项目报批阶段，考虑水文基础设施项目勘测、施工、监理的难度，以难度系数的形式适当提高相关经费，有利于工程顺利实施和质量管理。

河道管理部门和地方政府，加大公益性水文基础设施项目建设的支持力度，协助协调施工占地问题，共同推进工程进度和肃清社会风气。

现场安装设备尽可能划归为一个标段，方便统一设备品牌型号和信息传输相关技术要求，减少协调难度，便于将来设备维护维修。

4　水资源监测监控体系现状与规划

4.1　淮河流域监测站网现状

近年来，全国水文系统围绕新发展阶段各项目标任务，优化调整水文站网布局，持续完善了测站整体功能。截至2020年年底，按独立水文测站统计，全国水文系统共有各类水文测站119914处，包括国家基本水文站3265处、专用水文站4492处、水位站16068处、雨量站53392处、蒸发站8处、地下水位站27448处、水质站10962处、墒情站4218处、实验站61处。其中，向县级以上水行政主管部门报送水文信息的各类水文测站71177处，可发布预报站2608处，可发布预警站2294处。初步建立了覆盖中央、流域、省、地市四级的国家地下水监测体系，进一步完善了由中央、流域、省级和地市级共336个水质监测（分）中心和水质站（断面）组成的水质监测体系。“十三五”期间，随着中小河流水文监测系统、山洪灾害防治及国家防汛抗旱指挥系统、水资源监测能力建设、国家地下水监测工程等专项工程建设完成和水文测站投入运行，基本实现了对大江大河及其主要支流、有防洪任务的中小河流水文监测的全面覆盖。

“十三五”期间，全国水文系统持续加快水文现代化建设，改进监测手段和方法，推进水文技术装备提档升级，实施水文要素在线监测、自动监测，以先进声、光、电技术，在线监测手段和在线测流系统，视频监控系统，激光粒度分析仪，无人机等现代技术装备推广应用为重点，更新配置了一批新技术、新仪器，水文基础设施陈旧落后的局面初步扭转。目前，雨量、水位、土壤墒情基本实现自动监测，近34％的水文站实现流量自动监测，超过50％的地下水站实现自动监测。

水文自动化、现代化建设稳步推进，各地水文部门现有2066处测站配备在线测流系统，4464处测站配备视频监控系统，无人机、多波束测深仪、双频回声仪等先进装备在水文应急监测中发挥了积极作用，并逐渐应用到日常水文测量和水文测验中。

中国治淮70年来，尤其是“十二五”“十三五”期间，国家持续加大水文基础设施建设投入力度，《全国水文基础设施建设规划（2013～2020年）》（淮委部分）得到了较为全面的实施，淮河流域水文工作得到了长足进步，站网体系逐步完善，监测能力不断增强。截至2020年年底，淮河流域（含山东半岛）水文部门共有水文站888处，水位站397处，雨量站3769处，水质站1214处，墒情站310处，蒸发站1处，地下水监测站3916处，实验站3处，承担省级以上报汛任务的测站2607处。

常规水文站网与水资源监测站的布设目的不尽相同。常规水文站网（流量站网）设站时以收集设站地点的基本水文资料为目的，主要是为防汛提供实时水情资料，通过长期观测，实现插补延长区域内短系列资料，利用空间内插或资料移用技术为区域内任何地点提供水资源的调查评价、开发和利用，水工程的规划、设计、施工，科学研究及其他公共所需的基本水文数据。常规水文测站一般需要设在具有代表性河流上，以满足面上插补水文资料的要求，多布设在河流中部或河口处。水资源监测站设立的主要目的是满足准确测算行政区域的水资源量，满足以行政区为区域的水量控制需要。监测站位置一般需要设在跨行政区界河流上、重要取用水户（口）水源地等，以满足掌握行政区域水资源量的要求。

全国范围内，在包括流域面积大于1000km^2 和流域面积小于1000km^2 的水事敏感区的省际河流上，目前已设立的省界站有504处，大多为驻测站；在流域面积大于500km^2 和流域面积小于500km^2 的水事敏感区的地市际河流上，目前已设立地市界站有481处。目前的监测方法为：(1) 水位以自动监测为主，辅以人工监测；(2) 河道流量测验根据河道断面、水流等实际情况，采用人工、半自动、自动测流技术，一般选用流速仪法、量水建筑物法（测流堰、测流槽）、浮标法、声学法（时差法、走航式ADCP、水平式ADCP等)、电磁法、示踪剂稀释法等测验方法，当流量监测断面能建立较稳定可靠的水位流量关系时，还可以采用推流的方法。

在淮河流域，淮河流域7条水量分配省际河流省界水资源监测站点共有83个，其中39处（对应名录中的40处）隶属于淮委，由淮委水文局负责运行管理；41处（32处水文站、9处中小河流监测站）隶属于省水文部门，由省水文部门负责运行管理；2处因集水面积较小，暂缓建设。通过近几年从流域层面加强了对省界监测断面的统一规划与建设，使得流域水文站网体系日趋完善，基本解决了为支撑以行政区水资源管理为主要目的的站点布设不足、监测能力不足的问题。

2020年4月，水利部发布了2020年度成熟适用水利科技成果推广清单，包括扫描式声学多普勒剖面流速系统和侧扫雷达测流系统等2类5项水文监测方面科技成果入选。2020年7月，水利部首次面向社会征集水文测报新技术装备，并于11月印发了《水文测报新技术装备推广目录》，指导推动水文新技术装备配备和应用。各地水文部门大力推进新技术装备应用，加快水文测站和水文监测手段的提档升级，全面提升水文现代化水平。

4.2 直属省界水资源监测站现状

淮委直属的39处省界水资源监测站，由淮委水文局负责运行管理，其运行管理任务主要包括：(1) 开展39处省界断面水资源监测站点的雨量、水位、流量等水文观测项目开展测验，对水文自动遥测数据进行校准，进行水文断面、水准点、水尺零点高程等测量和校核；(2) 开展水文监测资料的整理，按照整编规范要求，各站水文要素按月资料整编，每月上报整编成果；(3) 做好各水文站点基础设施设备检查和维护工作，保证自动雨量、水位、流量等监测设施设备和视频监控系统的正常运行；(4) 组织开展各水文站点的看护工作，保障测验设施设备安全运行等。

2019年以来，39处新建省界断面水资源监测站的设施设备运行正常，水文测报及时准确。尤其汛期流域大洪水期间，提前科学部署监测与运维方案，并通过视频监控、流量自动监测、省界断面水资源信息管理系统等手段，随时掌握省界断面水文监测站水势、人工测验及设施设备运行状况，安全度汛并圆满完成了各项水文测报任务，发挥了良好效益。例如2020年7月中下旬，史河水位暴涨，巡测人员日夜驻守野外，每天测流十余次，抢测到整个洪水过程，陈村（桥沟）水文站测得最大洪峰流量4590m^3/s（7月19日，相应水位30.22m)，水势情况如图4.2-1所示。

为做好39处省界断面水文站点各项运行管理工作，淮委水文局编制了省界断面水文站

点运行管理的测站任务书、水文测验方案、缆道操作规程等规章制度，明确岗位职责、保障安全生产、规范水文测验、维护设施设备，把制度管理落实到位。同时也通过安全生产制度，建立安全生产责任体系，尤其注重洪水、夜间等特殊时间段水文测验人员的安全，并对运行管理工作不定期开展水文监测复核和安全生产检查，确保按照水文规范及安全制度等进行测验工作。此外，还积极申报运行经费，在项目未通过竣工验收（2019 年 12 月竣工验收）的条件下，2019 年即已获得部分站点的运行经费。

在 39 处省界断面水文站运行管理过程中，淮委水文局财务管理部门严格执行《中华人民共和国会计法》《中华人民共和国预算法》《水利部中央级预算管理办法（试行）》《水利部中央级项目支出预算管理细则（试行）》，按项目单位财务管理相关办法、规定进行管理，单位内部也建立了财务、资金和车辆管理制度，优化资源配置，预算资金专款专用，严格控制成本支出。所有经费支出都通过国库集中方式支付，依据预算项目实施方案实施，淮委建立了对外委托业务合同验收制度，已提交的业务成果内容、质量符合项目实施方案和合同约定内容。

根据水利部关于省界断面水文水资源监测数据“日清月结”的目标要求，淮委水文局开发并应用了淮河流域省界断面水资源监测信息管理平台。该平台包括电脑端、手机客户端，经过不断优化升级，目前可方便快捷地实现 39 处省界断面水文站监测数据人工置数、月报和年报的上传下载、数据统计分析等目标功能，大大提高了工作效率。淮河流域省界断面水资源监测信息管理平台界面如图 4.2-2 所示。

图 4.2-1　2020 年 7 月 20 日史河陈村（桥沟）水文站水势

图 4.2-2　淮河流域省界断面水资源监测信息管理平台

自 2019 年 1 月以来，通过全国省界断面水文水资源监测信息系统，淮委水文局每月 8 日前完成上一月水文监测数据整编，并及时统一将整编后的月最高、最低、平均水位，月最大、最小、平均流量，月径流量，逐日平均水位表，逐日平均流量表等数据上报至水利部；每年 1 月 31 日完成上一年度水文监测数据年报并上报至水利部。这些监测数据的广泛应用，为水资源管理、节水型社会建设、水资源科学配置与调度、水生态保护和修复等方面，提供基础水文信息支撑，具有良好的社会效益和经济效益。

4.3　水资源监测现状与存在问题

由于水资源管理、调度和优化配置涉及城乡生活和工业供水、农业灌溉、发电、防洪和生态环境等诸多方面，以及上下游、左右岸、地区之间、部门之间的调度，因此，我国的水资源管理涉及面广、问题复杂、管理难度很大，与之相应的水资源监测同样是问题复杂、难度大。

4.3.1 水资源监测面临的形势

“十四五”时期是我国全面建成小康社会，实现第一个百年奋斗目标之后，开启全面建设社会主义现代化国家新征程，向第二个百年奋斗目标进军的第一个五年，是加快水利改革发展的关键时期，也是水文支撑服务能力全面提升的攻坚期，经济社会和水利高质量发展，对水文工作不断提出新的更高要求，水文发展迎来了新的机遇和挑战。

1. “十六字”治水思路对水文工作指明新方向

我国水情特殊，水问题由来已久，党的十八大以来，党中央提出了一系列治国理政新理念新思想新方略，明确了四个全面战略布局和五位一体总体布局，确立了创新、协调、绿色、开放、共享发展理念，明确了节水优先、空间均衡、系统治理、两手发力的治水思路。治水思路的转变，赋予水文工作新的内涵，围绕节水优先，要加强行政区界断面水量水质监测，支撑最严格水资源管理和河湖长制监督考核，推进节水型社会建设。围绕空间均衡，要深入开展水资源、水生态、水环境监测以及评估分析研究，为以水而定、量水而行监督管理提供依据。围绕系统治理，要完善水量、水质、泥沙、降水、地下水、水生态、墒情等站网布设，综合利用山水林田湖草沙等监测信息、调查和分析评价成果，为系统治理提供信息支撑。围绕两手发力，要健全水文监测网络体系，提供及时、准确、完整、有效的监测数据和分析评价成果，为各级政府监管职能的高效发挥提供全面服务。淮委水文基础设施建设就是要紧紧围绕“十六字”治水思路谋划水文现代化建设发展。

2. 十九届五中全会精神，为水文工作提出新要求

2020 年 10 月，党的十九届五中全会审议通过《中共中央关于制定国民经济和社会发展第十四个五年规划和二○三五年远景目标的建议》，明确了“十四五”时期经济社会发展的基本思路，主要目标以及 2035 年远景目标，强调“实施国家水网等重大工程，推进重大引调水等重大项目建设”“加强水利基础设施建设，提升水资源优化配置和水旱灾害防御能力”“强化河湖长制，加强大江大河和重要湖泊湿地生态保护治理”“实施国家节水行动，建立水资源刚性约束制度”“提高水资源集约安全利用水平”等。《中华人民共和国国民经济和社会发展第十四个五年规划和 2035 年远景目标纲要》要求“加强数字社会、数字政府建设，提升公共服务、社会治理等数字化智能化水平”，要求“构建智慧水利体系，以流域为单元，提升水情测报和智能调度能力”。《中共中央关于制定国民经济和社会发展第十四个五年规划和二○三五年远景目标的建议》和《中华人民共和国国民经济和社会发展第十四个五年规划和 2035 年远景目标纲要》对水文工作提出了新的更高要求，须找准国家水文站网建设的精准方向和目标，全面提升水文监测监控覆盖率、密度和精准度，强化流域区域水资源分析评价水平，为统筹解决新老水问题提供科学依据。

水旱灾害防御方面，坚持人民至上，生命至上，把保护人民生命安全摆在首位，明确提升自然灾害防御水平，全面提高公共安全保障能力。提升洪涝、干旱等自然灾害防御工程标准，加快江河控制性工程建设，加快病险水库除险加固，全面推进堤防和蓄滞洪区建设。当前水旱灾害对水文监测预报预警信息提出了新的更高要求，须推进建立流域洪水“空天地”一体化监测系统，运用数字化、智慧化等手段，强化“四预”措施，为防范水灾害风险提供依据。

水资源管理方面，要求实施国家节水行动，建立水资源刚性约束制度。坚持节水优先，实施最严格水资源管理、跨省江河流域水量分配的新时期水利工作重点，要求优化行政区界断面、地下水的监测站网布局，实现对雨量、水位、流量、水质等全要素的实时在线监测，加强水文水资源分析评价能力。动态掌握并及时更新流域区域水资源总量、实际用水量等信息，通过智慧化模型进行水资源管理与调配预演，为推进水资源集约安全利用提供智慧化决策支撑。

水环境生态方面，要求坚持绿水青山就是金山银山，坚持山水林田湖草沙系统治理，坚持尊重自然、顺应自然、保护自然，坚持节约优先、保护优先、自然恢复为主，守住自然生态安全边界，提升生态系统质量和稳定性。服务生态文明建设，要求加强重要生态保护区、地下水超采区、饮用水水源、水源涵养区、江河源、河口等区域的水环境水生态监测与分析工作，支撑河湖健康对生态流量，尤其是低枯水期流量等监测和分析要求。

3. 水利高质量发展对水文发展提出新路径

新发展阶段，水利高质量发展的标志是实现数字化、智慧化。水利行业要利用数字模拟的新技术提升核心能力，提高水资源集约安全利用水平，建立水资源刚性约束机制，强化水旱灾害防御“四预”措施，利用数字化、智慧化手段赋能，并以智慧化水利为平台，加快数字水利、智能水利的建设，推进物理水利到数字水利的映射。

水文现代化是水利现代化最重要的基础，是实现数字水利、智慧水利的有力支撑。水文行业亟须大力推进水文新技术、新设备研发和推广应用，加强基础研究与科技创新，充分运用现代科技手段，打造自动、智能、高效的水文监测预报分析评价全流程业务系统。当前，迅猛发展的科学技术为水文信息自动采集、高速传输、智能处理和预测预报提供了先进快捷的现代化解决方案，融合各类声、光、电以及遥感、视频解析、无人机等监测技术手段，为水文现代化提供了必要的技术和设备支持。有效推广应用新技术、新设备是实现水文现代化的关键，必须紧跟现代科技发展和监测对象需求变化，加大科技攻关力度，加快水文技术装备自主研发，提升水文监测自动化、国产化水平。同时，充分结合实际，采取“新技术+水文”方案，加快新设备、新产品的适应性研究，强化研发比测投产，提高水文测报水平。深化水文规律分析研究，构建河湖水文映射。加大降雨产流汇流分析研究，实现洪水过程和工程调度运行状况的精准预演。不断提高预报时效性、准确性，延长预见期，满足风险防控要求。

4.3.2 淮河流域水资源监测存在问题

1. 水文站网布局、监测要素与水文现代化建设之间存在差距

新时代经济社会发展对水文的要求更高，现有的水文站网服务于水资源精细化管理、水生态环境保护、抗旱减灾和城市涉水事务管理等方面的能力不足，主要支流进入淮河干流河口控制断面、跨省河流湖泊出入水量控制站点等尚不能满足需求，需进行动态调整和补充完善。

2. 水文监测能力与快速高效的水利监管需求之间存在差距

部分水文基础设施尚未建设达标，监测设备更新慢且老化严重，不能满足防洪和安全生产的要求；水文测报先进仪器设备和新技术在水文测报中的推广应用有待加强，流量监测主要是人工监测，水文监测自动化和现代化水平不高；新一代信息技术在采集、传输、数据处理等水文监测体系中应用较少；水文巡测基地严重不足，水文应急机动监测能力不强；水质

监测业务刚刚起步，远不能满足水文监测改革发展的需要。

3. 水文信息服务体系与水文高质量发展之间存在差距

水文信息系统整合不足、服务效能不高、数据资源开发利用水平低；大数据和人工智能等新技术尚未应用，对经济社会发展、生态环境治理和社会公众服务等方面支撑能力不足；业务协同和服务水平有待提升等。水文业务应用系统功能单一，需要进行全面的系统整合；水文预测预报精度与预见期有待进一步提高；水文数据深加工不够，信息产品单一，服务范围、内容和质量有待提高。受经济社会快速发展、流域防洪工程和河道治理工程建设等因素影响，河道特性、流域下垫面发生了很大变化，改变了流域的产汇流机制和过程，现有预报方案需要及时修订。尤其是淮河干流王家坝洪水预报方案，沂沭河水文预报方案，均需要进行修正完善、提高预报精度、延长预见期。水文、水力学等模型在作业预报中还没有做到普遍应用。

4. 水文管理体系与现代化要求之间存在差距

为适应水文现代化发展，水文管理机制仍需完善；水文相关标准与先进性、及时性的要求还有距离，部分标准已经不能适应水文事业的发展；人员编制不能满足日益增加工作任务的需要。站网运行管理模式和水文服务体系建设需要进一步深化。

4.4 水资源监测能力提升规划

为加快推进水文基础设施建设，按照“十四五”水安全保障规划编制工作的总体安排，2019 年 7 月，水利部水文司发布《关于开展水文现代化建设规划编制工作的通知》（水文规函（2019）15 号），明确了规划编制的总体要求和工作任务。8 月，水利部水规总院印发《水文现代化规划编制工作大纲》，规划编制涉及 19 类建设任务，填报表格 24 张。淮委水文局立即启动，积极组织相关水文部门进行讨论，摸清现状及问题，明确思路与目标，提出规划建设需求，从水文站网体系、水文监测体系、信息服务体系、管理体系等方面入手，强弱项、补短板，为强监管打下坚实基础。11 月，水利部水利水电规划设计总院在安徽蚌埠组织淮河流域片水文现代化建设规划项目审核汇总，对规划项目进行了逐项的审核，进一步明确了规划方向。

2020 年 6 月、8 月、10 月先后三次按照水利部水文司要求对水文现代化规划内容进行了复核和调整，进一步满足流域防洪抗旱减灾、水资源管理、水环境保护、水生态修复等对水文工作的需求。2020 年 11 月，淮委水文现代化建设规划报告正式上报水利部。2020 年 12 月，《全国水文现代化建设规划》通过专家审查。2021 年 6 月，发展改革委委托中国国际工程咨询有限公司对水利部水文司上报的《全国水文基础设施建设“十四五”规划》进行了评估。

《淮委水文现代化建设规划》提出了“十四五”期间及 2035 年远期流域水文基础设施建设目标、主要任务，重点明确了“十四五”期间的建设项目，是今后淮委水文基础设施建设的重要依据。

4.4.1 总体目标

通过 5～10 年的时间，依靠思维创新、体制创新、机制创新和科技创新，广泛采用自动化、信息化、智能化水文测报新技术、新方法，在站网规划建设、自动监测技术应用和提升水文智能化等方面补齐短板，加快实现站网完整、技术先进、信息及时、预报准确、服务到位的淮河流域水文发展基本目标；围绕流域防汛抗旱、水资源保护等需求，大力提升支撑服务能力，建成满足淮河流域高质量发展需要的水文业务和管理体系。实现信息采集全面化、监测手段自动化、数据处理智能化、管理体制科学化，为流域经济社会发展和强监管提供高效支撑。

1. 健全完善水文站网布局和功能

充分利用物联网、雷达遥测、视频监控、3S（遥感、地理信息系统、全球定位系统）等新技术和手段，提升水文装备水平，完善测站功能，实现水文要素自动在线和可视化监测；完善行政区界、地下水等水量、水质监测站点；以增强水利行业强监管的水文基础服务能力为目标，补强现有测站短板，构建布局合理、结构完备、功能齐全、透彻感知的现代化水文站网体系。

2. 增强水文自动监测能力

加快水文基础设施提档升级，广泛采用声光电先进技术手段和新仪器、新设备，大幅提升水文监测自动化水平。实现水位、雨量、流量等水文要素监测自动化；实现水文站、水位站视频监控有效覆盖。

3. 提升水文信息智能处理服务水平

加强流域内跨省区、跨部门的合作和信息共享，应用大数据、云计算、人工智能等现代技术，建成统一的集水文业务管理、水文数据处理于一体的功能强大的水文业务系统，显著提升水文信息处理和服务智能化水平。

4. 持续增强水文发展保障能力

加强流域水文行业管理，加强与流域各省市水文部门的沟通交流，抓好体制改革、机制创新、效能提高等重点工作，在理顺关系、凝心聚力上下功夫。增加专业技术人才总量，进一步加强青年人才培养力度，建立健全人才补位机制，多措并举引进高层次人才。丰富淮河水文文化内容，加强业务学习，提升水文文化工作的专业化水平。

4.4.2 重点任务

一是完善淮委水文监测站网。通过升级改造重构国家基本水文站、新改建省界和重要控制断面水文站点、直管河湖南四湖出入湖河流水量监控站点和沂沭泗河水系防汛遥测水位站点、南水北调东线工程省际段水量监测专用站，进一步完善水文站网。

二是打造现代化水文监测体系。针对淮委水文管理现状，科学布局淮委水文巡测基地、水质监测中心（分中心），持续提升水文应急监测能力，建设一批流量自动监测站，着手开展水质自动监测站建设，充分利用先进设备为水文监测能力服务，以满足水文水资源监测运行与管理要求。

三是构建智能水文信息处理服务体系。应用现代化技术，建设淮委水文信息共享平台，提升淮河流域防灾减灾和应对水情变化的服务能力与水平。强化“四预”措施，推进重点河段河湖水文映射，实现水文预报预警自动化、预报调度一体化，开展重要河湖洪水过程的模拟推演和数字流场映射。

淮委水文现代化建设规划主要规划项目有：大江大河支流水文测站补充完善、国家基本水文站提档升级改造、行政区界水资源监测水文站网建设、水质监测能力建设、水文实验站建设工程、水文巡测基地建设、水文应急监测能力建设、水质站建设、水文数据处理智能化建设等，近期规划水平年2025年，远期规划水平年2035年，投资匡算合计约98000万元。

4.4.3 保障措施

发挥流域水文职能，协调推进流域水文高质量发展。继续加强与省区水文部门沟通协调，理清发展思路、明确发展目标，统一行动、确保步调统一、协调发展，共同推动流域水文高质量发展，为流域防汛抗旱、水资源管理、水生态环境保护提供支撑。

加快重点项目前期工作，分阶段推动规划落实。做好项目前期工作是确保规划顺利实施的重要基础。继续加强组织领导，尽快开展现场查勘、建设方案论证、仪器设备选型、前置条件办理等有关前期准备事项，遵循前期工作程序，进行技术文件的编制并确保设计深度和质量，按照“轻重缓急”的原则，分阶段有序推动规划项目落实。

积极沟通协调，争取多渠道资金投入。重点项目立项及前期工作涉及政策、投资、部门协调等多方面问题。我局将积极向水利部规计司、水文司等有关司局做好汇报，与相关部门加强沟通，争取重点项目资金投入。

推动科研创新，建立水文新技术标准化体系。利用水文业务需求与科学技术相融合，以人才与技术优势为引领，通过科研开发、技术创新，促进先进水文监测、预测预报技术的推陈出新、水文与信息化应用的深度融合、水文基础数据挖潜应用等，在水文现代化建设中勇于探索，为水文新技术的应用与发展创造平台，逐步建立健全流域水文新技术标准体系。

加强运维管理，建立长效机制。水文设施运行管理是确保水文设施长久发挥投资效益的重要保障。项目建成后，将按照有关规定及时组织竣工验收，开展运行维护工作，及早发挥投资效益。按照《水文基础设施及技术装备管理规范》要求，制定和完善相应的管理制度，明确职责，切实加强水文设施运行维护，发挥投资效益。

5 流域来水条件分析与预测技术

随着气候变暖和人口迅速增长，水资源短缺已成为全球面临的严重挑战。IPCC 第五次评估报告（AR5）中指出近百年来全球气候变暖趋势是毋庸置疑的。1880—2012 年，全球地表平均气温大约上升了 0.85℃；在北半球，1983—2012 年可能是过去 1400 年来最暖的 30 年。水文循环作为联系地球系统中大气圈—生物圈—地圈的纽带，与陆地表层系统中各种自然地理要素的时空分布密切相关。水循环是研究气候变化对水资源影响的理论基础。作为变化环境的重要组成部分，气候变化对水文水资源的影响很早就受到了国际社会的重视，并成为 21 世纪水科学研究的热点。

5.1 分析方法简介

本章介绍了气候变化对水文要素的影响国内外研究状况、水文序列的研究方法发展状况和小波分析理论在水文序列分析研究中的发展进展；还介绍了本次研究区域（皖中地区）的基本情况及在该地区开展水文要素动态研究的意义。

5.1.1 灰色模型法

灰色系统论的研究对象是“部分信息已知，部分信息未知”的样本少、信息少的不确定系统，主要通过对“部分”已知信息的生成、开发，提取有用的信息，实现对系统运行规律的正确认识和准确描述，并据此进行科学预测。通过生成的序列来寻找数据之间的变化规律，其最大的优点是对数据的需求量小，预测精度较高。

设原始数据序列为：

$$X^{(0)}=(X_1^0,\ X_2^0,\ \cdots,\ X_n^0) \tag{5.1-1}$$

其中，n 为原始数据长度，对 $X^{(0)}$ 作累加生成（1-AGO）序列，可得 $X^{(1)}$ 为：

$$X^{(1)}=(X_1^1,\ X_2^1,\ \cdots,\ X_n^1) \tag{5.1-2}$$

其中，

$$X_k^1=\sum_{i=1}^{k} X_i^0(k=0,1,2,3,\cdots,n)$$

以 $X^{(1)}$ 为基础建立的灰色模型的线性微分方程为：

$$\frac{\mathrm{d}X^1 t}{\mathrm{d}t}+aX^1(t)=u \tag{5.1-3}$$

对方程求解，可得灰色模型：

$$\hat{X}_{k+1}^1=\left(X_1^0-\frac{u}{a}\right)\mathrm{e}^{-ak}+\frac{u}{a} \tag{5.1-4}$$

其中，a、u 为预测模型参量，利用最小二乘法得到：

$$(a,\ u)^{\mathrm{T}}=(\boldsymbol{B}^{\mathrm{T}}\boldsymbol{B})^{-1}\boldsymbol{B}^{\mathrm{T}}Y \tag{5.1-5}$$

其中

$$\boldsymbol{Y}=\begin{vmatrix} X_2^{(0)} \\ X_3^{(0)} \\ \vdots \\ X_n^{(0)} \end{vmatrix}，\boldsymbol{B}=\begin{vmatrix} -Z_2^{(1)} & 1 \\ -Z_3^{(1)} & 1 \\ \vdots & \vdots \\ -Z_n^{(1)} & 1 \end{vmatrix}，而\ Z_k^{(1)}=\frac{1}{2}\ (X_k^1+X_{k-1}^1)$$

求出累加生成序列的预测序列，进行累加生成的逆运算，即可还原为原始序列的预测序列，即

$$\hat{X}_k^{(0)}=\hat{X}_k^{(1)}-\hat{X}_{k-1}^{(1)} \tag{5.1-6}$$

5.1.2 小波分析预测方法

小波变换（Wavelet Transform）的理论基础是1982年法国地球物理学家J. Morlet在分析地球物理勘探资料时提出来的。小波分析技术克服了传统谱分析在时频上分辨率低的特点，目前该方法已应用于各自然科学和工程技术领域，包括物理学、化学、生物学、医学、地球科学、金融学、电子信息科学等。最早探讨使用小波分析方法来研究水文序列出现在19世纪90年代。小波分析的水文序列分析主要应用于三个方面，①在水文多时间尺度分析中的应用。P. Kumar和Foufoular Gegious运用Haar小波变换研究了空间降水的多时间尺度特征，研究表明空间降水存在自相似性标度和时间尺度的多种成分。V. Venckp和Foufoular Gegious用小波包理论对降水时间序列进行分解，对高频序列进行进一步分析，为研究水文特性提供了新思路。刘东等应用小波理论，对853农场实测主汛期降水时间序列的多时间尺度变化特征及突变特征进行了分析，并与实测年降雨序列变化特征进行了对比分析，得出主汛期降水序列与年降水序列的主周期具有良好的一致性。类似于这种研究国内还有很多。②在水文时间序列变化特性上的应用。小波分析在水文水资源时间序列变化特性上的应用包括两个方面的内容：一是奇异性检测，二是过程特性定量表征。王圣文等将水文序列进行连续小波变换，得到小波变换系数，计算出分维随尺度的变化过程，进而探讨了水文奇异性变化。郑昱等将小波变换引入随机水文过程的研究领域，根据水文现象的物理成因，通过对水文序列进行小波变换，借以测定水文序列隐含的近似周期，并利用F检验最终确定水文序列隐含的近似周期。计算结果表明，用小波变换确定水文序列隐含的近似周期的准确性较高，是一个确定水文序列近似周期的有效方法。王红瑞等提出了小波分析周期时存在的一些问题，并给出自己的改进方式。陈仁升等应用Meyer小波对甘肃河西地区近50年来年径流量、年降水量和年平均气温进行周期分析，揭示了河西地区水文气象序列的变化周期。③在水文预报中的应用。赵永龙等将小波分析和网络模型耦合得出小波网络模型，在水文中长期预测中有较大优势。朱跃龙等基于小波和神经网络组合模型，提出一种多因子小波预测模型以提高水文时间序列的预测精度；结果表明，通过和传统单序列小波神经网络模型比较，发现提出的多因子小波神经网络模型的预测合格率在不同预见期均提高了10%以上，并且对洪水高流量方向预测合格率提高了15%。郭其一等提出一种基于小波-模糊神经网络的水文时间序列预测方法，对浙江源口水库10年间入库水量时间序列的预测实践，验证了方法的有效性。此外，小波分析理论在水文预测领域受到了更多学者的青睐。在预测中，学者遇到了一些问题，比如小波函数选择的问题，小波阈值消噪中阈值确定的问题。一些学者也给出了自己的建议，为提高预测精度提供了科学的保障。

小波分析是由法国地球物理学家J. Morlet在20世纪80年代初分析地震资料时提出来

的一种调和分析方法，自从其面世以来就成为科学技术界研究的热点。小波分析具有多分辨率特点，被誉为数学“显微镜”。1993 年 Kumar 和 Foufoular Gegious 将小波分析介绍到水文学中，小波分析在水文科学中已经取得了包括多尺度分析在内的许多研究成果。

小波分析是一种窗口大小固定但性状可变（时宽和频宽可变）的时频局部化分析方法，具有自适应的时频窗口。小波分析的关键在于引入了满足一定条件的基本小波函数 $\psi(t)$ 代替傅里叶变化中的基函数。$\psi(t)$ 经伸缩和平移得到一族函数：

$$\psi_{a,b}(t) = |a|^{-\frac{1}{2}}\psi\left(\frac{t-b}{a}\right) \quad a, b\in R, a\neq 0 \tag{5.1-7}$$

式中，$\psi_{a,b}(t)$ 称分析小波或连续小波；a 为尺度（伸缩）因子，b 为时间（平移）因子。实数平面内连续小波变化（Wavelet Transform-WT）为：

$$W_f(a,b) = |a|^{-\frac{1}{2}}\int_{-\infty}^{\infty} f(t)\bar{\psi}\left(\frac{t-b}{a}\right)\mathrm{d}t \tag{5.1-8}$$

式中，$W_f(a, b)$ 为 $f(t)$ 在相平面 (a, b) 处的小波变化系数。

连续小波变换的关键是基本小波 $\psi(t)$ 的选取。所谓小波（Wavelet）函数，就是具有震荡性、能够迅速衰减到零的一类函数。数学上的定义为：

$$\int_{-\infty}^{\infty}\psi(t)\mathrm{d}t = 0 \tag{5.1-9}$$

满足式（5.1-9）的函数 $\psi(t)$ 称为基本小波。目前，广泛使用的小波函数有 Haar 小波、Mexcian hat 小波、（复）Morlet 小波、正交小波、半正交小波、样条小波等，其中水文分析中常用的是墨西哥帽小波（Mexcian hat）和（复）Morlet 小波，本书采用这三类小波函数（系）分析鲁台子站年径流量对时间尺度变换规律，比较其优缺点之后，选择某一种小波进行下面的分析。

Morlet 小波定义为

$$\psi(t) = Ce^{-t^2/2}\cos 5t \tag{5.1-10}$$

复 Morlet 小波定义为

$$\psi(t) = e^{i\omega_0 t}e^{-t^2/2} \tag{5.1-11}$$

其傅里叶变换为

$$\psi'(\omega) = \sqrt{2\pi}\omega^2 e^{-(\omega-\omega_0)^2/2} \tag{5.1-12}$$

Morlet 小波伸缩尺度 a 与周期 T 有如下关系：

$$T=\left[\frac{4\pi}{\omega_0\sqrt{2+\omega_0^2}}\right]\times a \tag{5.1-13}$$

通常 ω_0 的取值为 6.2 附近的经验值。

Mexcian hat 小波是高斯函数的二阶导数的负数，其函数表达式为

$$\psi(t) = (1-t^2)e^{-t^2/2} \tag{5.1-14}$$

为了便于比较，对于全年径流量采用（复）Morlet 和 Mexcian hat 母函数利用 Matlab 分别得到等值线图、立体图。这里我们仅选用表现较为清晰直观的立体图和等值线图进行分析。另外，还要对小波系数的模、模平方以及方差等进行计算，以精确显示各个时间尺度的对比情况。

5.2 试验流域及站点介绍

5.2.1 试验区域介绍

皖中地区是指安徽省长江、淮河流域分界区域，涵盖安徽省合肥、六安、滁州等6市的22个县（市、区），400多个乡镇，国土总面积4.5万平方千米。由于气候、地质条件特殊，干旱缺水一直是该地区的突出气象特征，也是制约该地区农业生产发展、农民生活改善的主要矛盾，水资源环境是安徽省江淮分水岭地区经济滞后的主导因素。

皖中地区地处我国的东部，位于黄河和长江之间，即江淮分水岭地区，是南北气候、高低纬度和海陆相三种气候过渡带的典型地区。由于特殊的地理位置和气候条件，水资源时空分布极不均匀、人均占有量偏少、空间分布与人口土地经济社会格局不匹配、水体污染严重等原因，导致该区旱涝灾害频发及水资源问题十分复杂。据统计，中华人民共和国成立以来，皖中地区发生较大的旱涝灾害50多次，造成巨大的经济损失，严重影响人民生产生活和经济社会的发展。尤其是位于皖中的江淮分水岭缺水地区人均水资源占有量均不到600m^3，属于严重缺水地区。近年来，随着国家实施中部发展战略和经济社会的快速发展，沿淮城市群、合肥经济圈、皖江城市带三大区域发展战略加速推进，安徽省“三化”同步发展进程加快，皖中已进入快速发展期，也是水资源和水环境新问题和新矛盾更为频发的时期，供需矛盾日益突出，水资源短缺已成为区域发展的重大制约。整体上面临越来越大的缺水和水污染的压力，部分地区已面临生存和安全的压力，供水安全和水环境安全面临前所未有的挑战。新时期水资源的合理开发、高效利用和科学调配，成为皖中地区当前乃至更长时期迫切需要解决好的水安全重大问题。这不仅是解决该区日益复杂流域水资源问题和供水安全、粮食安全的迫切需要，也是事关区域经济社会可持续发展和经济安全全局的重大战略问题。

皖中地区是受人类活动影响最剧烈的地区。尤其是近30年来，由于人类活动的影响加剧和城市化进程的快速推进，特别是防洪除涝、农田排灌及水资源开发各种水利工程的续建配套和兴建，使得区域水文循环条件、水资源转化关系和水资源情势发生了变化，同时水资源利用方式、供水结构发生了较大的改变。因此，开展皖中地区水文要素动态规律分析研究，揭示变化条件下水资源的演变特征及情势规律，对区域的社会经济可持续发展、水资源管理与规划具有重要的意义。

5.2.2 站点介绍

水文及气象站点选择考虑了以下几个因素：（1）在空间上尽量均匀分布；（2）现在水文站点考虑河流水系及行政区域；（3）要尽量保持资料的同步性且观测系列较长。选取了雨量站17个、蒸发站6个及径流站2个作为本次研究的代表站。在淮河流域选取各站点见表5.2-1。

表5.2-1　水文站点一览表

水文要素	选取的代表站	资料系列
降雨（17个）	淠史杭蒸发实验站、横排头站、龙河口、白莲崖、望城岗、董铺、黄栗树、张母桥、双河镇、山南、罗集、石角桥、曲亭、沙河集、自来桥、公田、董家洼	1956—2010
蒸发（6个）	淠史杭蒸发实验站、龙河口、望城岗、董铺、黄栗树、城西	1964—2010
径流（2个）	桃溪站、横排头站	1956—2010

由安徽省水文局、安徽省淮委水利科院研究院及淠史杭蒸发实验站提供的水文实测资料作为本文分析研究的基础资料。本次研究所用的数据具有可靠的来源，且包括完整的水文周期，具有代表性。

5.3 降雨量变化分析

降雨是水文循环中十分重要的一环，它是陆地水资源的主要补给来源。根据淠史杭蒸发实验站、横排头站、龙河口、白莲崖、望城岗、董铺、黄栗树、张母桥、双河镇、山南、罗集、石角桥、曲亭、沙河集、自来桥、公田、董家洼共 17 个站点 1956—2010 年的月降雨资料，采用泰森多边形法将其转换成面雨量进行皖中地区降雨量的分析。

5.3.1 降水量时序变化分析

根据区域 1956—2010 年资料分析，多年平均降水量约为 1087.7mm。皖中地区汛期（6～9 月）多年平均降水量为 550mm，最大汛期降水量为 2010 年的 952mm，最小汛期降水量为 1966 年的 184.7mm；非汛期（10 月～次年 5 月）多年平均降水量为 533mm，最大非汛期降水量为 1997—1998 年的 759.6mm，最小非汛期降水量为 1980—1981 年的 339.6mm。最大年降水量为 2010 年的 1566.9mm，最小年降水量为 1978 年的 609.2mm，最大年降水量是最小年降水量的 2.57 倍。降水频率分析图如图 5.3-1 所示。为了便于表达，将年际间非汛期作为上一年度非汛期，如 1966 年非汛期即指 1966 年 10 月至 1967 年 5 月的时段，其降水量、汛期降水量、非汛期降水量统计分析计算成果见表 5.3-1。

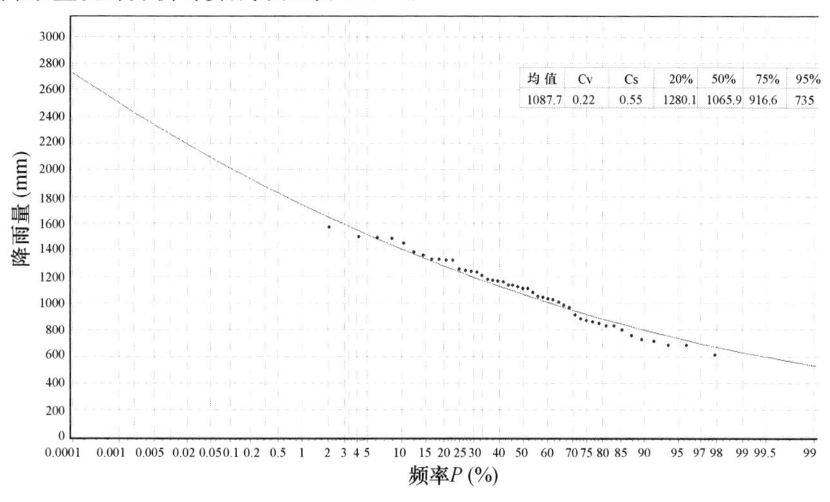

图 5.3-1 皖中地区年降水频率分析图

表 5.3-1 皖中地区降水量统计分析计算成果表 单位：mm

项目		年降水量	汛期降水量	非汛期降水量
统计参数	均值	1087.7	550	533
	C_v	0.22	0.4	0.2
	C_s/C_v	2.5	2.5	2.5
频率（%）	1	1738.8	1216.2	819.6
	5	1515.1	963.8	722.4

续表

项目		年降水量	汛期降水量	非汛期降水量
频率（%）	20	1280.1	717.4	619.4
	50	1065.9	514.4	524.3
	75	916.6	389.3	457.3
	95	735.0	260.5	374.2
	99	629.0	200.8	324.7

对于年降水量，丰水年可以读出其对应年降水量为1334.2mm；偏丰年其对应年降水量为1334.2～1159.6mm；平水年其对应年降水量为1159.6～992.9mm；偏枯年其对应年降水量为992.9～844.3mm；枯水年其对应年降水量为844.3mm。而且，在降水的年内分布上，12月占全年平均降水的比例最小，仅为3%，而7月占全年的比例最大，为17%，其次是8月和6月，都为13%，6～9月的总降水量可以占到全年降水总量的51%，而另外8个月合计仅占49%。另外，年内降水分布最不均匀的是1980年，其6～9月占全年降雨的比例高达71%，而1966年这个比例仅为22%，前者是后者的近3.2倍。

值得一提的是，年降水量和汛期降水量最值出现的年份通常并不一致。汛期最小降水量为1966年的151.9mm，而全年最小降水量则是1978年的609.2mm。年降水量线性拟合的公式为 $y=3.0158x+1015.4$，即可以认为年降水量以3.0158mm/a的速率增加，但其距平显示这种增加带有强烈的波动性，尤其是20世纪70年代以前和90年代末至21世纪初，偏少和偏多年份都频繁出现。而对于汛期降水量，其距平显示20世纪90年代末至21世纪初亦出现强烈波动，但这种波动更多地体现在汛期降水的剧增之上。

对于跨年非汛期降水量，其平均降水量较少，且其波动性亦有别于全年和年内汛期降水量，自20世纪80年代末至20世纪90年代末其降水量呈现明显偏多趋势，而21世纪初则较为均衡。全年、汛期和非汛期降水量分年代统计结果见表5.3-2。由表5.3-2可以清楚地看到年平均降水量在20世纪70年代和20世纪80年代的降雨量偏少而20世纪90年代和21世纪初则偏多，尤以进入21世纪后偏多更甚。

表5.3-2　分年代降水量统计表

年代	20世纪60年代	20世纪70年代	20世纪80年代	20世纪90年代	21世纪初
全年降水量均值（mm）	945.1	1056.4	1198.0	1038.4	1095.9
汛期降水量均值（mm）	388.6	523.8	674.6	486.7	567.8
非汛期降水量均值（mm）	525.4	513.7	538.8	531.2	554.0

5.3.2　降水量趋势性和突变分析

在水文领域用于趋势分析和突变诊断的方法很多，国内外从概率统计方面着手，发展了参数统计、非参数统计等多种方法。其中Mann-Kendall检验法是世界气象组织推荐并已广泛使用的非参数检验方法。许多学者不断应用该方法来分析降水、径流、气温等要素时间序列的趋势变化。Mann-Kendall检验（以下简称M-K检验）法不需要样本遵从一定的分布，也不受少量异常值的干扰，适从水文、气象等非正态分布的数据，具有计算简便的特点。

对于年降水量，M-K检测显示，20世纪60年代中期至70年代初年降水量是减少的，

并且在1967年超过90%置信区间范围，表明下降趋势显著。20世纪70年代初期开始，年降水量开始了长达近40年的增长，值得一提的是，2002年前后出现了小时段的减少。按照突变点的定义，年降水量的几乎每次变化都会产生突变点，根据检测结果得出1970年、1980年、1993年、1997年、2003年、2006年、2009年均为突变点。

对于汛期降水量，M-K检测显示，在整个检验时段内有一个明显的突变点，发生在1995年前后。1964—1966年期间汛期降水量才开始增加，之后的两年内降水量开始减少，1968—2001年降水量一直增加，并与1982—1994年间数次通过90%置信直线，说明在这期间有90%的可信度汛期降水量有显著增加趋势。2001年前后出现了小幅波动，但汛期降水量就在那之后就又出现了增加趋势，汛期降水量开始缓慢增加，但不显著。另外，2001年是一个由减少到增加的突变点。

非汛期降水量较汛期降水量趋势变化更加频繁。1974年其变化趋势由增加转为减少，1974年为突变点。经历过1978年的小波动后，于1979年开始减少，并在1983年产生突变，此后又在1986年由减少到增加，并从1986年起一直维持稳定的增加趋势，但检测时间段内所有的趋势都未超过90%置信直线。

5.3.3　降雨量周期性分析

在水文序列分析中周期分析是常见的，因为水文序列受气候四季变换影响会出现周期性的变化。分析水文周期的方法也有很多种，常见的有简单分波法、傅里叶分析法、最大熵谱分析法和小波分析法。由于小波分析法的种种优势，本文选择小波分析法来分析皖中地区降雨的周期特征。

小波方差图是分析水文序列周期的一个有效工具。将时间域上关于a的所有小波变换系数的平方进行积分，即为小波方差：

$$\mathrm{Var}(a)=\int_{-\infty}^{+\infty}\left|W_f(a,b)\right|^2\mathrm{d}b \tag{5.3-1}$$

式中，Var（a）为降水序列在年尺度a下的小波方差，根据小波方差随尺度口的小波方差图，确定降水序列中存在的主要时间周期，即主周期。本次分析采用Mexcian hat小波和Morlet小波。

首先，对1956—2010年整个降雨序列进行分析，得到各组小波方差图，如图5.3-2、图5.3-3所示。

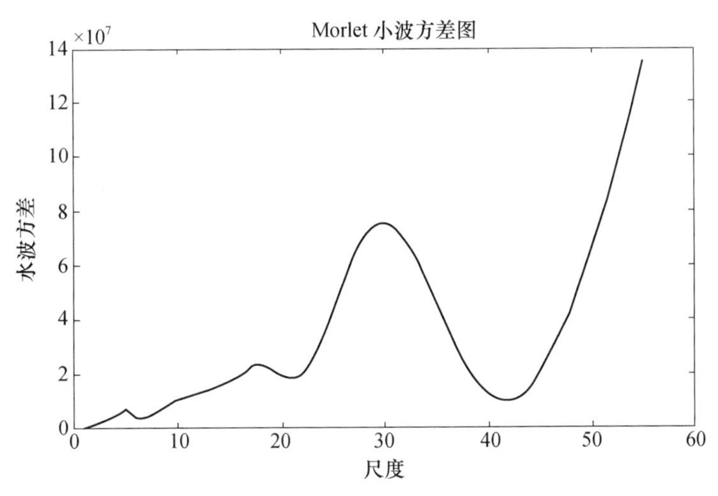

图5.3-2　1956—2010年皖中地区年降水量Morlet小波方差图

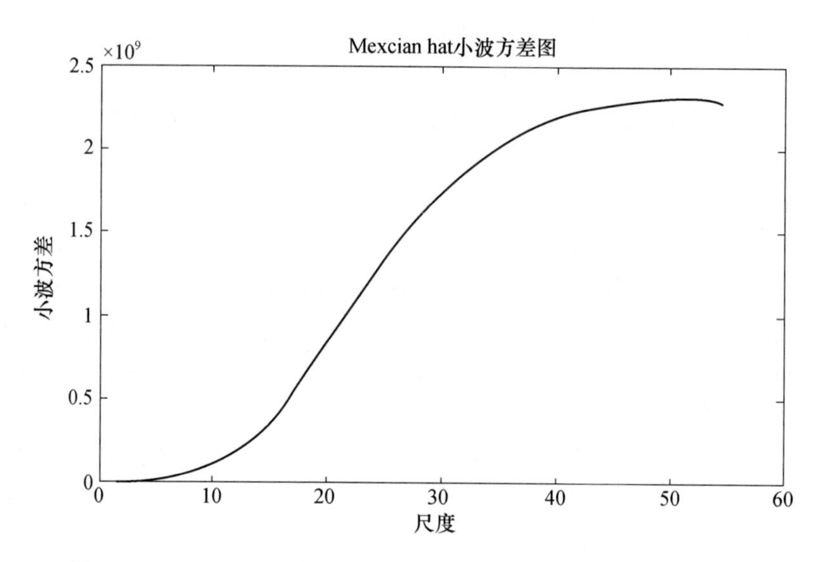

图 5.3-3　1956—2010 年皖中地区年降水量 Mexcian hat 小波方差图

Mexcian hat 小波系数方差检测皖中地区 1956—2010 年径降雨量序列在 30 年左右尺度的小波方差极值表现最为显著，说明皖中地区存在 30 年左右的主要周期；在 17 年和 4 年左右尺度的小波方差极值表现次显著，说明皖中地区年降雨过程存在 17 年和 4 年左右的次主周期。这 3 个周期的波动决定着皖中地区年降雨量在整个时间域内的变化特征。值得一提的是，Mexcian hat 小波系数图还表明该降雨序列还存在一个大于 57 年的周期，即降雨量 1956—2010 时间跨度还处于一个大级别的周期当中。

Morlet 小波方差检测皖中地区 1956—2010 年降雨量序列在 50 年左右尺度的小波方差极值表现最为显著，说明皖中地区年降雨量过程存在 50 年左右主要周期，这 50 年周期的波动决定着皖中地区在整个时间域内的变化特征。

其次，对 1956—2010 年汛期降水量进行分析，得到小波方差图，如图 5.3-4、图 5.3-5 所示。

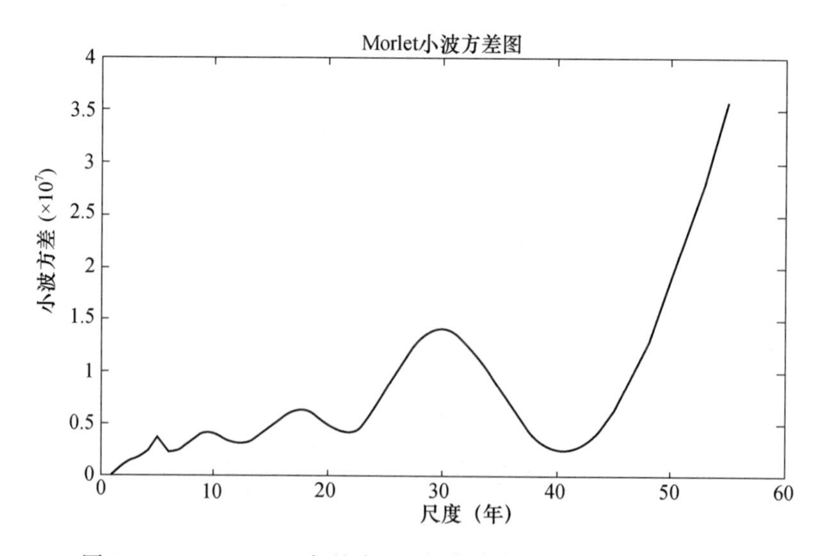

图 5.3-4　1956—2010 年皖中地区汛期降水量 Morlet 小波方差图

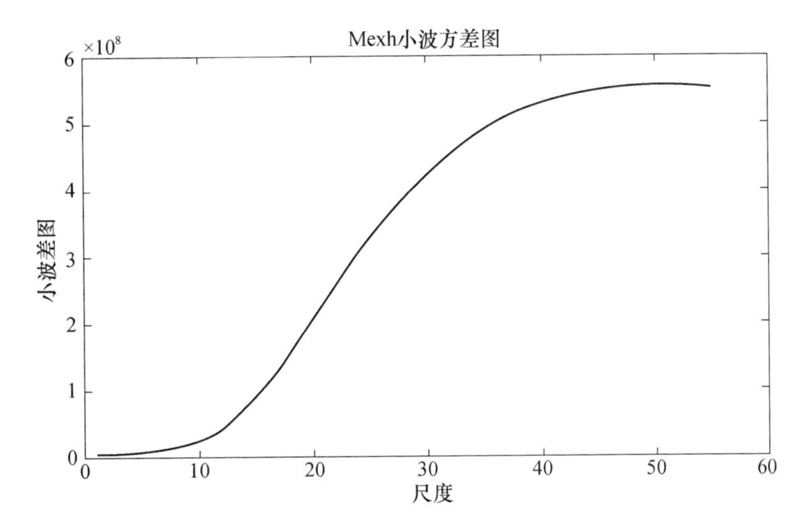

图 5.3-5　1956—2010 年皖中地区汛期降水量 Mexcian hat 小波方差图

Mexcian hat 小波系数方差检测皖中地区 1956—2010 年汛期径降雨量序列可以看出，和整个降雨序列的周期差不多。除了 30 年、17 年和 4 年左右的周期，汛期序列还多了一个 10 年左右的周期。Morlet 小波方差检测皖中地区 1956—2010 年汛期降雨量序列，同样也存在 50 年左右尺度周期。

最后，对 1956—2010 年非汛期降水量分析，得到小波方差图，如图 5.3-6、图 5.3-7 所示。

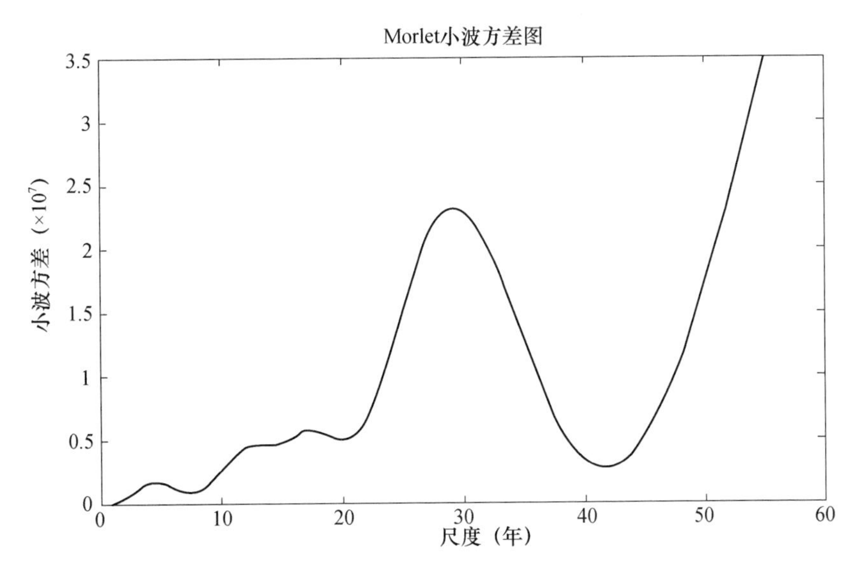

图 5.3-6　1956—2010 年皖中地区非汛期降水量 Morlet 小波方差图

Mexcian hat 小波系数方差检测皖中地区 1956—2010 年非汛期径降雨量序列可以看出和整个降雨序列几乎差不多。除了 30 年、17 年和 4 年左右的周期，非汛期序列还多了一个 11 年左右的周期。Morlet 小波方差检测皖中地区 1956—2010 年非汛期降雨量序列，同样也存在 50 年左右尺度周期。通过对皖北地区 1956—2010 年降雨序列、汛期降雨序列和非汛期降雨序列研究得出以下结果，见表 5.3-3。

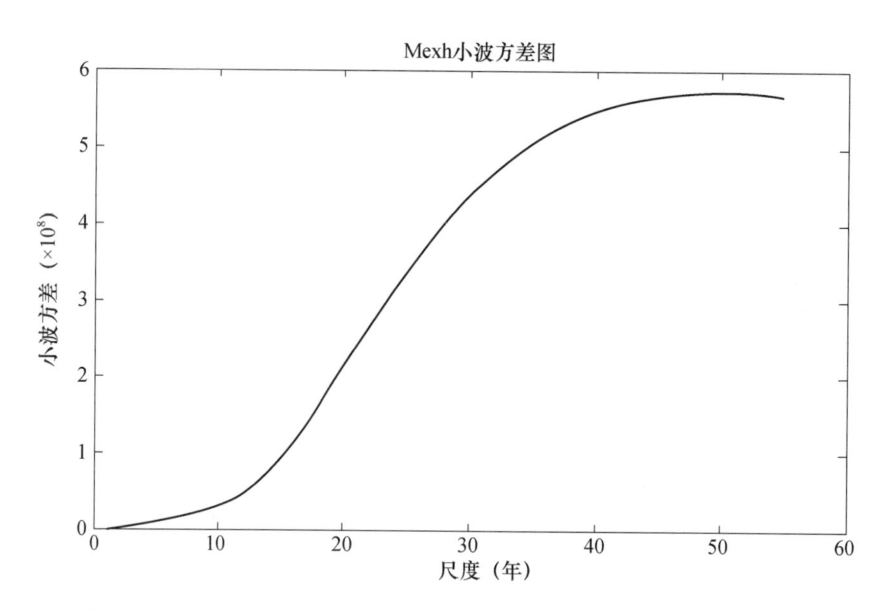

图 5.3-7　1956—2010 年皖中地区非汛期降水量 Mexcian hat 小波方差图

表 5.3-3　皖中降雨量周期分析结果

序列	Morlet	Mexcian hat
年降雨	30a、17a、4a	>50a
汛期降雨	30a、17a、4a	>50a
非汛期降雨	30a、17a、11a、4a	>50a

通过以上结果，得出以下结论：①皖中地区年降雨量序列、汛期降雨序列和非汛期降雨序列都存在 30 年、17 年和 4 年的周期，且主周期都为 30 年。同时还存在一个大于 50 年的大周期，暂时还不能确定这个周期的时间跨度。②用小波方差来分析周期时，方法简单、效果明显；采用不同小波进行分析时得到的结论不相同，可以看出 Morlet 小波函数分析出来的结果要更为精细。③非汛期降雨序列比其他序列多了一个 11 年周期，由此可得，皖中地区的非汛期降雨序列的复杂程度要高一些。

5.4　蒸发量变化分析

水面蒸发是江河湖泊、水库池塘等自然水体的水热循环与平衡的重要因素之一。过去对水面蒸发的研究，主要侧重于观测方法与计算模型的探讨。大多数学者得到的结论是，随着气温的升高和降水的减少，水面蒸发量呈增加趋势。然而，这一结论与各地实测水面蒸发量减少的事实相矛盾。因此，探讨气候变化条件下水面蒸发量特征，具有十分重要的理论与实践意义。选择淠史杭蒸发实验站、龙河口、望城岗、董铺、黄栗树、城西 1956—2010 年的 E601 实测水面蒸发量来分析水面蒸发量特征以及气候变化条件下的演变趋势。采用泰森多边形法将其转换成面蒸发量进行皖中地区蒸发量的分析。

5.4.1　蒸发年内变化分析

皖中地区多年月平均水面蒸发量在 7 月最大，达到 116.3mm，占多年平均值的

13.28%，最小月份出现在1月，仅为29.8mm，占多年平均值的3.4%，多年平均连续三月最大蒸发量为333.1mm，出现在6～8月，占多年平均值的38.03%，多年平均连续三月最小蒸发量为103.1mm，出现在12月到次年2月，占多年平均值的11.77%，图5.4-1为多年各月平均蒸发量年内分配图。

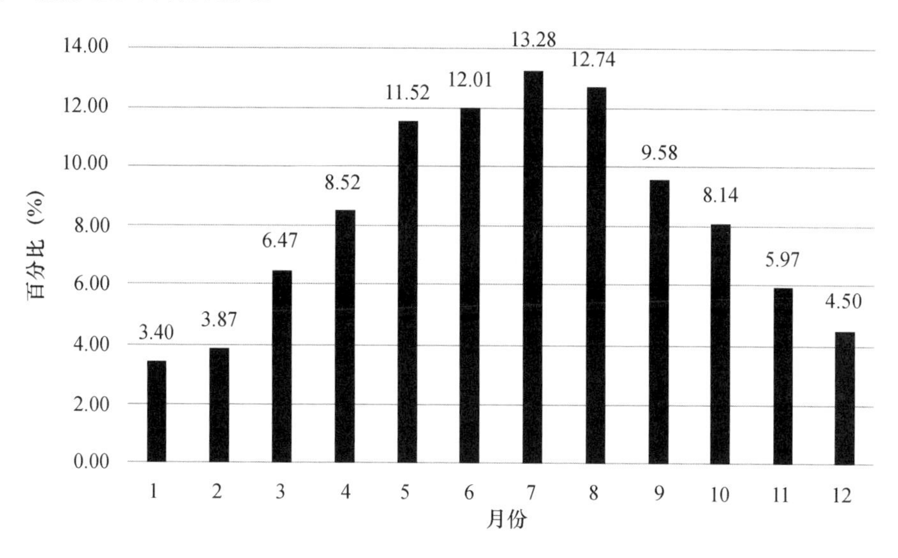

图5.4-1 多年各月平均蒸发量年内分配图

5.4.2 蒸发年际分析

根据区域1964—2010年资料分析，多年平均蒸发量约为875.8mm，最大年蒸发量为1966年的1310.9mm，最小年蒸发量为1975年的675.0mm，最大年蒸发量是最小年的1.94倍（图5.4-2）。皖中地区春季（3～5月）多年平均蒸发量为232.1mm，最大春季蒸发量为1981年的359.0mm，最小春季蒸发量为1985年的159.0mm，最大春季蒸发量是最小春季蒸发量的2.26倍（图5.4-3）；夏季（6～8月）多年平均蒸发量为333.1mm，最大夏季蒸发量为1966年的533.2mm，最小夏季蒸发量为1999年的225.1mm，最大值是最小值的2.37倍（图5.4-4）；秋季（9～11月）多年平均蒸发量为207.5mm，最大秋季蒸发量为1966年的348.9mm，最小秋季蒸发量为1970年的144.0mm（图5.4-5）；冬季（12月～次年2月）多年平均蒸发量为103.5mm，最大冬季蒸发量为1988—1989年的149.5mm，最小冬季蒸发量为1968—1969年的58.5mm（图5.4-6）。具体见表5.4-1。

表5.4-1 皖中地区蒸发量统计表 单位：mm

时段	均值	最大值	年份	最小值	年份
年蒸发量	875.8	1310.9	1966	675.0	1975
春季蒸发量	232.1	359.0	1981	159.0	1985
夏季蒸发量	333.1	533.2	1966	225.1	1999
秋季蒸发量	207.5	348.9	1966	144.0	1970
冬季蒸发量	103.5	149.5	1988—1989	58.5	1968—1969

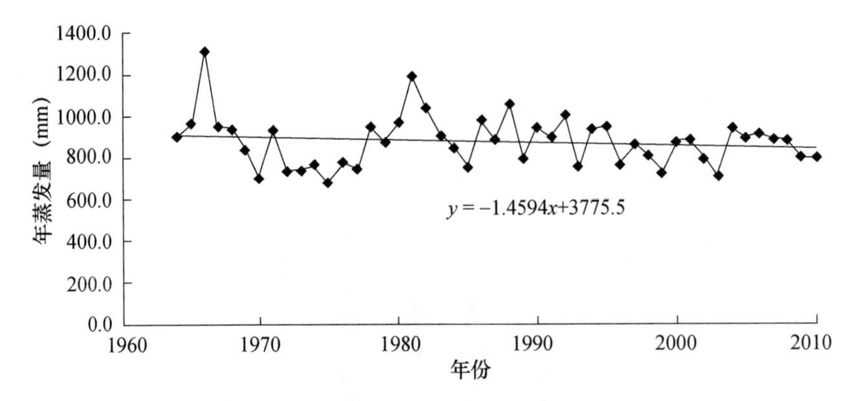

图 5.4-2　皖中地区年蒸发量变化趋势图

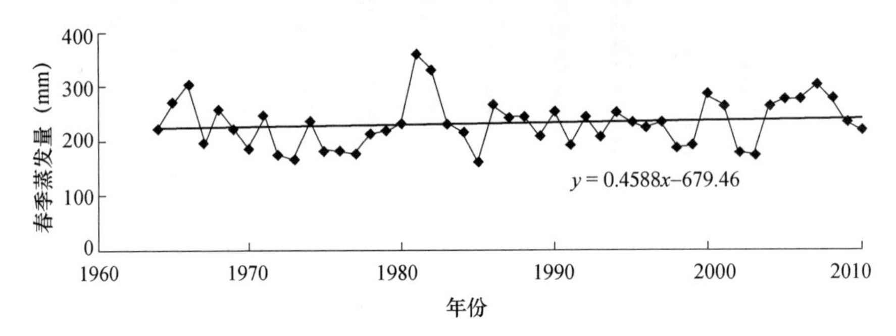

图 5.4-3　皖中地区春季蒸发量变化趋势图

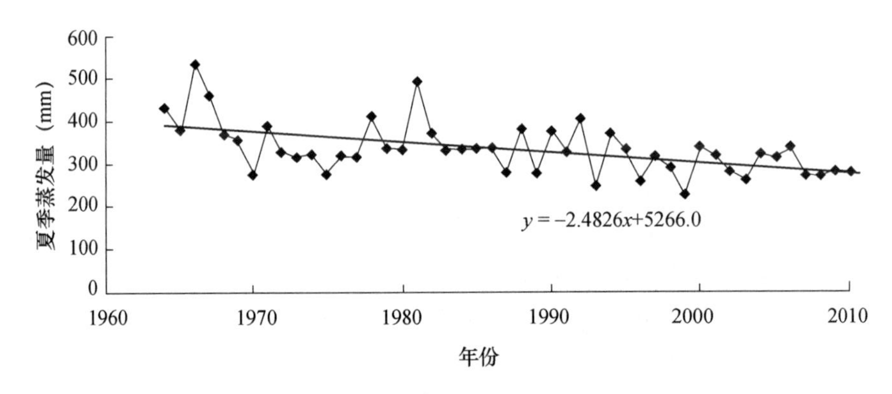

图 5.4-4　皖中地区夏季蒸发量变化趋势图

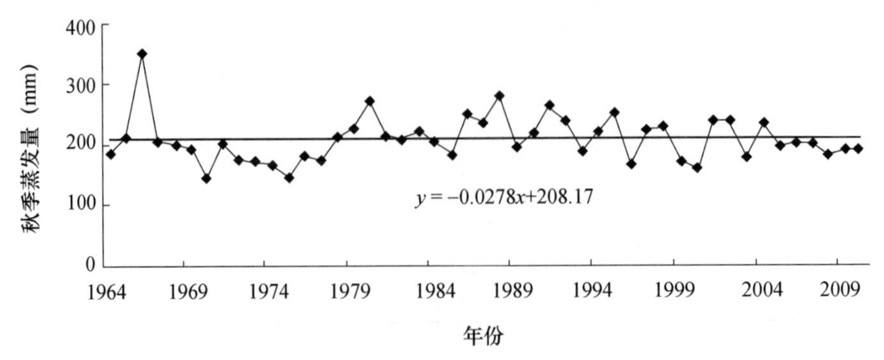

图 5.4-5　皖中地区秋季蒸发量变化趋势图

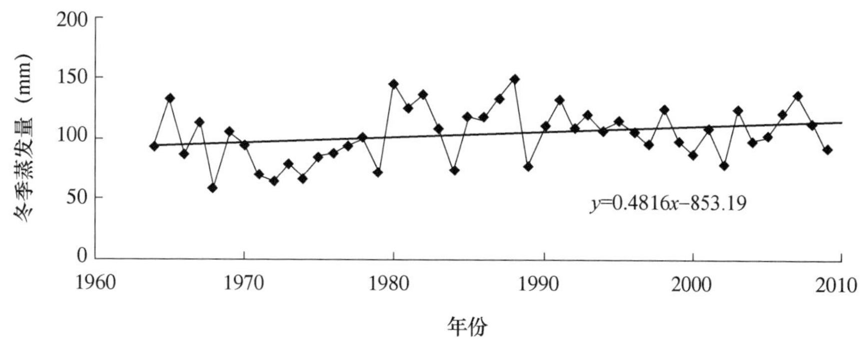

图 5.4-6 皖中地区冬季蒸发量变化趋势图

皖中地区多年平均蒸发量为 875.8mm。研究得出，各个季节其中夏季的蒸发量最大，冬季的蒸发量最小，春季和秋季基本持平，它们的水面蒸发量变化趋势基本一致，而且整体呈下降趋势。大致看出水面蒸发变化的周期性，平均为 10 年。

用 Mann-Kendall（M-K）趋势检验法检验其趋势是否明显，检验结果见表 5.4-2。皖中地区春季和冬季蒸发序列呈现不显著的上升趋势；秋季和年蒸发序列呈现不显著的下降趋势；夏季呈现显著的下降趋势。

表 5.4-2 皖中地区蒸发量 M-K 检验结果

系列	序列数	M	检验过程	趋势	是否显著
春季	47	1.14	$\|M\|<M_{0.05}$	上升趋势	否
夏季	47	−3.63	$\|M\|>M_{0.05}$	下降趋势	是
秋季	47	−0.52	$\|M\|<M_{0.05}$	下降趋势	否
冬季	46	1.75	$\|M\|<M_{0.05}$	上升趋势	否
年际	47	−0.70	$\|M\|<M_{0.05}$	下降趋势	否

现阶段，随着人类对气候变化研究的深入，发现了“蒸发悖论”现象，即在模型预测中，一般得出蒸发量具有上升趋势结论，但是在世界上不少地区都发现观测到的蒸发量是呈下降趋势的，这种观测实际情况和预测值出现不可调和的矛盾，在水文领域被称为“蒸发悖论”。文中通过对皖中地区蒸发量的分析，可以看出皖中地区也有可能存在“蒸发悖论”现象，为讨论皖中地区“蒸发悖论”问题提供了基础研究支撑。

皖中地区不同频率水面蒸发计算结果见表 5.4-3。结合图分析可知：夏季、秋季水面蒸发递减，其中夏季的速率最大，约 2.48mm/a；而春季与冬季的水面蒸发年际递增；全年的递减速率为 1.46mm/a。另外，水面蒸发量年、季节的变差系数 C_v 分析见表 5.4-4，春季变差系数最大为 0.27，年际变差系数为 0.15。

表 5.4-3 皖中地区水面蒸发频率计算

P（%）	20	50	75	95
X_p（mm）	986.4	848.6	766.5	686.3

表 5.4-4 水面蒸发量年、季节的变差系数 C_v

春季	夏季	秋季	冬季	年际
0.21	0.24	0.19	0.22	0.17

皖中地区水面蒸发量年代衰减情况分析见表5.4-5，可以看出年水面蒸发量和各个季节的水面蒸发量除了1960—1970年的春季，1980—1990年的冬季和1990—2000年的夏季的年代水面蒸发量出现反弹回升之外，其余各年代各个季节的水面蒸发量均呈下降趋势。

表5.4-5　蒸发量年代衰减百分比（%）

系列	1960—1970年	1970—1980年	1980—1990年	1990—2000年
春季	−19.37	25.41	−10.77	14.03
夏季	−22.25	5.61	−9.64	−4.59
秋季	−19.82	25.92	−4.60	−6.94
冬季	−9.73	42.81	−6.29	−5.80
年际	−19.80	19.13	−8.30	−0.54

为分析水面蒸发量的多年变化趋势，选用部分代表站水面蒸发系列资料，分1956—1979年、1980—2010年两个时段进行了对比分析，分析结果（表5.4-6）显示1980—2010年水面蒸发量均值普遍比1956—1979年均值偏小。

表5.4-6　不同系列水面蒸发均值

系列	1956—1979年	1980—2010年	1956—2010年
春季	216.06	240.39	228.22
夏季	362.82	317.72	340.27
秋季	196.23	213.32	204.77
冬季	216.06	111.67	163.87
年际	861.58	883.09	872.34

水面蒸发变化趋势原因分析：根据对水面蒸发量减少原因所做的初步分析，结果表明：平均水面蒸发量的变化比较明显，年际变化由20世纪60年代、20世纪80年代偏少转为20世纪70年代、20世纪90年代偏多。年内变化主要表现在春、夏季蒸发量存在显著的减少趋势，年际蒸发量变化主要是由夏季蒸发量变化所决定的。这主要是由于增温主要出现在冬季及夜间，而在蒸发力较高的春、夏季及白天气温变化不明显，甚至出现降低。因此，日照时间或太阳辐射是影响蒸发量变化的另一主要因子。气温日较差似乎也通过某种环节对长期的蒸发量变化造成重要影响。可以看出，皖中地区春季蒸发量存在不显著上升趋势，夏季蒸发量存在显著下降趋势，秋季蒸发量存在不显著下降趋势，冬季蒸发量存在不显著下降趋势，全年蒸发量存在不显著下降趋势。可以看出皖中地区也有可能存在“蒸发悖论”现象。

5.5　径流量变化分析

径流是指河流、湖泊、冰川等地表水体中由当地降水形成的可以逐年更新的动态水量。径流是地貌形成的外营力之一，并参与地壳中的地球化学过程，它还影响土壤的发育，植物的生长和湖泊、沼泽的形成等。径流在国民经济中具有重要的意义。径流量是构成地区工农业供水的重要条件，是地区社会经济发展规模的制约因素。人工控制和调节天然径流的能力，密切关系到工农业生产和人们生活是否受洪水和干旱的危害。因此，径流的测量、计算、预报以及变化规律的研究对人类活动具有相当重要的指导意义。本节通过对流域所选取代表水文站1956—2010年长系列径流资料分析，找出皖中地区径流变化规律。

5.5.1 横排头站径流变化分析

淠河上游的横排头水利枢纽，以上流域汇水面积为1840km²，汇集了上游及各大支流（东淠河、西淠河等）的地表径流，是淠河干流上径流量的主要水源，后者又是合肥市、六安市的灌溉水源及饮用水水源。所以探讨横排头站年径流量（包括汛期和非汛期）的年内分配、年际变化以及多时间尺度周期变化对于皖中地区供需水安全的研究至关重要，可以通过站年径流量的丰枯变化作为一个参考指标来制定供需水保障制度，以保障区域性供水安全。

5.5.1.1 径流变化特征分析

根据淠河横排头1956—2010年的资料分析，多年平均径流量约为33.1亿m³，最大年径流量为1991年的66.9亿m³，最小年径流量为1967年的15.5亿m³，最大年径流量是最小年的4.3倍，丰枯年份变化幅度比较大；汛期（6～9月）多年平均径流量为18.4亿m³，最大汛期径流量为1991年的51.9亿m³，最小汛期径流量为1978年的5.5亿m³，最大汛期径流量是最小年的9.4倍；非汛期（汛期之外的月份）多年平均径流量为14.6亿m³，最大非汛期径流量为1963年的29.2亿m³，最小非汛期径流量为1978年的4.6亿m³，最大非汛期径流量是最小年的6.3倍。

横排头站1956—2010年各月平均径流量年内分配如图3-15所示，在径流的年内分布上，1月占全年平均平均径流的比例最小，仅为2.6%，其次是2月和12月，都是3.0%；而7月占全年的比例最大，为17.7%，其次是8月为15.6%。汛期6～9月的总径流量可以占到全年径流总量的55.7%，而非汛期的另外8个月合计仅占44.3%。另外，年内径流分布最不均匀的是1996年，其6～9月占全年径流量的比例高达77.8%，而2001年这个比例仅为19.0%，前者是后者的近4.1倍。因此，可以说横排头站观测到的年内径流分布极不均匀，这也与淮北平原典型的季风性气候导致的降雨量年内分配不均进而导致年内径流量分布不均有一定的关系，另外的原因就是人工取水并没有在枯水年份适当的减少。

对于横排头年径流量，我们绘制皮尔逊Ⅲ型曲线，以频率$P \leqslant 15\%$为丰水年，可以读出其对应年径流量为100.5mm；$15\% < P \leqslant 35\%$为偏丰年，其对应年径流量为100.5～82.1mm；$35\% < P \leqslant 62.5\%$为平水年，其对应年径流量为82.1～65.4mm；$62.5\% < P \leqslant 85\%$为偏枯年，其对应年径流量为65.4～51.5mm；$P > 85\%$为枯水年，其对应年径流量为51.5mm（表5.5-1）。

表5.5-1 横排头径流量排频统计分析计算成果

项目		年径流量（亿m³）	汛期径流量（亿m³）	非汛期径流量（亿m³）
统计参数	均值	33.1	18.4	14.6
	C_v	0.32	0.42	0.38
	C_s/C_v	2.5	2.5	2.5
频率（%）	1	63.7	42.1	31.3
	5	52.6	33.1	25.0
	15	43.9	26.2	20.3
	32.5	36.6	20.7	16.4
	50	31.7	17.1	13.8

续表

项目		年径流量（亿 m^3）	汛期径流量（亿 m^3）	非汛期径流量（亿 m^3）
频率（%）	62.5	28.6	14.9	12.2
	75	25.4	12.8	10.6
	85	22.5	10.9	9.2
	95	18.4	8.4	7.2
	99	14.7	6.4	5.6

1. 全年径流量

据横排头站1956—2010年的年径流量序列和年径流序列距平所示，从趋势来看整体呈减少趋势，减少速率为0.03亿 m^3/a，且有明显的波动。在1990年之前，年径流量丰转枯，枯转丰经历两个明显的波峰波谷，而1990—2010年之间，年径流量丰枯变化只出现了一个明显的波峰波谷，可以简单认为在1990年之前径流量变化周期为10年左右，1990年之后径流量变化周期为20年左右。按照前面提到的丰、偏丰、平水、偏枯、枯年份的五级划分方法以及皮尔逊Ⅲ型曲线排频分析成果来判断横排头站1956—2010年间，丰水年有七年分别是1963年、1964年、1969年、1975年、1983年、1991年、2003年，其中1991年超过30年一遇的丰水年标准；枯水年有九年分别是1966年、1967年、1968年、1978年、1979年、1992年、2000年、2001年、2007年，其中1967年和1979年达到50年一遇的枯水年标准。

2. 汛期径流量

据横排头站1956—2010年的汛期径流量序列和年径流序列距平分析，从线性趋势来看整体呈增加趋势，增加速率为0.10亿 m^3/a，汛期径流量在55年有明显的波动，波动趋势和周期变化和上述年径流量序列分析结果一致。按照前面提到的丰、偏丰、平水、偏枯、枯年份的五级划分方法以及皮尔逊Ⅲ型曲线排频分析成果来判断横排头站1956—2010年间，丰水年有六年分别是1969年、1980年、1983年、1991年、1996年、2003年，其中1969年和1991年超过20年一遇的汛期丰水年标准；枯水年有七年分别是1959年、1961年、1965年、1967年、1978年、2000年、2001年，其中1978年达到50年一遇的汛期枯水年标准，1959年接近20年一遇汛期枯水年份。

3. 非汛期径流量

据横排头站1956—2010年的非汛期径流量序列和年径流序列距平分析，从线性趋势来看整体呈减少趋势，减少速率为0.13亿 m^3/a，非汛期径流量在55年有明显的波动，波动趋势和周期变化也和上述年径流量序列分析结果一致。按照前面提到的丰、偏丰、平水、偏枯、枯年份的五级划分方法以及皮尔逊Ⅲ型曲线排频分析成果来判断横排头子站1956—2010年间，丰水年有十六年，其中只有1963年超过20年一遇非汛期丰水年标准并且超过100年一遇的非汛期丰水年标准；枯水年有十六年，其中有五年1966年、1967年、1978年、1995年、1998年达到20年一遇非汛期枯水年份。

总之，自20世纪50年代至21世纪初，丰枯年份频繁交替出现。而对于汛期径流量和非汛期径流量，其平均径流量的多少，其波动性亦有别于年径流量，相对而言，汛期径流量和年径流量的丰枯年份变化的相似程度要比非汛期和全年径流量丰枯年份变化预测相似度高，非汛期径流量的年际波动较为平稳。我们对年际变化的分析离不开对周期的分析，通过周期分析

我们可以清楚地看到径流量序列的发展趋势，进而可以预测未来年份的径流量走势。

5.5.1.2 径流趋势分析

季节性 Kendall 检验是 Mann-Kendall 检验的一种推广，它首先是由 Hirsch 及其同事提出的。该检验的思路是用于多年的收集数据，分别计算各季节（或月份）的 Mann-Kendall 检验统计量 S 及其方差 Var（S），再把各季节统计量相加，计算总统计量，如果季节数和年数足够大，那么通过总统计与标准正态表之间的比较来进行统计显著性趋势检验。

首先进行径流趋势分析：选取横排头站 1956—2010 年年径流资料进行分析，年径流变化过程线如图 5.5-8 所示。从图中可以看出，多年来横排头年径流总体上呈下降趋势，年径流量下降的趋向率为 $2.59\times107\text{m}^3/\text{a}$，其中 1963—1965 年、1968—1969 年、1982—1985 年、1989—1992 年年径流量处在小波动的偏高年，说明年径流量偏大；1957—1962 年、1966—1967 年、1970—1974 年、1976—1979 年、1992—1995 年年径流量处在下降期，说明年径流量偏小。用 Mann-Kendall 趋势检验法检验，其下降趋势不显著，检验结果见表 5.5-2。

表 5.5-2 M-K 检验结果

项目	年径流量序列
n	55
M	-0.97
检验过程	$\vert M\vert < M_{0.05}=1.96$
检验结果	有下降趋势，但不显著

5.5.1.3 径流多分辨率分析

所谓多时间尺度，指系统变化并不存在真正意义上的周期性，而是时而以这种周期变化，时而以另一种周期变化，并且同一时段中又包含这种时间尺度的周期变化。目前水文多时间尺度分析已开展了一定的研究工作。

小波分析是一种窗口大小固定但性状可变（时宽和频宽可变）的时频局部化分析方法，具有自适应的时频窗口。小波分析的关键在于引入了满足一定条件的基本小波函数 ψ（t）代替傅里叶变化中的基函数。为了便于比较，对于全年径流量采用（复）Morlet 和 Mexh 两种母函数利用 MATLAB 分别得到等值线图、立体图。这里我们仅选用表现较为清晰直观的立体图和等值线图进行分析。另外，还要对小波系数的模、模平方以及方差等进行计算，以精确显示各个时间尺度的对比情况。

1. 年径流量

(1) 年径流量小波系数分析

采用不同母函数检测横排头站年径流量结果具有类似的特征：在大尺度上表现为减少-增加的特点，而在中小尺度上则是众多尺度交错出现，相互包含，但二者都显示 2010 年及随后的几年将处于年径流量的增长期，但这种趋势并不会持续太长，因为其均处于正信号区域即增长期的末期。

采用 Morlet 小波函数分析可以看出，径流序列自 20 世纪 50 年代中期至 2010 年资料序列末，$a=5\sim6$ 的小尺度发育明显，即在时间上存在 5 年左右的周期，且检测时段末未闭合，由于其处于正信号区域，故 2010 年之后可能是一个短暂的多雨期［图 5.5-1（a）、图 5.5-1（b）］。

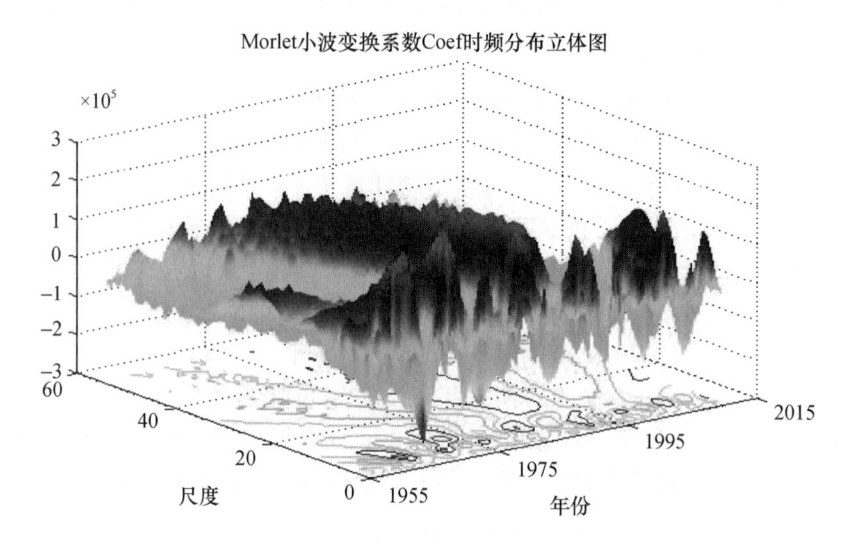

图 5.5-1（a） 横排头站年径流 Morlet 小波系数时频立体图

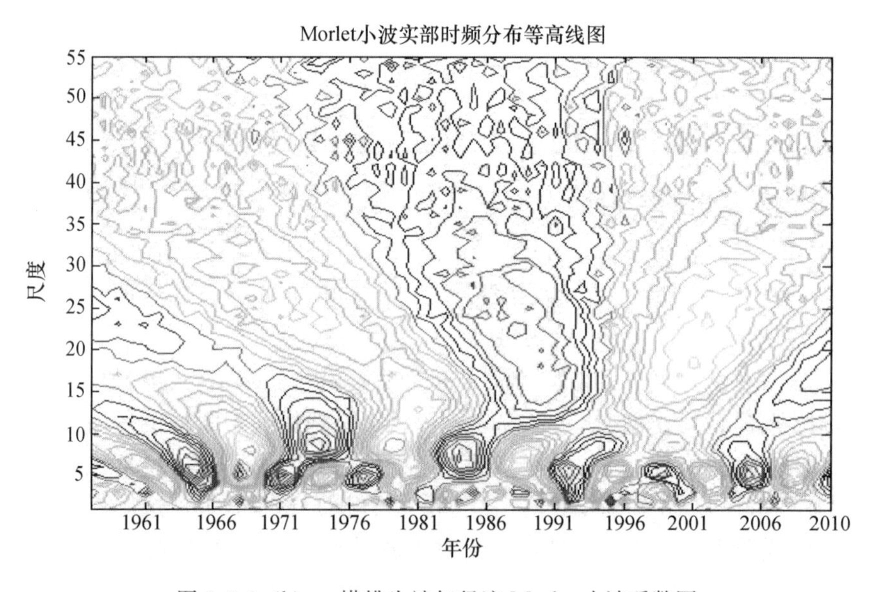

图 5.5-1（b） 横排头站年径流 Morlet 小波系数图

采用 Mexcian hat 小波分析可以看出，在 $a=7\sim8$ 的中尺度上呈现减少-增加-减少的特点，即在时间上存在 30 年左右的周期；在 $a=1\sim2$ 的小尺度上发育明显，即时间上存在 7～8年的周期［图 5.5-2（a）、图 5.5-2（b）］。

小波系数分析结果显示横排头站年径流序列中隐含着许多尺度的周期，哪个是主周期，起到主要的影响作用还有待进一步分析，下面我们通过 Morlet 小波方差和 Mexcian hat 小波方差来寻找主周期和次主周期，进一步揭示其周期变化规律。

（2）年径流量主周期检测

通过小波方差图可以非常方便地查找一个时间序列中起主要作用的尺度（周期）。Mexcian hat 小波系数方差、Morlet 小波方差分别如图 5.5-3、图 5.5-4 所示。

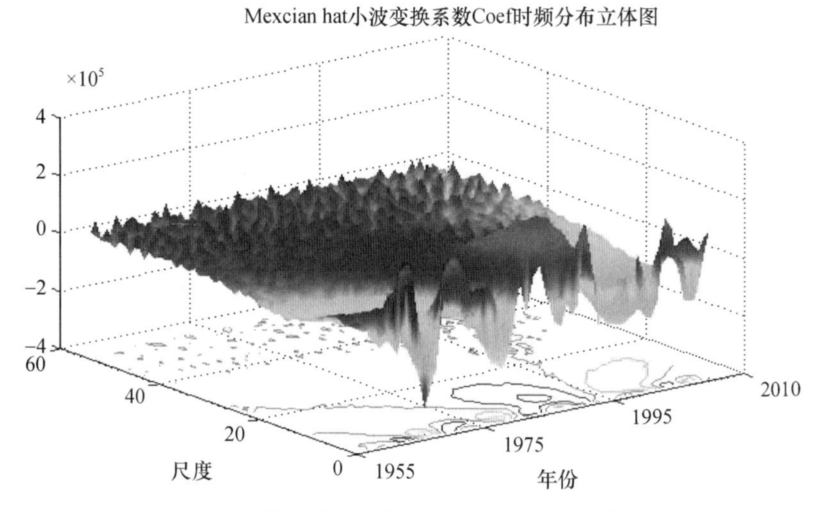

图 5.5-2 (a)　横排头站年径流 Mexcian hat 小波系数时频立体图

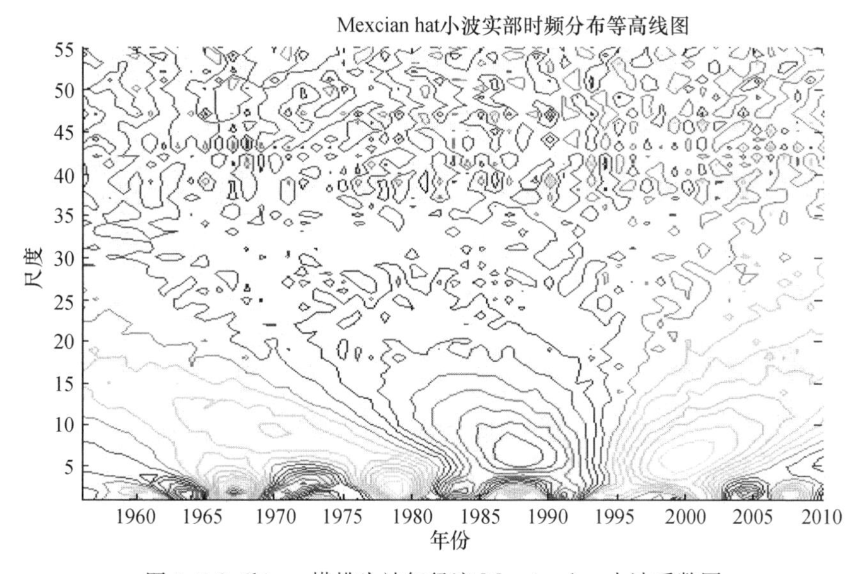

图 5.5-2 (b)　横排头站年径流 Mexcian hat 小波系数图

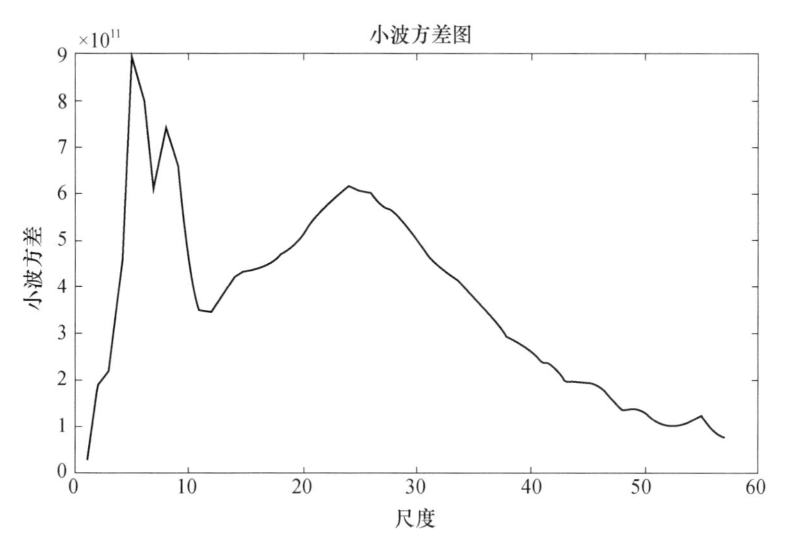

图 5.5-3　横排头站年径流 Morlet 小波系数方差图

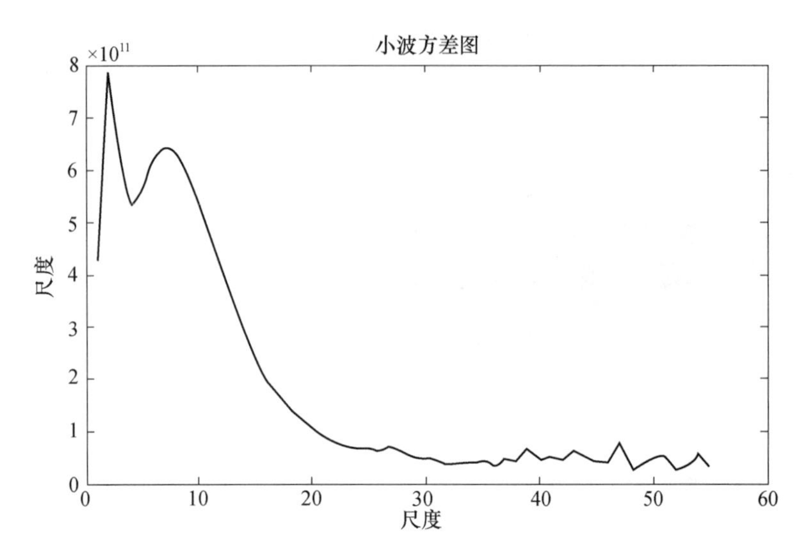

图 5.5-4　横排头站年径流 Mexcian hat 小波系数方差图

Morlet 小波方差检测横排头站年年径流量序列在 5a 左右尺度的小波方差极值表现最为显著，说明横排头站年年径流过程存在 5 年左右主要周期；在 8a 和 25a 左右尺度的小波方差极值表现次显著，说明横排头站年径流过程存在 12 年和 27 年左右两个次主周期。这 3 个周期的波动决定着横排头站年径流量在整个时间域内的变化特征。

Mexcian hat 小波系数方差检测横排头站年径流量序列在 2a 左右尺度的小波方差极值表现最为显著，说明横排头站年径流过程存在 8 年左右的主要周期；在 8a 左右尺度的小波方差极值表现次显著，说明横排头站年径流过程存在 30 年左右的次主周期。这 2 个周期的波动决定着横排头站年径流量在整个时间域内的变化特征。

2. 汛期径流量

（1）汛期径流量小波系数分析

横排头站汛期径流量（6～9 月）周期分析结果如图 5.5-13 所示：在 45a 大尺度即 50 年上表现为减少-增加的特点，而在 15a 左右中尺度即 20 年上则峰值谷值交错出现，周期显著，二者都显示 2010 年及随后的几年处于汛期径流量的增长期末期，5a 左右小尺度即 8 年显示 2010 年及随后的几年处于汛期径流量的减少期末期即将要转变成增长期。多周期表现出杂乱的规律性，为了简化周期规律，下面我们需要找到几个主周期。

（2）汛期径流量主周期检测

小波变换系数模值及模值平方（图 5.5-5、图 5.5-6）可以看出，横排头站年径流量 45a 尺度的周期变化最为明显，模值最大，能量最强，但其周期性变化具有局部化特征；其次，5a 和 15a 尺度周期变化次明显，并且具有随时间推移能量进一步加大的趋势；其他尺度周期变化都较弱，能量较低。在 45a 左右尺度的小波方差极值表现次显著，说明横排头站年径流过程在 1956—2010 年间存在 50 年左右的主周期；在 5a 左右尺度的小波方差极值表现第二显著，说明横排头站年径流过程在 1956—2010 年间存在 8 年左右的第二主周期；在 15a 左右尺度的小波方差极值表现第三显著，说明横排头站年径流过程存在 20 年左右的第三主周期。这 3 个周期的波动决定着横排头站非汛期径流量在整个时间域内的变化特征。

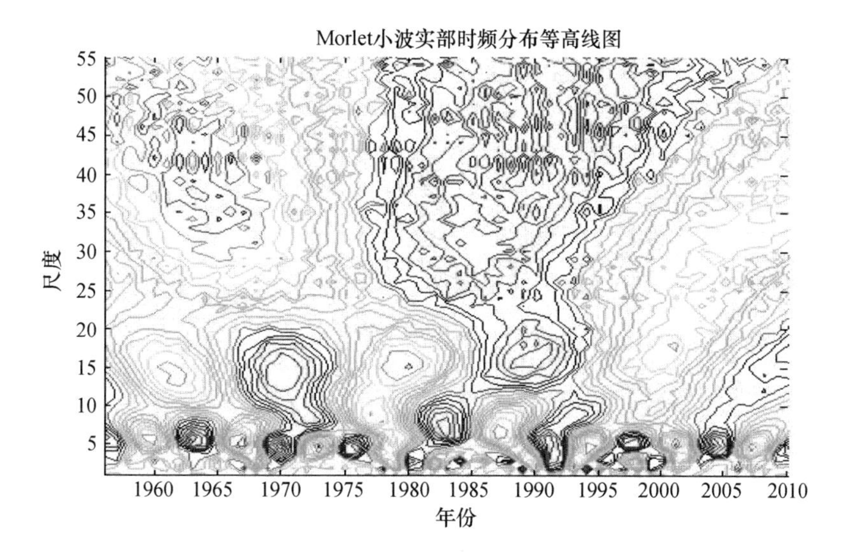

图 5.5-5 汛期径流量 Morlet 小波系数组图

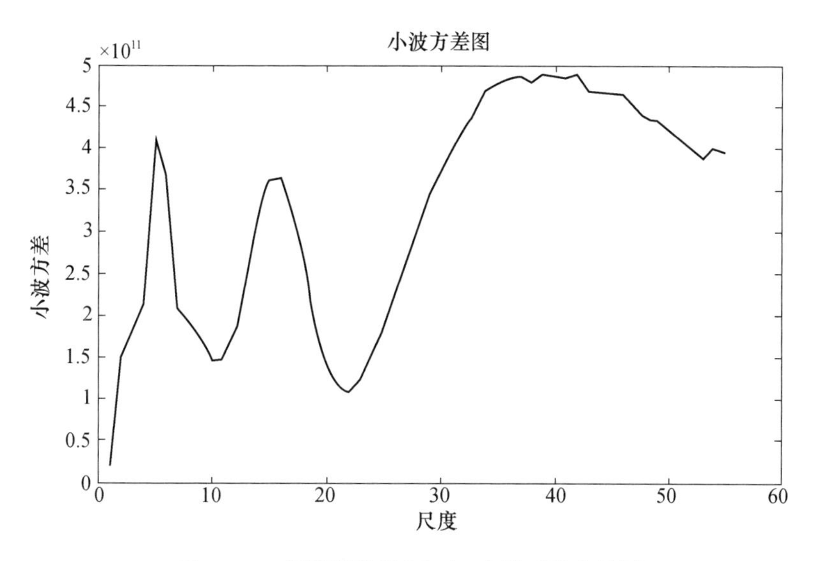

图 5.5-6 汛期径流量 Morlet 小波系数方差图

3. 非汛期径流量

(1) 非汛期径流量小波系数分析

横排头站汛期径流量周期分析结果显示：在 50a 以上大尺度上表现为增加-减少的特点；20a 左右小尺度即 25 年在整个分析时间跨度内周期都十分明显；在 10a 左右中尺度即 13 年上在 1990 年以前则峰值谷值交错出现，周期显著，1990 年以后周期不显著；5a 左右小尺度即 5 年 1995 年及随后的几年处于非汛期径流量周期变化不明显。非汛期径流量周期变化规律跟年径流量、汛期径流量周期变化规律有些差异。

(2) 非汛期径流量主周期检测

小波变换系数方差图，如图 5.5-7、图 5.5-8 可以看出，横排头站年径流量 10a 尺度的周期变化最为明显，模值最大，能量最强，但其周期性变化只在 20 世纪 50 年代初至 90 年代末能量最大，具有局部化特征；其次 20a 尺度周期变化次明显，在整个分析时间序列表现都相当显著；5a 和 50a 尺度周期变化分别位于第三和第四显著。结合 Morlet 小波系数方差如图 5.5-8 检测出横排头站非汛期径流量序列在 10a 左右尺度的小波方差极值表现最为显著，说明横排头站年径流过程只在 50 年代初至 90 年代末存在 13 年左右主要周期，90 年代之后此主周期消失；在 20a 左右尺度的小波方差极值表现次显著，说明横排头站非汛期径流过程在整个分析时间序列内都有 25 年左右的周期；再者是 5 年和 50 年左右的周期。这 4 个局部周期的波动决定着横排头站非汛期径流量在整个时间域内的变化特征。总体来说，非汛期周期变化不如全年径流量和汛期径流量周期变化明显。

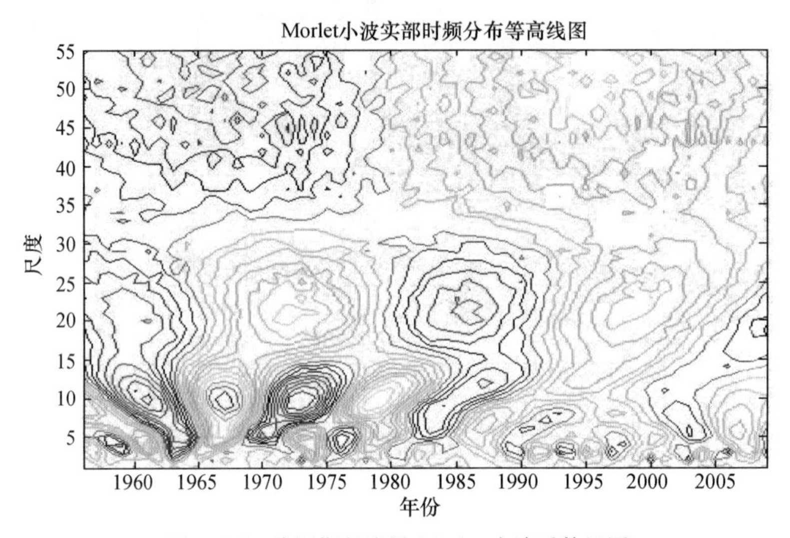

图 5.5-7 非汛期径流量 Morlet 小波系数组图

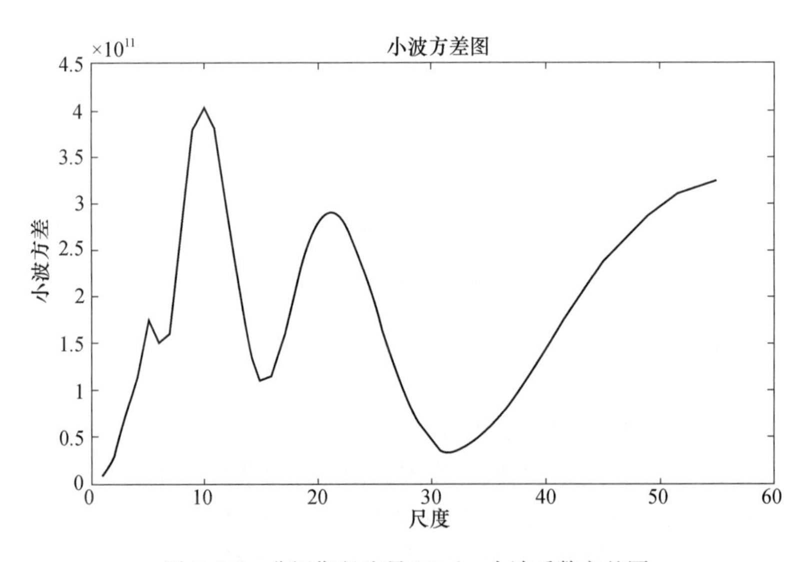

图 5.5-8 非汛期径流量 Morlet 小波系数方差图

5.5.2 桃溪站径流变化分析

5.5.2.1 径流变化特征分析

桃溪水文站是丰乐河上游重要控制站，桃溪水文站以上流域面积 1510km^2，研究桃溪站天然径流量的多年变化规律对淮河上中游地区水资源利用有着非常重要的意义。

对桃溪1956—2010年年径流资料进行径流趋势分析：多年来桃溪水文站年径流总体上呈上升趋势，年径流量上升的趋向率为$508.3\times10^4 m^3/a$，其中1991—1992年、1993—1994年年径流量处在小波动的偏高年，说明年径流量偏大；1965—1968年、1978—1980年、1992—1993年、2000—2001年年径流量处在下降期。用Mann-Kendall趋势检验法检验，其上升趋势不显著，检验结果见表5.5-3。

表5.5-3 M-K检验结果

项目	年径流量序列
n	54
M	1.53
检验过程	$\lvert M\rvert < M_{0.05}=1.96$
检验结果	有上升趋势，但不显著

5.5.2.2 径流丰枯转移特性

用马尔科夫（Markov）过程对丰乐河桃溪站1956—2010年天然径流量进行转移概率分析，揭示丰乐河桃溪站年径流量丰平枯状态转移特性。Markov过程是随机过程的一个分支，它的最基本特征是“后无效性”，即在已知某一随机过程“现在”的条件下，其“将来”与“过去”是独立的，它是一不时间离散、状态也离散的时间序列。它研究事物随机变化的动态过程，依据事物状态之间的转移概率来预测未来系统的发展。

以$P_{i,j}$（m，$m+k$）表示Markov链在t_m时刻出现$X_m=a_i$的条件下，在t_{m+k}时刻出现$X_{m+k}=a_j$条件的概率，即

$P_{i,j}=$（m，$m+k$）$=P$（$X_{m+k}=a_j \mid X_m=a_m$）（i，$j=1$，2，…，N；m，k都是正整数），称之为转移概率。

当转移概率$P_{i,j}$（m，$m+k$）的$k=1$时，有$P_{i,j}=P_{i,j}$（m，$m+1$）$=P$（$X_{m+1}=a_j \mid X_m=a_m$），称之为一步转移概率，表示马氏链由状态a_i经过一次转移到达状态a_j的转移概率。所有的一步转移概率可以构成一个一步转移概率矩阵。当马氏链为齐次时，对于K步转移矩阵$\boldsymbol{PK}$，有：

$$\boldsymbol{PK}=P^K \tag{5.5-1}$$

其中，$\boldsymbol{P}$为一步转移矩阵：

$$\boldsymbol{P}=\begin{bmatrix} P_{11} & P_{12} & \cdots & P_{1N} \\ P_{21} & P_{22} & \cdots & P_{2N} \\ \cdots & \cdots & \cdots & \cdots \\ P_{N1} & P_{N2} & \cdots & P_{NN} \end{bmatrix} \tag{5.5-2}$$

一个有限状态的Markov过程，经过长时间的转移后，初始状态的影响逐渐消失，过程达到平稳状态，即此后过程的状态不再随时间而变化。这个概率称为稳定概率，又称为极限概率，它是与起始状态无关的分布。定义为：

$$p=\lim_{m\to\infty}P(m) \tag{5.5-3}$$

极限概率的存在，代表着系统处于任意特定状态的概率，而用$\frac{1}{p}$则可表示该特定状态重

复再现的平均时间。也就是说，极限概率表现了离散时间序列趋于稳定的静态特征。

用Markov过程来研究径流丰枯状态转变的过程，就是要通过对其转移概率矩阵的分析，认识年径流丰枯各态自转移和相互转移概率的特性；用对年径流Markov状态极限概率的分析，显示年径流变化趋于稳定的静态特征。

1. 状态划分

首先划分系列丰枯平标准。先计算系列均值 X 和标准差 S，按大于 $X+S$、$X+S\sim X+0.5S$、$X+0.5\sim X-0.5S$、$X-0.5S\sim X-S$，小于 $X-S$ 的标准分别划分为丰水年、偏丰水年、平水年、偏枯水年和枯水年，分别定义为状态1、2、3、4、5进行统计。

根据径流丰枯状态划分标准，把丰乐河桃溪站1956—2010年天然年径流随时间丰枯演变的情况划分为5种状态，由此构成时间离散、状态也离散的随机时间序列。

2. 丰平枯状态转移特性分析

如果该序列从某一时刻的某种状态，经时间推移，变为另一时刻的另一种状态，则是该序列状态的转移，以此构成Markov矩阵。可以计算出年径流丰枯状态一步转移概率矩阵，见表5.5-4。

表5.5-4　年径流丰枯状态一步转移概率矩阵

状态	J				
I	1	2	3	4	5
1	0.037	0.019	0.056	0.056	0.019
2	0.000	0.056	0.037	0.000	0.000
3	0.111	0.000	0.111	0.037	0.093
4	0.000	0.019	0.056	0.037	0.056
5	0.037	0.000	0.074	0.019	0.074
合计	0.185	0.093	0.333	0.148	0.241

3. 丰平枯静态特性

由Markov极限概率的定义，通过一步转移概率则可得到极限概率，其计算结果见表5.5-5。

表5.5-5　年径流丰枯状态极限概率

状态	J				
I	1	2	3	4	5
极限概率 P（%）	15.2	7.1	37.2	26.4	14.1
平均重复时间（年）	6.6	14.1	2.7	3.8	7.1

年径流在状态3（平水年）重复再现的平均时间最短，为2.7年一遇：其次为状态4（偏枯水年），重复再现的平均时间为3.8年一遇；在状态1（丰水年）和状态5（枯水年）重复再现的时间分别为6.6年和7.1年一遇；而状态2（偏丰水年）重复再现的平均时间最长，为14.1年一遇。由此可以看出，在丰乐河桃溪站年径流长期丰枯变化中，出现平水年和偏枯水年的状态占优势，概率为63.6%，出现极端的丰水年和枯水年的概率也达29.3%。

4. 不计自转移状态的各态互转化特性

在上述Markov状态转移概率矩阵中，包括了系统中任意状态自转移的特性，从一定程

6 流域供水条件分析及示例

6.1 洪泽湖以上流域供水条件概述

根据对淮河区域周边水源条件分析，在枯水期供水可能的水源有：(1) 淮河上游重点大型水库；(2) 沿淮湖泊洼地；(3) 蚌埠闸上蓄水；(4) 采煤沉陷区蓄水；(5) 蚌埠闸—洪泽湖河道蓄水；(6) 怀洪新河河道蓄水；(7) 洪泽湖蓄水；(8) 外调水；(9) 雨洪资源利用。对于其他水源在特枯水期的可供水量，将引用《蚌埠市城市供水水源规划》《蚌埠市城市抗旱方案》《淮南市城市供水水源规划》《淮南市城市抗旱方案》以及该河段电厂取水水资源论证的分析成果。上述主要水源的分布，如图 6.1-1 所示。

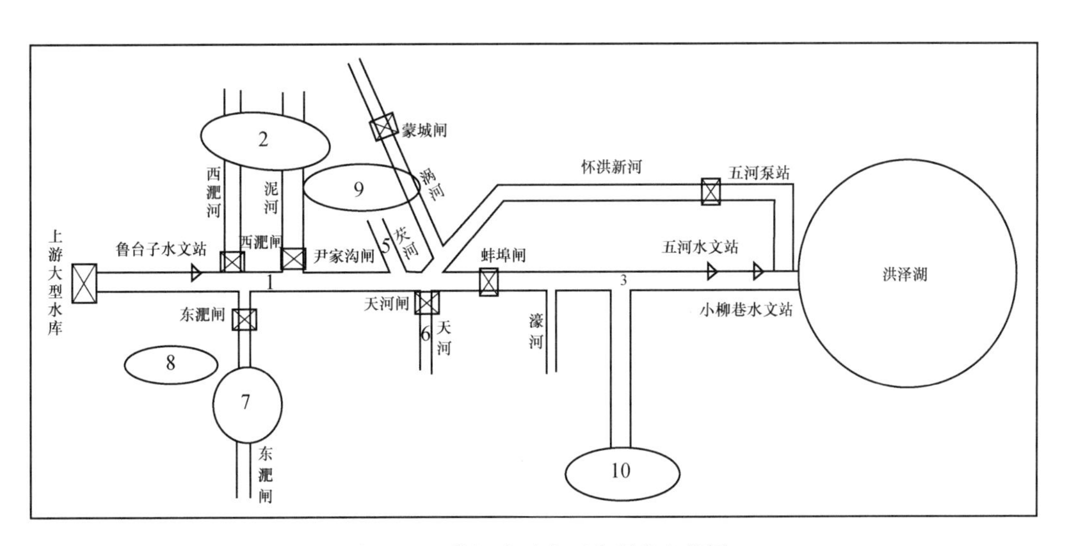

图 6.1-1 淮河水系主要水源分布简图

6.1.1 上游大型水库

蚌埠闸上涉及洪汝河、颍河、涡河、茨淮新河、史河、北淝河、淠河、窑河、天河等。蚌埠闸上淮河水系共有 20 座大型水库，总控制面积 17771km^2，占正阳关以上流域面积的 20.1%，总库容 152.01 亿 m^3。淮河流域正阳关以上流域，涉及大型水库 20 座，分别为白沙、昭平台、白龟山、孤石滩、燕山、石漫滩、板桥、薄山、宿鸭湖、花山、南湾、石山口、五岳、泼河、鲇鱼山、梅山、响洪甸、白莲崖、磨子潭和佛子岭水库；重要河道控制断面 11 个，其中淮河干流控制断面有：息县、王家坝、润河集和鲁台子（正阳关）站，支流控制断面有：沙颍河、漯河、周口和阜阳站，洪汝河班台站，潢河潢川站，史灌河蒋家集站，淠河横排头站。研究范围、各大型水库及干支流控制站点地理位置分布如图 6.1-2 所示。鲇鱼山、石山口、五岳、泼河、南湾、薄山、板桥、宿鸭湖、燕山、石漫滩、孤石滩、白沙、昭平台、白龟山 14 座大型水库在河南省境内，累计总库容 89.83 亿 m³。花山水库位于湖北省境内，总库容 1.73 亿 m³。梅山、响洪甸、佛子岭、白莲崖和磨子潭 5 座大型水库位于安徽省境内，累计总库容 62.53 亿 m³。除宿鸭湖水库位于汝河中游，属平原水库外，其余均为山丘区水库。水库集水面积最大的为宿鸭湖水库，集水面积为 3150km²（注：各水库集水面积均不包含上游大型水库集水面积，下同），最小的为五岳水库，集水面积为 102km²。水库总库容最大的为响洪甸水库，总库容为 26.32 亿 m³，最小的为石漫滩水库，总库容为 1.2 亿 m³。淮河水系各大型水库特征值，详见表 6.1-1。

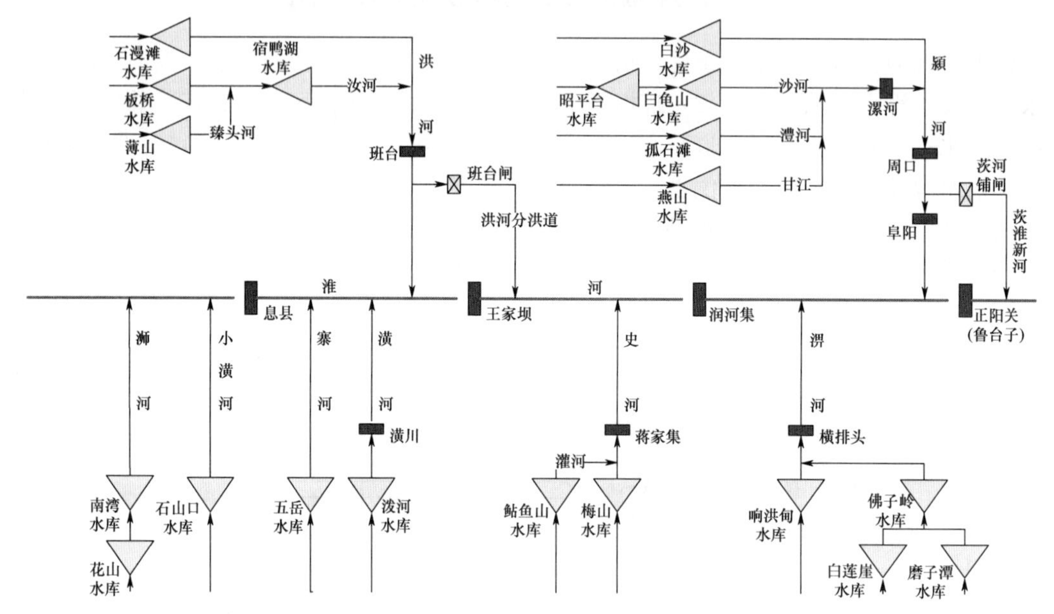

图 6.1-2　淮河骨干水库群系统概化图

表 6.1-1　淮河水系 20 座大型水库主要特征值

水库名称	流域面积（km²）	下游河道安全泄量（m³/s）	全坝高程（m）	兴利水位（m）	历史最高水位（m）	设计洪水位（m）
花山	129	200	—	237	236.77	240.50
南湾	971	800	104.17	103.50	105.53	108.89
石山口	306	600	79.50	79.5	80.75	80.91
五岳	102	500	89.30	89.3	89.9	90.02
泼河	222	1250	82.50	82	82.1	83.01
鲇鱼山	924	2000	111.10	107	109.31	111.42
薄山	580	2000	110.00	116.6	122.75	122.1
板桥	768	2800	112.5	111.5	117.94	117.5
宿鸭湖	3150	1800	54.00	53.00	57.66	57.39
孤石滩	285	1400	155.5	152.5	158.72	157.07
昭平台	1430	2500	174.81	174.00	177.30	177.89

续表

水库名称	流域面积（km^2）	下游河道安全泄量（m^3/s）	全坝高程（m）	兴利水位（m）	历史最高水位（m）	设计洪水位（m）
白龟山	1310	3000	104.00	103.00	106.21	106.19
白沙	985	500	226.00	225	230.91	231.85
燕山	1169	1900	107.00	106	—	114.6
石漫滩	230	350	108.53	107.00	110.11	110.65
响洪甸	1400	2500	129.00	128.00	134.17	139.10
梅山	1970	1500	129.00	126.00	135.75	139.17
佛子岭	525	3750	128.26	124	130.64	125.65
白莲崖	745	—	—	208	—	209.24
磨子潭	570	4000	204.00	187	204.49	201.19

为了清楚表示淮河骨干水库与主要控制断面的相互关系，本研究拟根据淮河干支流之间的水流方向及其拓扑结构对淮河骨干水库群系统进行概化，初步概化如图 6.1-2 所示。

6.1.2 沿淮湖泊洼地

1. 城东湖

城东湖位于霍邱县城东 6km，淮河干流中游临淮岗至正阳关之间，有汲河注入，经溜子口入淮，进、出水量由城东湖闸控制。湖形狭长，南北长约 25km，东西宽约 5km，湖底高程 17.00m，集水面积 2170km^2。城东湖正常蓄水位 20.00m，安全蓄水位 22.50m。在 2001 年蚌埠闸上发生特大干旱期间，城东湖的旱限水位为城东湖旱限水位为 19.0mm，蓄水量 1.55 亿 m^3。

2. 瓦埠湖

（1）概况

瓦埠湖位于淮河南岸，东淝河的中游，为河道扩展的湖泊，跨淮南市及寿县、六安、肥西等四个县市，洼地主要集中在寿县及淮南市郊区，总流域面积 4193km^2，湖区长 52km，东西平均宽约 5km，湖底高程 15.5m。瓦埠湖死水位为 16.5m，相应库容 0.7 亿 m^3，正常蓄水位 18.0m，相应库容 2.2 亿 m^3，对应湖面面积 156km^2。2001 年淮河流域干旱后瓦埠湖蓄水位逐年抬高，近几年非汛期实际蓄水位控制在 18.0～18.3m，瓦埠湖是淮南市西部和山南新区的城市供水水源。瓦埠湖水位与库容的关系见表 6.1-2 和图 6.1-3。

表 6.1-2 瓦埠湖水位与库容关系

水位（m）	16.00	17.00	18.00	19.00	20.00	21.00	22.00	23.00
蓄水量（亿 m^3）	0.30	1.00	2.20	4.00	6.40	9.40	12.90	17.40

（2）供水量分析

瓦埠湖来水主要由两部分组成，一是流域地表径流，二是淠河干渠、瓦西干渠和瓦东干渠的灌区退水。用水量主要包括农业灌溉用水、城市用水和生态用水等。

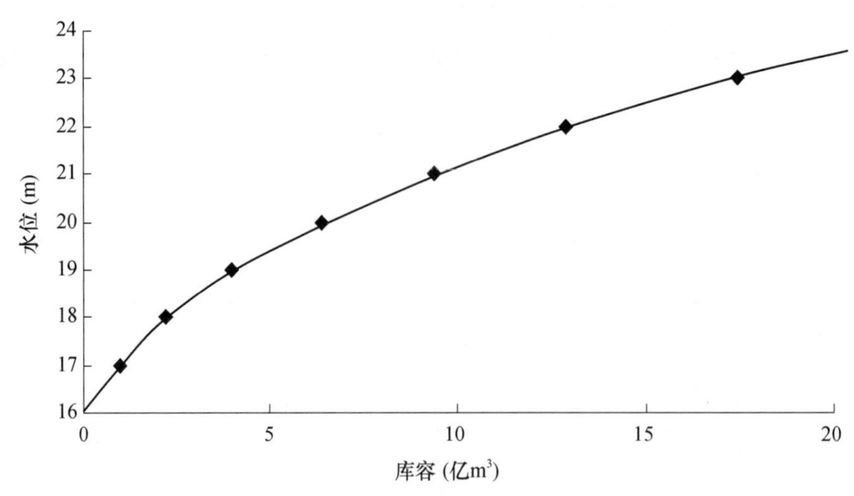

图 6.1-3　瓦埠湖水位与库容的关系图

根据《淮南市山南新区水厂取水水资源论证报告》（下称《山南水厂取水论证》）水资源调查成果，瓦埠湖周边现无工业取水口，有三座城市自来水厂从此取水。分别是：长丰县水湖镇水厂，取水能力为 10 万 m^3/d；寿县水厂，取水能力为 6 万 m^3/d；淮南市五水厂，取水能力为 10 万 m^3/d。五水厂、水湖镇水厂、寿县水厂现状实际取水分别为 10 万 m^3/d、3 万 m^3/d、3 万 m^3/d。

《山南水厂取水论证》通过对流域来、用水过程的调节分析，在满足东淝闸控制运用条件的基础上，其结果为：在现状用水条件下，增加 10 万 m^3/d 取水量，95%、97%典型年瓦埠湖调节计算最低水位均高于 17.0m，对应湖内蓄水量大于 1.0 亿 m^3，即便在干旱年瓦埠湖的蓄水量也可以满足现状淮南市五水厂的取水能力 10 万 m^3/d，其可供水量主要取决于需水量和供水工程能力，所以，瓦埠湖现状年可供水量为 0.365 亿 m^3（按日取水 10.0 万 m^3/d 计算）。

根据瓦埠湖历年最低水位排频结果及瓦埠湖水位-库容曲线可知，瓦埠湖在保证率 50%时，年最低水位 17.4m，对应蓄水量为 1.6 亿 m^3；保证率 75%时，年最低水位 17.1m，对应蓄水量为 1.3 亿 m^3；保证率 95%时，年最低水位 15.9m，对应蓄水量为 0.3 亿 m^3。瓦埠湖是淮南市第二饮用水源，现状年翟家洼水厂供水能力为 6 万 m^3/d，规划扩建该水厂，规模达到 26 万 m^3/d（含现状 6 万 m^3/d），现已完成一期扩建工程 10 万 m^3/d，即将投入使用，年供水能力达到 16 万 m^3/d。因此，在特枯水期，当瓦埠湖蓄水位低于 16.0m 时，其蓄水量也较少，并要保证翟家洼水厂的取水，已没有供水的潜力了。

3. 高塘湖

(1) 基本情况

高塘湖流域位于淮河中游南岸，流域面积 1500km^2，属丘陵区。流域主要支流有沛河、青洛河、严涧河、马厂河、水家湖镇排水河道等。沛河来水面积 662km^2，青洛河来水面积 284km^2，严涧河来水面积 85km^2，马厂河来水面积 196km^2，水家湖镇排水河道来水面积 40km^2，各支流呈放射状注入高塘湖。流域内建有齐顾郑、芝麻、霍集、永丰、明城、杜集等 6 座中型水库和一些小型水库，6 座中型水库总控制面积 211km^2，总库容 11623 万 m^3，兴利总库容 6917 万 m^3。高塘湖水位-库容关系见表 6.1-3。

表 6.1-3 高塘湖水位-库容关系

水位（m）	库容（万 m³）	水位（m）	库容（亿 m³）	水位（m）	库容（万 m³）
14	0	18.5	1.40	22.5	5.91
15	0.07	19.0	1.75	23.0	6.90
15.5	0.12	19.5	2.13	23.5	8.11
16	0.27	20.0	2.58	24.0	9.48
16.5	0.41	20.5	3.08	24.5	11.00
17	0.61	21.0	3.63	25.0	12.60
17.5	0.84	21.5	4.25		
18	1.10	22.0	5.00		

高塘湖流域行政区划跨淮南市（郊区 86.7km²、凤阳县 170.2km²）、滁州市（定远县 661.4km²）和合肥市（长丰县 546.9km²）三市、四县（郊区），另有一国有农场（34.9km²），位于淮南市（27.4km²）和长丰县（7.5km²）境内。窑河流域总耕地面积 140 万多亩，总人口 80 万人左右。高塘湖流域基本情况表见表 6.1-4。

表 6.1-4 高塘湖流域基本情况

类别	项目	单位	数量	说明
流域概况	流域面积	km²	1500	
	耕地面积	万亩	140	
	耕地率	%	0.62	
	设计灌溉面积	万亩	111.6	
	提水灌区（提高塘湖）	万亩	67.7	
	中小水库灌区	万亩	43.9	
降水量	多年平均	mm	896.8	
	最大值	mm	1522.6	1956 年
	最小值	mm	465.3	1978 年
	多年平均蒸发量	mm	957	80mm 蒸发皿
入湖径流量	多年平均径流总量	万 m³	24824	
	多年平均径流量	m³/s	7.94	
	多年平均径流深	mm	171	
	多年平均径流模数	m³/s/km²	0.0055	
	多年平均径流系数		0.19	

（2）高塘湖供水量

在不引淮河水和不提高高塘湖正常蓄水位时，高塘湖现状供水保证率仅为 13.2%；若高塘湖正常蓄水位抬高到 18.0m，且考虑压缩水稻种植面积 20%，供水保证率也只有 28.9%；当 2012 考虑正常蓄水位抬高到 18.0m，水稻种植面积压缩 35%时，由于增加了淮南市的城市供水 1.25 亿 m³/年，供水保证率反而降低到 7.9%；随着 2030 年进一步压缩水稻种植面积到 50%，高塘湖正常蓄水位抬高到 18.5m，非农业用水不再增加，供水保证率又上升到 15.8%。上述成果说明，在不引淮河水时，即使水稻的种植面积被压缩到一半，高塘湖的正常蓄水位抬高 18.5m，高塘湖的供水保证率最高也不足 30%。由此也说明了引淮补源的重要性，换言之，要提高高塘湖的供水保证率，必须引淮补源。

在引淮补源情况下，从多年平均引淮水量来看，无论是窑河闸扩孔，还是窑河河道断面扩大，或两者兼而有之，其效益均十分微小。因此，从灌溉角度上讲，不需要扩大窑河闸，也不需要对窑河河道进行疏浚。

从窑河闸和窑河河道断面现状的调节计算成果看，各水平年高塘湖的供水保证率为 78.9%～86.8%，即均满足 75%～80%的灌溉保证率的要求。考虑到当地农民的种植习惯，水稻种植面积可不作压缩，即基本维持现有的作物组成。

4. 芡河洼地

(1) 概况

芡河位于茨淮新河以北，介于西淝河与涡河之间。东南流，经利辛、蒙城、怀远三县境，于茨淮新河上桥枢纽下游注入茨淮新河，全长 92.7km，流域面积 1328km²。芡河洼地最低高程为 14.0m，死水位为 15.5m，死库容为 1850 万 m³，正常蓄水位为 17.5m，水面面积 36km²，相应库容 8130 万 m³，兴利库容为 6280 万 m³。规划向蚌埠市供水后，芡河洼地蓄水位抬高至 18.0m，相应库容为 8400 万 m³。芡河洼地高程-面积-容积关系见表 6.1-5。

表 6.1-5　芡河洼地高程-面积-容积关系

水位 (m)	15.0	15.5	16.0	17.0	17.5	18.0	19.0	20.0	21.0	22.0
库容 (亿 m³)	0.08	0.185	0.29	0.6	0.813	1.025	1.59	2.305	3.235	4.76
水面 (km²)	15.5	20	26	31	36	49	64	79	107	199

经实地勘查，芡河中水生物及各种水生产品种类、产量非常丰富，水草清澈见底。根据市环保部门多年水质监测资料，芡河洼地水域水质良好，全年以Ⅱ类水质为主。

(2) 供水量分析

芡河属平原型河流，主要依靠降雨补水，芡河缺乏地表径流实测资料，但流域内降雨资料比较完整，降雨采用蒙城站、顺河集站和上桥站的 1950—2012 年降雨资料按泰森多边形法处理后的数值。来水量采用 70 年代北京对口成果降雨径流关系推求。经计算，芡河洼多年平均来水量 27750 万 m³，90%、95%、97%保证率的年来水量分别为 8642 万 m³、6750 万 m³、6240 万 m³。

现状年芡河用水户主要是芡河洼沿岸的农业灌溉用水，芡河陈桥闸至芡河闸区间原规划灌溉面积为 30.4 万亩，结合当地农业发展规划，现状实灌面积 24.05 万亩（其中水稻 18.5 万亩），规划 2020 年 30 万亩（其中水稻 24 万亩）。根据有关资料，蚌埠地区灌溉水利用综合系数现为 0.52，随着节水灌溉技术的推广和节水技术水平的提高，灌溉水综合利用系数将有所提高，规划 2020 年和 2030 年分别取 0.56 和 0.60。另外，怀远县城供水部分取自芡河洼，设计取水能力 1.5 万 t/d，现状实际取水量约 0.8 万 t/d，规划 2020 年取水量按 1.5 万 t/d 考虑（即每年 0.05 亿 m³），2030 年取水量按 3 万 t/d 考虑（即每年 0.1 亿 m³）。

根据《蚌埠市引芡济蚌工程初步规划》中的成果，芡河洼地蓄水向蚌埠市供水，必须抬高正常蓄水位和适当控制其沿岸农业用水，其沿岸农业用水控制条件为：当芡河洼水位降至 16.5m 应停止农业用水，只向怀远县城及蚌埠市供水，直至 15.5m 的死水位。当下降到 16.5m 时停止向农业供水的条件下，可向蚌埠市连续供水 80 天，日均供水能力 22.5 万 m³/d，年供水量 1800 万 m³；规划芡河洼地正常蓄水位近期抬高到 18.0m，规划水平年在保证率

90%、95%、97%的年份向蚌埠市可供水量分别为8000万m^3、7210万m^3、3450万m^3；远期抬高到18.5m，规划水平年在保证率90%、95%、97%的年份向蚌埠市可供水量分别为10000万m^3、9360万m^3、5710万m^3。茨河位于茨淮新河以北，介于西淝河与涡河之间。东南流，经利辛、蒙城、怀远三县境，于茨淮新河上桥枢纽下游注入茨淮新河，全长92.7km，流域面积1328km^2。茨河洼死水位为15.0m，死库容0.185亿m^3，蓄水位17.5m时，相应调节库容0.628亿m^3。目前怀远县城部分取该河道水源，设计供水1.5万m^3/d，实际取水0.8万m^3/d。在蓄水位18.0m时向蚌埠供水0.548亿m^3，在$P=50\%$是有保证的，其水位17.5m。当水位下降到16.5m时应限制农业用水，当下降到16.05m时应停止向农业供水，以保证向怀远和蚌埠市供水，在95%保证率年份可向蚌埠市连续供水80天，日均供水能力15万m^3/d，年供水量1200万m^3，但农灌保证率略有下降。当茨河抬到蓄水位以后，95%年份的年可供水量为6700万m^3。

茨河的水质较好，没有大的用水户，1978年大旱时，茨河仍有水可用，目前，蚌埠市正计划下一步将茨河水作为蚌埠市饮用水源。

5. 天河水

(1) 概况

天河位于淮河南岸，距蚌埠市约10km，南北长约10km，宽600～1000m，流域面积340km^2，死水位为15.5～16.5m（16.5m为考虑天河洼地养鱼的死水位，一般农业用水死水位为16.5m，在水位低于16.5m的情况下，停止农业用水，城市供水死水位可以用到15.5m）。天河洼地死水位为15.5m，相应库容为400万m^3；蓄水位16.5m时，相应库容为1500万m^3；蓄水位为17.0m，相应库容为2300万m^3，兴利库容分别为1900万m^3和800万m^3。由于天河来水面积小，又承担了较多的农业用水任务，如向城市供水必须抬高蓄水位，规划天河洼地蓄水位抬高至17.8m，相应库容为3650万m^3。天河洼地高程-面积-容积曲线见表6.1-6。

表6.1-6 天河洼地高程-面积-容积曲线

水位（m）	15	15.5	16	16.5	17	17.5	18	18.5	19	19.5	20
库容（亿m^3）	0	0.04	0.09	0.15	0.23	0.33	0.45	0.57	0.70	0.85	1.03
水面面积(km^2)	5.6	7.6	10.1	13.1	16.5	21.0	24.6	28.0	30.6	33.6	38.0

(2) 供水量分析

天河来水总面积340km^2，来水量采用70年北京对口成果降雨径流关系推求。经计算，多年平均来水量8230万m^3，90%、95%、97%保证率年来水量分别为3498万m^3、2440万m^3、2180万m^3。

现从天河用水的主要是其周边农业灌溉用水，设计灌溉面积13.1万亩，现状实灌面积10.1万亩（其中水稻9.42万亩），年取用水量约1850万m^3。结合当地农业发展规划，天河周边灌溉面积规划2020年12.5万亩（其中水稻11万亩），2030年15万亩（其中水稻13万亩）。灌溉水综合利用系数同茨河。

天河可供水量是根据天河系列来水、用水和淮河干流蚌埠闸上水位及天河洼地蓄水容积等情况进行调节计算分析得出。调节中当天河水位低于淮河水位时，及时倒引淮河水；当天河水位低于16.6m且上游无来水或近期无降水时，应严格限制直至停止农业用水，16.6m以上为农业和城市混合用水，16.6m以下为城市独立供水，直至15.5m的死水位。现状

90%的典型干旱年，年供水量仅为1850万m^3。规划天河正常蓄水位近期抬高到18.0m，90%、95%、97%保证率年份的可供水量分别为2538万m^3、2520万m^3、1990万m^3。

天河湖正常蓄水位远期是否进一步抬高及何时抬高，与淮河蚌埠闸上水质以及蚌埠市城区缺水形势发展情况等密切相关，将来可视具体情况再进一步研究。

天河洼地死水位15.5～16.5m，在水位低于16.5m时停止农业用水，天河洼原蓄水位17.0m相应库容0.23亿m^3。1996年建立城市应急供水泵站，现状年向城市供应水量仅1350万m^3，作为应急水源15万m^3/d仅可用3个月，但由于水源不足并存在城乡用水矛盾，目前不具备向城市供水条件。

6. 凤阳山水库地表水

目前凤阳山水库坝下农业用水替代工程即将竣工，凤阳山水库水质好，根据分析在95%年份稳定供水5万m^3/d是可行的，在连续偏枯年份亦有保证。凤阳山水库给蚌埠市留有水量，现正在加固，管子已配送至门台子，可供给东海大道、高城区等用水户，供水期可达4个月。但由于不在一个行政区，不便于管理，目前，蚌埠市尚未将其纳入应急水源，需要上级主管部门之间相互协商解决。

7. 花园湖

花园湖位于淮河右岸，属淮河流域，跨凤阳、五河和明光二县一市，湖面主属凤阳县。花园湖水系总集水面积872km^2，来水区域主要为丘陵。1950年大水，湖面积达到105km^2，相应水位为16.58m，总滞洪量2.64亿m^3，常年湖面积50余km^2。湖底高程11.50m，正常水位13.20m，湖面积40.5km^2，相应蓄水量0.424亿m^3；水位14.00m时，湖面积53.3km^2，容积0.85亿m^3。1952年治淮工程计划纲要中，列为淮河中游蓄洪区之一，工程项目为花园湖蓄洪建闸工程，在湖口建成花园湖闸，常年水位定为14.00m，容积0.8亿m^3，湖面积57km^2。花园湖水位-容积关系见表6.1-7。

表6.1-7　花园湖水位-容积关系

水位（m）	11.5	12.0	12.5	13.0	13.5	14.0	14.5	15.0	16.0	17.0	18.0	19.0
蓄水量（亿m^3）	0	0.14	0.24	0.39	0.58	0.85	1.08	1.40	2.16	3.09	4.18	5.45

根据花园湖站历史水位，对花园湖水量进行分析，95%年份时花园湖区域用水较为紧张，无可利用水量。

6.1.3　蚌埠闸上蓄水

1. 概况

蚌埠闸枢纽工程位于蚌埠市西郊，是淮河干流中游最大的枢纽工程，于1958年开工建设，1960年汛末开始蓄水，控制流域面积12.1万km^2，是淮南和蚌埠两城市的重要供水水源工程。工程由节制闸、船闸、水电站和分洪道组成，是一座具有防洪、供水和灌溉，兼顾航运和发电功能的大型水利枢纽工程。节制闸全长336m，共28孔，每孔净宽10m，设计过闸流量8850m^3/s；船闸闸室长195m，宽15.4m，三级航道，设计通航能力1000t级；水电站装机6×800kW，设计年发电量1974万kW·h；分洪道过水宽度314m，分洪水位为19.00m，设计分洪流量1150m^3/s。2000年1月，水利部正式批准蚌埠闸扩建工程初步设计，现扩建工程已经完成。扩建工程节制闸12孔，每孔净宽10m，设计过闸流量3410m^3/s。蚌埠闸扩建工程运用后，不仅显著提高了泄洪能力，而且为抬高正常蓄水位、

有效利用洪水资源、降低因抬高蓄水位而导致的防洪风险创造了有利条件。

蚌埠闸主要调蓄上游来水，控制流域面积 12.1 万 km^2，占淮河流域面积的 64.7%。蚌埠闸上设计死水位 15.5m，相应库容为 1.43 亿 m^3，正常蓄水位 17.5m，相应库容为 2.72 亿 m^3，兴利库容为 1.29 亿 m^3，现状蓄水位一般在 18.0m，相应库容为 3.2 亿 m^3，兴利库容为 1.77 亿 m^3。蚌埠闸上地表水是淮南和蚌埠两市的城镇生活、工业生产以及农业灌溉的主要水源。

蚌埠闸扩建工程已经完成。扩建工程节制闸 12 孔，每孔净宽 10m，设计过闸流量 3410m^3/s。扩建工程运用后，蚌埠闸的正常蓄水位如抬高到 18.5m，则可蓄水库容为 3.81 亿 m^3，多年平均增加可供水量约 2.5 亿 m^3。对提高枯水期的供水保证率（尤其是枯水期城市居民生活和电厂用水的保证率）有实际意义。

2. 供水量分析

1）采用基本资料

研究区域沿淮干支流有鲁台子水文站和淮南水位站、蚌埠（吴家渡）水文站、涡河蒙城闸水文站。主要依据各站的实测水文资料系列进行分析计算，见表 6.1-8。

表 6.1-8　研究区域内水文资料情况

站名	已收集资料	采用系列	资料用途
鲁台子	水位、流量	1950—2012	上游来水分析
淮南	水位	1951—2012	取水口分析
蚌埠闸	闸上、闸下水位	1960—2012	起调水位确定成果校核
吴家渡	雨量、水位、流量、含沙量	1950—2012	成果校核
淮南	旬雨量	1951—2012	区间来水分析
蚌埠	旬雨量	1950—2012	区间来水分析
蒙城闸	雨量、水位、流量	1961—2012	区间来水分析

2）来水量分析

蚌埠闸上来水主要包括 3 部分：淮干上游来水（鲁台子），鲁台子—蚌埠闸区间来水，区间退水。

（1）现状年闸上来水量分析

① 淮干上游来水量

鲁台子站位于蚌埠闸上游 116km 处，集水面积 88630km^2，占蚌埠闸以上总面积的 73%，来水量依据鲁台子站及蒙城站实测径流资料计算。

② 区间来水量

淮河鲁台子—蚌埠闸区间集水面积 3.27 万 km^2，鲁台子、蒙城闸—蚌埠闸区间，集水面积为 1.72 万 km^2，这部分面积占鲁台子—蚌埠闸区间集水面积的 52.7%，区间的产水量采用以降水量和径流系数为参数进行计算。区间来水一般均通过较大的支流进入淮河干流，在典型干旱年以主要入淮支流的实测资料对计算的区间来水量进行修正。根据实测资料和现状的调查情况，在特枯期区间上的产水概率较小，即便有产流也被拦蓄在区间上的沟、河内，不能进入淮河干流，故在非汛期区间来水量按“零”考虑，汛期按径流系数法进行计算，并依据实测资料进行修正。

③ 区间退水量

鲁台子—蚌埠闸区间的退水主要是淮南市和怀远县城市生活污水和工矿企业的污水排放。根据淮河流域水环境监测中心入河排污口实测资料，鲁台子—蚌埠闸区间2002—2010年排污量统计见表6.1-9。

表6.1-9　蚌埠闸上2002—2010年排污水量统计　　单位：万t/d

年份	凤台县城段	淮南市区段	怀远境内段
2002	1.76	92.8	3.61
2003	0.6	93.9	0.24
2004	0.62	76.6	0.62
2005	0.58	73.5	0.52
2006	3.75	58.30	5.02
2007	2.17	60.79	4.82
2008	6.26	52.83	3.27
2009	2.1	54.0	2.3
2010	2.6	52.8	2.8

通过综合分析，区间退入淮河水量现状按60万m^3/d计算。

（2）规划水平年闸上来水量分析

规划来水量的组成同现状年。

① 淮干上游来水量

根据《淮河流域及山东半岛水资源评价》（2004年，淮委水文局）的分析成果，蚌埠闸上多年平均耗水量20世纪80年代比70年代减少7.5%，而90年代比80年代增加11.6%。蚌埠闸上历年（1956—2000年）耗水量如图6.1-4所示。

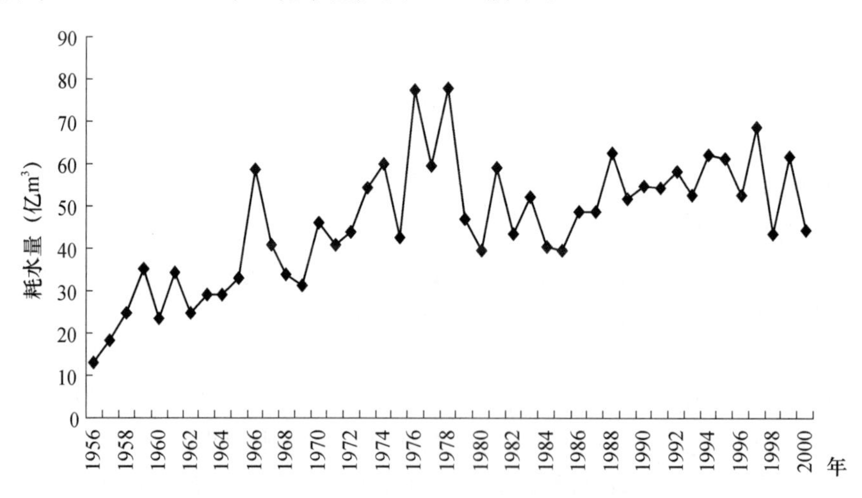

图6.1-4　蚌埠闸上历年（1956—2000年）耗水量

根据淮河流域水资源评价成果，由蚌埠闸实测径流量统计分析，蚌埠闸1956—2012年下泄水量多年平均为275.5亿m^3，最大值为641亿m^3（2003年），最小值为26.8亿m^3（1978年），从实测径流量年代变化来看，总体上1956—2012年蚌埠闸实测径流量变化趋势也不明显。2001—2012年最高达到295.6亿m^3，90年代为最低达220.6亿m^3，1980—

2012 年多年平均实测径流量为 269.0 亿 m^3，比 1956—1979 年略增加 4.2%。

表 6.1-10 鲁台子站实测年径流量年代变化

序号	年代	年平均面雨量（mm）	实测年径流量（亿 m^3）
1	1956—1960	1078	248.4
2	1961—1970	1055	195.7
3	1971—1980	1036	183.3
4	1981—1990	1071	234.1
5	1991—2000	1024	179.8
6	2001—2012	1076	235.7

表 6.1-11 蚌埠闸实测径流量年代变化

序号	年代	年平均面雨量（mm）	实测年径流量（亿 m^3）
1	1956—1960	1021	289.5
2	1961—1970	976	281.5
3	1971—1980	963	235.8
4	1981—1990	996	290.7
5	1991—2000	967	220.6
6	2001—2012	989	295.6

从表 6.1-10、表 6.1-11 可以看出，不同年代鲁台子、蚌埠闸年径流量变化规律不明显，扣除年面降雨量对实测年径流量的影响因素外，其他影响因素也很多，年代之间实测径流衰减规律也不明显，但从最近几年淮河上游建设项目和用水户增加等综合考虑，在规划水平年 2020 年、2030 年考虑上游和区间用水量还将会有所增加，水资源的开发利用程度加大，使得来水量有减少的趋势，对规划水平年的来水量进行概化处理。因此，蚌埠闸上游来水量依据鲁台子站及蒙城站实测径流资料计算，2020 年规划水平年来水按现状年来水扣减 10%计算，2030 年规划水平年来水按现状年来水扣减 20%计算。

② 区间来水量

规划年鲁台子—蚌埠闸区间来水处理方法与现状年相同，按“零”计算；蒙城闸下泄水量按现状年来水扣减 25%～50%来计算。

③ 区间退水量

规划年用水量较现状年用水量有所增加，相应退水量也有所增加。根据用水量增加趋势分析，退水按 2%的年增长率增加，即 2020 年退水量为 76.1 万 m^3/d；2030 年退水量为 89.2 万 m^3/d。

3）可供水量分析计算

（1）调节计算公式

根据水量平衡原理，调节计算公式为：

$$V_i = V_{i-1} + W_{来} + W_{退} - W_{损} - W_{农} - W_{工} - W_{生活} - W_{船闸} - W_{下泄} \tag{6.1-1}$$

当 $V_i > V_0$ 时，V_i 值取 V_0，则 $V_i - V_0 = V_{弃}$。当 $V_i < V_{死}$ 时，V_i 值取 $V_{死}$。

式中，V_i、V_{i-1} 为第 i 及 $i-1$ 旬末调节水库中存储的水量；$W_{来}$ 为当旬上游来水量，$W_{来} = W_{鲁台子} + W_{蒙城闸} + W_{区间来水}$；$W_{退}$ 为当旬淮南市、凤台县和怀远县城市排入淮河废污水量；

$W_{损}$ 为当旬闸上水面蒸发和河段渗漏损失量，当蚌埠闸上水位 $H_{闸} \leqslant 16.00$m 时，不计算渗漏损失量；$W_{农}$ 为当旬沿河农业灌溉取（引）水量，当蚌埠闸上水位 $H_{闸} \leqslant 16.0$m 时，开始限制沿淮农业用水（需要时），$H_{闸} \leqslant 15.3$m 停止农业用水；$H_{闸} \leqslant 15.00$m 时，停止一般工业用水。$H_{闸} \leqslant 16.50$m 时，上桥闸等补水灌区和沿淮内河、湖引水灌区停止翻（引）水；$W_{工}$ 为当旬工业取水量；$W_{生活}$ 为当旬城镇居民生活取水量；$W_{船闸}$ 为当旬船闸用水量；$W_{下泄}$ 为蚌埠闸控制水位（高于 17.50m 或 18.00m）时下泄水量；V_0 为闸上正常蓄水位对应的库容。

（2）调节计算结果

根据调节计算成果，蚌埠闸上现状及规划水平年 75%、90%、95%、97%典型年份可供水量见表 6.1-12。

表 6.1-12　蚌埠闸上现状及规划水平年可供水量　　单位：亿 m³

典型年	2012 年	2020 年	2030 年
1961—1962 年（75%）	21.93	32.54	34.21
1977—1978 年（90%）	20.71	31.18	32.67
1966—1967 年（95%）	18.54	29.01	30.74
1978—1979 年（97%）	18.40	28.84	30.20

6.1.4　采煤沉陷区蓄水

1. 概况

淮南煤田范围内有淮河、西淝河、港河、泥河、架河、济河等天然河道，永幸河人工河道以及港河、架河和西淝河等水系下游的湖洼地。采煤塌陷已经影响到以上河流的部分河段，目前已形成比较大的塌陷积水区主要有两个：西淝河采煤塌陷积水区和泥河采煤塌陷积水区，这两个沉陷区已初步具备蓄水利用条件，并与淮干相连。可见，采煤沉陷区建设可以提高蚌埠闸上沿淮北区域水资源承载能力和供水保证程度。

（1）西淝河采煤沉陷区

西淝河是淮河北岸的一条支流，全长 178km，流域面积 4113km²。西淝河下压煤 4.27 亿吨，河下开采的主要是张集矿，张集矿开采影响西淝河南、北堤长各 11.0km，最大沉陷值将达到 13.0m。随着井下开采，至 2025 年西淝河及港河采煤沉陷区的水域面积将达到 40km²，最大沉陷深度可达 24m，洪涝水的调蓄能力得到较大的提高。这些沉陷区均位于西淝河洼地，形成了较大的水面和蓄水体，可以作为供水水源，通过相继引水、蓄水，在枯水期西淝河塌陷洼地与河槽蓄水可以通过西淝闸进入淮河干流，供重要用水户取用，提高枯水期的用水保证程度。

（2）泥河采煤沉陷区

泥河是淮河左岸支流，青年闸以上泥河干流河道长 55.65km，流域面积 388km²，泥河下开采的主要是潘集煤区，面积约 150km²，地面高程在 19.0～22.5m 之间，现已有潘一、潘二、潘三矿和潘北矿 4 个矿井投入生产，潘一、潘三矿开采自 1994 年始已经影响泥河，到 2025 年将影响泥河 21.0km，累计最大下沉深度 19.0m，最终影响长度 23.0km，累计最大下沉深度超过 22.0～24.0m。利用这些塌陷区蓄水或作为反调节水库，这些水源可以作为城市应急供水水源，提高枯水期的用水保证程度。

2. 供水量分析

1）来水量分析

采煤沉陷区来水量由上游来水量和沉陷区自身产水量两部分组成。

（1）西淝河采煤沉陷区及泥河采煤沉陷区其上游来水量采用径流系数法进行估算，计算公式为：

$$Q_{区间}=P\times\alpha\times F \tag{6.1-2}$$

式中，P 为月降水量，α 为月径流系数，F 为降水进入沉陷区的集水面积，月径流系数取值参照《安徽省水资源综合规划·地表水资源评价》中的成果。进入采煤沉陷区的水量为上游来水扣除面上用水、蓄水量。近期规划水平年 2020 年及远期规划水平年 2030 年的来水量分别按现状来水量的 90%、80%处理。

（2）沉陷区自身产水量

沉陷区自身产水量同样采用径流系数法进行估算，各水平年采煤沉陷区的区间集水面积按各水平年相应受沉陷区影响的河段长进行估算，区间径流系数参照表 6.1-13。

表 6.1-13　区间月径流系数取值表

月降雨量（mm）	$P>100$	$100>P\geqslant 50$	$50>P\geqslant 30$	$30>P\geqslant 20$	$P<20$
月经流系数	0.26	0.22	0.12	0.07	0

2）用水量及损失量分析

采煤沉陷区的用水量为农业灌溉需水量、设计取水量和水面蒸发损失量之和。

（1）农业灌溉需水量

西淝河及泥河流域内农作物以一麦一稻为主，研究区灌溉除部分沿淮地带可直接从淮河抽水外，大部分地区通过西淝河及泥河河道引水灌溉，根据灌区种植结构、灌溉面积、各种作物的需水量及需水过程，逐月推求出各年的农业灌溉需求量。

（2）设计取水量

本项目设计取水量的设置以各水平年沉陷区的蓄水库容得到最大程度的利用为出发点，以便算得各采煤沉陷区的最大供水量。

（3）水面蒸发损失量

水面蒸发损失量根据实测的蒸发量和各计算时段的平均蓄水水面面积进行计算。

3）可供水量分析计算

（1）调节计算公式

根据水量平衡原理，调节计算公式为：

$$V_i=V_{i-1}+W_{来}-W_{损}-W_{农}-W_{设计} \tag{6.1-3}$$

当 $V_i>V_0$ 时，V_i 值取 V_0，则 $V_i-V_0=V_{弃}$。当 V_i 小于 $V_{死}$ 时，V_i 值取 $V_{死}$。

式中，V_i、V_{i-1}为第 i 及 $i-1$ 月末蓄水量；$W_{来}$ 为当月采煤沉陷区来水量；$W_{损}$ 为月沉陷区水面蒸发；$W_{农}$ 为月农业灌溉取（引）水量；$W_{设计}$为月设计取水量；V_0 为沉陷区的总库容。

（2）计算方案

各典型年的调算均以各采煤沉陷区蓄满库容开始起调，以期求得其最大的可供水量。典型年的选取同蚌埠闸上地表水调节计算中选取的年份。

（3）调节计算结果

① 现状水平年

根据现状水平年的调节计算成果，若利用矿区塌陷区作为水源，西淝河及泥河采煤塌陷区现状年90%、95%、97%典型年份可新增供水量分别为0.58亿m^3、0.60亿m^3、0.55亿m^3，见表6.1-14。

表6.1-14 潘谢矿区采煤沉陷区现状水平年（2012年）可供水量 单位：万m^3

典型年	西淝河采煤沉陷区及洼地	泥河采煤沉陷区	合计
1977—1978年（90%）	4535	1284	5819
1966—1967年（95%）	4732	1284	6016
1978—1979年（97%）	4269	1272	5541

② 近期规划水平年（2020年）

根据2020年的调节计算成果，潘集采煤塌陷区现状年90%、95%、97%典型年份可新增供水量分别为1.40亿m^3、1.43亿m^3、1.32亿m^3，调节计算结果见表6.1-15。

表6.1-15 潘谢矿区采煤沉陷区近期规划水平年（2020年）可供水量 单位：万m^3

典型年	西淝河采煤沉陷区及洼地	泥河采煤沉陷区	合计
1977—1978年（90%）	10980	2978	13958
1966—1967年（95%）	11451	2833	14284
1978—1979年（97%）	10385	2772	13157

③ 远期规划水平年（2030年）

根据2030年的调节计算成果，塌陷区2030年90%、95%、97%典型年份可新增供水量分别为3.91亿m^3、4.17亿m^3、3.99亿m^3。2030年调节计算结果见表6.1-16。

表6.1-16 潘谢矿区采煤沉陷区远期规划水平年（2030年）可供水量 单位：万m^3

典型年	西淝河采煤沉陷区及洼地	泥河采煤沉陷区	合计
1977—1978年（90%）	19645	19467	39112
1966—1967年（95%）	20421	21283	41704
1978—1979年（97%）	18663	21207	39870

6.1.5 蚌埠闸—洪泽湖河道蓄水

1. 概况

根据《淮河中游河床演变与河道整治》研究成果和1992年、2001年实测河道大断面资料，蚌埠闸（闸下）至洪泽湖之间河道的深泓高程均在10m以下，局部地方水深达20m，洪泽湖位于蚌埠闸下145km，根据洪泽湖口至蚌埠闸下河底深泓高程图分析，枯水期洪泽湖水位在10.40m以上，97%枯水年份时，五河水位为10.4m，河槽蓄水量为1.1亿m^3，蚌埠闸—洪泽湖蓄水可作为枯水期重要的水源。

根据《淮河中游河床演变与河道整治》（安徽省·水利部淮委水利科学研究院1998年）研究成果，当保证率$P=95\%$时，蚌埠闸下相应水位$H=10.45$m，相应蓄量为1.06亿m^3。目前闸下区域工业、农业和生活用水量约4500万m^3/a，折合日用水量约为12万m^3，在保证率为95%时即使在完全扣除闸下区域用水和生态环境用水的条件下，也仍有一定的水量剩余。

蚌埠闸以下至洪泽湖河段蓄水量计算采用《淮河中游河床演变与河道整治》（安徽省·水利部淮委水利科学研究院 1998 年）研究成果，河道蓄量计算公式为：

$$W=(320.71H_2-2894.1H+5742.4)/10000 \quad (6.1\text{-}4)$$

式中，W 为河道主槽库容，亿 m^3；H 为蚌埠闸下水位（五河水位站），m。

当蚌埠闸的下泄水量 $Q=0$ 时，相应水位 $H=10.42m$，相应蓄量为 1.04 亿 m^3。目前闸下区域工业、农业和生活用水量约 4500 万 m^3/a，折合日用水量约为 12 万 m^3。按实测大断面资料分析计算，蚌埠闸下河道水位库容曲线如图 6.1-5 所示。

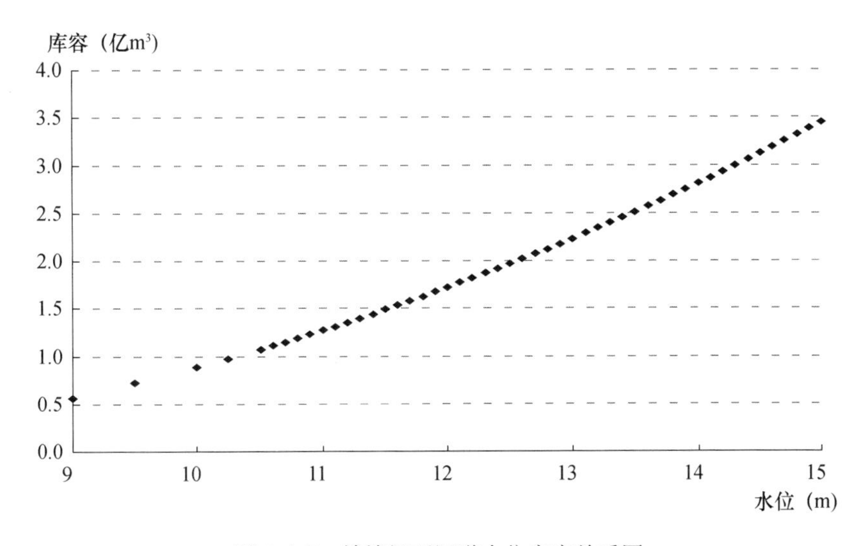

图 6.1-5　蚌埠闸下河道水位库容关系图

取蚌埠闸下 1961—2002 年共 42 年的历年最低日、旬平均水位资料系列进行频率分析。经分析，20%、50%、75%和 97%保证率最低日平均水位分别为 12.28m、11.62m、11.05m 和 10.42m；20%、50%、75%和 97%保证率最低旬平均水位分别为 12.63m、11.89m、11.36m 和 10.45m（表 6.1-17）。

表 6.1-17　蚌埠闸下不同保证率最低日平均水位　　　　单位：m

保证率	20%	50%	75%	97%
日平均水位	12.28	11.62	11.05	10.42
旬平均水位	12.63	11.89	11.36	10.45

当保证率 $P=97\%$时，蚌埠闸的下泄水量 $Q=0$，相应水位 $H=10.42m$，相应蓄量为 1.04 亿 m^3。目前闸下区域工业、农业和生活用水量约 4500 万 m^3/a，折合日用水量约为 12 万 m^3，在保证率为 97%时的特枯水期也有一定的水量可以利用。

2. 供水量分析

1）采用基本资料

研究区域沿淮干支流有蚌埠（吴家渡）水文站和小柳巷水文站、五河水位站、涡河蒙城闸水文站。主要依据各站的实测水文资料系列进行分析计算。各站的资料情况见表 6.1-18。

表 6.1-18　研究区域内水文资料情况

站名	已收集资料	实测系列	资料用途
小柳巷水文站	水位、流量	1950—2012	上游来水分析
蚌埠闸水位站	闸上、闸下水位	1960—2012	取水口分析
吴家渡水文站	雨量、水位、流量、含沙量	1950—2012	起调水位确定，成果校核
蚌埠雨量站	旬雨量	1950—2012	成果校核
蒙城闸水文站	雨量、水位、流量	1961—2012	区间来水分析
五河水位站	水位	1961—2012	区间来水分析

2）来水量分析

（1）现状年闸下来水量分析

闸下河道蓄水来水量由蚌埠闸下泄水量、区间来水量和区间退水量 3 部分组成。

① 蚌埠闸下泄水量

根据不同保证率典型年蒙城闸、鲁台子来水及区间用水，按旬时段进行蚌埠闸上水量平衡计算，并考虑淮水北调工程中利用蚌埠闸上富余引水，计算不同保证率蚌埠闸下泄水量。

② 区间来水量

淮河蚌埠闸—洪泽湖区间集水面积 3.27 万 km^2，区间的产水量以降水量和径流系数为参数进行计算。区间来水一般均通过较大的支流进入淮河干流，在典型干旱年以主要入淮支流的实测资料对计算的区间来水量进行修正。根据实测资料和现状的调查情况，在特枯期区间上的产水概率较小，即便有产流也被拦蓄在区间上的沟、河内，不能进入淮河干流，故在非汛期区间来水量按“零”考虑，汛期按径流系数法进行计算，并依据实测资料进行修正。

③ 区间退水量

五河沫河口工业园退水 2 万 m^3/d，凤阳工业园退水 2 万 m^3/d。

（2）规划水平年闸下来水量分析

规划来水量的组成同现状年。

① 蚌埠闸下泄水量

规划年蚌埠闸下泄水量处理方法与现状年相同。

② 区间来水量

规划年蚌埠闸—洪泽湖区间来水处理方法与现状年相同，按“零”计算。

③ 区间退水量

2020 年用水量比现状年用水量有所增加，相应地，退水量也会增加。根据用水折污系数分析，2020 年退水量按照现状年退水的 2% 增加，为 4.42 万 m^3/d；2030 年退水量为 4.88 万 m^3/d。

3）用水量及损失量分析

现状年用水量和规划水平年需水量参考 4.1.2 节的成果，具体情况见表 4.1-20。

4）可供水量分析计算

（1）调节计算公式

根据水量平衡原理，调节计算公式为：

$$V_i = V_{i-1} + W_{来} + W_{退} - W_{损} - W_{农} - W_{工} - W_{生活} - W_{船闸} - W_{下泄} \tag{6.1-5}$$

当 $V_i > V_0$ 时，V_i 值取 V_0，则 $V_i - V_0 = V_{弃}$。当 $V_i < V_{死}$ 时，V_i 值取 $V_{死}$。

式中，V_i、V_{i-1}为第 i 及 $i-1$ 旬末调节水库中存储的水量；$W_{来}$ 为当旬上游来水量；$W_{退}$ 为当旬区域排入淮河废污水量；$W_{损}$ 为当旬闸上水面蒸发和河段渗漏损失量；$W_{农}$ 为当旬沿河农业灌溉取（引）水量；$W_{工}$ 为当旬工业取水量；$W_{生活}$ 为当旬城镇居民生活取水量；$W_{船闸}$ 为当旬船闸用水量；$W_{下泄}$ 为下泄水量；V_0 为闸上正常蓄水位对应的库容。

（2）调节计算结果

根据调节计算成果，蚌埠闸上现状及规划水平年 75%、90%、95%、97%典型年份可供水量见表 6.1-19。

表 6.1-19　蚌埠闸下现状及规划水平年可供水量　　　　单位：万 m³

典型年	2012 年	2020 年	2030 年
1961—1962 年（75%）	24980	30590	30621
1977—1978 年（90%）	24980	30571	28885
1966—1967 年（95%）	24980	30451	30816
1978—1979 年（97%）	24898	26501	30791

6.1.6　怀洪新河河道蓄水

1. 工程概况

怀洪新河位于淮河流域中游区域，属沿淮、淮北的淮北平原区，地面坡降很缓，约为万分之零点三。怀洪新河是以分泄淮河洪水、扩大漴潼河水系排水出路为主，兼有灌溉、航运等综合效益的大型综合利用水利工程，是淮河中游的一项战略性骨干工程。本工程自涡河下游左岸何巷起，至洪泽湖溧河洼，途经安徽的怀远、固镇、五河县和江苏省的泗洪县，河道全长 121km，其中安徽省境内 95km。漴潼河水系内的水文资料，1950 年以前有零星记载，1950 年治淮开始后才陆续、全面设站观测。目前全流域水位、流量站有 30 余处，其中，观测资料在 35 年以上的有新马桥、固镇、九湾、临焕、峰山等；雨量站有 70 余处。包括新马桥站、九湾站在内，怀洪新河现建有何巷闸上（下）、胡洼闸上（下）、西坝口闸上（下）、山西庄闸上（下）、新开沱河闸上（下）等水位、水文站。

流域多年平均径流量 225mm（合 27 亿 m³），其中 6～9 月的多年平均径流量为 180mm，占全年的 80%，其余 8 个月占全年的 20%。径流量年际变化很大，1954 年最大，694.5mm（合 83.3 亿 m³），1978 年最小，为 16.2mm（合 1.9 亿 m³），变幅达 43 倍。

怀洪新河工程于 20 世纪 70 年代初曾动工兴建，1980 年列为停缓建项目。1991 年，安徽省淮河流域遭受了严重的洪涝灾害，当年 11 月部分河段开工续建。经过 10 余年的建设，工程已全部完成，包括两岸约 260km 堤防，何巷闸、湖洼闸、西坝口闸等 9 座大中型水闸，100.57km 堤顶防汛道路，以及管理设施、水土保持工程等。

怀洪新河设计标准：分洪为淮干百年一遇洪水，遭遇相应内水（相当于 40 年一遇），分洪入怀洪新河，最大分洪流量 2000m³/s，出口段设计最大流量 4710m³/s。除涝近期为 3 年一遇，并为将来提高到 5 年一遇排涝标准留有余地。

2. 流域集水面积分布现状

怀洪新河上接涡河左岸何巷，下连洪泽湖支汊溧河洼，沿程所经河线接纳支流，均属漴潼河流域，在淮干不分洪时，怀洪新河集水面积即为漴潼河流域面积。漴潼河流域位于淮河以北涡河以东，新汴河以南，跨豫皖苏三省，在东经 117°～118°30′，北纬 33°～33°30′之间，总集水面积 12024km²。其中北淝河（曹畈坝即四方湖引河闸以上）1670km²，澥河（老胡洼闸以上）757km²，浍河（九湾以上）4850km²，沱河 1115km²，新北沱河 555km²，唐沟 856km²，石梁河（天井湖引河闸以上）791km²，怀洪新河干流两岸 1430km²。

干流节制闸控制面积：新胡洼闸上控制面积 1670km²，西坝口闸与山西庄闸控制面积 8173km²，新开沱河闸控制面积 3060km²。流域总控制站为峰山水文站。

新胡洼闸控制符怀新河 26km 长河道，蓄水位每年 6 月 1 日至 9 月 30 日控制在 16.87m，库容 1336 万 m³；其他月份控制在 17.37m，库容 1534 万 m³；远期抬高 18.07m，可增加蓄水 286 万 m³。山西庄闸、西坝口闸控制新老胡洼闸以下，澥香河段、新浍河段 55km。蓄水位 14.67m，库容 10334 万 m³，远期蓄水位抬高至 15.17m，蓄水库容可增加 3500 万 m³。新开沱河闸控制沱湖，设计蓄水位 13.67m，控制库容 7358 万 m³，远期蓄水位抬高 14.17m，将增加库容 2628 万 m³。怀洪新河干流三级控制蓄水库容近期为 19100 万 m³，远期可增加 6414 万 m³，另沿怀洪新河干流还有四方湖（四方湖引河闸控制）、澥河老胡洼闸上、天井湖（天井湖引河闸控制）等湖泊洼地正常蓄水库容计 13320 万 m³，远期增加 2510 万 m³。

以上合计近期蓄水库容约 32500 万 m³，其中有效库容 23000 万 m³（死水位以上）；远期增加 8924 万 m³，见表 6.1-20。

表 6.1-20　漴潼河流域蓄水库容统计

控制	区间	库容（万 m³）		说明
		近期	远期	
一、干流		19226	25640	
1. 新湖洼闸	符怀新河	1534	1820	近期水位 17.37m 远期 18.07m
2. 山西庄、西坝口闸	澥河洼香涧湖	10334	13834	近期水位 14.67m 远期 15.17m
3. 新开沱河闸	沱湖	7358	9986	近期水位 13.67m 远期 14.17m
二、支流湖泊		13320	15830	
1. 四方湖引河闸	四方湖	7280	9790	近期水位 17.87m 远期 18.37m
2. 老胡洼闸	澥河老胡洼闸上	660	660	16.87m
3. 天井湖引河闸	天井湖	5380	5380	13.36m
合计		32546	41470	近期有效库容 23000 万 m³

为充分利用地面径流，增加调蓄库容，在充分利用湖泊洼地情况下，流域干支流河道上建闸蓄水控制。如浍河上固镇闸，北淝河上的四方湖引河闸，澥河上老胡洼闸，石梁河上天井湖闸，及怀洪新河干流上新胡洼、山西庄闸、西坝口闸、新开沱河闸。

3. 供水量分析

怀洪新河全面建成投入使用，使得香涧湖、沱湖蓄水与蚌埠闸上地表水联合调控运用成为可能。怀洪新河的主要任务是分泄淮河中游洪水，但河巷闸、新湖洼闸的建成大大改善了其灌溉引水条件。西坝口闸、山西庄闸、新开沱河闸的建成，实现沱湖、香涧湖分蓄，又为抬高沱湖、香涧湖水带来了可能。香涧湖、沱湖湖底高程为 10.5～11m，原由北店闸总控制正常蓄水位 13.50～13.80m，香涧湖可调节库容约 1800 万 m³，沱湖的可调节库容约 4500 万 m³。怀洪新河建成两湖分蓄后，香涧湖正常水位为 14.30m，沱湖为 13.80m，两湖可调节库容分别为 6500 万 m³ 和 5300 万 m³。按照怀洪新河的设计标准，香涧湖、沱湖的蓄水位

将分别蓄到 15.30m 和 14.80m，两湖的可调节库容分别是 1.35 亿 m^3 和 1.1 亿 m^3，合计为 2.45 亿 m^3，与目前蚌埠闸上调节库容相当。并且这一地区污染少，水资源利用率低，容易储水，平常把蚌埠闸废泄水改蓄在香涧湖、沱湖内。建议在新湖洼闸建翻水站，一旦蚌埠闸上出现水资源紧张，即可向蚌埠闸上补水。上述两湖抬高蓄水位可扩大当地水稻面积近 60 万亩，周边有 20 余万亩水稻可实现自流灌溉，同时发展水产养殖。也可为宿州、淮北两市提供水源。若南水北调东线全面建成，洪泽湖水位蓄至 13.0～13.50m，即使香涧湖、沱湖无水，建在新湖洼闸处的翻水站也可通过提开西坝口闸，直接抽取洪泽湖水向蚌埠闸上补水。目前安徽省正在规划淮水北送，解决淮北、宿州两市水源问题，建在新湖洼闸处的翻水站，通过枢纽工程控制，也可作为向宿州、淮北供水的中间翻水站方案之一。

抬高香涧湖、沱湖蓄水位，必须首先解决三个问题：(1) 两湖周边湖洼地种植结构调整问题。沿岸的部家湖、龙潭湖、许沟洼地地面高程 13.0～13.50m，香涧湖抬高蓄水位后，正常水位要比现有地面高出 2.0m 左右，部分洼地需退田还湖，同时引导农民大力发展水产养殖和水稻。(2) 解决沿湖洼地排涝问题。(3) 解决抬高蓄水位淹没区耕地补偿和种植、养殖结构调整问题。根据各水源在特枯年水资源条件分析，其在现状特枯年的可供水量为 10000 万 m^3/年。

6.1.7 洪泽湖

1. 工程概况

洪泽湖位于江苏省西北部，是我国第四大淡水湖。洪泽湖发育在淮河中游的冲积平原上，由成子湖湾、溧河湖湾、淮河湖湾三大湖湾组成，集水面积 15.8 万 km^2。它地处苏北平原中部西侧，位于淮河中、下游结合部，其地理位置在北纬 33°06′～33°40′，东经 118°10′～118°52′之间，临近京杭大运河里运河段，北枕废黄河和中运河，西纳长淮，南注长江，东通黄海，北连沂沭。湖面分属江苏省淮安市的洪泽县、盱眙县、淮阴区三县（区）和宿迁市的泗洪县、泗阳县、宿城区三县（区）。沿湖有 28 个乡（镇），162 个渔业行政村（居委会、公司、场），渔业人口 218928 人，渔业一直是沿湖地方经济的重要支柱产业。在水位 13.00m 时，洪泽湖湖面面积为 2152km^2。1949 年之前洪泽湖洪水仅有三河口（后建闸为三河闸）一处出路，1952 年开辟了苏北灌溉总渠，在淮河大水时可通过高良涧闸分泄洪泽湖洪水入海；1958 年开辟了分淮入沂水道，在淮河大水时可通过二河闸分泄洪泽湖洪水至沂沭泗水系之新沂河；2003 年汛前基本完成的入海水道，可通过二河闸和二河新闸分泄洪泽湖洪水入海。目前，洪泽湖的防洪工程除了经过多次加固培修外，已建有入江水道三河闸、高良涧闸、二河闸三处出口，各闸的设计流量分别为 12000m^3/s、800m^3/s 和 3000m^3/s。高邮湖、邵伯湖相继承接洪泽湖三河闸下泄洪水及部分区间来水。

洪泽湖承泄淮河上中游 15.8 万 km^2 的来水。注入洪泽湖的河流有淮河、濉潼河、濉河、安河、池河、会河、沱河等，分布于湖西。其中淮河为最大的入湖河流，其入湖水量占总入湖径流量的 70%以上，是洪泽湖水量的主要补给源。洪泽湖出湖河道主要有入江水道、淮沭新河、入海水道和苏北灌溉总渠，洪水量的 60%～70%经三河闸通过淮河入江水道流经高邮湖、邵伯湖入长江，其余出高良涧闸经苏北灌溉总渠入黄海，出二河闸经二河入废黄河，相机分水经淮沭河、新沂河入黄海。2003 年淮河洪水，洪泽湖从入海水道工程直接分泄洪水 44 亿 m^3 入海。出湖控制口门主要是三河闸、二河闸和高良涧闸（含电站）。其中，三河闸共 63 孔，总宽 700m，设计流量 12000m^3/s；二河闸是淮沭河、淮河入海水道泄洪和渠北地区分洪的总口门，共35孔，总宽402m，设计流量3000m³/s；高良涧进水闸共8孔，设计流量800m³/s。

洪泽湖湖底高程一般在10～11m之间，最低处7.5m左右；正常蓄水位13.0m时，面积达2152km²，容积为30.11亿m³。南水北调工程运用后，正常蓄水位将提高到13.5m，相应面积为2231.9km²，相应库容52.95亿m³，这将为洪泽湖周边城镇生活和工业用水提供可靠的水源。洪泽湖水位-面积-库容关系见表6.1-21。

表6.1-21 洪泽湖水位-面积-库容关系表

湖平均水位（m）	平蓄不破圩（亿m³）		平蓄破圩（亿m³）	
	原资料	新资料（不含女山湖）	原资料	新资料（含女山湖）
10.00	0.80	—	—	—
10.50	3.00	1.34	—	1.34
11.00	6.40	4.21	—	4.21
11.50	13.15	8.92	16.50	9.34
12.00	21.52	15.21	27.35	16.38
12.50	31.27	22.31	37.40	24.98
13.00	41.92	30.11	47.96	35.18
13.50	52.95	38.35	60.67	46.94
14.00	64.27	46.85	74.88	60.02
14.50	75.85	55.51	88.23	74.20
15.00	87.58	64.32	103.56	89.51
15.50	99.45	73.32	119.45	106.00
16.00	111.20	82.45	136.37	123.68
16.50	123.17	—	154.34	—
17.00	135.14	—	—	—

2. 供水量分析

（1）采用基本资料

研究区域周边干支流有小柳巷水文站、五河水位站、宿县闸水文站、泗洪水文站、明光水文站、峰山水文站、金锁镇水文站和蒋坝水位站。主要依据各站的实测水文资料系列进行分析计算。各站的资料情况见表6.1-22。

表6.1-22 研究区域内水文资料情况

站名	已收集资料	实测系列	资料用途
小柳巷水文站	水位、流量	1956—2012	上游来水分析
五河水位站	水位	1951—2012	取水口分析
宿县闸水文站	雨量、水位、流量、含沙量	1956—2012	区间来水分析
泗洪水文站	雨量、水位、流量	1956—2012	区间来水分析
明光水文站	雨量、水位、流量	1956—2012	区间来水分析
峰山水文站	雨量、水位、流量	1956—2012	区间来水分析
金锁镇水文站	雨量、水位、流量	1956—2012	区间来水分析
蒋坝水位站	水位	1951—2012	起调水位确定，成果校核

(2) 来水量分析

① 现状年来水量分析

洪泽湖主要入湖控制站有小柳巷、明光、峰山、宿县闸、泗洪（濉）、泗洪（老）和金锁镇，根据各控制站实测流量分析，洪泽湖多年平均来水量为321亿m^3，最大来水量为873亿m^3，出现在2003年；最小来水量仅为17.6亿m^3，出现在1978年。洪泽湖各主要入湖控制站不同频率年径流量以及特征值见表6.1-23，洪泽湖入湖、出湖河流水流特征见表6.1-24。

表6.1-23 洪泽湖各主要入湖控制站不同频率年径流量以及特征值

类别		控制站						
		小柳巷	明光	峰山	宿县闸	泗洪（濉）	泗洪（老）	金锁镇
年径流量（亿m^3）	均值	274	6.7	23.2	2.8	5.3	0.8	4.8
	50%	217.2	4.4	12.1	1.7	4.1	0.4	2.9
	80%	114.6	2	5.4	0.8	2.1	0.2	1.3
	90%	71.4	1.4	4.7	0.6	1.3	0.2	1
	97%	65.3	1.4	4.6	0.6	1.2	0.2	1
	最大	668.38	29.2	108	9.16	15.91	3.85	19.4
	出现年份	2003	1991	1954	1985	2007	2003	2003
	最小	54.95	0.06	0.22	0.02	0.26	0	0.3
	出现年份	2001	2004	2010	1999	2002	1995	1988
月平均最小流量（m^3/s）	最大	465	5.78	187	3.65	2.55	8.83	2.6
	出现年份	1985	1993	1955	1973	1967	1971	1952
	最小	50.6	0	0	0	0	0	0
	出现年份	2001	1952	1978	1969	1974	1976	1953

表6.1-24 洪泽湖入湖、出湖河流水流特征统计

名称	控制站	建站时间	最大流量（m^3/s）	最小流量（m^3/s）	多年平均流量（m^3/s）	附注
怀洪新河	峰山（双沟）	1953.5	3170	−220	61.1	入湖
濉河	泗洪（濉河）	1966.6	780	−47.0	17.4	入湖
老濉河	泗洪（老濉河）	1966.6	277	−33.7	2.03	入湖
徐洪河	金锁镇	1951.4	1240	−82.3	11.6	入湖
入江水道	三河闸	1953.6	10700	0	620	出湖
二河	二河闸	1958.8	1170	−1030	194	出湖
灌溉总渠	高良涧闸	1952.6	3620	0	179	出湖

现状年不同水平年来水量根据上述主要控制站实测径流资料来分析计算。

② 规划水平年来水量分析

规划水平年来水量的主要控制站同现状年，依据主要控制站实测径流资料计算，2020年规划水平年来水按现状年来水扣减10%计算，2030年规划水平年来水按现状年来水扣减20%计算。

（3）可供水量分析计算

① 调节计算公式

根据水量平衡原理，调节计算公式为：

$$V_i = V_{i-1} + W_{来} + W_{退} - W_{损} - W_{农} - W_{工} - W_{生活} - W_{船闸} - W_{出湖} \quad (6.1\text{-}6)$$

当 $V_i > V_0$ 时，V_i 值取 V_0，则 $V_i - V_0 = V_{弃}$。当 $V_i < V_{死}$ 时，V_i 值取 $V_{死}$。

式中，V_i、V_{i-1} 为第 i 及 $i-1$ 旬末调节水库中存储的水量；$W_{来}$ 为当旬上游来水量；$W_{退}$ 为当旬区域排入淮河废污水量；$W_{损}$ 为当旬区域水面蒸发和河段渗漏损失量；$W_{农}$ 为当旬沿湖农业灌溉取（引）水量；$W_{工}$ 为当旬工业取水量；$W_{生活}$ 为当旬城镇居民生活取水量；$W_{船闸}$ 为当旬船闸用水量；$W_{出湖}$ 为出湖量；V_0 为闸上正常蓄水位对应的库容。

② 调节计算结果

根据调节计算成果，洪泽湖周边现状及规划水平年 97％典型年份可供水量见表 6.1-25。

表 6.1-25 洪泽湖周边现状及规划水平年可供水量 单位：亿 m^3

典型年	2012 年	2020 年	2030 年
1966—1967 年（97％）	11.14	11.15	11.16

6.1.8 长江水源

1. 南水北调水源

（1）概况

由于淮河干流当地水资源短缺，特别是枯水年缺水量较大，难以支撑该区经济社会的可持续发展。随着淮河流域社会经济的发展，尤其是蚌埠闸区域上能源基地诸多的项目建设，河道外用水量会增加，河道内用水量也会急剧增加，增加的幅度比河道外用户用水量还要大。尽管蚌埠闸上近期可以实施的抬高蚌埠闸正常蓄水位、淮河干流洪水资源利用、闸上应急补水措施可以基本缓解闸上河道外用水的枯水期的水资源短缺，但从整个国民经济发展的角度考虑，要协调解决好蚌埠闸上和洪泽湖的水资源短缺、水环境、航运、河道生态等问题，需要实施跨流域调水工程。

南水北调东线工程是在江苏省江水北调工程现状基础上扩大规模和向北延伸的，其水源为长江和洪泽湖。东线一期工程从长江干流三江营引水，利用京杭大运河以及与其平行的河道输水。长江是南水北调东线工程的主要水源，质好量丰，多年平均入海水量达 9000 亿 m^3，特枯年 6000 亿 m^3，为东线工程提供了优越的水源条件。南水北调东线工程可以显著提高蚌埠闸上河洪泽湖河道外城市、工业用水量的供水保证程度，更重要的是可以提高较为丰沛的河道内用水水源，更好地促进整个国民经济协调发展和维持淮河的健康，对解决蚌埠闸上和洪泽湖水资源和生态问题的作用非常显著。在特殊干旱年份，可由新集翻水站向蚌埠闸上补水，该站可抽蚌埠闸下河槽蓄水及倒引的洪泽湖水通过张家沟进入香涧湖，沿怀洪新河逐级翻到蚌埠闸上，还可在胡洼闸设临时站抽水补充至蚌埠闸上，供城市用水。

根据《蚌埠市城市供水水源规划》成果，新集站在南水北调东线工程未完全实施的情况下，可在枯水期向蚌埠闸上供水约 1500 万 m^3，将进一步提高供水保证率。南水北调东线第一期工程运用后利用洪泽湖水位抬高（调水后洪泽湖水位保持在 12.5～13.5m）以后由河槽进入蚌埠闸下河段的水量，蚌埠闸下的水位将较现状提高 1～2m，闸下河段的蓄水量将有所增加，届时将进一步提高从闸下翻水作为应急水源的保证率，有助于解决干旱期蚌埠闸上缺

水状况。洪泽湖的正常蓄水位抬高至13.5m，一般可维持在12.0m以上，尤其是遇干旱年份，这将为沿淮城镇生活和工业用水提供可靠的水源，该水源可以作为枯水年份的应急补水水源。南水北调东线第一期工程已建成通水，根据《南水北调东线一期工程水量调度方案（试行）》研究报告，东线一期工程抽长江水500m^3/s，入洪泽湖450m^3/s，出洪泽湖350m^3/s，多年平均入洪泽湖水量70亿m^3，多年平均抽江水量87.66亿m^3，入洪泽湖水量69.84亿m^3，出洪泽湖水量63.84亿m^3。

南水北调东线工程已开工建设，安徽省提出了利用南水北调东线工程的配套工程规划——淮水北调工程。根据《安徽省淮水北调工程规划》，可供选择的调水线路有东线、中线、西线各3条共9条。近期推荐方案为中线方案，即五河站—香涧湖—浍河固镇闸下—二铺闸上。蚌埠闸上特枯期应急补水线路可以利用淮水北调中线线路一部分，即通过怀洪新河引香涧湖水，在胡洼闸设临时站可以抽水补充至蚌埠闸上。

引水条件及引水水源保证程度分析：根据洪泽湖实际水位控制运用现状、南水北调东线工程对洪泽湖控制运用的规划条件、淮河五河—洪泽湖段河道现状输水能力和洪泽湖老子站、淮河干流五河站历年实测资料综合分析。在保证率为85%时，老子山站全年最低日平均水位11.16m，五河站全年最低日平均水位10.97m；保证率为97%时，老子山全年最低日平均水位10.45m，五河站全年最低日平均水位10.40m。

南水北调东线第一期工程规划向北送水时，洪泽湖控制最低水位为：第一、二期为11.9m，第三期为11.7m。淮河太平闸—高良涧段，交通部门曾于1985年前后按底高9.0m、底宽50～100m进行疏浚，1992年，安徽省水利水电勘测设计院根据当年实测纵断面和1985年实测航道断面资料，分析了老子山—淮河五河分洪闸的引水能力（该成果已经国家农业综合开发领导小组批复）。按老子山水位10.45m，五河分洪闸下水位9.5m计算时，可以引洪泽湖水53.0m^3/s。

南水北调东线第一期工程运用后，洪泽湖的正常蓄水位抬高至13.5m，一般可维持在12.0～13.5m，尤其是遇干旱年份，蚌埠闸下的水位将较现状提高1～2m，闸下河段的蓄水量将有效增加。在特殊干旱年份，可由新集翻水站向蚌埠闸上补水。该站可抽蚌埠闸下河槽蓄水及倒引的洪泽湖水通过张家沟进入香涧湖，沿怀洪新河沿怀洪新河逐级翻到蚌埠闸上，还可在胡洼闸设临时站抽水补充至蚌埠闸上，供城市用水。根据《蚌埠市城市供水水源规划》成果，新集站在南水北调东线工程未实施的情况下，可在枯水期向蚌埠闸上供水约1500万m^3。南水北调东线工程实施后，将进一步提高供水保证率。安徽省提出了利用南水北调东线工程的配套工程规划——淮水北调工程，该工程实施后，更有利于蚌埠闸上的补水。

因此，在特枯水期南水北调东线工程及安徽淮水北调工程实施后，可以向蚌埠闸上补水满足规划水平年的缺水量。但目前“淮水北调”的规划用水户中，没有特枯期蚌埠闸上的用水，应补充这方面工作。

（2）供水量分析

长江是南水北调东线工程的主要水源，质好量丰，多年平均入海水量达9000亿m^3，特枯年6000亿m^3，为东线工程提供了优越的水源条件。南水北调东线第一期工程将于2014年建成，工程运用后洪泽湖的正常蓄水位抬高至13.5m，一般可维持在12.0m以上，尤其是遇干旱年份，蚌埠闸下的水位将较现状提高1～2m，闸下河段的蓄水量将有所增加，这将为沿淮城镇生活和工业用水提供可靠的水源，该水源可以作为枯水年份的应急补水水源。

南水北调东线第一期工程已建成通水，根据《南水北调东线第一期工程项目建议书》(2002年)，一期工程抽长江水500m^3/s，入洪泽湖450m^3/s，出洪泽湖350m^3/s，多年平均入洪泽湖水量70亿m^3。利用洪泽湖水位抬高（调水后洪泽湖水位保持在12.5～13.5m）以后由河槽进入蚌埠闸下河段的水量。最新监测显示，输水干线沿线排污口全部关闭，36个控制断面水质首次全部达到Ⅲ类水标准。南水北调水源可以作为近期90%年份供水水源。

2. 引江济淮水源

（1）概况

随着淮河流域社会经济的发展，尤其是蚌埠闸区域上能源基地诸多的项目建设，河道外用水量会增加，河道内用水量也会急剧增加，增加的幅度比河道外用户用水量还要大。尽管蚌埠闸上近期可以实施的抬高蚌埠闸正常蓄水位、淮河干流洪水资源利用、闸上应急补水措施可以基本缓解闸上河道外用水的枯水期的水资源短缺，但从整个国民经济发展的角度考虑，要协调解决好蚌埠闸上的水资源短缺、水环境、航运、河道生态等问题，实施引江济淮跨流域调水工程。该工程不仅可以显著提高蚌埠闸上河道外城市、工业用水量的供水保证程度，更重要的是可以提高较为丰沛的河道内用水水源，更好地促进整个国民经济协调发展和维持淮河的健康，引江济淮跨流域调水，对解决蚌埠闸上水资源和生态问题的作用非常显著。

引江济淮工程是一项跨流域调水工程，是缓解沿淮及淮北城市缺水，特别是特殊干旱年、连续干旱年份供水矛盾的根本性工程，被称为安徽省内的“南水北调”工程。20世纪50年代中期，安徽省就有建设“江淮运河”的设想，把长江、淮河两大水系在安徽境内连接起来，缓解北方旱情，促进水资源的优化配置与合理利用。1995年，“引江济淮”前期工作领导小组成立，并编制完成可行性研究报告。1999年1月，工程启动。安徽省委、省政府已将引江济淮工程列入重要议事日程，要求及早考虑总体规划、分步实施，“十五”期间，已完成工程的前期工作。

该工程是一项以城市供水为主，兼有农业灌溉补水、水生态环境改善和发展航运等综合效益的大型跨流域调水工程。工程引水口为长江凤凰颈，经瓦埠湖入淮河，主要受水区为安徽省沿淮及淮北地区，涉及9个地市、2700万人和3200万亩耕地，工程主要解决淮北供水保证率不高，尤其是解决沿淮及淮北干旱年及干旱期水资源紧缺问题。安徽省正在做前期工作，现状年无法使用该水源。根据淮河流域水资源综合规划的配置成果，蚌埠闸上区域2020年规划配置引江济淮的水源，届时该水源可以作为枯水年份的水源之一。

（2）供水量分析

引江济淮工程自长江抽水，经巢湖进派河，再提水沿派河经大柏店隧洞注入瓦蚌湖，近期工程按注入瓦蚌湖流量100m^3/s的规模兴建，远景按总规模200m^3/s扩建。引江济淮工程在蚌埠闸上沿淮地区的供水对象主要是淮南和蚌埠两座大中城市及蚌埠、临淮岗之间沿淮地区的一般城镇。由于长江水量丰沛、城市用水量年际内变幅小，引江济淮近期工程实施后向蚌埠闸上沿淮地区提供的最大年供水量达25亿m^3左右。

引江济淮工程2020年建成第一期工程，引江入巢200m^3/s，引巢入淮100m^3/s，多年平均引入淮河流域水量5亿m^3；2030年远期规模为引江入巢300m^3/s，引巢入淮200m^3/s，多年平均引水量10亿m^3。引江济淮水源可以作为远期水源。

6.1.9 雨洪资源利用

淮河干流蚌埠以上集水面积12.1万km^2，多年平均径流量约260亿m^3，闸上地表水资源的特点是年际变幅大、年内分配十分不均，洪水资源在水资源所占的比重很大，所以，在地表水的供水中表现是枯水年水资源严重不足，而丰水年受水资源工程的调蓄能力、用水总量的限制，又有大量的余水排泄入江入海。枯水年水资源相对不足，因径流的年内分配不均，且多以集中暴雨洪水形式出现，在枯水年的丰水期也有部分余水排弃。因此，蚌埠闸上的来水特点决定了加强洪水资源的合理利用以及水资源科学调度是十分必要的，是现状工程情况下提高供水保证程度的有效措施。

根据沿淮洪水资源利用研究的初步成果，从行蓄洪区自然条件、社会经济状况、防洪要求、洼地与淮干水量交换方式等方面分析，利用沿淮洼地蓄水增加调节库容主要有3种方案：①通过扩大淮干洼地蓄水面积，增加调蓄能力；②进一步抬高淮干已有的蓄水洼地（工程）的蓄水位；③为了减少洼地蓄水对防洪的影响，采取汛后抬高淮干洼地蓄水位。

地表水与过境水的充分利用，关键是扩大河道及沿淮湖泊的调节库容，淮河干流洪水资源利用的工程措施是利用蚌埠闸上的淮河干流河道、沿淮湖泊及部分洼地拦蓄境外来水。蚌埠闸上游两岸湖泊较多，根据气象部门的气象预报及各个供水区域的实际干旱情况，经防汛与抗旱综合分析，适当提高节制闸及湖泊的蓄水位，可以增加蓄水库容，闸上主要蓄水体抬高蓄水位后增加库容情况见表6.1-26。

表6.1-26　蚌埠闸主要蓄水体抬高蓄水位后增加库容情况

蓄水体名称	蚌埠闸	城东湖	瓦埠湖	高塘湖	合计
原正常蓄水位（m）	18.0	19.00	18.00	17.50	—
抬高后的正常蓄水位（m）	18.5	19.50	18.50	18.00	—
增加蓄水库容（万m³）	7000	6050	9000	2500	24550

尽管闸上增加了蓄水库容，若是在特枯水年，有些时段没有来水也就不能蓄到水。根据蚌埠吴家渡水文站资料分析，即使是特枯水年，蚌埠闸仍有10亿～70亿m³的水量下泄，表明闸上还是有水可以蓄的。若是在闸上发生缺水时段以前提前蓄水，是可以蓄住枯水期的洪水资源，从而实现洪水资源的利用。

在分析安徽省境淮河中游干流洪水的基本特性、沿淮淮北地区水资源利用、工程调蓄能力现状，以及水资源预测的基础上，初步研究了沿淮湖泊洼地的蓄水条件和利用湖洼进一步提高淮干蚌埠闸以上径流调节能力的可能途径，并进行了洪水资源利用，对减少沿蚌埠闸以上沿淮淮北地区缺水量作用和效果分析。提出了缓解本地区未来水资源供需平衡矛盾的根本措施是实施跨流域调水，利用沿淮湖洼增蓄水量，是水资源利用的重要补充措施。

淮河中游洪水资源利用的设想是利用沿淮湖洼抬高蓄水位和扩大蓄水面积，提高对淮干水量的调节能力，增加供水，缓解沿淮淮北地区缺水情势。其实施的可行性、作用，取决于本区水资源特性、沿淮湖洼蓄水条件、湖洼同淮干水量交换条件以及需水情况等。

由自然条件、水工程布局等，按水资源分区，淮河流域分为蚌埠闸上和蚌（埠闸）—洪（泽湖）区间两个三级区。蚌洪区间属洪泽湖补水区，再加上该区缺乏河道控制工程，难以利用，洪水资源利用的潜力主要在淮河蚌埠闸上。

淮河干流洪水资源化对缓解沿淮淮北地区的水资源短缺状况有一定的作用，洪水资源利用效果与淮河来水特征、供水区水资源利用水平、用水构成等多种因素有关。新增加的调节库容多年平均利用率可以达到50%～60%，但是新增的库容在中等干旱年以下、丰水年以上这一段的区段发挥作用较为显著；在特殊干旱年尤其是连续干旱年，如1966—1967年、1978—1979年、1994—1995年，因上游和当地径流的来量有限，新增加的调节库容只能在第一干旱年发挥其增加供水量的作用，在第二干旱年，原有库容已基本上可以满足蓄水要求，新增库容作用不明显，基本不增加供水量；对于丰枯交替的年份，新增库容增加可供水量的作用总体较为显著，新增调节库容第一年（丰水年）的复蓄系数在0.6～1.0之间，第二年（枯水年）的复蓄系数在1.1～1.5之间。可见，淮干洪水资源利用在连续干旱年对缓解沿淮淮北地区的水资源短缺是有限的，不能根本解决问题。

根据各水源特枯年的水源条件分析，蚌埠闸上蓄水丰富，特枯年份可通过限制沿淮蚌埠及淮南两市农业、工业用水量来保障生活及重要工业用水，可作为特枯水年的调度水源之一。目前，西淝河、泥河采煤沉陷区具有蓄水库容大，蓄水深度大，底部多为黏土和亚黏土的良好蓄水利用条件；另外，沉陷区域本身有济河、西淝河、港河、泥河等淮河支流及淮河干流的补水，有利于以丰补枯和雨洪资源利用，枯水期具有一定的供水潜力。茨河的水质较好，没有大的用水户，1978年大旱时，茨河仍有水可用，目前，蚌埠市正计划下一步将茨河水作为蚌埠市饮用水源。天河湖由于水源不足并存在城乡用水矛盾，目前不具备向城市供水条件。在特枯水期，当瓦埠湖蓄水位低于16.0m时，其蓄水量也较少，并要保证翟家洼水厂的取水，已没有供水的潜力了。对于怀洪新河河道蓄水，根据河道水源在特枯年水资源条件分析，其在现状特枯年的可供水量为10000万m^3/年。淮河干流雨洪资源洪水资源利用效果与淮河来水特征、供水区水资源利用水平、用水构成等多种因素有关。拦蓄雨洪资源在中等干旱年以下、丰水年以上这一段的区段发挥作用较为显著；在特殊干旱年尤其是连续干旱年对缓解沿淮淮北地区的水资源短缺是有限的，不能根本解决问题。

6.2 水量调度工程条件

供水工程包括蓄水、引水和提水工程，不包括地下水取水工程。蓄水工程主要是沿淮河两岸分布及位于主要支流下游的蓄水湖泊和大型水闸；提水工程主要包括沿淮干和主要支流中下游的大中型泵站；引水工程主要是沿淮干和主要支流中下游的大中型涵闸。

6.2.1 蓄水工程

研究区内共有城东湖、城西湖、瓦埠湖、花园湖和洪泽湖五大湖泊，总兴利库容为37.89亿m^3，各湖蓄水情况见表6.2-1。

表6.2-1 研究区五大湖泊蓄水情况

湖泊名	正常蓄水位（m）	相应库容（亿m^3）	设计洪水位（m）	相应库容（亿m^3）
城东湖	20.00	2.80	25.50	15.80
城西湖	19.00	0.90	26.50	28.80
花园湖	15～16	1.45～2.3	19.90	7.70
瓦埠湖	18.00	2.20	22.00	12.90
洪泽湖	13.00	30.11	16.00	82.45

淮河干流（正阳关—洪泽湖）特枯年各水源可供水情况见表6.2-2。

表 6.2-2 淮河干流(正阳关—洪泽湖)特枯年各水源可供水情况

<table>
<tr><th rowspan="3">序号</th><th rowspan="3" colspan="2">水源</th><th colspan="9">特枯年可供水量(万 m^3/年)</th><th colspan="2">特枯年用水的可行性</th></tr>
<tr><th colspan="3">现状</th><th colspan="3">2020 规划年</th><th colspan="3">2030 规划年</th><th rowspan="2">现状年</th><th rowspan="2">规划年</th></tr>
<tr><th>90%</th><th>95%</th><th>97%</th><th>90%</th><th>95%</th><th>97%</th><th>90%</th><th>95%</th><th>97%</th></tr>
<tr><td>1</td><td colspan="2">上游大型水库</td><td colspan="3">18000</td><td colspan="3">18000</td><td colspan="3">18000</td><td>可以利用</td><td>可以利用</td></tr>
<tr><td rowspan="5">2</td><td rowspan="5">沿淮洼地</td><td rowspan="2">茨河洼地蓄水</td><td rowspan="2" colspan="3">1800</td><td>8000</td><td>7210</td><td>3450</td><td>10000</td><td>9360</td><td>5710</td><td rowspan="2">无工程，不能利用</td><td rowspan="2">可以利用</td></tr>
<tr><td colspan="3">(抬高蓄水位后)</td><td colspan="3">(抬高蓄水位后)</td></tr>
<tr><td rowspan="2">天河湖</td><td rowspan="2" colspan="3">1850</td><td>2538</td><td>2520</td><td>1990</td><td rowspan="2" colspan="3">—</td><td rowspan="2">可以利用</td><td rowspan="2">可以利用</td></tr>
<tr><td colspan="3">(抬高蓄水位后)</td></tr>
<tr><td>瓦埠湖</td><td colspan="3">3650</td><td colspan="6">3650</td><td>可以利用</td><td>可以利用</td></tr>
<tr><td>3</td><td colspan="2">蚌埠闸上蓄水</td><td>207067</td><td>185418</td><td>183549</td><td>311781</td><td>290102</td><td>288360</td><td>326712</td><td>307392</td><td>302027</td><td>可以利用</td><td>可以利用</td></tr>
<tr><td>4</td><td colspan="2">采煤沉陷区蓄水</td><td>5819</td><td>6016</td><td>5541</td><td>13958</td><td>14284</td><td>13157</td><td>39112</td><td>41704</td><td>39870</td><td>可以利用</td><td>可以利用</td></tr>
<tr><td>5</td><td colspan="2">蚌埠闸—洪泽湖蓄水</td><td>24980</td><td>24980</td><td>24898</td><td>30571</td><td>30451</td><td>26501</td><td>28885</td><td>30816</td><td>30791</td><td>可以利用</td><td>可以利用</td></tr>
<tr><td>6</td><td colspan="2">怀洪新河河道蓄水</td><td colspan="3">7000</td><td colspan="6">8000～10000</td><td>可以利用</td><td>可以利用</td></tr>
<tr><td>7</td><td colspan="2">洪泽湖蓄水</td><td>—</td><td>—</td><td>111397</td><td>—</td><td>—</td><td>111524</td><td>—</td><td>—</td><td>111599</td><td>可以利用</td><td>可以利用</td></tr>
<tr><td rowspan="2">8</td><td rowspan="2">长江水源</td><td>南水北调东线一期</td><td colspan="3">—</td><td colspan="6">超过 10000</td><td>不能利用</td><td>可以利用</td></tr>
<tr><td>引江济淮</td><td colspan="3">—</td><td colspan="3">50000</td><td colspan="3">100000</td><td>不能利用</td><td>可以利用</td></tr>
<tr><td>9</td><td colspan="2">雨洪资源</td><td colspan="3">—</td><td colspan="3">—</td><td colspan="3">—</td><td>不能利用</td><td>不能利用</td></tr>
</table>

研究区内 14 个控制断面以上水库现状统计见表 6.2-3。

表 6.2-3 研究区内 14 个控制断面以上水库现状统计

河流	控制断面	集水面积（km²）	大型		中型		小型		合计	
			座	库容（亿 m³）	座	库容（亿 m³）	座	库容（亿 m³）	座	库容（亿 m³）
淮河	息县	10190	3	21.72	14	2.51	560	4.22	577	28.45
淮河	淮滨	16005	5	25.27	20	4.03	855	6.35	880	35.65
淮河	蚌埠	121330	18	142.12	83	20.03	3232	19.60	3333	181.76
淮河	中渡	158000	18	142.12	111	30.09	3518	24.56	3647	196.77
洪河	班台	11280	4	30.71	5	0.76	120	1.35	129	32.82
沙颍河	界首	29290	4	18.96	24	6.47	335	4.23	363	29.66
泉河	沈丘	3094	0	0	0	0.00	0	0	0	0
黑茨河	邢老家	824	0	0	0	0.00	0	0	0	0
涡河	亳州	10575	0	0	5	1.51	0	0	5	1.51
浍河	临焕集	2560	0	0	0	0.00	0	0	0	0
新汴河	永城	2237	0	0	0	0.00	0	0	0	0
淠河	横排头	4370	3	34.74	2	0.63	700	2.09	705	37.46
史灌河	蒋家集	5930	2	32.44	1	0.27	489	2.64	492	35.35
池河	明光	3470	0	0	15	5.46	313	2.47	328	7.93

据初步调查统计，研究区内目前淮河干流、沙颍河、新汴河、涡河、浍河等主要河道上有大中型拦河闸共 19 座，其中大型蓄水工程 14 座，中型 5 座；总库容约 15.991 亿 m³，兴利库容约 8.34 亿 m³；设计灌溉面积 1634.7 万亩，实际灌溉面积约 531.28 万亩。按管理权限分，省管的有蚌埠闸、颍上闸、阜阳闸等 6 座，国管的有涡阳闸、宿县闸等 9 座，其他为县管或市管。据淮干上中游及主要支流下游主要控制闸坝 1978—1997 年历年末蓄水量统计，淮河干流蚌埠闸年末拦蓄水量以 1988 年最多，为 3.12 亿 m³；1984 年最少，为 2.04 亿 m³；多年平均年末蓄水量为 2.73 亿 m³。

6.2.2 引水工程

据初步调查统计，研究区内从河湖引水的涵闸共 31 座，其中大中型涵闸 19 座，水源地主要为淮河、颍河、涡河及洪泽湖。引水工程设计引水能力 875m³/s，设计灌溉面积 189.322 万亩，设计排水能力 3484.62m³/s。其中水源地为洪泽湖的有洪金洞、周桥洞 2 座，设计引水能力为 68m³/s，设计灌溉面积为 61.43 万亩。

6.2.3 提水工程

据初步调查统计，研究区内共有大中型提水工程（包括泵站、排灌站）312 座（淮河 71 座，颍河 6 座，洪河 6 座，西北淝河 22 座，怀洪新河 16 座，涡河 21 座，沱河 5 座，浍河 11 座，濉河 21 座，徐洪河 14 座，茨淮新河 36 座，新汴河 14 座，瓦埠湖 10 座，女山湖 15 座，洪泽湖 4 座，其他支流共 38 座），设计总装机台数 1927 台，设计总装机容量 25.59 万 kW，设计总取水能力 1709.67m³/s。设计灌溉面积 1421.96 万亩，实际灌溉面积 792.85 万亩。提水工程水源地主要有淮河、茨淮新河、涡河、徐洪河、洪泽湖、瓦埠湖、高塘湖等。自淮河水源地取水的提水工程 71 座，设计总装机台数 510 台，设计总装机容量 9.372 万 kW，设计取水能

力 501.38m³/s；自茨淮新河水源地取水的提水工程 36 座，设计装机台数 188 台，设计总装机 2.696 万 kW，设计取水能力 274.27m³/s。

6.3 各水源供水可行性分析

水量工程调度体系是满足淮河干流主要河段及控制断面预警指标要求的重要手段，是确定预案组织管理体系和管理机构职责的主要依据，也是制订水量应急调度实施方案中调水线路、调水规模和调水工程管理的根本依据。水量调度工程主要指淮河干流干旱缺水时期可保障控制断面流量的水量来源。根据《抗旱条例》第三十七条仅规定“发生干旱灾害，县级以上人民政府防汛抗旱指挥机构或者流域防汛抗旱指挥机构可以按照批准的抗旱预案，制订应急水量调度实施方案，统一调度辖区内的水库、水电站、闸坝、湖泊等所蓄的水量。有关地方人民政府、单位和个人必须服从统一调度和指挥，严格执行调度指令”，结合淮河干支流水系特点，水量应急工程调度工程主要包括：大型水库、沿淮湖泊和闸坝蓄水等。

本预案不针对城市污水处理厂中水、采煤沉陷区蓄水及矿坑采煤疏排水、中深层（孔隙水、岩溶水）地下水。淮委防总实施水量应急调度的水源工程包括淮河干流及洪河、颍河、史河和淠河等主要支流上水库和沿淮湖泊。完成水量应急调度任务需要国家防总授权淮河防总根据本预案，对沿淮水库和湖泊等水源工程实施水量应急调度。收集淮河流域干支流 20 余座大型水库及湖泊等水利工程基础资料、泄流能力曲线、库容曲线、各河道过水能力、距离淮河干流的河段长度和枯水径流传播时间和其他相关的研究报告。对研究范围内的枯水期蚌埠闸上和洪泽湖水源条件进行综合分析。

根据对蚌埠闸上区域水库、湖泊洼地和外调水等水源条件进行分析，干旱期可向蚌埠闸上调水的水源主要为安徽省境内的城东湖、瓦埠湖、高塘湖、芡河等上游沿淮湖泊洼地，蚌埠闸下河道蓄水，以及梅山水库、响洪甸水库和佛子岭水库；河南省境内的宿鸭湖水库、南湾水库和鲇鱼山水库等重点大型水库；江苏省境内的洪泽湖、高邮湖和骆马湖；跨流域调水为南水北调东线工程等水源。根据对洪泽湖区域周边水源条件分析，干旱期可向洪泽湖调水的水源主要为江苏省境内骆马湖、高邮湖等湖泊蓄水；安徽省境内的花园湖和蚌埠闸上蓄水；跨流域调水为南水北调东线工程等水源。根据淮河干支流的相互关系，为了清楚表示蚌埠闸上和洪泽湖与各水源的相互关系，根据淮河干支流之间的水流方向及其拓扑结构对淮河骨干水库群和湖泊进行系统概化，如图 6.3-1 所示。

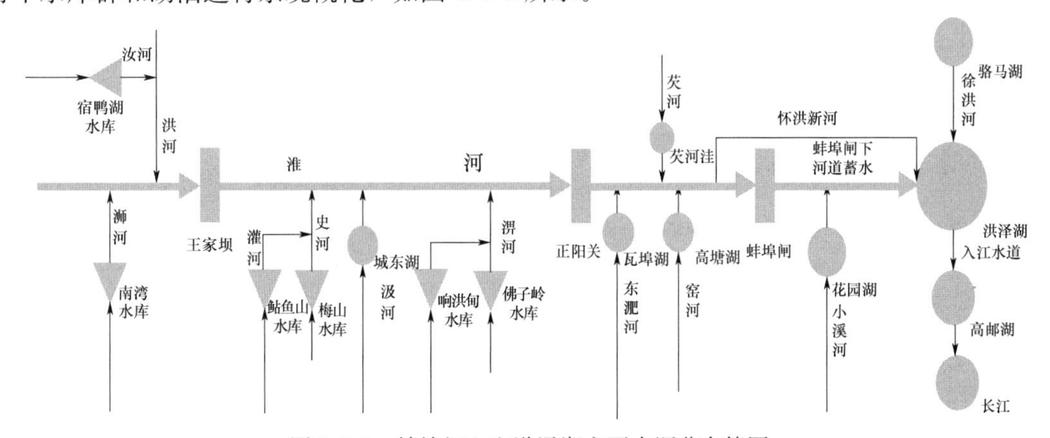

图 6.3-1　蚌埠闸上和洪泽湖主要水源分布简图

1. 蚌埠闸上枯水期主要水源

通过对蚌埠闸上干旱预警指标分析，确定蚌埠闸上干旱预警指标分别为15.5m，结合蚌埠闸上用水户需水计算，计算不同干旱等级条件下的蓄水量与缺水情况，蚌埠闸上正常蓄水最低水位采用旱限水位为16.7m，最低限制水位为15.0m，当水位降至15.0m，蚌埠闸上无可利用量。根据淮河干流蚌埠闸上应急调度可供水量，计算得到不同干旱预警条件下的水量调节计算表，得出相应水位下的蓄水量、需水量及缺水量，再结合各种水位指标下蚌埠闸上各类用水需求，得出无外调水源时蚌埠闸上不同干旱等级条件下蓄水量的可利用时间。依据各水源距蚌埠闸距离，分析其传播时间，从时间上分析水源可供水的可行性。

本节水源仅对2001年发生的干旱期进行分析，但淮河流域水资源具有年内分配不均、年际变化剧烈的特点，因此2001年所分析干旱期无水可利用的水源，不排除在实际需调水的相应年份有水可利用，而高塘湖区域用水较为紧张，经分析高塘湖水源不可利用。在干旱期，调水部门可优先考虑文中已分析的可利用水源进行调水。

综上所述，干旱期可向蚌埠闸上调水的水源主要为城东湖、瓦埠湖、茨河、蚌埠闸下河道蓄水、梅山水库、响洪甸水库、佛子岭水库、宿鸭湖水库、南湾水库、鲇鱼山水库、洪泽湖、高邮湖、骆马湖和长江等。

2. 洪泽湖枯水期主要水源

根据对洪泽湖干旱预警指标的分析，确定洪泽湖干旱预警指标分别为10.6m时。结合洪泽湖周边用水户需水计算，计算不同干旱等级条件下的蓄水量与缺水情况，洪泽湖最低蓄水水位为11.8m，最低限制水位为10.3m。当水位降至10.6m时，洪泽湖无可利用量。根据淮河干洪泽湖应急调度可供水量，计算得到不同干旱预警条件下的水量调节计算表，得出相应水位下的蓄水量、需水量及缺水量，再结合各种水位指标洪泽湖各类用水需求，得出无外调水源时洪泽湖不同干旱等级条件下蓄水量的可利用时间。依据各水源距洪泽湖距离，分析其调水的传播时间，从时间上来分析水源可供水的可行性。

本节水源仅对2001年发生的干旱期进行分析，但淮河流域水资源具有年内分配不均、年际变化剧烈的特点，因此2001年所分析干旱期无水可利用的水源，不排除在实际需调水的相应年份有水可利用，而花园湖区域用水较为紧张，经分析花园湖水源不可利用。在干旱期，调水部门可优先考虑文中已分析的可利用水源进行调水。

综上所述，干旱期可向洪泽湖调水的水源主要为骆马湖、高邮湖、蚌埠闸上蓄水和长江等水源。

7　水资源开发利用及供需态势研究

7.1　不同水平年水资源开发利用分析

为了便于开展水资源开发利用分析工作，将研究区域分成正阳关—蚌埠闸上、蚌埠闸下—洪泽湖以及洪泽湖周边三个部分，并对这三个部分的水资源开发利用情况依次进行分析。

7.1.1　正阳关—蚌埠闸段

1. 供水工程及供水量

(1) 工业取水工程

该区域内现有田家庵、平圩、洛河、凤台、田集和新庄子等10个电厂，总装机容量14000MW。现状直接从淮河取水的一般工业企业取水口11个。火电取水、工业取水工程况见表7.1-1、表7.1-2。

表7.1-1　蚌埠闸上火电取水工程统计

<table>
<tr><th>序号</th><th>电厂名称</th><th>装机规模（MW）</th><th>年用（耗）水量（万 m³）</th></tr>
<tr><td>1</td><td>洛河电厂</td><td>2×600</td><td>2800</td></tr>
<tr><td rowspan="2">2</td><td rowspan="2">平圩电厂</td><td>2×600</td><td>3000</td></tr>
<tr><td>2×600</td><td>1803</td></tr>
<tr><td rowspan="2">3</td><td rowspan="2">田家庵电厂</td><td>4×125</td><td rowspan="2">4000</td></tr>
<tr><td>2×300</td></tr>
<tr><td>4</td><td>新庄孜电厂</td><td>2×50</td><td>480</td></tr>
<tr><td>5</td><td>国电蚌埠电厂</td><td>2×600</td><td>1400</td></tr>
<tr><td>6</td><td>潘集电厂</td><td>2×600</td><td>1650</td></tr>
<tr><td>7</td><td>望峰岗煤矸石电厂</td><td>2×135</td><td>480</td></tr>
<tr><td>8</td><td>凤台电厂</td><td>4×600</td><td>3800</td></tr>
<tr><td>9</td><td>田集电厂</td><td>4×600+2×100</td><td>1800</td></tr>
<tr><td>10</td><td>潘集煤矸石电厂</td><td>2×135</td><td>460</td></tr>
<tr><td colspan="2">合计</td><td>14740</td><td>21673</td></tr>
</table>

表7.1-2　蚌埠闸上一般工业取水工程情况

用水户	设计最低取水水位（m）	现状取水能力（万 m³/d）	年取水量（万 m³）
淮化集团	15	15.6	5694
凤台企业3个取水口		11.2	4088

续表

用水户	设计最低取水水位（m）	现状取水能力（万 m^3/d）	年取水量（万 m^3）
孔集矿、望选厂、铁三处、铁厂 4 个取水口		1.8	657
二药厂、东风化肥厂 2 个取水口		4.3	1570
丰原集团	<14.00	12.0	4380
一般工业不可预见用水			4000
小计			20389

（2）城市自来水取水工程

区域内使用城镇自来水的用户，包括城镇生活用水、部分工业用水、城镇绿化用水、消防用水等。城镇自来水供水情况统计结果，见表 7.1-3。

表 7.1-3　蚌埠闸上城镇自来水供水情况

用水户		设计取水能力（万 m^3/d）	现状取水能力（万 m^3/d）	实际取水能力（万 m^3/d）	取水量（万 m^3/a）
淮南水厂	凤台水厂	1.2	0.8	1.2	438
	一水厂	5	5	3	1095
	三水厂	10	10	5	1825
	四水厂	10	10	5	1825
	望峰岗水厂	3	3	1	365
	李咀孜水厂	5	5	2	730
蚌埠水厂	三水厂	40	40	20	7300
	怀远水厂	0.8	0.8	0.8	292
合计					13870

（3）农业取水工程

根据《淮干上中游及主要支流下游水资源利用现状调查研究项目调查成果》及《安徽省淮河流域水资源开发利用现状调查分析》，正阳关—蚌埠闸区间泵站设计取水能力 371.2m^3/s，沿淮干流农业灌溉抽水能力为 153m^3/s，具体情况见表 7.1-4。

表 7.1-4　蚌埠闸上淮河干流农业用水泵站基本情况

地区	泵站名称	装机（kW）	流量（m^3/s）	灌溉面积（万亩）
淮南	王咀	220	2	2.1
	孔家路	165	0.48	0.794
	耿皇、陶圩	68	0.2	0.014
	二道河	30	0.1	0.1
	瓦郢站	60	1.12	0.1
	柳沟站	1550	13	2.1
	闸口站	60	0.56	0.03
	祁集站	1240	10.8	5
	架河站	2790	24.3	7.93

续表

地区	泵站名称	装机（kW）	流量（m^3/s）	灌溉面积（万亩）
淮南	汤渔湖站（排涝）	1650	13.75	2.1
	闸口南站	55	0.29	0.05
	永幸河站	3875	39.75	55
	菱角排涝湖	1240	12.72	—
	团结站	300	1.6	0.3
	峡石站	260	0.72	0.2
	河口站	330	3.9	1.2
	欠荆	404	3.8	1.55
蚌埠	十二门塘	1275	8.17	2.8
	黄疃窖	1565	6	2.5
	汤鱼湖	775	6.2	2
	拐集	605	5.5	0.85
	界沟	195	0.9	0.62
	团郢	150	1	0.6
	张庄	225	1.2	0.77
	邵圩	225	1.2	0.5
	东庙	400	4.24	0.3
	吴家沟	520	4.4	1.5
	红旗	855	6.9	3.8
	河溜	720	5.2	2.5
	向阳	880	6	2.8
	建张	180	0.8	0.35
	黄洼	330	0.8	1.5
	新红	180	0.9	4.5
	马圩	225	0.8	0.5
	团湖	775	6	4.2
	龙亢	520	5.7	2.1
	帖沟	220	2	1.5
	大窖	150	0.8	0.3
	吴咀	60	0.1	0.2
	上桥	1650	11.6	2.5
	欠北	330	3	0.26
	邵徐	1240	7.6	4.1
	苏圩	180	0.7	0.55
	韩庙	88	0.44	0.37
	邵院	165	1.44	1.2

2. 现状用水量

该河段现状用水主要包括淮南、蚌埠两市的城市生活、工业、沿淮灌区农业、蚌埠闸船闸用水等。

(1) 城市生活用水

现状年研究范围内城镇生活用水为1.39亿m^3。

(2) 工业用水

依据各泵站取水规模和最大的取水能力计算结果，同时考虑闸上工业用水的复杂性、季节性变化和部分工厂临时或间接从淮河取水等因素，从偏安全角度出发，预留4000万m^3/年的不可预见或无法统计水量。因此2012年一般工业用水量为20389万m^3，火电（总装机容量超14000MW）合计年用水量为21673万m^3，工业用水总量为4.21亿m^3（其中火电2.17亿m^3）。

(3) 农业用水量

现状蚌埠闸上沿淮灌区农田实际灌溉面积约161万亩，沿淮片灌区农业用水一般由两部分组成：电力排灌站直接从淮河干流提水和沿淮的引水口门（闸）从淮河引水。根据已经发生的1977年、1978年、1981年、1986年、1988年、1994年、2000年、2001年等干旱年的农业实际引、取水量计算分析，近年来农田灌溉地表水最大用水量为5.82亿m^3。

补水片灌区主要是茨淮新河上桥闸翻水。根据上桥闸提供的历年抗旱抽水量，上桥抽水站共从淮河向茨淮新河翻水抗旱25年（1978—2002年），累计翻水约19.0亿m^3，年翻水量一般在0.3亿～3.0亿m^3，多年平均翻水量1.5亿m^3。1978年、1979年、2001年分别翻水2.1亿m^3、0.65亿m^3、3.0亿m^3。本次枯水年翻水量按多年平均的1.5倍计，为2.20亿m^3，因此现状情况平均翻水量约2.20亿m^3。

四方湖灌区、淠河灌区下游及淮南丘陵灌区等三个补水灌区按应急抗旱灌溉一次“救命水”40m^3/亩考虑（约300万亩），需水1.2亿m^3。

综上所述，农业现状取用水量按9.22亿m^3计算。

(4) 船闸用水

根据蚌埠船闸2012年调查资料，正常情况下船闸用水为16.5万m^3/d。

(5) 现状年用水量汇总

根据以上分析成果，现状年该河段用水户的总用水量为15.42亿m^3，其中城镇自来水1.39亿m^3、工业4.21亿m^3、农业9.22亿m^3（含上桥闸翻水量）。现状年用水情况见表7.1-5。

表7.1-5　蚌埠闸上现状年用水情况

用水户	农业	工业		城镇自来水	船闸	合计
		一般	现有火电			
用水量（亿m^3）	9.22	2.04	2.17	1.39	0.6	15.42

3. 需水预测

1) 城镇自来水需水量

城镇自来水需水包括：居民生活用水、公共生活用水和小部分以自来水为水源的一般工业用水。淮南市现已在瓦埠湖建设自来水厂，现状年水厂取水规模为5.0万m^3/d，2020年取水规模将达到20.0万m^3/d；怀远县已在茨河上建成自来水厂，因受怀远县城区用水规模限制，取水量不大，年取水量约100万m^3。同时至2020年凤台水厂增加取水1400万m^3。2020

年、2030年蚌埠闸上区域自来水供水量按年2%的速度递增，分别为1.69亿m^3、2.06亿m^3。

2）工业需水量

（1）一般工业需水量

根据淮河流域水资源综合规划指标，考虑淮南作为安徽省煤化和能源的重要基地，一般工业需水按2.0%的年递增率增加。2020年和2030年规划水平年区域一般工业需水量在现状基础上按年递增2.0%预测，分别为2.49亿m^3和3.03亿m^3。根据安徽省煤化工发展中长期规划，2020年前建成的淮南煤化工基地占地12.7km^2，总投资560亿元，规划供水规模38万m^3/d，其中一期18万m^3/d，二期20万m^3/d。因此，一般工业要考虑特殊行业用水增加因素，2020年和2030年需水量分别为3.88亿m^3和4.42亿m^3。

（2）火电需水量

根据调查，从研究河段取水的现有电厂分别是田家庵、平圩、洛河、新庄孜、国电蚌埠、潘集、望峰岗煤矸石、凤台、田集、潘集煤矸石电厂，总装机容量超14000MW。根据最新的调查资料，现状年用水量为21673万m^3。规划水平年考虑已取得取水预申请的电厂，预测2020年和2030年淮南、蚌埠两市从研究河段取水的火电年需水量为3.59亿m^3和3.84亿m^3，具体见表7.1-6。

表7.1-6 蚌埠闸上规划水平年火电需水量

电厂		2020年（万m^3）	2030年（万m^3）
新建	顾桥电厂	850	850
改扩建	洛河电厂	4580	5100
	平圩电厂	7183	8200
	田家庵电厂	4000	4000
	新庄孜电厂	480	480
	国电蚌埠电厂	4000	4000
	潘集电厂	3800	3800
	望峰岗煤矸石电厂	480	480
	凤台电厂	3800	3800
	田集电厂	6300	7200
	潘集煤矸石电厂	460	460
总计		35933	38370

3）农业灌溉需水量

随着补水灌区范围国民经济各部门用水需求增长，补水灌区可利用的当地农田灌溉地表水逐步减少。按照国务院粮食增产1000亿斤的要求，安徽产粮大省的主要增产区将集中在沿淮淮北平原中低产田改造上，农业灌溉面积及要求将逐步提高。

蚌埠闸上规划2020年95%特枯年农业用水量按以下方法估算：沿淮灌区规划灌溉面积200万亩，按近10年最大毛用水定额362m^3/亩计算，上桥闸灌区、阚町闸灌区、四方湖灌区、湃河灌区下游及淮南丘陵灌区等五个补水灌区灌溉面积504万亩，按补水灌区需水的50%由蚌埠闸上取水，则沿淮灌区农业用水7.24亿m^3，补水灌区农业用水9.12亿m^3，合计蚌埠闸上规划95%特枯年农业用水量16.36亿m^3。规划水平年的农业需水量见表7.1-7。

表 7.1-7 蚌埠闸上规划水平年农业需水量

年份	典型年	沿淮灌区			补水灌区			合计（亿 m³）
		定额（m³/亩）	灌溉面积（万亩）	需水量（万 m³）	定额（m³/亩）	灌溉面积（万亩）	需水量（万 m³）	
2020 年	75%	353	200	70600	353	504	88956	15.96
	90%	360		72000	360		90720	16.27
	95%	362		72400	362		91224	16.36
	97%	370		74000	370		93240	16.72
2030 年	75%	353	200	70600	353	504	88956	15.96
	90%	360		72000	360		90720	16.27
	95%	362		72400	362		91224	16.36
	97%	370		74000	370		93240	16.72

4）生态需水量

生态需水预测，主要是对淮南、蚌埠两市环境生态需水和淮河干流鲁台子—蚌埠闸河段的河道内生态需水两大方面进行预测分析。

（1）环境生态需水

环境生态需水主要是指淮南和蚌埠两市的公共绿地、河湖补水、环境卫生三个方面对水量的需求。

环境生态需水采用定额计算，根据安徽省城市生态环境需水量预测成果，淮南市和蚌埠市的公共绿地需水定额均为 1500m³/hm²，河湖补水需水定额为 2000m³/hm²，环境卫生需水定额为 800m³/hm²。考虑到不同典型年的要求，公共绿地、河湖补水以及环境卫生的需水定额也有所不同，具体预测情况见表 7.1-8。

表 7.1-8 生态环境需水定额预测

典型年	公共绿地（m³/hm²）	河湖补水（m³/hm²）	环境卫生（m³/hm²）
75%	1600	2100	1000
90%	1800	2300	1200
95%	2000	2500	1600
97%	2100	2600	1800

随着规划水平年生态环境的面积不断扩大，环境生态用水也呈增长趋势。根据环境生态用水定额，分析环境生态用水量，蚌埠闸上现状及规划水平年生态环境需水分析结果见表 7.1-9。

表 7.1-9 蚌埠闸上现状及规划水平年生态环境需水量

年份	典型年	绿地需水		河湖补水		环境卫生		合计（万 m³）
		面积（hm²）	需水量（万 m³）	面积（hm²）	需水量（万 m³）	面积（hm²）	需水量（万 m³）	
2012 年	75%	2270	363	680	143	2550	255	761
	90%		409		156		306	871
	95%		454		170		408	1032
	97%		477		177		459	1113

续表

年份	典型年	绿地需水		河湖补水		环境卫生		合计（万 m^3）
		面积（hm^2）	需水量（万 m^3）	面积（hm^2）	需水量（万 m^3）	面积（hm^2）	需水量（万 m^3）	
2020年	75%	2400	384	720	151	2680	268	803
	90%		439		166		322	926
	95%		488		180		429	1097
	97%		504		187		482	1173
2030年	75%	2600	416	750	158	2800	280	854
	90%		468		173		336	977
	95%		520		188		448	1156
	97%		546		195		504	1245

（2）河道内生态需水

河流水生动植物的生存、繁衍、进化与水系的水量、水质、水位、流速等密切相关，如果水资源配置不当，将会破坏河流生态和生命系统的完整性，给河流生命健康带来危害。

针对河道不同的断面，河流的生态径流量均不同，由于上游下泄水量中尚未考虑河流的生态需求，因此计算蚌埠闸的下泄生态基流量应为蚌埠闸与正阳关两断面生态基流量的差值，计算的生态需水量为最小生态需水量。

河道内生态需水是指为维持河流生态系统一定形态和一定功能后需要保留的水（流）量。河道内生态需水量计算采用了《淮河流域及山东半岛水资源可利用量及生态环境用水成果》（淮河水利委员会，2006.8），其中计算方法包括河道生态基流分析法、水生生物需水量分析法及河道输沙需水量分析法。

① 生态基流分析法

生态基流量指为维持河床基本形态、防止河道断流、保持水体天然自净能力和避免河流水体生物群落遭到无法恢复的破坏而保留在河道中的最小水（流）量，生态基流量的值常由特征天然径流量确定，依据水资源开发利用状况，以最枯月90%保证率下的天然径流量确定为河道生态基流量。

淮河干流淮南—蚌埠河段的生态基流量计算，采用了《淮河流域及山东半岛水资源可利用量及生态环境用水成果》，根据鲁台子与蚌埠闸上历年最枯月的河道天然径流量资料，以经验频率分析计算，90%保证率下的最小月径流量为2151万 m^3，即生态基流量，则年生态最小需水量为25812万 m^3。

② 水生生物需水量分析法

河道中水生生物需水量可用特征径流量法或Tennant法确定。

a）特征径流量法

特征径流量能反映当地的水文水资源状况及适应该水资源条件下水生生物状况。通过对淮河区水文水资源状况调查分析，分别对丰、平和枯三水期选择90%设计保证率下的天然水量分析计算，并以此为基础确定生态需水量。

b）Tennant法

Tennant法是非现场测定类型的标准设定法，所推荐的流量值是在考虑保护鱼类、野生动物和有关环境资源的河流流量状况下，按照年平均流量的百分数来推荐河流基流的。该法将全年分为汛期和非汛期两个计算时段，根据多年平均流量百分比和河道内生态状况的对应关系，直接计算维持河道一定功能的生态环境需水量。Tennant 法是以预先确定的年平均流量的百分数为基础，则河道内不同流量百分比和与之相对应的河道内生态环境状况见表 7.1-10。

表 7.1-10　河流生态环境用水量状况标准

河流流量状况	占多年平均径流量的百分比（%）					
	最佳范围	极好	非常好	好	中	差
非汛期	60	40	30	20	10	10
汛期	60	60	50	40	30	10

采用 Tennant 法计算河道生态环境需水量，以蚌埠闸不同保证率下天然径流量为基础，分多水期 4 月～9 月和少水期 10 月～次年 3 月。

河道内水生生物需水量是在特征流量法和 Tennant 法的计算结果的基础上，综合分析河段河道内生态环境保护、修复或建设目标提出的成果。经分析维持河道内的一定生态环境功能，为保护水生生物所需要维持的河道内水生生物最小需水量应取年平均流量的 10%，而较为适宜的水量应为年平均流量的 20%～40%，水生生物最佳生长条件下所需水量按年平均流量的 60%计算。采用《淮河流域及山东半岛水资源可利用量及生态环境用水成果》，蚌埠闸上多年平均径流量为 498522 万 m^3，则计算结果见表 7.1-11。

表 7.1-11　研究河段水生生物需水量计算结果

项目	天然径流量（万 m^3）	水生生物需水量（万 m^3）		
		差（10%）	适宜（20%～40%）	最佳（60%）
水量	498522	49852	99704	299112

③ 输沙需水量分析法

河道输沙需水量指保持河道水流泥沙冲淤平衡所需水量，主要与河道上游来水来沙条件、泥沙颗粒组成、河流类型及河道形态等有关。可根据模型计算水流挟沙力，由水流挟沙力和输沙量计算河道输沙需水量。

鉴于研究河道冲淤问题不明显，河道内的生态需水量计算的输沙需水量较小。

（3）河道内最小生态需水量

河道内生态基流、输沙需水量和水生生物保护需水量取最大值（外包），得到最小生态需水量。

综合考虑生态基流、水生生物最小需水量和输沙需水量三者间的关系，则河道内生态最小需水量为 49852 万 m^3，见表 7.1-12。

表 7.1-12　河道内生态最小需水量

项目	多年天然径流量	生态基流	水生生物需水量	生态最小需水量
需水量（亿 m^3）	49.85	2.58	4.99	4.99

（4）生态需水量预测

分析淮南、蚌埠两市的生态环境情况，结合淮干正阳关—蚌埠闸上河道内外的环境生态需水要求，研究河段最小生态基流量为 25812 万 m^3，最小生态需水量为 49852 万 m^3，河道外环境生态需水量随着缺水程度变化而变化。则研究河段内生态需水量预测的具体成果详见表 7.1-13。

表 7.1-13 研究河段现状及规划水平年生态需水量

水平年		河道外环境生态需水量（万 m^3）	河道内生态需水量（万 m^3）	合计
2012 年	75%	761	49852	50613
	90%	871	49852	50723
	95%	1032	49852	50884
	97%	1113	49852	50965
2020 年	75%	803	49852	50655
	90%	926	49852	50778
	95%	1097	49852	50949
	97%	1173	49852	51025
2030 年	75%	854	49852	50706
	90%	977	49852	50829
	95%	1156	49852	51008
	97%	1245	49852	51097

5）船闸用水

根据《蚌埠船闸扩建与加固工程可行性研究报告》（安徽省水利水电勘测设计院，2004.12），现有船闸为1000t级的Ⅲ级船闸，闸室长195m，宽15.4m，底板高程9.2m，输水洞宽3.6m，高2.6m。在正常通航情况下，2012年淮河干流蚌埠船闸货运量已达1000万t，船闸耗水量约16.5万 m^3/d。据货运量预测，2020年淮河干流蚌埠船闸货运量将由现状（2012年）的1000万t增加到3000万t，2030年为4500万t，蚌埠复线船闸已经建成，现状船闸的通航能力为1800万t，已经建成的复线船闸也为1000t级的Ⅲ级船闸，闸室长180m，宽23m，底板高程7.8m，门槛水深3.5m。闸室一次蓄水量为14490m^3，2020年蚌埠闸年货运总量为3000万t，平均每天过闸次数18次，船闸耗水量约33万 m^3/d。船闸用水后可以作为河道内生态用水，在具体分析计算时，将船闸用水作为河段的生态基流量。

6）损失水量

（1）蒸发损失量

采用蚌埠闸的实测蒸发量、降水量和水面面积进行估算。蒸发量、降水量根据蚌埠闸的实测资料，水面面积根据蚌埠闸上各统计时段（旬）的平均水位的水位-面积曲线查得。

（2）河道渗漏量

研究河段的渗漏量主要为河道蓄水补给地下水的渗漏量，根据《水资源调查评价技术细则》，计算河道渗漏补给量时，当河道水位高于河道岸边地下水水位时，河水渗漏补给地下水。要求对河道的水文特性和河道岸边的地下水水位变化情况进行分析，确定年内河水补给岸边地下水的河段和时段，逐河段进行年内各时段的河道渗漏补给量计算。河道渗漏补给量可采用达西渗透定律进行计算。

由达西渗透定律，当河流作为直线补给边界，其单侧向渗透补给浅层地下水量的计算有公式：

$$W_{侧} = \sum_{i=1}^{n} \frac{\Delta H_i}{B_i} M_i K_i L_i t_i \tag{7.1-1}$$

式中，$W_{侧}$为河流直线补给边界侧向渗透补给量；ΔH_i为第 i 河流水位与侧向浅层地下水位之差；B_i为河流侧向补给带宽度；M_i、K_i为 i 河流沿岸带浅层地下水透水层平均厚度及其渗透系数；L_i为 i 河流侧向补给段长度；t_i为计算时段。

《安徽省蚌埠市供水水文地质勘探报告》（安徽省 323 水文地质队）表明，沿淮河一带浅层地下水与淮河水具有十分明显的互补关系，在淮河蚌埠闸上一般闸上水位超过 17.0m 时，淮河水补给沿河地下水，在蚌埠闸下，一般地下水补给淮河水机会多（仅在主汛期开闸泄洪期间，淮河蚌埠闸下水位高时，补给地下水）。根据《蚌埠市城市规划区地下水资源开发利用与保护规划》中的典型年沿淮浅层地下水与淮河地表水的补排关系成果，浅层地下水在天然状态下，淮河水补给地下水天数一般为 140～200 天，补给地下水的双侧单位长度补给量平均约为 14.5 万 m^3/（km·a），补给河长按 116km 计算，年补给量 1682 万 m^3。

7）需水量汇总

蚌埠闸上各水平年需水量预测汇总见表 7.1-14。

表 7.1-14　蚌埠闸上各水平年需水量预测汇总

用水户			水平年		
			2012 年	2020 年	2030 年
城镇自来水（万 m^3）			13878	16917	20622
工业（万 m^2）	一般工业		20389	38724	44167
	火电		21673	35933	38370
农业（万 m^3）	75%		92200	159600	159600
	90%		92200	162700	162700
	95%		92200	163600	163600
	97%		92200	167200	167200
生态（万 m^3）	河道外	75%	761	803	854
		90%	871	926	977
		95%	1032	1097	1156
		97%	1113	1173	1245
	河道内		49852	49852	49852
船闸用水（万 m^3）			6023	12045	18067
损失水量（万 m^3）	75%		2114	2114	2114
	90%		2230	2230	2230
	95%		4030	4030	4030
	97%		4630	4630	4630
合计	75%		206890	315988	333646
	90%		207116	319327	336985
	95%		209077	322198	339864
	97%		209758	326474	344153

由表 7.1-14 可知，蚌埠闸上 2020 年总需水量有较大幅度的上升，90%保证率下将达到 31.93 亿 m^3，较 2012 年增加需水量 11.22 亿 m^3，增长幅度达 55.2%；95%保证率下将达到 32.22 亿 m^3，较 2012 年增加需水量 11.31 亿 m^3，增长幅度达 54.1%；97%保证率下将

达到 32.65 亿 m^3，较 2012 年增加需水量 11.67 亿 m^3，增长幅度达 55.6%。

7.1.2 蚌埠闸—洪泽湖段

1. 供水工程及供水量

(1) 蚌埠闸下工业取水工程

蚌埠闸下工业取水工程统计具体见表 7.1-15。

表 7.1-15 蚌埠闸下工业取水工程统计

用水户	取水能力	取水许可批准取水量（万 m^3）	2012 年取水量（万 m^3）
蚌埠宏业肉类联合加工有限责任公司			20
安徽新源热电厂	0.72m^3/s	1040	1040
五河凯迪生物质能发电厂	0.068m^3/s		146
五河县江达工贸有限公司			264
安徽皖啤酒制造有限公司			265
蚌埠市永丰染料化工有限责任公司			265
蚌埠八一化工厂	0.1m^3/s	392	216
合计			2216

(2) 蚌埠闸下农业泵站取水工程

蚌埠闸至洪泽湖入湖口河段沿淮干两岸，20 世纪 50 年代以来先后建设排涝站、灌溉站 17 座，其中以排涝站居多，为 15 座，灌溉站仅 2 座。后将 2 座排涝站改造成为排灌站。因此，现状能够抽取淮河水的泵站只有 5 座，即小溪翻水站、新集排灌站、霸王城排灌站、门台子排灌站、东西涧排灌站。蚌埠闸下游—洪泽湖区间提水工程现状统计见表 7.1-16。

表 7.1-16 蚌埠闸下游—洪泽湖区间提水工程现状统计

序号	工程名称	所在县区	设计灌溉面积（万亩）			实灌面积（万亩）		
			水田	旱田	合计	水田	旱田	合计
1	新集排灌站	五河	1.00	5.50	6.50	—	5.50	5.50
2	小溪翻水站	五河	0.20	0.10	0.30	0.10	—	0.10
3	霸王城电站	凤阳	6.80	4.00	10.80	6.80	1.20	8.00
4	门台子排灌站	凤阳	15.00	6.00	21.00	2.50	0.60	3.10
5	东西涧排灌站	明光	2.8	—	2.8	0.8	—	0.8

2. 现状用水量

根据《淮河流域水资源综合规划报告》等相关成果，统计蚌埠闸下河段内工业生产、退水、城镇生活用水和农业灌溉用水等。

(1) 城镇生活用水

蚌埠闸—洪泽湖段的城镇生活需水量，根据凤阳工业园以及明光市泊岗乡规划，将规划建设 1 万吨/天以及 2000 吨/天自来水厂，从淮河取水作为城镇生活年用水量为 234 万 m^3。根据调查分析，2012 年研究区域内城镇生活用水量为 420 万 m^3。

（2）工业用水

据调查，现阶段蚌埠闸下游—洪泽湖区间淮河干流河段现有的取水户有蚌埠宏业肉类联合加工有限责任公司、安徽新源热电厂、五河凯迪绿色能源开发有限公司、五河县江达工贸有限公司、安徽皖啤酿造有限公司及蚌埠市永丰染料化工有限责任公司等，年取水总量约为2216万m^3。

（3）农业用水

沿淮5座灌溉站设计流量为45.2m^3/s，设计灌溉面积38.6万亩，其中水田23万亩。其中新集站灌溉用水已纳入淮水北调工程水资源平衡，故需单独计算农业用水的为霸王城、门台子、小溪和东西涧四座灌溉站，设计取水流量为25.2m^3/s，灌溉面积22万亩，其中水稻10.1万亩。

蚌埠闸下现状年用水量统计见表7.1-17。

表7.1-17　蚌埠闸下现状年用水量统计

用水户	农业	工业	城镇生活	合计
用水量（万m^3）	7767	2216	420	10403

3. 蚌埠闸下需水预测

（1）城镇生活需水量

蚌埠闸—洪泽湖段的城镇生活需水量，根据凤阳工业园以及明光市泊岗乡规划，结合当地的居民生活用水定额及预测的人口数，1998年以后研究区域内城镇生活用水缓慢，因此规划水平年的城镇生活需水量按照5%的年增长率计算，则2020年及2030年的用水量分别为685万m^3、1110万m^3。

（2）工业需水量

蚌埠闸—洪泽湖段根据水资源综合规划指标，考虑该区域经济发展情况，结合宿州、蚌埠等城市的相关规划及论证报告，一般工业需水增长率以2.0%的年递增率增加，以此计算得到蚌埠闸下2020规划水平年的工业需水量为4749万m^3，2030规划水平年的工业需水量为6876万m^3，见表7.1-18。

表7.1-18　蚌埠闸下规划水平年工业需水量

<table>
<tr><th>取水口</th><th>设计流量
(m^3/s)</th><th>2020年取水量
（万m^3）</th><th>2030年取水量
（万m^3）</th></tr>
<tr><td>八一化工厂</td><td>0.1</td><td>463</td><td>650</td></tr>
<tr><td>新源热电厂</td><td>0.72</td><td>2229</td><td>3100</td></tr>
<tr><td>五河凯迪生物质能电厂</td><td>0.068</td><td>313</td><td>450</td></tr>
<tr><td>蚌埠宏业肉类联合加工有限责任公司</td><td></td><td>43</td><td>66</td></tr>
<tr><td>五河县江达工贸有限公司</td><td></td><td rowspan="3">1702</td><td rowspan="3">2610</td></tr>
<tr><td>安徽皖啤酿造有限公司</td><td></td></tr>
<tr><td>蚌埠市永丰染料化工有限责任公司</td><td></td></tr>
<tr><td>小计</td><td>—</td><td>4750</td><td>6876</td></tr>
</table>

（3）农业需水量

根据1956—2012年逐旬的田间水量平衡计算，渠系水利用系数采用0.65，分析该片不同水平年综合灌溉定额及需水量，具体见表 7.1-19。

表 7.1-19 研究区不同水平年灌溉定额和需水量

保证率	水平年			
	2020 年		2030 年	
	综合毛灌溉定额（m^3/亩）	灌溉需水量（亿 m^3）	综合毛灌溉定额（m^3/亩）	灌溉需水量（亿 m^3）
75%	425	9350	400	8800
90%	480	10560	460	10120
95%	520	11440	480	10560
97%	550	12100	500	11000

（4）生态环境需水量

生态环境需水量应包括生态需水和环境需水两部分。生态需水是指维持生态系统中具有生命的生物物体水分平衡所需要的水量，即维持陆生和水生生物所需水量，包括维持天然和人工植物需水，人类、野生和饲养动物生存需水等；环境需水是指为保护和改善人类生存环境（包括水环境）所需要的水量。相对而言，生态需水较固定，需要保证的程度较高，而环境需水是随着人类社会的进步和经济发展而变化的，其保证程度也随之而变。

取水河段的生态环境用水主要考虑河段内生态最小需要量，即确保河道内最小水深和水量，以维持河道内生物需水、补充蒸发和渗漏损失水量。

参考国内外有关文献与研究成果，通常考虑河道正常水深的 10%～20%作为生态需水的最小水深，即可维持河道内生物需水量。根据前文分析可知，97%保证率闸下水位为 10.42m，河槽对应的河底平均高程为 8m，槽内积水深平均在 2m，基本可以满足生态用水要求。

（5）需水量汇总

由以上预测的生活需水量、工业需水量、农业灌溉需水量相加得出研究区域总需水量，各项需水量见表 7.1-20。

表 7.1-20 蚌埠闸下各水平年需水量汇总

用水户		水平年		
		2012 年	2020 年	2030 年
城镇生活（万 m^3）		420	685	1110
一般工业（万 m^3）		2216	4749	6876
农业（万 m^3）	75%	7767	9350	8800
	90%	7767	10560	10120
	95%	7767	11440	10560
	97%	7767	12100	11000
合计（万 m^3）	75%	10403	14784	16786
	90%	10403	15994	18106
	95%	10403	16874	18546
	97%	10403	17534	18986

7.1.3 洪泽湖周边

1. 供水工程及供水量

洪泽湖历来是苏北地区的水源地，随着区域的治理，供水范围有所调整，起初只向里下河、通南地区供水，在淮水北调、江水北调工程实施后，洪泽湖的供水范围逐步扩大至整个苏北地区。现今洪泽湖供水可分为两块，即沿湖周边供水和对外供水，对外供水可分为两类，一是下游自流供水，二是南水北调。本项目主要研究洪泽湖沿湖周边的供水情况。洪泽湖沿湖周边：洪泽湖沿湖周边地区除东部下游可自流供水外，北、西、南上游地区主要以提水方式供水，供水工程主要为中小型泵站。

（1）工业取水工程

洪泽湖周边工业取水情况见表 7.1-21。

表 7.1-21 洪泽湖周边工业取水情况

序号	取水口	取水用途	取水工程名称	取水方式	审批取水量	实际取水量（万 m^3）
	位置				万 m^3/年	近年平均
1	淮河右岸	工业	星宇建材有限公司	提水	10	1.58
2			盱兰建材公司		21.6	1.89
3			淮河建材总厂		1	0.4
4			兴盱水泥有限公司		25	1.5
5			大众建材有限公司		1	0.67
6			狼山水泥厂		35	1.2
7			恒远染化有限公司		33	12.19
8			红光化工厂		80	18.56
9			淮河化工有限公司		642	179.49
总计						217.48

（2）农业用水

洪泽湖周边农业用水情况见表 7.1-22。

表 7.1-22 洪泽湖周边农业用水情况

序号	取水口位置	取水用途	取水工程名称	取水方式	实际取水量（万 m^3）
					近年平均
1	淮河右岸	农业	淮丰一级站（河桥灌区）	提水	75
2			清水坝一级站		6237
3			三墩灌区		224
4			官滩灌区		281
5	洪泽湖		堆头一级站（东灌区）		1260
6			桥口一级站		411
7			姬庄一级站		377
8	洪泽湖		洪金洞（洪金灌区）	引水	19063
	大堤				

续表

序号	取水口位置	取水用途	取水工程名称	取水方式	实际取水量（万 m^3）
					近年平均
9	洪泽湖 大堤	农业	周桥洞（周桥灌区）	引水	21070
10	洪泽湖	农业	沿湖灌区	提水	4247
11	黄码河（裴圩）	农业	黄码闸	引水	365
12	裴圩	农业	官沟闸	引水	127
13	颜勒河（高渡）	农业	颜勒沟闸	引水	243
14	高松河（高渡）	农业	高松闸	引水	603
15	薛咀引河（卢集）	农业	薛大沟站	提水	243
16	通湖河口	农业	古山河	蓄引提	0.19
17	通湖河口	农业	五河	蓄引提	0.19
18	通湖河口	农业	肖河	蓄引提	0.08
19	通湖河口	农业	马化河	蓄引提	0.17
20	双沟镇	农业	单灌 17 座，排灌 13 座	提水	501
21	上塘镇	农业	单灌 17 座，排灌 3 座	提水	2546
22	魏营镇	农业	单灌 8 座	提水	2039
23	瑶沟乡	农业	单灌 12 座，排灌 11 座	提水	1384
24	车门乡	农业	单灌 21 座	提水	2532
25	青阳镇	农业	单灌 65 座，排灌 24 座	提水	3301
26	石集乡	农业	单灌 26 座，排灌 10 座	提水	1931
27	城头乡	农业	排灌 23 座	提水	1449
28	陈圩乡	农业	单灌 15 座，排灌 29 座	提水	2856
29	半城镇	农业	单灌 6 座，排灌 9 座	提水	816
30	孙园镇	农业	单灌 35 座，排灌 13 座	提水	2655
31	龙集镇	农业	单灌 3 座，排灌 27 座	提水	1702
32	太平镇	农业	单灌 17 座，排灌 15 座	提水	816
33	界集镇	农业	单灌 6 座，排灌 26 座	提水	2141
34	曹庙乡	农业	单灌 8 座，排灌 16 座	提水	2257
35	朱湖镇	农业	单灌 7 座，排灌 27 座	提水	2102
36	金锁镇	农业	单灌 8 座，排灌 8 座	提水	1568
总计					87423

（3）航运用水

洪泽湖周边航运用水情况见表 7.1-23。

表 7.1-23　洪泽湖周边航运用水情况

序号	取水口位置	取水用途	取水工程名称	取水方式	实际取水量（万 m^3）
					近年平均
1	洪泽湖大堤	航运	蒋坝船闸	引水	3420
2	洪泽湖大堤	航运	高良涧船闸	引水	19380
3	张福河	航运	张福河船闸	引水	957
总计					23757

2. 洪泽湖周边现状用水

洪泽湖分属淮安、宿迁两市，沿湖周边涉及4县2区，洪泽湖周边地区范围除沿湖岸线周边外，还包括入湖河道控制站以下河段。洪泽湖周边取水工程及用水量主要为农业用水、部分航运用水和少量工业用水，居民生活用水、乡镇企业用水以（深层）地下水为主。南部为三河闸以上盱眙县境内沿湖及淮干右岸沿线，有9个工业取水口、7个农业取水口，直接取自淮河干流和洪泽湖；东部为洪泽湖大堤，在洪泽县境内，主要有两个灌区引水涵洞和两个船闸共4个取水口；北部为淮安市淮阴区和宿迁市泗阳县、宿城区“废黄河”以南区域，用水主要为农业灌溉，取水以机电泵站提水为主，数量较多，分布于沿湖河道两侧，取水口按通湖河道计，淮阴区约有3个、泗阳县约有5个、宿城区约有4个；西部为泗洪县的滨湖区和盱眙县的鲍集圩行洪区，用水主要为农业灌溉，以机电泵站提水为主，数量较多，分布于沿湖河道两侧，泗洪县取水量较大的通湖河道有徐洪河、安东河、濉河（原濉河尾段）、老汴河、溧西引河等5个，还有从湖区、溧河洼直接取水的泵站数量有限，盱眙县鲍集圩有两个灌区直接从洪泽湖取水。

（1）工业取用水量

洪泽湖周边工业取水主要在盱眙县境内，大部分集中在盱眙县城附近的淮河干流，直接取自洪泽湖的只有淮河化工有限公司一家企业。根据调查，工业用水以水泵提水为主，审批取水量848.6万m^3/a，实际取水量2006年192.5万m^3、2007年177.4万m^3、2008年282.5万m^3，多年平均工业用水量为217万m^3。取水用途主要为建材和化工工业。

（2）农业取用水量

洪泽湖周边北、西、南地形较高，取水以提水为主，基本不具备自引条件，东侧（洪泽湖大堤外侧）地势低洼，具备自引条件。根据原淮阴市水利手册资料，洪泽湖周边有大型灌区引水工程2个（洪金灌区洪金洞、周桥灌区周桥洞）、中型灌区首级提水工程5个（堆头灌区4个一级提水泵站、桥口灌区桥口一级提水泵站），小型灌区（1万亩以上）提水工程4个（河桥、官滩、三墩、姬庄），其他零散提水泵站较多，数量较难统计。根据洪泽湖周边各县区提供的用水量资料统计，农业实际取用水量2010年为10.6亿m^3、2011年为7.6亿m^3、2012年为8.0亿m^3，近三年平均取水量为8.7亿m^3。

（3）航运取用水量

洪泽湖及淮河、苏北灌溉总渠均属江苏省骨干航道网中的三级航道。在洪泽湖下游有蒋坝船闸连接金宝航道、高良涧船闸连接苏北灌溉总渠、张福河船闸连接淮沭河，三处船闸用水量2010年为2.42亿m^3、2011年为2.51亿m^3、2012年为2.20亿m^3，近三年平均2.38亿m^3。

（4）取用水总量

根据调查统计，洪泽湖周边地区2010—2012年平均取用水总量为11.14亿m^3，其中工业取水量为0.02亿m^3，农业取水量为8.74亿m^3，航运取水量为2.38亿m^3。

洪泽湖供水范围现状用水情况见表7.1-24。

表7.1-24　洪泽湖供水范围内现状用水状况

用水户	工业	农业	航运	合计
用水量（亿m^3）	0.02	8.74	2.38	11.14

3. 洪泽湖周边需水预测

洪泽湖供水范围包含淮河流域下游整个苏北地区，供水工程遍及供水河道沿线。较大的供水河道有苏北灌溉总渠、淮沭新河、京杭运河、废黄河、盐河等；较大的供水工程除洪泽湖几大出口控制工程；灌溉总渠有淮安、阜宁、滨海和海口枢纽工程；淮沭新河有二河枢纽、沭阳枢纽、新沂河截污导流工程、蔷薇河送清水工程，中、里运河梯级抽水站工程（南水北调东线）。用水户涉及城乡居民生活、工业、农林牧渔、航运、水电等方面。

（1）工业需水量

根据水资源综合规划指标，一般工业需水按2%的年递增率增加，则洪泽湖周边规划水平年2020年的工业需水量为344万m^3，规划水平年2030年的工业需水量为419万m^3。

（2）农业需水量

随着补水灌区范围内国民经济各部门用水需求增长，补水灌区可利用的当地农田灌溉地表水将逐步减少。根据水资源综合规划中的节水规划和政策，规划水平年的农业用水新增水量通过节水途径获取，则2020年和2030年研究范围内的农业用水量为8.7亿m^3。

（3）航运需水量

洪泽湖及淮河、苏北灌溉总渠均属江苏省骨干航道网中的三级航道。在洪泽湖下游有蒋坝船闸连接金宝航道、高良涧船闸连接苏北灌溉总渠、张福河船闸连接淮沭河。洪泽湖周边航运需水量在规划水平年保持多年平均值2.376亿m^3。

（4）需水量汇总

洪泽湖周边在不同水平年的用水需求见表7.1-25。

表7.1-25 洪泽湖周边在不同水平年的用水需求

用水户	水平年		
	2012年	2020年	2030年
工业（万m^3）	217	344	419
农业（万m^3）	87423	87423	87423
航运（万m^3）	23757	23757	23757
合计（万m^3）	111397	111524	111599

7.2 不同情境组合水资源可利用量研究

7.2.1 不同情境组合的水资源开发利用情况

根据淮河流域及山东半岛水资源综合规划调查评价成果，参照2000—2012年安徽省及淮河片水资源公报，2012年分析范围内连续3个月枯水期用水量28.97亿m^3，其中生活用水3.44亿m^3，工业用水7.16亿m^3，农业用水18.38亿m^3；2012年分析范围内连续5个月枯水期用水量48.25亿m^3，其中生活用水5.71亿m^3，工业用水11.92亿m^3，农业用水30.62亿m^3；具体见表7.2-1、表7.2-2。

表7.2-1 2012年水资源分区连续3个月枯水期实际用水量统计

水资源分区	城镇生活用水量（亿m^3）			工业用水量（亿m^3）			农业用水量（亿m^3）			总用水量（亿m^3）
	城镇	农村	小计	火电	一般	小计	农田	林牧渔	小计	
王蚌区间北岸	0.38	0.70	1.08	0.18	1.45	1.60	6.98	0.43	7.40	10.08
王蚌区间南岸	0.33	0.43	0.78	1.75	2.50	4.28	5.93	0.28	6.18	11.23

续表

水资源分区	城镇生活用水量（亿 m³）			工业用水量（亿 m³）			农业用水量（亿 m³）			总用水量（亿 m³）
	城镇	农村	小计	火电	一般	小计	农田	林牧渔	小计	
蚌洪区间北岸	0.35	0.85	1.20	0.20	0.88	1.08	2.85	0.30	3.15	5.43
蚌洪区间南岸	0.08	0.30	0.38	0.00	0.20	0.20	1.58	0.08	1.65	2.23
小计	1.14	2.28	3.44	2.13	5.03	7.16	17.34	1.09	18.38	28.97

表 7.2-2　2012 年水资源分区连续 5 个月枯水期实际用水量统计

水资源分区	城镇生活用水量（亿 m³）			工业用水量（亿 m³）			农业用水量（亿 m³）			总用水量（亿 m³）
	城镇	农村	小计	火电	一般	小计	农田	林牧渔	小计	
王蚌区间北岸	0.63	1.17	1.79	0.29	2.42	2.67	11.63	0.71	12.33	16.79
王蚌区间南岸	0.54	0.71	1.29	2.92	4.17	7.13	9.88	0.46	10.29	18.71
蚌洪区间北岸	0.58	1.42	2.00	0.33	1.46	1.79	4.75	0.50	5.25	9.04
蚌洪区间南岸	0.13	0.50	0.63	0.00	0.33	0.33	2.63	0.13	2.75	3.71
小计	1.88	3.80	5.71	3.54	8.38	11.92	28.89	1.80	30.62	48.25

7.2.2　不同情境组合的水资源可利用量

1. 地表水资源可利用量

淮河中游地表水资源可利用量为 304.9 亿 m³，可利用率为 42.1%。淮河中游地表水资源可利用量见表 7.2-3。

表 7.2-3　淮河中游地表水资源可利用量

时段	地表水资源量（亿 m³）	地表水可利用量（亿 m³）	地表水可利用率（%）
全年	304.9	128.3	42.1
连续 3 个月枯水期	33.5	19.4	58
连续 5 个月枯水期	64.0	33.9	53

2. 平原区浅层地下水资源可开采量

平原区浅层地下水可开采量以 1980—2012 年平均总补给量为基础，采用可开采系数法确定。可开采系数值，用实际开采系数进行合理性分析后确定，淮河中游采用 0.61～0.71。

3. 水资源可利用总量

淮河中游水资源可利用总量为 200.7 亿 m³，可利用率为 51.8%；连续 3 个月枯水期可利用总量 39.3 亿 m³，可利用率为 72.6%；连续 5 个月枯水期地表水可利用总量 64.5 亿 m³，可利用率为 65.5%。淮河中游水资源可利用总量成果见表 7.2-4。

表 7.2-4　淮河中游水资源总量可利用量

时段	地表水资源量（亿 m³）	水资源总量（亿 m³）	地表水可利用量（亿 m³）	地表水可利用率（%）	地下水可开采量（亿 m³）	可利用总量（亿 m³）	水资源总量可利用率（%）
全年	304.9	387.4	128.3	42.1	79.5	200.7	51.8
连续 3 个月	33.5	54.1	19.4	58	19.9	39.3	72.6
连续 5 个月	64.0	98.4	33.9	53	30.6	64.5	65.5

7.3 水资源供需态势分析

7.3.1 流域水资源开发利用程度分析

淮河流域现状水资源开发利用率为43.9%，地表水开发利用率为40.6%，中等干旱以上年份，淮河流域地表水资源供水量已经接近当年地表水资源量，严重挤占河道、湖泊生态和环境用水。

7.3.2 流域用水量变化趋势

20多年来，淮河流域用水总量总体呈增长趋势，增长速率趋缓。1980—2012年供水量由446亿m^3增加到571.7亿m^3，净增125.7亿m^3，年均增长率0.8%。用水结构发生较大变化。工业、生活用水量迅速增长，在总用水中的比例持续上升，由1980年的13.2%上升到2010年的26.9%，年均用水年均增长率均为0.4%；农业用水基本保持平稳，其用水总量在420亿m^3左右。2001—2012年淮河流域水资源利用情况见表7.3-1。

表7.3-1 2001—2012年淮河流域水资源利用情况

年份（年）	供水量（亿m^3）					用水量（亿m^3）					
	当地地表水	跨流域调水	地下水	其他	总供水	农业	工业	生活		生态	总用水量
								城镇	农村		
2001	390.49	95.49	145.24	0.86	632.08	398.41	80.47	22.98	34.88	0.04	536.78
2002	386.13	89.26	143.52	0.76	619.68	390.48	79.80	23.89	35.91	0.32	530.40
2003	248.63	43.29	118.32	0.63	410.87	262.97	83.77	21.90	38.26	3.97	410.87
2004	316.19	50.41	125.94	0.66	493.20	341.97	86.85	24.57	36.61	3.20	493.19
2005	306.16	50.26	122.64	0.58	479.64	317.56	95.18	25.07	38.21	3.63	479.65
2006	330.62	56.35	133.79	0.79	521.55	356.96	96.18	26.68	37.68	4.12	521.62
2007	316.62	37.38	132.19	0.90	487.08	329.44	87.65	29.25	36.07	4.65	487.06
2008	324.63	39.40	135.21	0.86	476.67	342.45	88.23	29.34	36.32	5.05	492.31
2009	332.24	45.42	140.62	1.08	531.56	362.76	89.45	30.23	36.45	6.32	528.65
2010	335.10	65.12	142.64	1.36	544.22	382.90	91.42	30.74	36.95	6.78	548.79
2011	347.87	75.18	147.64	1.44	572.13	410.15	86.28	32.17	37.29	6.09	571.98
2012	345.39	81.94	142.87	1.49	571.69	407.75	86.87	34.93	35.45	6.71	571.69

7.3.3 受旱典型年水量平衡分析

1. 蚌埠闸以上

根据《安徽省淮河抗旱预案》的淮河蚌埠闸以上供水区域内水资源供需分析成果，受旱典型年的缺水情况见表7.3-2。

表 7.3-2　蚌埠闸以上供水区域受旱典型年水量平衡成果

项目受旱典型年	供水量（亿 m³）	总用水量（亿 m³）	缺水量（亿 m³）	缺水率（%）
1977	4.66	9.35	−5.43	58.1
1978	6.61	16.86	−10.50	62.3
1981	8.17	11.94	−6.37	53.4
1986	9.30	10.51	−5.05	48.0
1988	8.64	11.39	−4.34	38.1
1994	10.49	14.36	−7.70	53.6
2000	11.18	12.76	−2.75	21.6
2001	7.64	16.20	−9.81	60.6

说明：受旱典型年的受旱分析时段为 3～9 月，农业用水保证率按 90%考虑。

根据现状年的供需平衡分析结果，95%、97%的受旱典型年分别缺水 5.42 亿 m³、6.87 亿 m³（主要是沿淮补水片灌区农业用水缺乏）。

已发生的受旱典型年，蚌埠闸上区域均缺水，其中秋季缺水最为严重，主要原因是秋季水稻灌溉的水量比较大，其中上桥枢纽在干旱年份从淮河抽水到茨淮新河灌溉占了相当大的比重。蚌埠闸上区域在受旱典型年平均缺水量为 5.46 亿 m³，年最大缺水量为 1978 年 10.5 亿 m³，最小缺水量为 2000 年 2.7 亿 m³。逐月最大缺水量为 2001 年 7 月的 4.34 亿 m³，最小缺水量为 2000 年 4 月的 640 万 m³。

2. 蚌埠闸以下

根据《安徽省淮河抗旱预案》的淮河蚌埠闸以下供水区域内水资源供需分析成果，受旱典型年的缺水情况见表 7.3-3。

表 7.3-3　蚌埠闸以下供水区域受旱典型年水量平衡成果

项目受旱典型年	供水量（亿 m³）	总用水量（亿 m³）	缺水量（亿 m³）	缺水率（%）
1977	9.81	2.93	0	0
1978	4.59	5.17	−2.15	41.6
1981	6.67	3.86	−0.44	11.4
1986	8.92	3.45	−0.24	6.9
1988	8.5	3.89	−0.07	1.8
1994	6.53	4.12	−1.83	44.4
2000	9.99	3.83	0	0
2001	5.28	5.24	−2.70	51.5

说明：受旱典型年的受旱分析时段为 3～9 月，农业用水保证率按 90%考虑。

根据供水区域典型干旱年可供水量与需水量分析的结果，此供水区域在干旱年份 3～5 月基本不缺水，6～9 月在重旱年份少量缺水，在特旱年份严重缺水。特旱年年平均缺水量 2.32 亿 m³，重旱年年平均缺水量 0.158 亿 m³。最大缺水为 2001 年，缺水量 2.7 亿 m³，年最小缺水为 1988 年，缺水量 750 万 m³，逐月最大缺水为 2001 年 7 月，缺水量为 1.30 亿 m³，逐月最小缺水为 1988 年 6 月，缺水量为 108 万 m³。

7.3.4 不同频率、不同枯水组合下的水资源供需态势分析

根据研究区域现状和规划工程条件，按照与对应频率年份降水量相接近、对工程用水最不利的原则，进行20%、50%、75%和95%保证率研究范围内现状水平年供需分析。分析范围内现状水平年连续3个月及5个月枯水期不同保证率供需分析成果见表7.3-4、表7.3-5。

表7.3-4 分析范围内现状水平年连续3个月枯水期不同保证率供需分析

分区	保证率	需水量（亿 m^3）	供水量（亿 m^3）	缺水量（亿 m^3）	缺水率（%）
王蚌区间	20%	9.35	11.715	0	0.0
	50%	10.285	10.329	0.209	2.0
	75%	10.769	9.504	1.265	11.7
	95%	11.605	9.383	2.222	19.1
蚌洪区间	20%	3.355	4.224	0	0.0
	50%	3.74	3.696	0.044	1.2
	75%	3.883	3.256	0.627	16.1
	95%	4.279	3.52	0.759	17.7

表7.3-5 分析范围内现状水平年连续5个月枯水期不同保证率供需分析

分区	保证率	需水量（亿 m^3）	供水量（亿 m^3）	缺水量（亿 m^3）	缺水率（%）
王蚌区间	20%	17.85	22.365	0	0.0
	50%	19.635	19.719	0.399	2.6
	75%	20.559	18.144	2.415	14.8
	95%	22.155	17.913	4.242	18.2
蚌洪区间	20%	6.405	8.064	0	0.0
	50%	7.14	7.056	0.084	1.1
	75%	7.413	6.216	1.197	16.7
	95%	8.169	6.72	1.449	18.4

王蚌区间连续3个月枯水期现状水平年20%、50%、75%和95%保证率下的缺水量分别为0亿 m^3、0.209亿 m^3、1.265亿 m^3 和2.222亿 m^3；王蚌区间连续5个月枯水期现状水平年20%、50%、75%和95%保证率下的缺水量分别为0亿 m^3、0.399亿 m^3、2.415亿 m^3 和4.242亿 m^3。蚌洪区间连续3个月枯水期现状水平年20%、50%、75%和95%保证率下的缺水量分别为0亿 m^3、0.044亿 m^3、0.627亿 m^3 和0.759亿 m^3；蚌洪区间连续5个月枯水期现状水平年20%、50%、75%和95%保证率下的缺水量分别为0亿 m^3、0.084亿 m^3、1.197亿 m^3 和1.449亿 m^3。

8 多用户多时段需水精细化预测预报技术

8.1 农业灌溉需水精细预测预报技术

8.1.1 农田区地表水与地下水转化关系研究

地下水与土壤水是水文循环的重要组成部分，并与农业生产密切相关。对作物来说，当地下水水位过高或雨后作物根系活动层土壤水分较长时间过湿时，易产生涝渍灾害。土壤水分是农作物根系吸收的直接水分来源，地下水埋深控制着作物根系的纵向发展，摸清两者间的联动关系，对农作物生长起着至关重要的作用。除了分析土壤水分和地下水埋深的年内和年际变化外，也将从作物方面阐述其对两者的影响。选择五道沟实验站 1992—2018 年土壤水分和地下水水位人工观测数据，重点对农田地下水、土壤水与作物和降水的关系进行研究。

8.1.1.1 农田土壤水分动态变化

1. 土壤水分的年内与年际变化

统计 1992—2018 年五道沟水文实验站剖面土壤水分及降雨与蒸发差值，分析土壤水分的年内和年际变化特征。

土壤水分和降雨与蒸发差值的年内变化如图 8.1-1 所示：各土层深度的土壤水分变化趋势基本一致，各深度的土壤水分间的相关系数均在［0.87，0.98］之间变化，总体呈先减少后增大趋势。降雨与蒸发的差值呈单峰变化。汛期（6～9 月）处于差值的峰值，7 月差值达到最大值 101.5mm。这个阶段为降雨大于蒸发，降雨对土壤水的补给占主导地位。汛期前

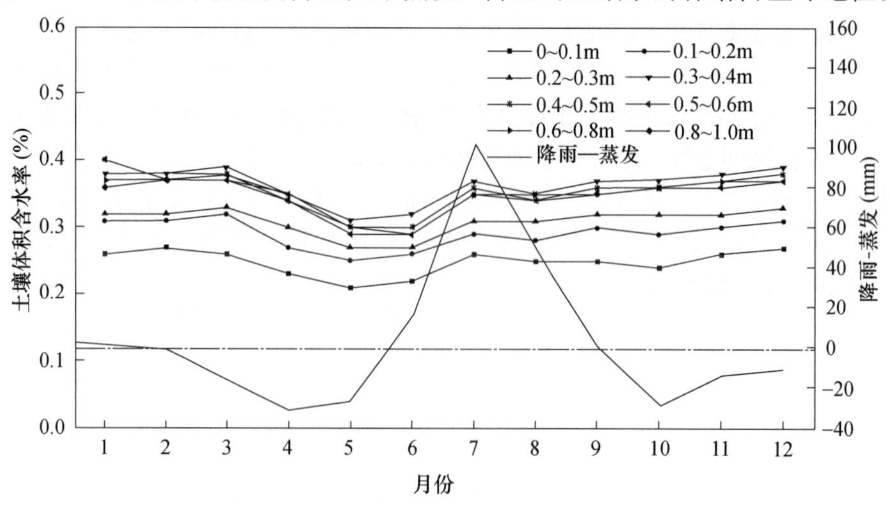

图 8.1-1 土壤水分和降雨与蒸发差值年内变化

后，差值处于谷值，4 月份差值达到最小值－32.5mm。这个阶段降雨小、蒸发大，以蒸发对土壤水的消耗为主。总体看来，土壤水分受降雨和蒸发共同影响，0～0.1m 土壤水分受降雨和蒸发影响最大，与降雨和蒸发差值的相关系数较大，变化趋势一致。各个深度的土壤水分的最高值和最低值分别出现在 3 月和 5～6 月：3 月蒸发量还未增大，降雨量也小，土壤水分达到最高值。5～6 月土壤水分达到最低值，虽然这个时段会有相当量的降水补给土壤水，但正是作物耗水旺盛期，降雨补给远小于蒸发消耗，土壤水分仍处于亏损状态。

各土层深度土壤水分与降雨和蒸发差值年际变化如图 8.1-2 所示：各深度土壤水分变化趋势基本一致，各深度之间的土壤水分相关系数在［0.61，0.93］变化。与其他深度土层相比，表层的 0～0.1m 和 0～0.2m 土壤水分波动较大，和降水与蒸发的差值相关系数分别为 0.71 和 0.77。这可能是因为表层土壤水分更易受外界环境干扰。总体来看，各深度的土壤水分均随时间变化呈小幅度的上升趋势，和降雨与蒸发差值趋势较为一致。降雨与蒸发的差值增加，表明补给给包气带的水量增加。1994 年、2001 年和 2004 年降雨与蒸发差值处于较低水平，降雨与蒸发差值分别为－416.3mm、－565.13mm 和－316.8mm，此年份的土壤含水率较低，土壤水分消耗量大于补给量。2003 年降雨与蒸发差值最大，为 608.9mm，此年份的土壤含水率处于较高水平，土壤水分消耗量小于补给量。

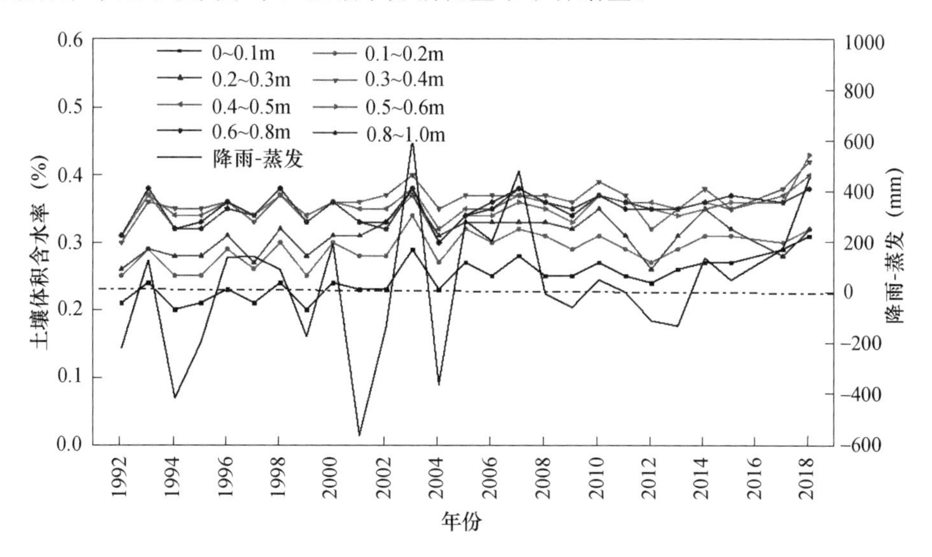

图 8.1-2　土壤水分和降雨与蒸发差值年际变化

2. 作物对土壤水分的影响

淮北平原主要作物为夏玉米和冬小麦。下文着重分析这两种作物生长期间土壤水分的变化。所使用数据测量频率为 5d/次，下文均以 5d 为步长绘土壤水分图分析。

夏玉米生长季内多年平均土壤水分变化过程如图 8.1-3 所示，生长季内各深度土壤含水率的统计指标见表 8.1-1：整个玉米生长季土壤水分变化经历两个阶段，6～7 月呈上升趋势，该时间段降雨集中，玉米需水量小，蒸散量也少，剖面土壤水分不断增加，7～10 月呈平缓趋势，该时间段降雨量大，但作物需水能力和蒸发能力加强。表层土壤含水率在整个生长季含水率一直维持较低水平，其中 0.3～0.4m、0.4～0.5m 土层平均含水率高于深层，这与砂姜黑土在这一层的黏性有关。在 7 月 6 日、7 月 11 日、7 月 21 日多年平均 5 日累积降雨量较大，累积雨量分别为 51.5mm、51.5mm、53.6mm。在 7 月 6 日之前，玉米处于生长初期，土层较干，各土层土壤含水率偏低，随着降雨量的增加，各层土壤水分迅速增加并储存于土层中。7月6日降雨后，表层土壤含水率基本降低，深层含水率增加，这是因为强降雨过后，地下水通过毛细管作用补给深层土壤水，降雨入渗使地下水水位抬高，深层土壤含水率增大，而表层土壤水受蒸发影响较大，土壤含水率降低。多年平均5日累计降雨量7月21日最大，此时0.2～1.0m土层基本达到最大值，7月21日后各层土壤含水率呈逐渐减小趋势。

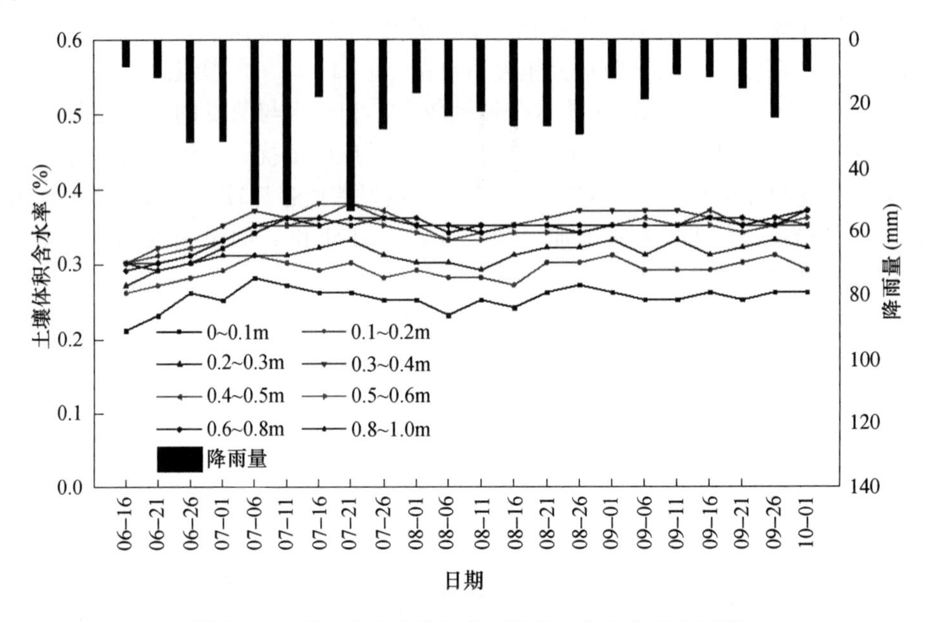

图 8.1-3　夏玉米生长季内多年平均土壤水分变化过程

表 8.1-1　夏玉米生长季剖面土层含水率和地下水埋深统计指标

地下水埋深（m）	体积含水率统计量（%）		
	均值	标准差	变异系数
0～0.1	25.2	1.5	5.9
0.1～0.2	28.9	1.4	4.8
0.2～0.3	31	1.5	4.8
0.3～0.4	35.5	1.9	5.4
0.4～0.5	34.5	1.8	5.3
0.5～0.6	33.9	1.7	5.1
0.6～0.8	34.4	2	5.9
0.8～1.0	34.3	2.2	6.4
0～1.0	32.1	1.6	5

冬小麦生长季内多年平均土壤水分变化过程如图8.1-4所示，并统计生长季内各深度土壤含水率的统计指标见表8.1-2：整个小麦生长季，表层（0～0.1m、0.1～0.2m）土壤平均含水率波动最大且平均含水率最低。随着土层深度的增加，波动幅度减小。土壤水分变化经历两个阶段，11月至次年3月土壤水分较稳定，该时间段小麦冬眠，降雨稀少，小麦需水量小，水分消耗主要以农田蒸散为主。4～5月土壤水分迅速降低，但降雨量稍微增大，

并且小麦进入抽穗和灌浆时期，需水量增大。6 月以后，随着雨量的增大、小麦的收割，蒸散影响远小于降雨影响，土壤含水率迅速增加，变化明显。其中多年累计降雨量在 6 月 1 日最大，为 40.4mm，各剖面土层含水率对降雨的响应较为明显，当天土壤水分上升明显。

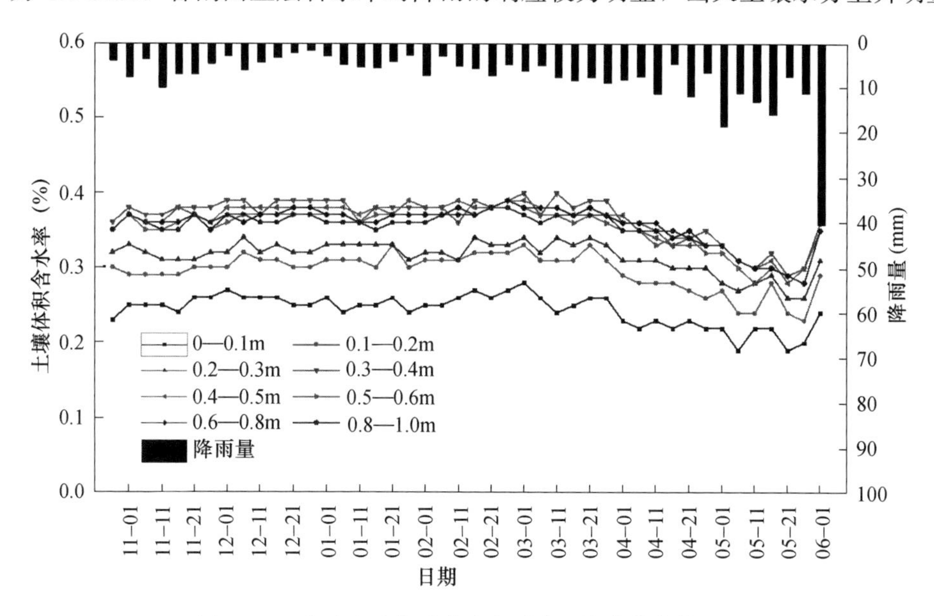

图 8.1-4 冬小麦生长季内多年平均土壤水分变化过程

表 8.1-2 冬小麦生长季剖面土层含水率和地下水埋深统计指标

地下水埋深（m）	体积含水率统计量（%）		
	均值	标准差	变异系数
0～0.1	25.1	2.5	10.1
0.1～0.2	29.5	2.8	9.3
0.2～0.3	31.2	2.5	8
0.3～0.4	36.8	3	8.1
0.4～0.5	36.3	3.1	8.5
0.5～0.6	35.4	3	8.4
0.6～0.8	35.8	2.8	7.9
0.8～1.0	35.4	2.7	7.6
0～1.0	33.1	2.67	8.1

对比冬小麦和夏玉米生长季内土壤水分变化发现：作物生长季各土层土壤水变化不仅受作物影响，同时受降雨和蒸发影响较大。两种生长季内各土层间土壤水变化趋势基本一致。其中，0.3～0.4m、0.4～0.5m 土层平均含水率高于各土层，这表明该层持水性较好，尤其在早期，该层对作物生长发育起着重要作用。不同生长季内各土层的土壤含水率变动幅度不一致，小麦的变异系数普遍大于玉米，这可能与作物的根系相关。小麦根系主根长 1m 左右，所以实验所测量的 0～1m 正是小麦的根系活动活跃区，根系的吸水与释水频繁。而玉米的根系最长能达到 2m，活跃区分布较大。因此，在 0～1m 土层的土壤水分变化幅度大。

8.1.1.2 地下水埋深动态变化

1. 地下水埋深的年内与年际变化

统计 1986—2018 年多年地下水埋深数据，分析其年内和年际变化特征。

地下水埋深及其变异系数的年内变化如图 8.1-5 所示：地下水埋深呈现双峰变化。两次峰值分别出现在 3 月和 7 月，即地下水水位达到极大值。这与上述土壤水变化一致。3 月由于前期积雪融化、土壤解冻，地下水水位回升。7 月处于汛期，降水多，地下水水位抬升。不同月份内的地下水埋深的变异系数与埋深变化呈明显的负相关趋势。埋深小的时期，变异系数大；埋深大时，则反之。这表明地下水水位高的时期，地下水活动频繁，对土壤水、气象要素等外界环境响应迅速。春—夏—秋—冬季的平均地下水埋深为：1.88—1.64—1.68—1.83（单位：m），变异系数依次为：0.47—0.58—0.57—0.53。夏秋季地下水水位较高，变幅较大。春冬季地下水水位较低，变幅较小。

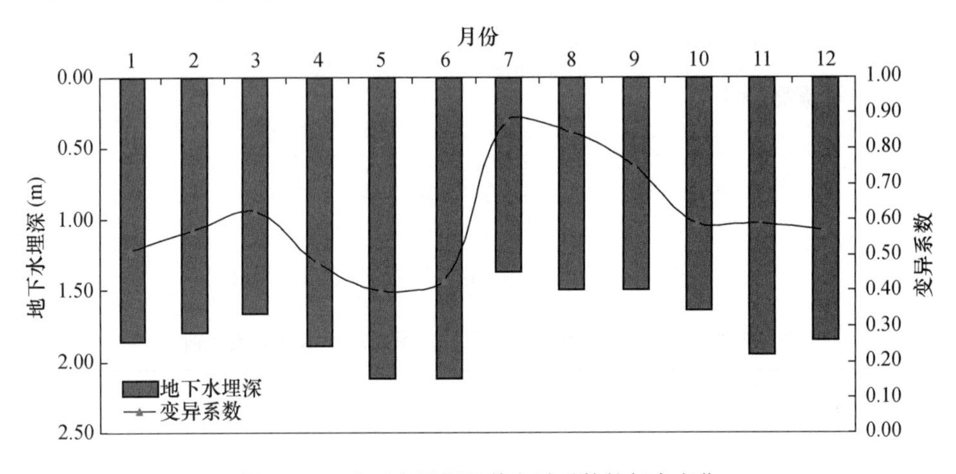

图 8.1-5 地下水埋深及其变异系数的年内变化

地下水埋深的年际变化如图 8.1-6 所示。从 1986—2018 年大致可将地下水埋深的变化划分为三个阶段：第一阶段（1986—1998）呈现缓慢下降趋势，减少幅度为 0.04m/a；第二阶段（1998—2004）的地下水埋深变化十分震荡，2001 年地下水水位降至最低，2003 年升至最高，同期降水也相应达到最大（小）；第三阶段（2005—2018）呈缓慢上升趋势，上升幅度为 0.03m/a。第一阶段与第二阶段地下水水位的年际差异较小，而第二阶段则发生突变。这表明在地下水浅埋区，地下水埋深对一定范围内的降雨具有弹性。分析实验站历年降水，大致确定地下水埋深对其响应及时的范围为［600，1200］（单位：mm）。在范围内的降雨，地下水水位会响应迅速；对于超出范围的降雨，地下水水位则恢复较慢。

2. 作物对地下水埋深的影响

下述分析使用数据测量频率为 1d/次，下文均以 1d 为步长绘土壤水分图分析。

夏玉米生长季内多年平均地下水埋深变化过程如图 8.1-7 所示：整个玉米生长季地下水埋深在［1.11，2.37］（单位：m）范围内波动，呈“先增后减”的趋势。6 月下旬地下水水位最低，7 月下旬水位达到最高后逐渐降低，8 月下旬后相对平稳。前期埋深增加的速率约为 0.02m/d，约持续 44d。后期降低速率约为 0.02m/d，约持续 28d。6～7 月地下水水位持续上升，该时段为作物生长初期，蒸散量较小。但降雨较为集中，引起地下水水位持续抬升。该时段内降雨对地下水水位的影响大于蒸散对其影响。7～8 月地下水水位呈现短期的

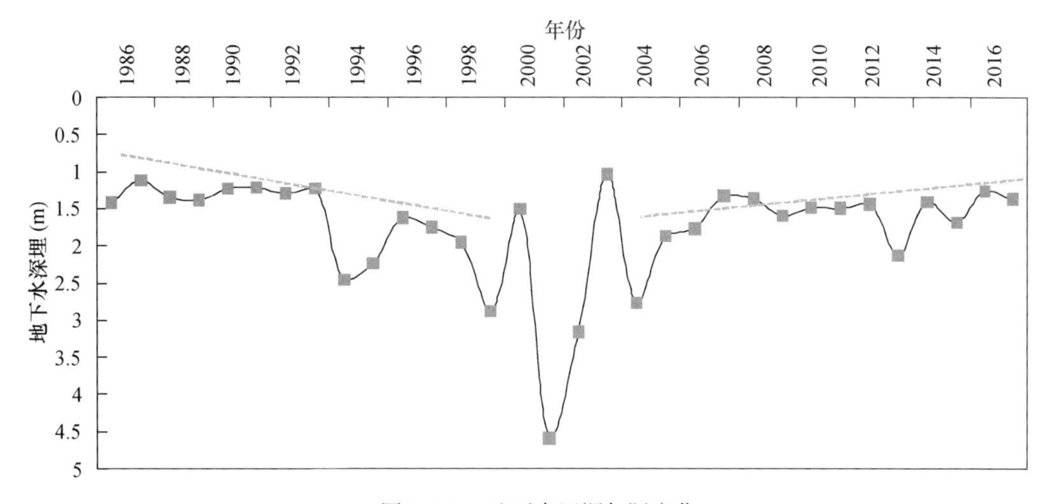

图 8.1-6　地下水埋深年际变化

减少，该时段为作物需水旺盛期，蒸散量较大，不断消耗地下水。虽有降水补给地下水，但作物蒸散对地下水的影响大于降雨。8 月以后，地下水水位相对稳定，该时段内需水量逐渐较少，降水也较为分散，需水量对地下水水位的影响与降水对其作用相当。

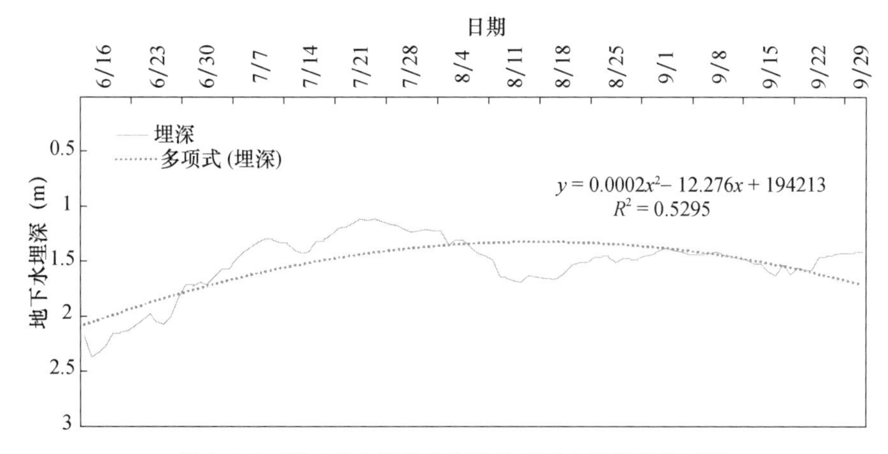

图 8.1-7　夏玉米生长季多年平均地下水埋深变化过程

冬小麦生长季内多年平均地下水埋深变化过程如图 8.1-8 所示：整个小麦生长季地下水埋深在［1.62，2.21］（单位：m）范围内波动，地下水水位呈现小幅度的“先增后减”趋势，但总体都是围绕均值 1.86m 波动。11 月～次年 3 月地下水水位相对稳定，该时段小麦处于越冬阶段，需水量少，且降雨稀少，主要影响包气带的储水量，对地下水的影响较小。4～5 月地下水水位降低，约 0.01m/d，持续降低约 80d。该时段虽降雨量稍微增大，但小麦进入抽穗和灌浆时期，需水量增大，对地下水的消耗大于降水的补给。

对比冬小麦和夏玉米生长季内地下水埋深变化发现：两种作物生长季内地下水埋深均呈现“先增后减”的趋势。作物生长前期需水少、降水补给量决定了地下水水位的增长幅度，后期尽管会有降水的补给，但需水量过大，地下水水位则持续下降。对比土壤水对作物的响应发现，小麦生长季内土壤水和地下水变化趋势一致，而玉米生长季后期土壤水呈小幅度上升、地下水呈大幅度下降趋势。玉米后期约 9 月，雨量与蒸发量相抵消，土壤含水率的增加可能由于地下水对其补给。

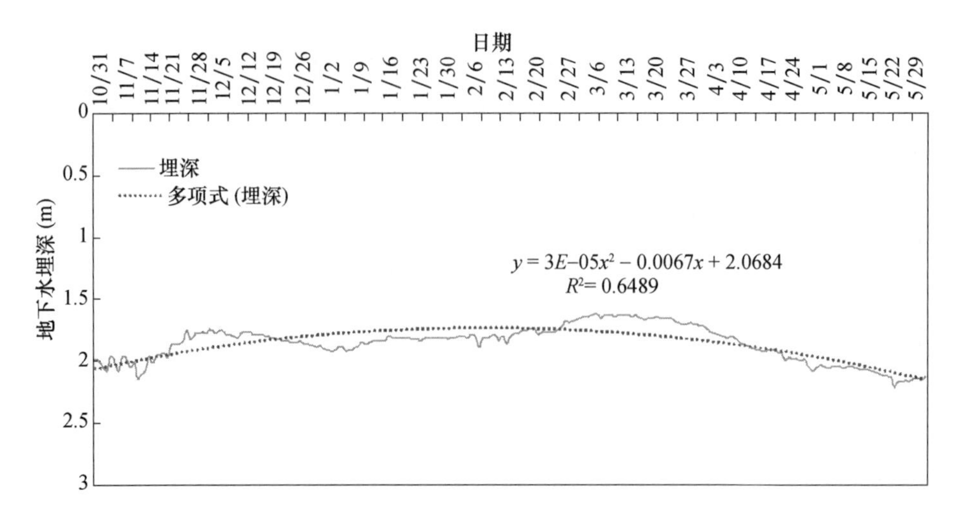

图 8.1-8 冬小麦生长季多年平均地下水埋深变化过程

8.1.1.3 地下水与土壤水转化关系

1. 年内转化关系的变化

土壤水分和地下水埋深的多年平均年内变化如图 8.1-9 所示。地下水埋深与剖面土壤水分变化相对一致，由浅到深的 8 个土层与地下水埋深的相关系数依次为：−0.498、−0.418、−0.567、−0.477、−0.457、−0.416 和−0.529。实际从多年平均来看，各层与地下水埋深的相关系数差异不大，均在［−0.5，−0.4］范围变化。剖面土壤水分与地下水埋深呈负相关。土壤水分减少，则地下水埋深变大，即地下水水位降低。这时反映了地下水和土壤水对降水和蒸发的响应比较一致，年内分配中土壤水和地下水总体上水量的变化趋势比较一致。

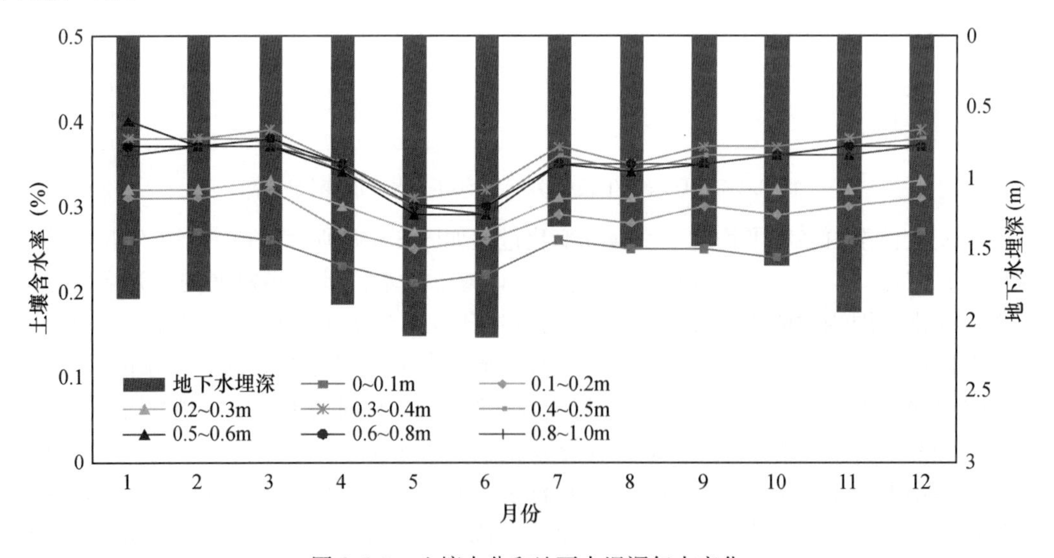

图 8.1-9 土壤水分和地下水埋深年内变化

为比较剖面上不同深度土壤水分对地下水水位变化的贡献率，现依据各月之间土壤水分与水位的变化比例分析。此处为更直观地看出地下水水位的波动，选择地下水水位的变化比例绘图。其中，土壤水分和地下水水位的变化比例计算公式如下：

第 i 月的土壤水分变化比例 ΔD_i 依据下式计算：

$$\Delta D_i=\frac{D_i-D_{i-1}}{D_{i-1}} \tag{8.1-1}$$

式中，ΔD_i 为第 i 个月的土壤水分变化比例，%；D_i 为第 i 个月的土壤含水率，$cm^3\cdot cm^{-3}$；i 表示第 i 个月，$i=1$，2，3，…，12。

第 i 月的地下水水位变化比例 ΔS_i 依据下式计算：

$$\Delta S_i=\frac{S_{i-1}-S_i}{S_{i-1}} \tag{8.1-2}$$

式中，ΔS_i 为第 i 个月的地下水水位变化比例，%；S_i 为第 i 个月的地下水埋深，m；i 表示第 i 个月，$i=1$，2，3，…，12。

土壤水分和地下水水位年内变化比例如图 8.1-10 所示。大致可以将土壤水分划分为两个阶段：3～9 月和 10 月～次年 2 月。3～9 月：0～1m 剖面土壤水的增减方向与地下水水位的增减方向极其一致。这是因为 3～5 月是小麦返青后需水旺盛时期，不仅消耗浅层土壤水也消耗深层的地下水。6～9 月是玉米需水旺盛期，会不断地消耗地下水和土壤水，致使 8～9 月地下水降低到 1.5m 处。而 6～7 月为降水密集期，降水对土壤水和地下水的补给量大于作物耗水量。10 月～次年 2 月：土壤水分与地下水水位变化方向不完全一致的时期。地下水与土壤水之间的转化可能在这个时段更为频繁。尤其是 11 月，各层土壤水的变化方向完全与地下水相反，在降水明显减少的月份土壤水增大可能是地下水补给引起。

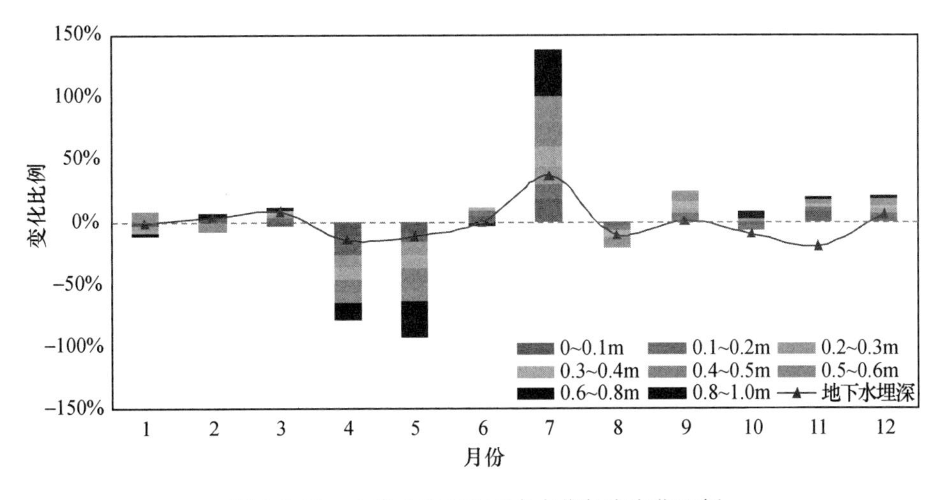

图 8.1-10　土壤水分和地下水水位年内变化比例

为找到包气带中对地下水影响较大的土层，现利用逐步回归分析法找出关键层位。将 0～0.1m、0.1～0.2m……0.8～1.0m 共 8 层用 d_i 表示第 i 层。以相关系数与误差为判别回归效果的指标，共有两种剔除方法：第一种，先由最上层即 d_1 层开始剔除，而后叠加下一层，依次累加剔除，直至仅剩余 d_8 层。第二种，先进行全部因子的回归，而后剔除估计系数小于 1 的层位，依次重复，直至剩余的回归系数均大于 1。第一种方法的依据是假设土壤水对地下水水位影响的关键层位是互相连通且相邻的。第二种方法的依据是假设土壤水对地下水水位影响的关键层位不一定相邻，回归系数小的层位代表对地下水水位波动的影响较小。结果如表 8.1-3 所示：不管在何种筛选方法中，d_8 的回归系数始终为正，这与上述的研究是相一致的，0.8～1.0m 的土壤水对地下水呈正向补给的作用。在所有情景的回归中，最后一种的回归效果最好，相关系数最大、误差最小。这种情景说明 0.2～0.3m 和 0.6～1.0m 对地下水水位的变化起关键作用，其中 0.2～0.3m 和 0.8～1.0m 对地下水起补给作用，而 0.6～0.8m 则为地下水补给土壤水。0.3～0.5m 深度土壤水的持水效果好，含水层的变动较小。

表 8.1-3　土壤水分与地下水水位的逐步回归分析结果

剔除因子	c	d_1	d_2	d_3	d_4	d_5	d_6	d_7	d_8	R^2	误差（%）
—	−1.642	−0.167	0.716	1.376	0.762	−1.042	0.904	−3.17	2.367	0.196	13.201
d_1	−1.63	—	0.466	1.727	0.702	−1.008	0.952	−3.156	2.082	0.395	11.457
d_1、d_2	−1.586	—	—	2.289	0.53	−0.46	0.833	−2.921	1.485	0.513	10.271
d_1、d_2、d_3	−1.663	—	—	—	2.227	−1.099	0.918	−2.951	2.379	0.516	10.243
d_1、d_2、d_3、d_4	−1.64	—	—	—	—	1.161	0.365	−1.78	1.547	0.534	10.015
d_1、d_2、d_3、d_4、d_5	−1.635	—	—	—	—	—	0.777	−1.43	1.932	0.527	10.131
d_1、d_2、d_3、d_4、d_5、d_6	−1.563	—	—	—	—	—	—	−0.479	1.844	0.526	10.132
d_1、d_2、d_3、d_4、d_5、d_6、d_7	−1.561	—	—	—	—	—	—	—	1.435	0.568	9.679
d_1、d_2、d_4、d_6	−1.539	—	—	2.036	—	0.578	—	−2.013	1.13	0.607	9.234
d_1、d_2、d_4、d_5、d_6	−1.506	—	—	2.542	—	—	—	−1.864	1.163	0.642	8.805

2. 作物对转化关系的影响

夏玉米生长季多年平均土壤含水率与地下水埋深变化过程如图 8.1-11 所示：0～1.0m 土层平均含水率与地下水埋深变化趋势相反，受降雨、蒸发影响较大，地下水埋深波动较大，介于 1.2～2.6m 之间，尤其在 7 月波动剧烈，地下水埋深逐渐降低，最低达到 1.2m。0～0.3m 各土层土壤含水率均值最低，0.3～0.5m 土层均值最高，0.6～1.0m 土壤含水率均值较低。从变异系数看，地下水埋深变幅较大，变异系数为 21.6%，0～0.1m、0.6～0.8m 和 0.8～1.0m 土壤含水率变化幅度较大，变幅为 5.9%、5.9%和 6.4%，主要是表层土壤水受蒸发降雨影响，深层土壤水则与地下水交换频繁所致。

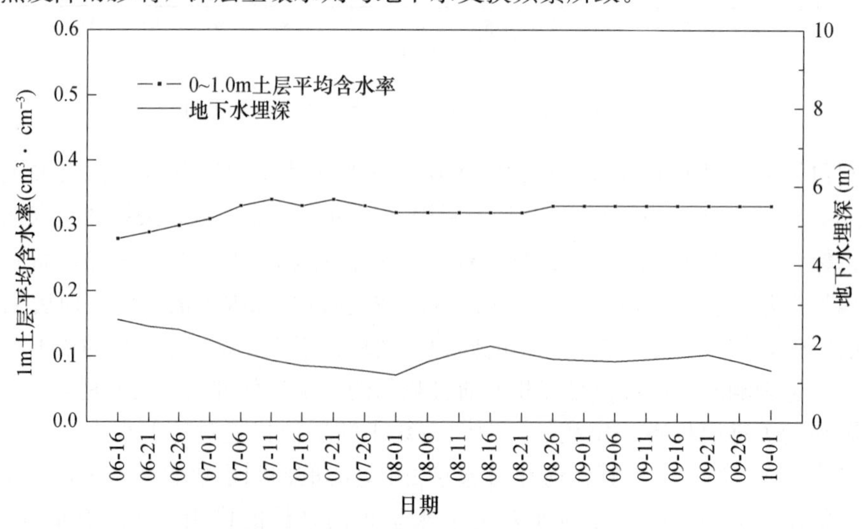

图 8.1-11　夏玉米生长季多年平均土壤含水率与地下水埋深变化过程

通过地下水埋深和土壤水分的动态变化特征，探讨玉米生长季地下水埋深和土壤水分的相关关系，通过1992—2014年长系列地下水埋深和分层土壤水分资料进行相关性分析，建立两者间经验公式。夏玉米生长季各土层土壤含水率与地下水埋深回归分析结果见表8.1-4：随地表以下深度的增加，土壤含水率与地下水埋深相关性越好，0～0.1m、0.1～0.2m在0.05水平上显著负相关，相关系数分别为－0.503和－0.511。0.2～0.3m、0.3～0.4m、0.4～0.5m、0.5～0.6m、0.6～0.8m、0.8～1.0m和0～1.0m在0.01水平上显著负相关，相关系数分别为－0.681、－0.795、－0.859、－0.888、－0.928、－0.913和－0.883。建立各土层含水率与地下水埋深的回归模型，两者呈线性回归与乘幂回归时，拟合优度较高，0.3m以浅拟合效果与0.3m以深相比效果较差，土层越深，拟合优度越高。深层土壤含水率与地下水埋深呈非线性幂函数关系。因此，分别建立0.3～0.4m、0.4～0.5m、0.5～0.6m、0.6～0.8m、0.8～1.0m和0～1.0m土层平均含水率与地下水埋深回归模型。

表8.1-4　夏玉米生长季各土层土壤含水率与地下水埋深回归分析结果

土层深度(m)	相关系数	线性回归		乘幂回归	
		回归方程	R^2	回归方程	R^2
0～0.1	－0.503*	$S=-1.913D+28.085$	0.253	$S=D^{-0.139}+26.603$	0.220
0.1～0.2	－0.511*	$S=-1.801D+31.786$	0.261	$S=D^{-0.111}+30.352$	0.225
0.2～0.3	－0.681**	$S=-2.761D+35.879$	0.463	$S=D^{-0.159}+33.772$	0.403
0.3～0.4	－0.795**	$S=-4.109D+42.425$	0.632	$S=D^{-0.214}+39.454$	0.543
0.4～0.5	－0.859**	$S=-4.180D+41.777$	0.738	$S=D^{-0.233}+38.795$	0.678
0.5～0.6	－0.888**	$S=-4.106D+40.825$	0.788	$S=D^{-0.227}+37.944$	0.716
0.6～0.8	－0.928**	$S=-4.868D+42.751$	0.861	$S=D^{-0.267}+39.461$	0.779
0.8～1.0	－0.913**	$S=-5.329D+43.463$	0.834	$S=D^{-0.296}+39.939$	0.750
0～1.0	－0.883**	$S=-3.835D+38.637$	0.779	$S=D^{-0.222}+35.933$	0.693

* 在0.05水平（双侧）上显著相关；
** 在0.01水平（双侧）上显著相关；S为土壤含水率（%）；D为地下水埋深（m）；R^2为拟合优度。

采用乘幂回归和线性回归模型，并利用2016年、2017年和2018年资料验证，验证结果见表8.1-5：采用线性回归方程验证，各年份相对误差较小，验证效果较乘幂回归方程好。玉米生长季0.3～0.4m、0.4～0.5m、0.5～0.6m、0.6～0.8m、0.8～1.0m和0～1.0m土层土壤含水率与地下水埋深呈线性负相关关系，可用函数关系式$y=ax+b$（a、b为参数）表示。

表8.1-5　夏玉米生长季土层含水率验证结果

回归方程	年份	相对误差					
		土层深度（m）					
		0.3～0.4	0.4～0.5	0.5～0.6	0.6～0.8	0.8～1.0	0～1.0
线性回归	2016	9.74%	5.99%	6.81%	8.99%	10.52%	7.05%
	2017	9.73%	9.84%	13.57%	16.89%	13.28%	11.07%
	2018	8.62%	6.63%	4.86%	3.35%	4.63%	3.83%
乘幂回归	2016	13.08%	16.18%	16.94%	21.00%	24.75%	16.27%
	2017	15.85%	19.09%	23.63%	31.52%	30.15%	22.48%
	2018	6.11%	6.73%	5.47%	7.50%	8.57%	6.17%

冬小麦生长季多年平均土壤含水率与地下水埋深变化过程如图 8.1-12 所示：小麦生长季地下水埋深波动较玉米季小，在后期（3～6 月份）略微升高，这是因为冬季干旱少雨，进入秋季，雨量开始增多。1m 土层土壤平均含水率在后期下降明显，最低达 26.3%，这是因为小麦 3 月份进入返青期，需水量增大，蒸散作用加强。同玉米生长季相同，受蒸发、降雨影响，表层土壤含水率变化较大，均值最小，为 25.1%。各土层含水率变异系数同玉米季相比均较大，主要是小麦生长季地下水埋深同玉米生长季相比相对较大，地下水对土壤水的补给作用较弱。地下水埋深变异系数与玉米季相比较小，为 10.8%，地下水与土壤水交换较玉米季不明显。

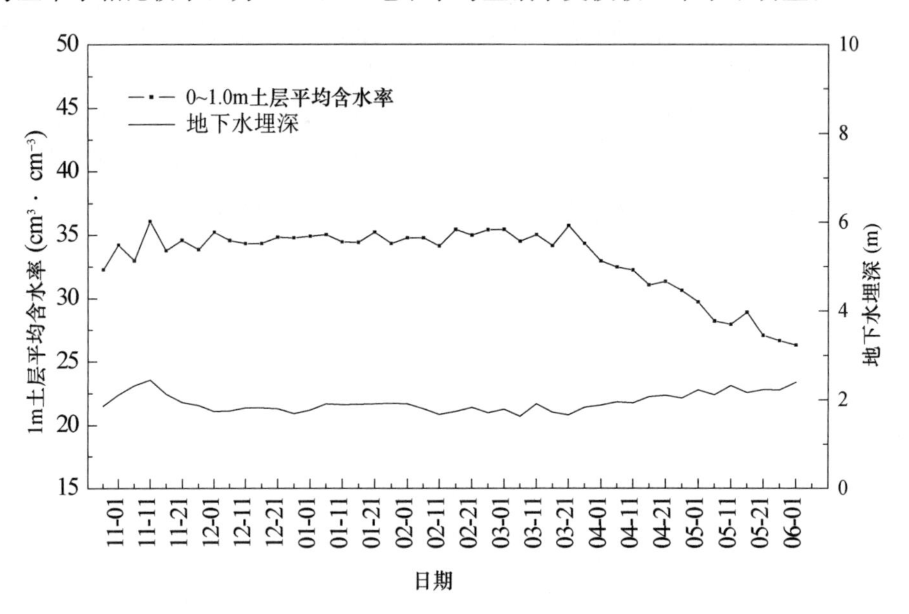

图 8.1-12　冬小麦生长季多年平均土壤含水率与地下水埋深变化过程

选取 1992—2014 年冬小麦生长季地下水埋深和分层土壤水分多年平均资料进行相关性分析，建立两者间经验公式，结果如表 8.1-6 所示：各土层土壤平均含水率与地下水埋深相关性均较好，在 0.01 水平上显著负相关。0～0.1m、0.1～0.2m、0.2～0.3m、0.3～0.4m、0.4～0.5m、0.5～0.6m、0.6～0.8m、0.8～1.0m 和 0～1.0m 土层土壤平均含水率与地下水埋深的相关系数分别为－0.632、－0.713、－0.700、－0.640、－0.658、－0.696、－0.719、－0.727 和－0.628。总体来看，随着土层深度的增加，土壤平均含水率与地下水埋深的相关性越好。与夏玉米生长季一样，两者呈线性回归与乘幂回归时，拟合优度较高，拟合优度随土层埋深增加而增加，0.6～0.8m 和 0.8～1.0m 土层拟合效果相对较好。小麦生长季，降雨较少，地下水埋深波动较夏玉米季微弱，因此，各土层土壤平均含水率与地下水埋深的拟合效果不如夏玉米季的拟合效果。建立 0.6～0.8m 和 0.8～1.0m 土层土壤含水率与地下水埋深回归模型。

表 8.1-6　冬小麦生长季各土层土壤含水率与地下水埋深回归分析结果

土层深度（m）	相关系数	线性回归		乘幂回归	
		回归方程	R^2	回归方程	R^2
0～0.1	－0.632**	$S=-7.087D+38.603$	0.400	$S=D^{-0.636}+37.680$	0.401
0.1～0.2	－0.713**	$S=-9.740D+48.978$	0.508	$S=D^{-0.721}+48.254$	0.497

续表

土层深度（m）	相关系数	线性回归		乘幂回归	
		回归方程	R^2	回归方程	R^2
0.2～0.3	－0.700**	$S=-8.437D+48.280$	0.490	$S=D^{-0.585}+46.828$	0.471
0.3～0.4	－0.640**	$S=-9.315D+55.208$	0.410	$S=D^{-0.554}+53.398$	0.406
0.4～0.5	－0.658**	$S=-9.942D+56.025$	0.433	$S=D^{-0.602}+54.518$	0.428
0.5～0.6	－0.696**	$S=-10.292D+56.164$	0.484	$S=D^{-0.632}+54.800$	0.471
0.6～0.8	－0.719**	$S=-10.096D+55.907$	0.517	$S=D^{-0.618}+54.471$	0.499
0.8～1.0	－0.727**	$S=-9.475D+54.118$	0.528	$S=D^{-0.583}+52.530$	0.507
0～1.0	－0.628**	$S=-8.184D+49.382$	0.394	$S=D^{-0.550}+48.049$	0.398

** 在0.01水平（双侧）上显著相关；S为土壤含水率（%）；D为地下水埋深（m）；R^2为拟合优度。

利用2016年、2017年和2018年冬小麦生长季土壤水分资料对线性回归模型和乘幂回归模型进行验证，验证结果见表8.1-7：采用线性回归方程验证，各年份相对误差较小，验证效果较乘幂回归方程好。冬小麦生长季0.6～0.8m和0.8～1.0m土层土壤含水率与地下水埋深呈线性负相关关系，可用函数关系式$y=ax+b$（a、b为参数）表示。

表8.1-7　冬小麦生长季土层含水率验证结果

回归方程	年份	相对误差	
		土层深度（m）	
		0.6～0.8	0.8～1.0
线性回归	2016	18.32%	15.45%
	2017	18.57%	15.97%
	2018	17.95%	15.06%
乘幂回归	2016	47.46%	44.32%
	2017	49.48%	44.19%
	2018	47.82%	41.55%

8.1.2 基于产量模拟的水分生产函数适应性研究

水分生产函数是一种在不同地区、不同作物、不同生长条件下计算结果差异较大的函数，而旱作物在不同地区所适应的水分生产函数是不相同的，本次重点探究淮北平原典型旱作物的水分需求趋势，必须找到合适的水分生产函数。从水分生产函数模型的结构和拟合精度方面进行比较和分析，选用Jensen乘法模型进行作物产量的模拟计算，得到适合淮北平原作物的水分生产函数。

8.1.2.1 Jensen乘法模型简述与计算方法

Jensen模型是乘法模型，自变量为实际蒸散量及产量和充分供水条件下的蒸散量及产量，把每个生育期需水对产量的影响连乘起来的水分生产函数。表明如果作物某一生育阶段需水不足，不仅会对这一阶段造成影响，也会波及其他生育阶段。如下式：

$$\frac{Y}{Y_m}=\prod_{i=1}^{n}\left(\frac{ET}{ET_m}\right)_i^{\lambda_i} \tag{8.1-3}$$

式中，i 为生育期划分序号；λ_i 为不同生育期的敏感指数；Y 为实际产量；Y_m为充分供水条件下产量；ET 为实际蒸散量；ET_m为充分供水条件下作物蒸散量；n 为模型阶段总数。

对上式两边取对数得：

$$\ln\frac{Y}{Y_m}=\sum_{i=1}^{n}\lambda_i\ln\left(\frac{ET}{ET_m}\right)_i \tag{8.1-4}$$

令 $Z=\ln\frac{Y}{Y_m}$，$X_i=\ln\left(\frac{ET}{ET_m}\right)_i$，化为线性公式表示为：

$$Z=\sum_{i=1}^{n}\lambda_i X_i \tag{8.1-5}$$

统一采用 m 个处理，可以得到 J 组；Z_j（$j=1$，2，…，m；$i=1$，2，…，n），采用最小二乘法，建立目标函数：

$$\min f=\sum_{j=1}^{m}\left(Z_j-\sum_{i=1}^{n}\lambda_i X_{ij}\right)^2 \tag{8.1-6}$$

令 $\frac{\partial f}{\partial\lambda_i}=0$，求解该方程，可得到第一组线性联立方程：

$$\begin{cases}L_{11}\lambda_1+L_{12}\lambda_2+\cdots+L_{1n}\lambda_n=L_{1z}\\L_{21}\lambda_1+L_{22}\lambda_2+\cdots+L_{2n}\lambda_n=L_{2z}\\\cdot\\\cdot\\\cdot\\L_{n1}\lambda_1+L_{n2}\lambda_2+\cdots+L_{nn}\lambda_n=L_{nz}\end{cases} \tag{8.1-7}$$

式中：

$$L_{ik}=\sum_{j=1}^{m}X_{ij}\cdot X_{kj}(k=1,2,\cdots,n),L_{iM}=\sum_{j=1}^{m}X_{ij}\cdot Z_j\quad(i=1,2,\cdots,n) \tag{8.1-8}$$

相关系数：

$$R=\left[\frac{\sum_{i=1}^{n}\lambda_i L_{i,n+1}}{L_{n+1,n+1}}\right]^{\frac{1}{2}} \tag{8.1-9}$$

通过求解方程组，即可解出模型中 λ_i的值。

8.1.2.2 Jensen 模型模拟作物产量

以淮北平原地区冬小麦为例，根据 2008—2012 年冬小麦各生育期的潜水蒸发累加值和产量，求解 Jensen 模型，得到不同地下水埋深、不同土壤、不同生育期的冬小麦水分敏感指数见表 8.1-8。

表 8.1-8 冬小麦水分敏感指数

土壤	埋深（m）	出苗-分蘖	越冬期	返青-拔节	抽穗-成熟
砂姜黑土	0.2	0.0486	0.0212	0.1579	0.3420
	0.4	0.0701	0.0395	0.2767	0.4555
	0.6	0.0713	0.0482	0.2971	0.5149
	0.8	0.0747	0.0494	0.3032	0.5261
	1.0	0.0769	0.0521	0.3068	0.5463
	1.5	0.0679	0.0329	0.3008	0.4906

续表

土壤	埋深（m）	出苗-分蘖	越冬期	返青-拔节	抽穗-成熟
黄潮土	0.2	0.0675	0.0321	0.1689	0.3423
	0.4	0.0689	0.0360	0.1706	0.4290
	0.6	0.0702	0.0409	0.2298	0.4958
	1.0	0.0789	0.0598	0.3524	0.5927

在Jensen模型中敏感指数越大，表示作物对水分的敏感性越大。根据表中数据可以得出在四个生育阶段中抽穗-成熟对水分最为敏感，而越冬期对水分敏感程度最小，与冬小麦的需水特性完全吻合。将计算得到的Jensen模型对2004—2008年的冬小麦产量进行模拟，如图8.1-13、图8.1-14所示，各埋深下模拟产量与实际产量符合性较好。Jensen模型在砂姜黑土和黄潮土中的模拟产量和实际产量没有明显的偏向趋势，变幅在1%～9%之间，各个埋深下的模拟产量都接近于实际产量。

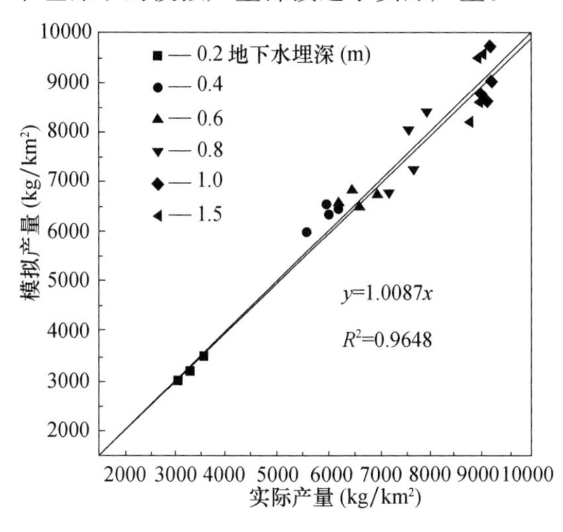

图8.1-13 砂姜黑土模拟结果

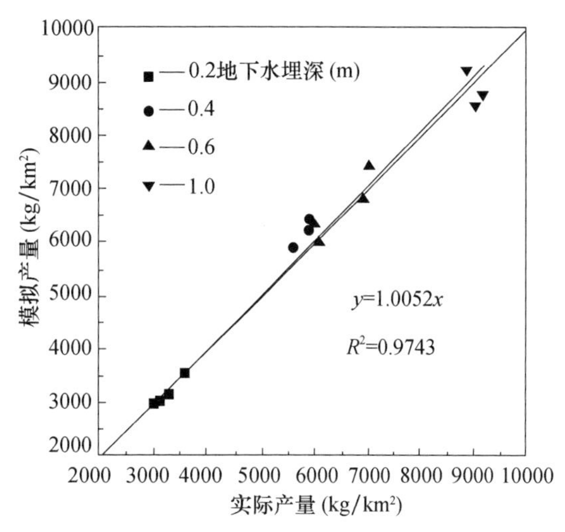

图8.1-14 黄潮土模拟结果

8.1.3 特征作物需水量计算分析

8.1.3.1 ET_c 公式简述与计算方法

在不受水分限制的条件下，作物需水量只与作物本身的生理特性和外界蒸发条件如气象因子等因素有关，此时作物需水量利用推荐的作物系数法计算，可以用下式计算：

$$ET_c = K_c \cdot ET_0 \tag{8.1-10}$$

式中，ET_c 为作物供水充足条件下的蒸发蒸腾量（mm/d）；K_c 为作物系数；ET_0 为参考作物需水量（mm/d）。

以淮北平原区五道沟试验站的冬小麦、大豆为例，采用Penman-Monteith公式计算五道沟试验站作物生长期内的 ET_0。

$$ET_0 = \frac{0.408\Delta(R_n - G) + \gamma \frac{900}{T+273.3} u_2 (e_s - e_a)}{\Delta + \gamma(1 + 0.34u_2)} \tag{8.1-11}$$

式中，ET_0 为参考作物需水量（mm/d），R_n 为植被表面净辐射量［MJ/（m^2·d)］，G 为增热土壤所消耗的热量［MJ/（m^2·d）］，Δ 为饱和水汽压温度关系曲线的斜率（kPa/℃），γ 为温度计常数（kPa/℃），T 为空气平均温度（℃），u_2 为在地面以上 2m 高处的风速（m/s），e_s 为空气饱和水汽压（kPa），e_a 为空气实际水汽压（kPa）。

8.1.3.2 作物系数 K_c

作物系数 K_c 是作物种类、土壤类型、气候环境、作物生长状况等多种因素对土壤蒸发、作物蒸腾的综合效应的反映，是作物蒸发蒸腾量的重要影响因素之一。国内外研究将作物系数 K_c 统一定义为：将实际蒸发蒸腾量 ET_c 与参考作物蒸发蒸腾量 ET_0 之比。

1. 小麦作物系数

对于冬小麦的作物系数，采用淮河流域的部分区域冬小麦作物系数的研究成果，根据五道沟试验站所在的区域位置，选定所需作物逐月作物系数 K_c，范围较大的区域各月同类作物 K_c 有一定的变化，而在小范围内，同种作物在同一月份的 K_c 相近。作物生长期通过试验站的实际试验资料确定。冬小麦逐月平均作物系数见表 8.1-9。

表 8.1-9 冬小麦逐月平均作物系数

月份	10	11	12	1	2	3	4	5	6
冬小麦	0.71	0.94	0.89	0.80	0.92	1.06	1.41	1.3	0.63

2. 大豆作物系数

大豆作物系数采用 FAO 推荐的标准作物系数，将作物系数依据作物生长期分为生长初期、中期和后期各标准作物系数，通过划定作物生长阶段及各生长阶段的长度，选定该作物在各生长阶段内的标准作物系数。先从 FAO-56 中查出所研究作物标准作物系数，然后依据下式对非标准条件下的作物系数进行修正：

$$K_c = Kc_{tab} + [0.04(u_2-2) - 0.004(RH_{min}-45)]\left(\frac{h}{3}\right)^{0.3} \tag{8.1-12}$$

式中，Kc_{tab} 为作物在不同生育阶段标准条件下的作物系数，采用 3 个作物系数值 Kc_{ini}、Kc_{mid}、Kc_{end} 表示（可从 FAO-56 表中查出）；RH_{min} 为该作物生育阶段内日最低相对湿度的平均值，u_2 为 2m 处的风速，m/s；h 为该生育阶段内作物的平均高度，m。时段平均作物系数变化过程如图 8.1-15 所示。

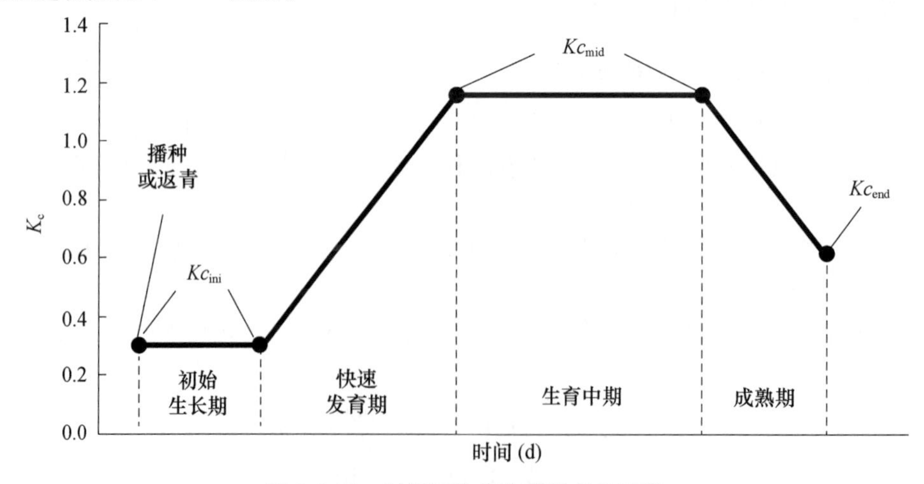

图 8.1-15 时段平均作物系数变化过程

采用2013年地中式蒸渗仪测筒中适时播种的大豆数据，大豆品种为中黄1号，播种时测筒中施基肥20kg/亩，大豆生长过程中没有再进行施肥和灌溉。大豆生育期113天。把大豆全生育期分为5个阶段，计算大豆作物系数 K_c，见表8.1-10。

表8.1-10 大豆作物系数计算 K_c 成果

生育阶段 起讫时间	播种-出苗 6.10～6.20	出苗-分枝 6.21～7.11	分枝-花荚 7.11～7.31	花荚-鼓粒 8.1～8.31	鼓粒-收获 9.1～9.3
作物系数 K_c	0.363	0.781	0.943	1.025	0.958

8.1.3.3 作物需水量 Et_c 计算分析

1. 冬小麦

依据作物需水量计算公式，先划定实验区冬小麦的生长发育阶段及各发育阶段的计算日期，选定小麦相应阶段对应的作物系数 K_c，对冬小麦作物需水量进行逐日计算，然后累加得到冬小麦在各生育阶段内需水量值 Et_c。

采用五道沟试验站2010—2011年地中蒸渗仪测筒中冬小麦播种数据进行分析，小麦品种为皖麦24。该计算结果见表8.1-11，计算分析得出试验冬小麦生长期223天需水总量为343.5mm。

表8.1-11 冬小麦生长期每日 Et_c 计算成果

日	月								
	10/2010	11/2010	12/2010	1/2010	2/2010	3/2010	4/2010	5/2010	6/2010
1		0.592	0.565	0.507	0.531	0.995	1.789	4.804	2.562
2		0.875	0.813	0.351	0.472	1.126	2.025	2.604	1.896
3		0.507	0.203	0.281	0.526	0.870	3.146	4.488	
4		0.669	0.655	0.123	0.522	1.110	3.137	4.404	
5		0.577	0.368	0.286	0.576	0.692	3.392	4.224	
6		0.429	1.193	0.396	0.825	0.760	1.617	5.099	
7		1.662	0.345	0.193	0.444	1.357	2.232	5.110	
8		0.866	0.242	0.268	0.523	1.306	3.220	5.855	
9		0.953	0.933	0.499	0.334	1.196	3.597	5.589	
10		0.710	1.002	0.156	0.365	1.357	3.429	2.731	
11		1.904	0.724	0.217	0.426	1.482	2.957	2.634	
12		0.773	0.542	0.321	0.506	2.119	3.319	4.975	
13		1.182	0.310	0.249	0.431	1.834	3.168	4.515	
14		1.020	0.255	0.349	0.366	0.825	3.934	4.098	
15		0.539	0.330	0.602	0.435	1.481	3.674	4.102	
16		0.565	0.247	0.350	0.397	1.700	3.339	4.343	
17		0.520	0.332	0.381	0.517	1.651	3.835	4.202	
18		0.437	0.140	0.393	0.707	1.541	2.654	5.295	
19		1.072	0.603	0.414	0.609	2.053	3.312	5.330	

续表

日	月								
	10/2010	11/2010	12/2010	1/2010	2/2010	3/2010	4/2010	5/2010	6/2010
20		0.742	0.328	0.384	0.646	1.799	3.284	5.641	
21		1.089	0.303	0.385	1.007	1.381	1.541	2.196	
22		0.654	0.260	0.312	0.911	1.550	3.665	1.541	
23	1.433	0.708	0.603	0.462	1.047	1.198	4.231	2.565	
24	1.280	0.463	0.517	0.102	0.846	1.415	3.921	2.409	
25	0.898	0.520	0.280	0.321	0.557	1.505	1.985	2.094	
26	1.396	1.016	0.384	0.481	0.920	1.602	4.425	2.428	
27	0.831	0.912	0.486	0.822	0.730	1.681	3.955	4.550	
28	0.808	0.695	0.198	0.404	0.373	1.555	3.924	5.014	
29	0.985	0.619	0.624	0.496		1.733	5.124	4.462	
30	0.716	0.480	0.990	0.317		1.688	2.603	2.187	
31	0.839		0.447	0.144		1.650		3.244	
小计	9.187	23.744	15.223	10.965	16.551	44.209	96.431	122.729	4.459

为了更直观地研究冬小麦需水量变化过程，绘制冬小麦全生育期逐日作物需水量变化过程图和冬小麦需水量累积变化过程图，如图 8.1-16 所示。小麦每日需水量不同，需水量的多少与本身的生物学特性及其生长发育状况和气候、土壤条件等有关。冬小麦每日需水量总体变化趋势表现为越冬前期偏大，越冬时期最小，到后期逐步增大，然后再减小。

根据安徽省水利科学研究院重点实验室实验资料，淮北地区小麦多年平均全生长期需水量 449.9mm，共六个生育阶段：播种-出苗，出苗-返青、返青-拔节、拔节-抽穗、抽穗-灌浆、灌浆-成熟，各生育阶段多年平均需水量分别为 91.3mm、33.7mm、43.2mm、135.0mm、112.5mm、34.2mm。图 8.1-16 显示由公式计算得出的需水量与多年平均需水量拟合对比，其变化规律呈现出较好的一致性，冬小麦播种出苗期需水量较大，越冬减至最低，随着返青-拔节期的到来，需水量呈现大幅度的上升，在拔节至灌浆期最大，最后逐渐减少。

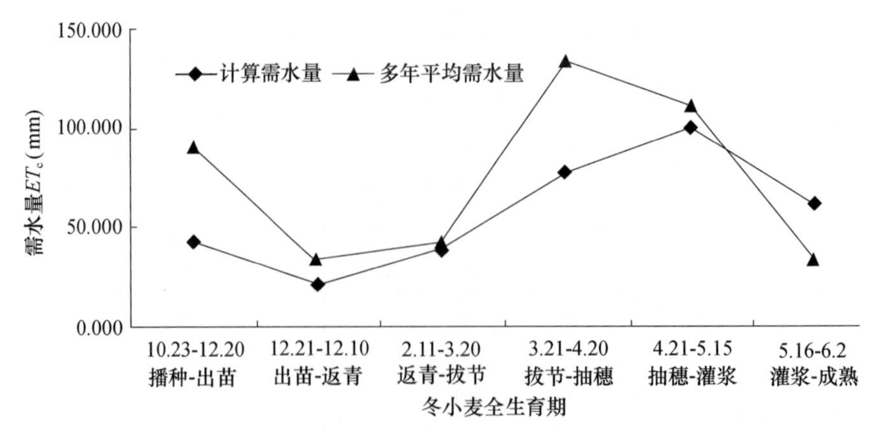

图 8.1-16　冬小麦各生育阶段需水量变化比较

2. 大豆

依据作物需水量计算公式，划定实验大豆的生长发育阶段及各发育阶段的计算起始日期，选定大豆各生育阶段对应的作物系数 K_c，对实验区大豆需水量进行逐日计算，然后累加得到大豆各生育阶段的需水量 ET_c。

选取五道沟试验站地中式蒸渗仪测筒 2011 年大豆播种数据进行分析，大豆品种为中黄 1 号，大豆生长期 113 天，需水量为 266.5mm，具体计算结果见表 8.1-12。

表 8.1-12　大豆生长期每日 Et_c 计算成果

日	月			
	6	7	8	9
1		3.103	1.753	2.617
2		4.213	1.510	2.268
3		3.673	1.869	3.291
4		1.483	1.590	2.344
5		1.686	1.994	1.258
6		1.759	2.581	1.200
7		2.330	2.900	1.075
8		3.538	3.773	1.067
9		3.395	3.809	1.101
10	0.549	3.574	2.114	2.622
11	0.852	2.256	4.196	2.342
12	1.420	2.101	4.402	1.919
13	1.109	1.428	3.043	2.241
14	0.789	1.235	4.324	3.105
15	1.531	1.552	4.836	1.518
16	1.073	2.297	3.884	1.295
17	1.444	1.566	1.680	1.771
18	1.010	1.477	2.625	1.882
19	1.181	1.954	1.735	1.429
20	1.742	1.600	2.060	1.372
21	1.608	3.320	2.357	2.447
22	1.276	4.178	2.681	2.552
23	1.067	4.201	1.586	2.504
24	0.880	4.848	1.985	2.391
25	1.820	4.725	4.022	2.410
26	3.296	4.533	1.448	2.091
27	3.720	1.908	1.581	1.465
28	2.624	5.049	2.337	1.573
29	3.804	4.419	1.612	1.231
30	4.901	3.160	1.787	1.306
31		2.612	3.890	

为更直观地了解大豆需水量变化过程，绘制大豆全生育期逐日作物需水量变化过程图和大豆需水量累积变化过程图，如图 8.1-17 所示。在大豆主要需水阶段，每日需水量在

1.01～5.05mm/d 范围内波动，需水量的大小与本身的生物学特性及其生长发育状况和气候、土壤条件等有关。累积变化曲线基本为一稳定上升的直线，可知大豆累积需水量随大豆的生长，保持稳定的增长速率。

根据安徽省水利科学研究院重点实验室实验资料，淮北地区大豆多年平均生育期需水量 426.6mm，把全生育期分为五个生育阶段：播种-出苗、出苗-分枝、分枝-花荚、花荚-鼓粒、鼓粒-成熟，五个阶段的多年平均需水量分别为：21.3mm、89.0mm、88.5mm、170.3mm、66.5mm。

图 8.1-17 显示由公式计算得出的需水量与多年平均需水量的变化规律呈现出较好的一致性。对于大豆整个生育期，大豆不同生育阶段的需水差异较大，其生育阶段需水量随时间的变化规律基本为一单峰曲线，即中间较大、两头小。从播种-出苗期需水量开始逐步缓慢增加，至花荚-鼓粒阶段需水量大幅度上升，直至达到需水量和需水强度最大值，然后缓慢减少。

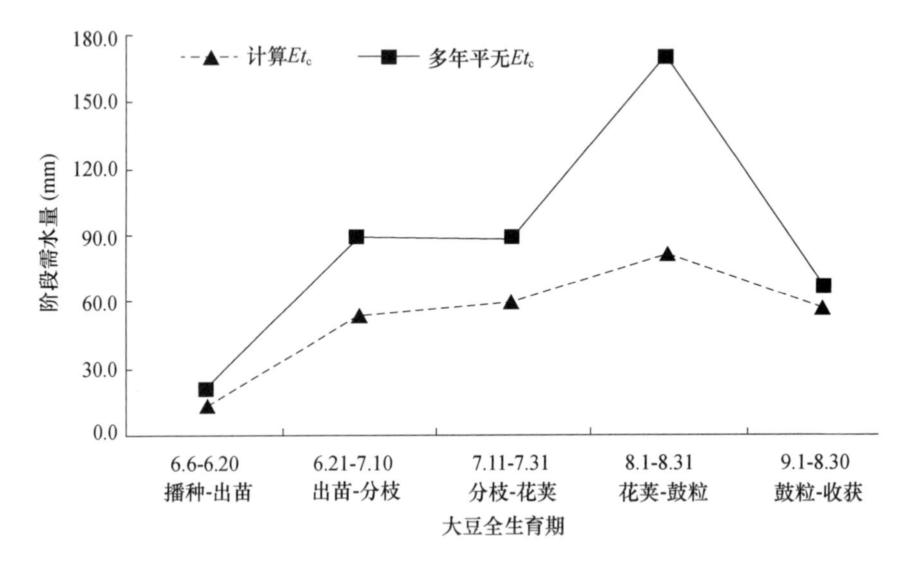

图 8.1-17　大豆生育阶段内需水量变化比较

8.2　工业和生活需水精准预报技术

8.2.1　基于定额定量分析的工业需水预测

8.2.1.1　工业需水影响因素辨识的主成分分析

1. 主要影响因素定性分析

工业需水量受经济产值、工业结构、生产工艺、工业用水重复利用率、工业用水价格等因素的制约，而工业需水定额（万元产值或增加值需水量）也与上述因素有关。

工业经济规模的大小对工业用水量有较大的影响。一般地，工业产值越大，工业用水的需求量也将越大，反之则越小；但随着社会的进步和科技的发展，工业用水量并不随着产值的增加而一直同比率增加，当它到达一定峰值时工业用水量会实现零增长。因此，在考虑地区工业产值因素时必须结合水的重复利用率一起考虑。

按行业用水特点，工业用水分为一般工业用水和电力工业用水，不同的工业类型对水资源的需求量是不同的，如造纸、化工、水力发电等行业单位产值的需水量一般都较大，而如轻纺业、建材等行业需水量较小。所以，一个地区的工业结构不同，工业用水的需求量也不会相同。同时，工业用水重复利用率和水价也是影响工业用水量的重要因素，工业用水重复利用率越高，新鲜水的取用量也就越少；反之，需水量就大。价格杠杆也能够有效调节工业对用水的需求，通过改革和建立合理的价格形成机制，让水价真正、全面地反映水资源的紧张程度，反映水资源的供求关系，引导人们节约用水，从而有效促进工业节水。生产工艺也影响着企业工业需水量，从而对工业行业需水量有较大的影响，规模相当、产品相同而技术装备不同的企业用水量却相差很大。

2. 主要影响因素定量辨识方法

主成分分析法是指把原来多个指标化为少数几个综合指标的一种统计分析方法，使得几个综合变量可以反映原来多个变量的大部分信息，从数学的角度来看，这是一种降维处理技术。把主成分分析法用于影响工业用水的因素分析，在定性分析影响工业用水定额因素的基础上，利用主成分分析法分析得到其主要影响因子。

KMO 统计量和 Bartlett's 球形检验。KMO 是检验变量之间偏相关关系的统计量，球形检验则用于检验相关矩阵是否是单位矩阵，即各变量是否各自独立。KMO 统计量越接近 1，说明各变量间的偏相关关系就越大。若 KMO 统计量小于 0.6，则效果很差，不适合做主成分分析，若大于 0.7 表明效果尚可，若大于 0.9 效果最好。Bartlett's 球形检验用以检验相关矩阵是否是单位矩阵，即各变量是否各自独立。在得到影响工业用水定额序列因素的基础上，进行 KMO 和 Bartlett's 球形检验，以检验所得样本数据是否满足主成分分析要求。

8.2.1.2 淮河流域典型城市工业需水预测成果

以淮河流域重点城市蚌埠市为例，采用本次研究技术对淮河流域典型城市工业需水进行预测预报。工业需水量包括一般工业需水量和火电需水量，一般工业需水量采用万元增加值取水量定额预测法计算，火电需水量根据火电装机容量及火电需水定额进行预测。受工业用水重复利用率提高、技术进步、工业结构变化等因素的影响，工业取水定额将逐年下降。

2010 年蚌埠市的万元工业增加值用水量为 157.6m^3/万元，按照建设节水型社会的要求，参考其他城市工业用水定额水平，预测蚌埠市 2015 年、2020 年和 2030 年工业用水定额分别为 71.6m^3/万元、40m^3/万元和 18m^3/万元。

以 2010 年为基础，结合蚌埠市国民经济发展预测，以保障蚌埠市经济持续稳定发展为目标，同时考虑工业发展所导致的水需求增长和节水技术的推广应用等因素的综合影响，计算蚌埠市规划水平年的工业需水量。需水量预测结果见表 8.2-1。

表 8.2-1 蚌埠市规划水平年工业需水量

分区		2015 年			2020 年			2030 年		
		一般工业（万 m^3）	火电（万 m^3）	合计（万 m^3）	一般工业（万 m^3）	火电（万 m^3）	合计（万 m^3）	一般工业（万 m^3）	火电（万 m^3）	合计（万 m^3）
水资源分区	王蚌区间北岸	3691	0	3691	4021	0	4021	4506	1800	6306
	王蚌区间南岸	2951	1976	4927	3215	2160	5375	3604	1800	5404
	蚌洪区间北岸	15294	0	15294	16661	0	16661	18673	900	19573
	蚌洪区间南岸	14329	1900	16229	15610	2520	18130	17495	3900	21395

续表

分区		2015 年			2020 年			2030 年		
		一般工业（万 m^3）	火电（万 m^3）	合计（万 m^3）	一般工业（万 m^3）	火电（万 m^3）	合计（万 m^3）	一般工业（万 m^3）	火电（万 m^3）	合计（万 m^3）
行政分区	蚌埠市区	19037	1900	20937	20739	2520	23259	23243	3900	27143
	怀远县	7629	1976	9605	8311	2160	10471	9314	3600	12914
	五河县	5082	0	5082	5536	0	5536	6205	450	6655
	固镇县	4517	0	4517	4921	0	4921	5515	450	5965
蚌埠市		36265	3876	40141	39507	4680	44187	44278	8400	52678

总体来说，随着工业的快速发展，蚌埠市未来工业需水呈增长趋势，2020 年蚌埠市工业需水量为 4.42 亿 m^3，2030 年工业需水量为 5.27 亿 m^3。

8.2.2 基于水文多因素系统动力学的生活需水预测

8.2.2.1 影响生活需水主要社会经济因子辨识

人口规模、生活水平的提高导致了居民收入、水价、节水意识的提升以及城镇化进程的加快，这些因素都会导致生活需水量的变化。本研究将人口和城市化水平作为影响生活需水变化的重要因素。此外，城乡居民收入水平与该地区的生活需水量也有密切关系，随着人们消费支出的提高，更多支出将转移到高耗水型消费行业，如伴随着居住环境的升级以及卫生习惯的改善（人类的意识行为），城市居民用水需求在边际上出现递增趋势。研究把常住人口、城镇化率、城乡居民收入、节水意识、水价等作为影响生活需水量的重要因素。

8.2.2.2 影响生活需水量的社会经济因子演化规律解析

1. Logistic 曲线城镇化率预测模型

Logistic 曲线估算法是现阶段最为常用的城镇化率估算方法，具体表达式如下：

$$\delta=\frac{1}{1+Ce^{-dt}} \tag{8.2-1}$$

式中，δ 代表城市化率；C 为积分常数；d 为待确定参数。实际运用过程中，只需要任意确定一个已知的研究起点为基准期 t_0，假设基准期的城市人口为 U_0，农村人口为 R_0，则 $C=R_0/U_0$，事实上待定参数只有 d，该值可通过历史值与预测值离差平方和最小值确定。

2. 线性回归居民收入预测模型

城镇、农村居民可支配收入预测旨在探讨收入增加对居民生活用水需求的影响，选择线性曲线对地区城镇、农村可支配收入进行模拟，具体模型表述如下：

$$\begin{cases} RPI_t=RPI_0+k_1\,(t-t_0) \\ UPI_t=UPI_0+k_2\,(t-t_0) \end{cases} \tag{8.2-2}$$

式中，RPI_t、UPI_t 分别代表第 t 年的农村、城镇居民人均可支配收入；RPI_0、UPI_0 分别为研究基期 t_0 的农村和城镇居民人均可支配收入；k_1 代表农村居民人均可支配收入增长率；k_2 代表城镇居民人均可支配收入增长率。

3. 居民节水意识预测模型

随着经济的增长和居民生活水平的不断提高，对家庭生活用水的需求也会增加，但在节水教育的普及下，居民素质不断提高，相应的生活需水量增量会放缓，主要驱动原因如下：

①居民家庭节水型器具使用量增加；②培养好的生活用水习惯（减少淋浴时间，减少洗涤剂用量）；③合理、重复利用生活用水。相对于水价的提升对生活用水的影响，提高居民节水意识对生活用水量的变化更加明显。在此背景下，本研究提出了节水意识数学描述方法，有效模拟了节水意识对生活用水量的影响。

在理想状态下，假设节水意识 K 呈线性增长（$0\leqslant K\leqslant 1$），节水意识年增长率 θ 保持不变，可用以下数学模型表示：

$$\frac{\mathrm{d}K}{\mathrm{d}t}=\theta \tag{8.2-3}$$

在实际生活中，居民节水意识实际增长过程是非线性的。近年来，居民素质提升明显，节水意识处于快速提升阶段，但这种提升并不是无节制的，到达一定程度时，上升速度会逐渐放缓，呈现出由快到慢的特征，并逐渐趋近于节水意识上限。基于上述分析，对节水意识数学模型做出如下定义：

$$\frac{\mathrm{d}K}{\mathrm{d}t}=\theta\left(\frac{M-K}{M}\right) \tag{8.2-4}$$

式中，K 为节水意识；θ 为节水意识增长率；M 为节水意识上限。

该方程的物理意义为，节水意识随时间的变化率或增长率为 θ，该值不是固定不变的，越接近节水意识的上限，变化率越小，需要乘以一系数（$M-K$），为保证所乘系数在 0～1 之间，将上述系数修订为$\frac{M-K}{M}$。该方程的具体求解过程如下：

$$\begin{aligned}\frac{\mathrm{d}K}{1-\frac{K}{M}}&=\theta\mathrm{d}t\Rightarrow\frac{M\mathrm{d}K}{M-K}=\theta\mathrm{d}t\Rightarrow-M\frac{\mathrm{d}\ (M-K)}{M-K}\\&=\theta\mathrm{d}t-M\ln\ (M-K)\ =\theta t+N\Rightarrow M-K\\&=\mathrm{e}^{-\frac{\theta}{M}t-\frac{N}{M}}\Rightarrow K=M-A\mathrm{e}^{-\frac{\theta}{M}t}\end{aligned} \tag{8.2-5}$$

求解方程得：

$$K=M-A\mathrm{e}^{-\frac{\theta}{M}t} \tag{8.2-6}$$

具体确定步骤：①节水意识上限参数 M 的确定，M 的取值范围为 [0，1]，首先设$M=1$；②参数 A 的确定，对于基准年，$t=0$，根据式（8.2-6），$K=M-A$，假设 A 的取值在 [0，M] 之间，不同 A 值，则得到不同 K 值；③将不同 K、M、A 值代入需水预测模型，与历史需水量拟合误差最小的 A 值，即为所求。若当 $M=1$ 时，无法拟合最优，可调整 M 的值，按照上述步骤，重新率定，直到拟合结果较优为止。

4. 居民水价预测模型

水价是影响生活需水量的重要指标，城市水资源供需矛盾的凸显加剧了水安全危机，增强了水商品意识，通过水价的经济杠杆作用促进节约用水已经达成社会共识。随着社会经济的不断发展，生活用水水价呈现稳定上升趋势，研究拟采用分段线性函数模拟水价的变化过程，具体模型如下：

$$P=\begin{cases}P_{T_0} & tT_0\\P_{T_1} & T_0<tT_1\\P_{T_2} & T_1<tT_2\\ & \cdots\end{cases} \tag{8.2-7}$$

式中，P_{T_i}（i=0，1，2，…）代表 T_i 与前一时间节点间的水价均值。

8.2.2.3 淮河流域生活需水预测预报成果

以淮河流域重点城市蚌埠市在居民生活需水量预测时，将居民生活需水量分为城镇居民生活需水量和农村居民生活需水量两个部分，采用人均日用水量方法进行预测。

2010 年蚌埠市城镇居民生活用水为 0.51 亿 m^3，城镇居民平均生活用水量为 102L/（人·d）。随着城市管网系统建设、市政基础设施建设和居民生活水平的不断提高，城镇生活需水定额将呈现出一定增长趋势。在详细分析蚌埠市近几年城镇居民生活用水量调查统计资料的基础上，综合考虑经济社会发展和居民生活水平提高、生活条件的改善以及水价政策的调整和暂住人口的变化等，最后确定蚌埠市 2015 年、2020 年和 2030 年的城镇居民生活需水定额分别为 112L/（人·d）、116L/（人·d）和 125L/（人·d）。根据所确定的定额和城镇人口预测，计算得蚌埠市在各规划水平年的城镇居民生活需水量，见表 8.2-2。

表 8.2-2　蚌埠市规划水平年城镇居民生活需水量

分区		2015 年（万 m^2）	2020 年（万 m^2）	2030 年（万 m^2）
资源分区	王蚌区间北岸	588	988	1296
	王蚌区间南岸	335	472	612
	蚌洪区间北岸	3313	5438	6959
	蚌洪区间南岸	3122	3696	4707
行政分区	蚌埠市区	3692	4277	5449
	怀远县	1667	2800	3673
	五河县	938	1659	2101
	固镇县	1062	1858	2351
蚌埠市		7359	10594	13574

蚌埠市各县市农村居民生活用水平均为 68L/（人·d），用水水平比较低，随着经济社会的发展和城乡差别的减小、生活水平的不断提高，农村居民生活需水量将会有所增长。从近几年蚌埠市农村居民生活用水指标变化趋势看，农村居民生活饮用水条件在不断改善，居民生活用水持续增长。

基于上述考虑，根据蚌埠市各县市水资源条件和开发利用的难易程度以及经济实力等，预测 2015 年、2020 年和 2030 年蚌埠市农村居民生活需水定额分别为 75L/（人·d）、80L/（人·d）和 85L/（人·d）。需水量预测结果见表 8.2-3。

表 8.2-3　蚌埠市规划水平年农村居民生活需水量

分区		2015 年（万 m^2）	2020 年（万 m^2）	2030 年（万 m^2）
水资源分区	王蚌区间北岸	958	741	663
	王蚌区间南岸	275	211	185
	蚌洪区间北岸	3919	2775	2447
	蚌洪区间南岸	393	259	153
行政分区	蚌埠市区	287	189	75
	怀远县	2716	2100	1880
	五河县	1165	766	671
	固镇县	1378	931	822
蚌埠市		5545	3986	3448

预测结果表明，随着城镇化率的提高以及居民生活水平的提高，城镇居民生活需水呈逐年增长趋势，而由于农村人口逐渐向城市转移和城镇化进程加快，农村居民生活需水量呈逐年下降趋势。

同时表明，蚌埠市居民生活需水总量 2020 年为 1.43 亿 m^3，2030 年为 1.63 亿 m^3，2015—2030 年蚌埠市居民生活需水总量年均增长率为 1.44%，可见居民生活需水量呈逐年增加趋势。

8.3　生态需水动态预报技术

8.3.1　生态用水与经济社会用水关系

河流生态系统同时受到自然因素与人类活动的影响，而人类活动对河流生态系统的影响程度正在逐渐增强。人类活动显著地改变了河流系统的天然状态，各地的天然河流系统为了适应人类的各种需求正在遭受不同程度的重大改造。

河道外引水。经济社会发展对水资源的需求正在逐步增加，作为淡水资源获取最为方便、有效的载体的河流必然会被进一步开发利用，河流生态用水也不可避免地被占用。同时，河道内的非消耗性用水（如水力发电等），也改变了河流的流量模式和质量，引起河流生态状况的变化。

下垫面条件的改变。人类活动如森林砍伐、城市化、开垦农业梯田等，会改变下垫面条件、影响水文循环过程，引起河川径流的改变，打破原本生态系统适应的径流状态。同时，下垫面的改变也会影响河流中物质的含量，继而产生富营养化等一系列环境问题。

水利工程建设。长期以来，大坝、水库等水利工程作为有效控制河流自然变化的手段被水资源管理者广泛采用，此举会引起河道水文特性的重大改变。水利工程可能会引起河流形态的均一化及不连续化。不连续化表现为：水利工程对河流的分割作用切断或者损伤了河流廊道本身的连续性，也就是说改变了河流生态系统正常的上下游物质能量传递，影响物种洄游繁衍；均一化表现为：河道的渠道化、截弯取直等工程，改变了天然河道结构多样化的格局，生境的异质性降低，进而导致河流生态系统的退化。

河流生物非生物资源的采集。由于社会发展对物质需求的极度膨胀，河流生物资源被无节制地开采，破坏了河流物种间的生态系统平衡关系，引起河流生态系统的退化。河流也为经济社会发展提供大量的非生物资源，如河流泥沙作为重要的建筑材料被大量采集，泥沙的采集改变了河道的原始地貌、破坏了堤岸，并且采集过程中会搅浑河水，破坏河流生境、污染河流，导致大量的河流生物死亡。因而，河流生物非生物资源的采集也是影响河流生态系统的主要因素之一。

污水排放。人类文明起源于河流、发展于河流，继而河流也接纳了人类活动中排放的生活与工农业污水。自工业文明开始，人口的增长、城市化与工业化进程的加快，使得大量的工业废水、城市废水、农业面源污染物排放到河流中，超过了河流的自净能力后，致使不断出现水体富营养化、生物中毒死亡的问题，河流生态系统遭到严重的破坏。

自然因素包括大尺度的全球气候变化以及中小尺度的降水与气温变化等，对河流生态系统的影响主要表现在对河川径流量的影响上。在全球气候变化的影响下，降水格局、降水量、蒸发量都发生变化，进而导致地表径流减少、枯水季节入海流量的下降，如厄尔尼诺现象、反厄尔尼诺现象等。其中，降水的多少对径流量有直接的影响，而以融雪补给为主的河流及干旱区的山区性河流，气温与径流量的相关性比较大。

自然因素和人为因素的共同作用导致河流水量的减少，同时又将未经处理的废污水排放到河流中，严重地污染了河流水体，降低了河流的净化功能。河流水质水量的变化引起河道形态、河流地貌等河流特征的改变，并对水生生物的种类、生境、繁衍等造成影响，打破了原有的水沙平衡、水盐平衡及生态平衡，破坏了正常的河流生态系统的结构和功能。

河流生态需水指标一般集中在河流生态、水文、水环境等方面。其中，生态指标多选用特定的指示物种，如特殊保护物种、鱼类、昆虫等，多以物种的种类、数量等进行表述；水环境指标多选取相应河段常见的污染物类别，比如氨氮、COD、重金属等，表述也多以污染物的浓度为准；水文指标应用最多，选用的指标均与生态系统有很大的关联。

能够表征一条河流水文基本特点的、比较重要的指标有38个，主要有：描述流量状况总体趋势的指标，如平均日流量，平均的、最小的和最高的月流量，高低流量，高低流量持续时间等；表述流体多样性成分的指标，如年流量、月流量、日流量、流量变化率等；还有洪水频率、流量的年际变化等比较重要的指标。当然，实际应用中根据研究方法与地区的不同，选择不同的水文要素来表征河流生态需水，其中以RVA法中的河流指标最为全面，共有33个水文指标。

为达到保护河流的目标，针对不同的河流生态功能常需要设置不同的性能指标，这些指标对河流生态系统的健康具有十分重要的作用。由于河流生态系统对水体的不同偏好，需要考虑年际年内指标的差异，在确定指标时，需要考虑流量的持续时间、大小等因素。因而，性能指标一般应该描述为在一个或者多个流量量度下的期望流量状况。结合国内外性能指标的研究，季节性河流生态需水的性能指标如下：非汛期低流量，河流低流量的天数；汛期流量，每年汛期平均流量的百分比；n年一遇的洪水，每n年平均发生一次的洪水流量；入海流量，河流流入河口的总流量。

8.3.2 淮河典型流域生态需水预测

8.3.2.1 淮河典型河流河道内生态需水预测成果

以淮河流域为例，按照适宜生态流量、自净流量及最小生态流量计算结果基础，综合计算出淮河典型河流水域断面的适宜生态需水量、自净生态需水量及最小生态需水量，见表8.3-1。

表8.3-1 淮河典型河流水域断面河道内生态需水量计算结果

分区	断面名称	适宜生态需水量（亿 m^3）	自净需水量（亿 m^3）	最小生态需水量（亿 m^3）
淮河上游	大坡岭断面	4.42	0.71	0.68
	息县断面	11.96	5.62	3.41
淮河中游	王家坝断面	30.95	13.26	6.36
	鲁台子断面	90.99	35.01	14.02
	蚌埠断面	73.69	31.40	16.52
沙颍河支流	漯河断面	8.11	2.94	2.58
	周口断面	11.78	3.31	3.16
	沈丘断面	2.64	0.39	0.44

续表

分区	断面名称	适宜生态需水量（亿 m^3）	自净需水量（亿 m^3）	最小生态需水量（亿 m^3）
沙颍河支流	界首断面	15.94	4.85	3.25
	阜阳断面	19.28	4.44	3.85
洪汝河支流	遂平断面	2.99	0.90	0.93
	新蔡断面	0.92	1.10	0.53
	班台断面	4.43	2.49	2.64
涡河支流	亳县断面	6.72	0.68	1.21
	蒙城断面	6.95	0.51	1.33
南部诸河	横排头断面	12.84	4.52	2.96
	蒋家集断面	7.41	1.77	2.83

8.3.2.2 淮河流域河道外生态需水预测成果

河道外生态环境需水量，是指保护、修复或建设某区域的生态环境需要人工补充的绿化、环境卫生需水量和为维持一定水面湖泊、沼泽、湿地补水量，按城镇生态环境需水和农村湖泊、沼泽、湿地生态环境补水分别分析计算。以淮河流域为例，本项目研究淮河流域河道外生态需水预测成果详见表 8.3-2。

表 8.3-2 淮河流域河道外生态需水预测成果

分区	年份	城镇（亿 m^3）	农村（亿 m^3）	合计（亿 m^3）
淮河流域	2020	4.62	2.18	6.80
	2030	6.16	2.18	8.34

9　复杂水资源系统调度模拟

水资源系统是以水为主体构成的一种特定系统，这个系统是指处在一定范围或环境下，为实现水资源开发利用目标，由相互联系、相互制约、相互作用的若干水资源工程单元和管理技术单元所组成的有机体。淮河流域的库径比仅为0.26，远低于黄河流域的1.56以及海河流域的0.71，属于工程调蓄能力偏低流域；流域缺乏枢纽性调蓄工程，流域内水库的多年调节、年调节能力不足，亟须水资源系统调度支撑服务层面提升调蓄能力。以部分重点河流为先期试验流域、逐步在淮河流域广泛应用，有针对性地解决淮河水资源复杂系统调度难题。

9.1　水量调度原则

1. 统一调度、年度总量控制原则

跨省江河流域水量实行统一调度、分级管理、分级负责原则，区域水量调度服从流域水量调度。根据国家发展改革委、水利部批复的水量分配或调度方案，在各行政区实施取用水总量控制、重要控制断面实施断面流量控制。

2. 公平公正、统筹兼顾原则

统筹兼顾跨省江河流域上下游、左右岸取用水户的用水公平，优先保障城乡居民生活用水、合理安排生产和生态用水。

3. 逐月滚动修正原则

跨省江河流域水量调度根据年内已发生时段的来水、断面下泄流量以及各行政区用水总量情况，对调度期内余留时段的调度计划进行滚动修正，逐步趋近年度水量分配方案。

4. 允许出现月内调度偏离值原则

跨省江河流域水量调度实行断面水量年内累积结算的基本方法，对控制断面下泄水量进行年度（或时段）水量结算。考虑到以年度指标为考核主体，水量结算允许出现月内调度偏离值，月内调度偏离值初步定为10%。

5. 保证调度安全、优化水量调度原则

跨省江河流域水量调度服从防洪调度，确保防洪安全。以水量平衡、水位（库容）、最小下泄流量、年度下泄水量为约束条件，在充分考虑满足流域上下游、左右岸的生活、生产和生态合理用水需要的前提下，生成流域水量优化调度方案。

9.2　水量调度目标

（1）落实跨省江河流域水量分配与调度方案，保障流域内各区域公平用水权益；

（2）统筹安排、合理配置跨省江河流域上下游不同区域用水需求，结算省界年度下泄水量指标、会商确定补偿方案，减少省际用水矛盾；

（3）保障河道内最小下泄流量，维护河流、湖泊生态系统健康。

9.3 水资源系统要素概化

9.3.1 要素解析

1. 用户概化

一个区域内部，具体用水户的数量是非常多的，为了便于计算，可把地域相近的用水户进行归类合并。也即进行分区，每一分区作为一个供水对象。分区的大小应根据需要，因地制宜来定，不宜过大，也不宜过小。如果分区过大，往往会掩盖地区之间的供需矛盾，造成“缺水”是真，“余水”是假的现象；如果分区过小，则工作量将成倍增加。一个分区内部的用水户也有各种类型，其用水性质也不尽相同。根据用水性质的不同，划分成几类，如城市生活、农村生活、工业和建筑业及第三产业、农业、河道外生态环境、河道内生态环境等。

2. 水源划分

作为供水来源区域内的水源，可划分成当地水（地表水、地下水等）和外来水。其中，当地的地表水是指区域内的河流、湖泊等，按照流域水系进行划分；当地的地下水是指区域内的地下含水层等，按含水层所属的地质单元划分。外来水又包含客水、调水两部分，其中客水是指流入区域内的河流、含水层跨界补给等；调水是指从研究区域外通过工程措施调入本区域的水量，按照不同的调水系统划分。

3. 工程布局

由于天然条件下水资源的时空分布不能满足需水要求，从而需要建立水利工程进行水资源在时间和空间上的调配。供水工程主要类型有：蓄水工程、引水工程、地表提水工程、输水工程等。

4. 系统网络图

水源与分区分类型用户之间，通过各种供水工程相联系。按照供水工程、概化用户在流域水系上和自然地理上的拓扑关系，把水源与用户连接起来，形成系统网络图。

系统网络图是对真实系统的抽象概化，主要由水资源开发、利用、转化的概化元素构成。概化元素包括计算单元、水利工程、分汇水节点，以及各种输水通道等。

计算单元是划分的最小一级计算分区，是各类资料收集整理的基本单元，也是水资源利用的主体对象；在网络图上用长方形框表示，属于“面”元素。水利工程是网络图上标明的水库及引提水工程等。分汇水节点包括天然节点和人为设置的节点两类，前者一般选择重要河流的交汇点或分水点，后者主要是对水量水质有特殊要求或基于管理要求所设置的控制断面，在网络图上以实心点表示，属于“点”元素。输水通道是对不同类别输水途径的概化，包括河流水系、明渠、管道等，用于表示水利工程到计算单元的供水传递关系，计算单元退水的传递关系、水利工程之间或计算单元之间的联系等，在网络图上用带方向折线表示，属于“线”元素。

以概化后的点、线、面元素为基础，构筑天然和人工用水循环系统，动态模拟逐时段多水源向多用户的供水量、耗水量、损失量、排水量及蓄变量过程，实现真实水资源系统的仿真模拟。

5. 用户区域划分

鉴于流域情况复杂，针对水量分配的要求，建模时，进行水资源系统概化处理。

9.3.2 用水类型、水源概化

1. 用水类型概化

用水单元内部的用水户数量庞大、用水单位类型多样，需要将在水资源系统网络中作用相似的用水户进行归类合并。用水户类型可大致划分为生活、生产和生态环境三大类。在最新版《全国水资源综合规划技术细则》中，按新口径对用水户的分类及其层次结构作了细致的规定。结合全国第三次水资源调查评价的最新要求，本成果所采用的用水户的细部分类包括：生活用水、生态用水、工业用水、农业用水四类（表 9.3-1）。

表 9.3-1 用水户分类结构

一级	二级
农业用水	耕地灌溉
	林果地灌溉
	草地灌溉
	鱼塘补水
	牲畜用水
工业用水	非火（核）电
	火（核）电
生活用水	城镇居民
	农村居民
	建筑业
	服务业
生态用水	城镇环境
	河湖补水

其中，生活用水包括生活用水中的城镇居民生活用水和农村居民生活用水，以及城镇公共用水中的建筑业和商饮业、服务业用水；林牧渔副用水计入农业用水中；城市绿化和河湖补水计入“美化城市景观”生态用水中。

2. 水源类型概化

依据流域现状供水水源分类，结合流域水量分配方案所涉及水源划分相关内容，将水源划分为地表水水源、地下水水源、外调水水源和其他水源。

地表水水源一般包括大型水源和概化水源两类，各单元水源节点通过输水通道形成水源网络系统。对于涡河流域来说，流域内部无大中型水库等控制性工程，只需要考虑概化水源工程。概化水源工程按照计算分区进行兴利库容概化，用于本单元水资源调蓄与供水调节。

地下水水源分为浅层地下水、深层承压水两类，分别按照用水分区进行划分概化。所采用水源类别见表 9.3-2。其他水源工程主要指雨水、再生水等特殊水源工程，模型中“其他水源”只考虑再生水的开发利用。

表 9.3-2 水源概化一览表

项目	1级	2级	3级
水源	地表水水源	当地地表水	当地地表径流
			大型调蓄工程
			概化调蓄工程
		上游来水	—
		跨区调水	
	地下水水源	浅层地下水	
		深层承压水	
	外调水水源	跨流域调水	
	其他水源	再生水	污水回用

外调水作为计算单元水资源配置的补充水源，仅当地地表、地下、其他水源不够时，才采用外调水补充本地。以涡河流域为例，涡河流域各市的外调水主要包括引黄、引江两部分。引江济淮规划 2030 年水量配置成果等相关文件中，已经规定了 50%、75%年型及多年平均向各市级行政区分配水量的配额，通过线性插值获取在 90、95 年型引江济淮水量。初步核算流域各省、市外调水量见表 9.3-3。

表 9.3-3 涡河流域各省、市不同年型下配置外调水量

地区		不同年型下配置外调水量（亿 m^3）				
		50	75	90	95	多年平均
安徽省	蚌埠市	0.13	0.2	0.24	0.26	0.14
	亳州市	2.4	3.69	4.59	4.91	2.69
	小计	2.53	3.89	4.83	5.17	2.83
河南省	开封市	2.42	2.59	2.61	2.57	2.42
	商丘市	3.68	3.73	3.76	3.7	3.73
	郑州市	0.05	0.05	0.06	0.05	0.05
	周口市	0.7	0.62	0.62	0.61	0.74
	小计	6.85	7	7.05	6.94	6.94
合计		9.37	10.89	11.88	12.12	9.77

需要注意的是，由于相关成果的时间、空间尺度与水量调度模型所要求的数据时空分辨率有差异，部分涡河流域套市级行政区外调水规模依据全市外调水规模依据面积比例划分得到。表 9.3-3 外调水量在模型计算中作为模型计算初值参考，各计算单元、各市在相应年型下的外调水规模依据模型计算、经合理性分析确定。

9.3.3 水资源要素概化实例

水量调度模型的计算单元划分需要考虑流域水资源条件的地区差别，流域与行政区域有机结合，保持行政区域和流域分区的统分性、组合性与完整性，并充分考虑水资源管理的要求对研究流域进行分区。根据上述所选考核断面、控制节点情况，考虑到输入、输出成果统计方便性需要结合水资源分区、市级行政分区进行单元划分，同时需要兼顾单元之间水利联

系相对简单、模型计算复杂度不至于过高。

受限于篇幅，仅以涡河流域为例，对涡河流域计算单元划分工作进行相对详细的介绍，史灌河、沂河、沭河计算单元划分情况仅介绍最终成果，不对中间过程做详细介绍。

9.3.3.1 涡河流域

涡河流域计算单元的划分，首先考虑涡河干流、惠济河、大沙河、武家河四条主要干支流水系；充分保证水系相对独立性以利于梳理出相对简单的水资源配置网络、利于模型构建；考虑的行政分区主要为市级行政区，辅助以省直管县（鹿邑县）的县域范围，以及部分市管县（如亳州市谯城区、涡阳县），考虑的控制断面主要为将涡河流域玄武闸、东孙营闸、付桥闸、大寺闸、涡阳闸以及安溜、黄庄、蒙城等。涡河流域的计算单元划分为 18 个单元。各单元的名称、面积等基本信息见表 9.3-4。

表 9.3-4 涡河流域水量调度计算单元基本信息

序号	计算单元名称	省份	城市	流域面积（km²）	面积权重
1	蚌埠-涡河片	安徽省	蚌埠	210	0.013
2	亳州-蒙城闸以下片	安徽省	亳州	238	0.015
3	亳州-涡阳闸-蒙城闸区间	安徽省	亳州	1074	0.068
4	亳州-涡阳闸以上涡阳片	安徽省	亳州	692	0.044
5	亳州-大寺闸以下谯城片	安徽省	亳州	1445	0.091
6	亳州-大寺闸以上谯城片	安徽省	亳州	508	0.032
7	周口-涡河干流以南片	河南省	周口	911	0.057
8	商丘-武家河片	河南省	周口	1425	0.09
9	周口-惠济河以北片	河南省	周口	92	0.006
10	周口-惠济河片	河南省	周口	111	0.007
11	周口-涡河干流片	河南省	周口	551	0.035
12	商丘-涡河干流片	河南省	商丘	330	0.021
13	商丘-惠济河片	河南省	商丘	1631	0.103
14	商丘-大沙河片	河南省	商丘	2209	0.139
15	周口-涡河铁底河片	河南省	周口	224	0.014
16	开封-涡河干流片	河南省	开封	2321	0.146
17	开封-惠济河片	河南省	开封	1844	0.116
18	郑州-涡河片	河南省	郑州	88	0.006

由于涡河流域整体为平原地形，各级行政区、水资源分区之间不具有显著的分水岭等地形边界，因此在市级行政区内部划分多个计算单元时，主要依据水系条件，以直线、线段进行面切割。例如，在商丘市境内，依据其境内存在的惠济河、大沙河、武家河三大河流水系将市境划分为 13 号商丘-惠济河片、14 号商丘-大沙河片、8 号商丘-武家河片三个计算单元。

计算单元之间的上下游水力联系统计见表 9.3-5，仅展示单元下游单元情况统计表，单元上游来水情况统计表不再重复贴出。

表 9.3-5 涡河流域水量调度系统计算单元水力联系概化

序号	计算单元名称	来水数目	泄水数目	下游区间索引号
1	蚌埠-涡河片	1	1	流域外
2	亳州-蒙城闸以下片	1	1	1
3	亳州-涡阳闸-蒙城闸区间	1	1	2
4	亳州-涡阳闸以上涡阳片	1	1	3
5	亳州-大寺闸以下谯城片	3	1	4
6	亳州-大寺闸以上谯城片	3	1	5
7	周口-涡河干流以南片	0	1	5
8	商丘-武家河片	0	1	5
9	周口-惠济河以北片	1	1	6
10	周口-惠济河片	1	1	6
11	周口-涡河干流片	1	1	6
12	商丘-涡河干流片	1	1	11
13	商丘-惠济河片	1	1	10
14	商丘-大沙河片	0	1	9
15	周口-涡河铁底河片	1	1	12
16	开封-涡河干流片	1	1	15
17	开封-惠济河片	0	1	13
18	郑州-涡河片	0	1	16

9.3.3.2 史灌河流域

由于史灌河流域仅包括信阳的商城、固始以及六安的金寨、霍邱四个县，在划分计算单元时需要充分照顾四个县域边界，并主要依据流域、地形条件切分计算单元（表 9.3-6）。

表 9.3-6 史灌河流域水量调度计算单元基本信息

序号	计算单元名称	省份	流域面积（km^2）	权重	来水数目	泄水数目
1	梅山水库以上	安徽	1960	0.28	0	1
2	红石嘴以上	安徽	59	0.01	1	4
3	叶集以上区间	安徽	419	0.06	2	1
4	黎集以上区间	河南	0	0	2	3
5	蒋集以上区间	河南	1544	0.22	5	1
6	蒋集—陈村区间	河南	940	0.14	4	1
7	鲇鱼山水库以上	河南	919	0.13	0	3
8	马堽以上区间	河南	695	0.1	1	1
9	霍邱县境内	安徽	353	0.05	1	2

计算单元之间的上下游水力联系统计见表 9.3-7，仅展示单元下游单元情况统计表，单元上游来水情况统计表不再重复贴出。

表 9.3-7　史灌河流域水量调度系统计算单元水力联系概化

单元序号	序号	计算单元名称	下游单元索引号	泄水去向名称
1	1	梅山水库以上	2	史河（红石嘴区间）
2	1	红石嘴以上	5	南干渠（固始段）
2	2	红石嘴以上	3	史河（红石嘴—叶集段）
2	3	红石嘴以上	3	总干渠（红石嘴放水）
2	4	红石嘴以上	9	总干渠（分霍邱）
3	1	叶集以上区间	4	史河（叶集—黎集段）
3	2	叶集以上区间	无	淠史杭灌区
4	1	黎集以上区间	5	史河（黎集—蒋集段）
4	2	黎集以上区间	5	西干渠
4	3	黎集以上区间	6	东、中干渠
5	1	蒋集以上区间	6	史灌河干流（蒋—陈段）
6	1	蒋集—陈村区间	无	流域外下泄
7	1	鲇鱼山水库以上	无	白露河灌区
7	2	鲇鱼山水库以上	8	灌河（马堽）
7	3	鲇鱼山水库以上	5	引鲇入固
7	3	鲇鱼山水库以上	6	引鲇入固
8	1	马堽以上区间	5	灌河（马堽—蒋集段）
9	1	霍邱县境内	6	陈村
9	2	霍邱县境内	4	总干渠

9.3.3.3　沂河流域

沂河流域仅包括淄博市、临沂市、徐州市，在划分计算单元时需要充分照顾市域边界，并主要依据流域、地形条件切分计算单元（表 9.3-8）。根据选定的考核节点和控制节点，划分沂河流域水量计算单元，作为构建水量调度模型的前置条件。

表 9.3-8　沂河流域水量调度计算单元基本信息

序号	计算单元名称	来水数目	泄水数目	下游区间索引号
1	港上—末端	1	1	流域外
2	临沂—港上区间	1	1	1
3	许家崖水库以上	0	1	5
4	塘村水库以上	0	1	5
5	葛沟—临沂区间	3	1	2
6	跋山—岸堤—葛沟区间	2	1	5
7	岸堤水库以上	0	1	6
8	跋山水库以上	1	1	6
9	田庄水库以下—淄博境内	1	1	8
10	田庄水库以上	0	1	9

9.3.3.4 沭河流域

沭河流域仅包括临沂市、日照市、徐州市、连云港市，在划分计算单元时需要充分照顾市域边界，并主要依据流域、地形条件切分计算单元。根据选定的考核节点和控制节点，划分沭河流域水量计算单元（表9.3-9），作为构建水量调度模型的前置条件。

表9.3-9 沭河流域水量调度计算单元基本信息

序号	计算单元名称	来水数目	泄水数目	下游区间索引号
1	新安以下	1	1	流域外
2	连云港市	1	0	
3	大官庄以下	1	2	1、2
4	人民胜利堰以下	1	0	流域外
5	大官庄以上—临沂市	2	2	3、4
6	龙窝坝以上—日照市	2	2	5、7
7	龙窝坝以上—临沂市	1	1	5
8	陡山水库以上	0	1	5
9	小仕阳水库以上	0	1	7
10	青峰岭水库以上	1	1	7

9.4 复杂水资源系统模型构建

9.4.1 水资源配置网络构建

将主要河流水系的主要控制断面作为基本节点，以自然河流或人工渠系作为输水通道，建立各单元内部各水源与用水户之间的供需平衡关系、各单元之间的水量平衡关系，以及用水户与水源之间的回归关系，构建涵盖流域供用耗排全流程的流域水资源配置网络。

1. 计算单元之间水量平衡

流域各计算单元之间的水量平衡关系主要包括相邻单元之间的上下游水力联系以及流域内非相邻单元的调水关系（图9.4-1）。

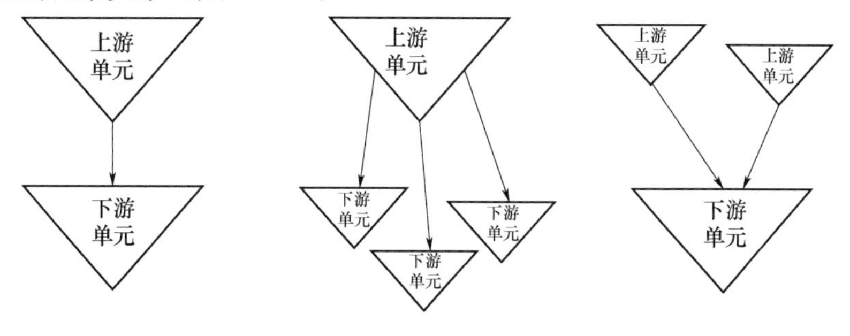

图9.4-1 相邻单元之间的水力联系示意图

上游单元的各类型用水户的退水以及部分地表水退入下游，当该上游单元有多个下游单元或对应下游单元的多个口门时，允许上游单元同时向各下游单元或口门泄水；下游单元承接上游单元的泄水量，当存在多个上游单元时，该下游单元接受的上游来水量应当与下游来水量一致，如该单元存在多个上游单元或上游单元的口门，则允许该单元同时接受上游各单元或口门的来水。

非相邻单元的调水关系是指非相邻的两计算单元之间，通过输水渠道、管道发生调水关系，主要为解决流域内水资源供需不平衡。此类调水关系往往发生在上游具备大型调蓄工程的流域（图 9.4-2）。

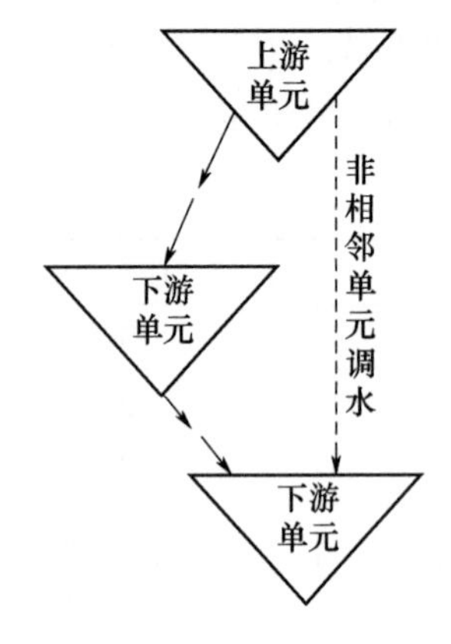

图 9.4-2　非相邻单元之间的调水关系示意图

2. 计算单元内部水量平衡

计算单元内部存在各类用水户以及外调水需求，水资源供需关系是建立供水水源与用水户之间的联系。根据供水可能性、不同用水部门对水质（水源类型）的要求，以及各水源水质状况，建立供需关系。流域水资源供需结构复杂，为保证流域水资源整体、全要素模拟模型的通用性，本项目将复杂供需结构进行分解，将计算单元内部水资源供需关系划分成三种基本类型，流域内水资源配置系统网络可以由三种基本类型组合而成（图 9.4-3）。

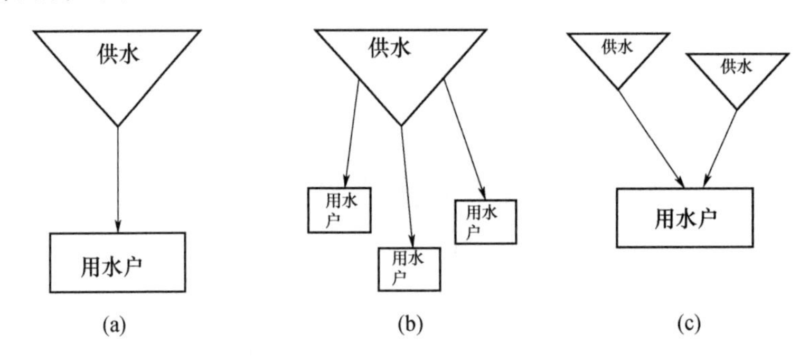

图 9.4-3　基本供需关系示意图

3. 退水

各用水单元除了从水资源系统中取水之外，还要将退水排入河道。用水与水源之间的回归关系中，农业供水的退水系数根据水资源公报耗水系数确定；城镇生活、工业供水产生的回归水，考虑经过污水处理厂、再生水厂消耗后剩余的水量。

各用水户的退水量中，各水源退水量与地表水退水量一起退入河道，参与下游单元的水量调度。

9.4.2　多目标竞争性决策

9.4.2.1　模型目标函数

基于数字河网大量子流域快速编码技术优化调控网络，概化流域水资源系统，假设把流域划分为 J 个分区（$j=1$，2，…，J），根据用水性质把用水部门分为 K 个用水类型（$k=1$，2，…，K），根据水源特点把区域水源划分成 I 个水源类型（$i=1$，2，…，I）。各种水源的逐月可供水量会有所变化，各用水部门（特别是农业用水）对水的需求会有所增减，为此，把计算域按一定时间尺度划分成 T 个时段（$t=1$，2，…，T），在本研究中，取月为计算时段。由此可见，对特定年份，对整个流域而言是一个拥有 $I\times J\times K\times T$ 个决策变量（I

个供水水源、J 个用水分区、K 个用水部门 T 个时段）的水资源系统优化问题。

本系统将进行上述参数优化的目标函数划分为优化目标函数、参考目标函数两类。由于水资源系统的高度复杂性，水资源优化配置的调度目标多样化，水资源优化配置的目标函数呈现多样化特征。其中，优化目标函数是指便于模型自动优化，方便寻找到相对最优调度方案的一类目标函数，往往作为调度模型的优化目标，其取值范围一般为 [0，1]，当优化目标函数为 0 时，优化效果最佳。参考目标函数是指在系统生成的调度方案基础上，能够进一步对其公平性、合理性、可行性进行综合评价的一类目标函数，往往用于辅助进行调度方案评价、修正。参考目标函数的取值范围不一定限制在 [0，1] 区间。

1. 优化目标函数

考虑公平性原则，各地区之间要统筹规划，合理地分配过境水量；近期原则上要不断减少甚至停止对深层地下水的开采，作为未来的应急水源地；用水目标上，保证最为必要的生活用水部分，然后依次是河道内最小生态需水、第三产业需水、第二产业需水、农业需水、河道外生态需水等，在用水对象中，要注意提高农村饮水保障程度和保护城市低收入人群的用水。此处我们初步拟定的优化目标函数为供水系统缺水率，记作 $\min f_1$。

$$\min f_1 = \sum_{j=1}^{J}\sum_{k=1}^{K}\alpha_{jk}\sum_{t=1}^{T}\left(\frac{D_{jkt}-\sum_{i=1}^{I}Q_{ijkt}}{D_{jkt}}\right)^2 \tag{9.4-1}$$

式中，D_{jkt} 为规划水平年第 j 个子区第 k 用水部门时段 t 的需水量；Q_{ijkt} 为规划水平年第 i 供水水源给第 j 供水子区第 k 用水部门第 t 时段的供水量；α_{jk} 为第 j 供水子区第 k 用水部门的权重系数。

由于水资源优化调度默认约定的实际供水量不应高于需水量，因而上述目标函数 $\min f_1$ 的取值范围为 [0，1]。该目标函数的取值越小，说明供水与需水之间差异越小，重点流域综合需水满足程度越高，方案则相对较优。

在实际的模型优化计算过程中，在仅采用上述综合缺水系数作为目标函数的时候，发现往往会出现汛期需水满足度相对较低的情况，这是因为非汛期、非灌溉期各行业（尤其农业）用水需求相对较小而容易满足，因而在现有的供水能力条件下，系统会在上述目标函数的引导下向着优先满足非汛期、非灌溉期月份用水需求的方向进行参数优化。引入另外一个目标函数，即各单元综合需水满足度的最小值作为优化目标函数，各单元综合需水满足度的最小值最大时方案相对较优，一般令 1 减去该值作为优化目标函数。

$$\begin{cases}\mathrm{tmp}_j = \mathrm{Min}\left(\sum_{1}^{K}\alpha_{jk}\dfrac{Q_{jk1}}{D_{jk1}},\sum_{1}^{K}\alpha_{jk}\dfrac{Q_{jk2}}{D_{jk2}},\cdots,\sum_{1}^{K}\alpha_{jk}\dfrac{Q_{jkT}}{D_{jkT}}\right)\\ \min f_2 = \mathrm{Min}(\mathrm{tmp}_1,\mathrm{tmp}_2,\cdots,\mathrm{tmp}_j)\end{cases} \tag{9.4-2}$$

式中，tmp_j 变量是临时变量。$\min f_2$ 的取值范围在 [0，1]，当目标函数取值越接近零，则该方案下各单元逐月综合满足度的最小值越大，方案相对较优。

2. 参考目标函数

考虑公平性原则，各地区之间要统筹规划，各地区、逐月需水满足度的差异应当控制在合理范围内。本成果采用不同地区、全行业需水满足度的方差值作为参考目标函数。

$$\begin{cases}\mathrm{tmp}_j = \sum_{1}^{T}\sum_{1}^{K}\alpha_{jk}\dfrac{Q_{jkt}}{D_{jkt}}\\ \mathrm{Ver}f_1 = D(\mathrm{tmp}_1,\mathrm{tmp}_2,\cdots,\mathrm{tmp}_j)\end{cases} \tag{9.4-3}$$

将不同地区、全年需水满足度的方差值即参考目标函数记为 $\mathrm{Ver}f_1$，当 $\mathrm{Ver}f_1$ 为零时，参考目标函数达到最小值，地区之间的逐年全行业需水满足度差异最小。

各水源在方案中的供水量与水量分配方案所提供可供水量指标差异，也作为参考目标函数，此处不再一一列举。

3. 多目标参数优化

在确定上述优化目标、参考目标函数之后，需要引入高效的参数自动优化算法或者策略以获得最优方案。水量调度模型参数优化自身参数较多、优化目标不唯一，因此需要采用的模型应当兼具学习效率高、快速收敛等特性。应用于模型参数自动优化的方法很多，主要可以分为局部优化方法和全局优化方法。常见的局部优化方法有单纯形法及 Rosenbrock 法等。由于水量调度模型是非线性的，在参数范围中具有很多使函数值“局部最小”的点，而局部优化方法受起始点的影响，对于不同的起始点，会在不同的点结束运算，即找到函数的“局部最优解”，局部最优化方法将明显不适于该模型的率定而必须用全局最优化方法进行计算，为此采用了参数的全局优化方法 SCE-UA。

SCE-UA 算法是一种全局优化算法，这种方法以信息共享和自然界生物演化规律的概念为基础，是段青云等人在亚利桑那州大学发展的一种更为复杂的基于非线性单纯形法的混合方法。其概念如下：首先在可行域随机生成一个点群，将该点群分成几个部分，每一部分包含 $2n+1$ 个点，n 表示该问题的维数。每一个部分根据统计再现的方法加以演化，用单纯形的几何形状引导改进的方向。在周期性的不断演化中，总体的点群是混合在一起的，并且所有的点将重新分成几个部分从而保证信息的共享。随着过程的演变，如果起始点群相当大的话，整体的点群将趋向于全局最优。

SCE-UA 算法将全局搜索的过程视为一个自然生物不断竞争进化的过程。它的提出基于以下四种概念：(1) 确定性和随机性方法相结合的综合性优化方法；(2) 不断进化的复合型的点构成了在整体寻优方向上的参数空间；(3) 竞争进化；(4) 复合型混合。这四个特点保证了 SCE-UA 方法搜索的全局性及灵活性，使之成为十分有效的全局优化方法。采用最基本的多目标函数加权的方式，对上述优化目标函数进行加权综合，各目标函数权重一致。

一般采用的收敛判断条件可以有目标函数最大调用次数、目标函数改进失败的容许次数、目标函数最小改进率、参数收敛的目标区间等。在本模型中同时选用上述几个收敛条件，并依据经验设定相关参数。

9.4.2.2 模型约束条件

根据流域特征，建立的配置模型其约束条件有如下几点：

1. 可供水量约束

水源供给各分区各用水部门的供水量不应多于其可供水量。

$$\sum_{j=1}^{J}\sum_{k=1}^{K}Q_{ijkt}\leqslant W_{it} \tag{9.4-4}$$

式中，W_{it} 为第 i 个供水水源第 t 时段的可供水量。

2. 下泄流量约束

水量分配方案中对控制断面的最小下泄流量做了约束，例如涡河流域要求黄庄、安溜、蒙城三站在任何情况下月平均流量不得小于最小下泄流量。即：

$$q_{n,t}\geqslant q_{n,\min},\quad n=1,2,\cdots,N \tag{9.4-5}$$

式中，N 为水量分配方案中考核断面数目；q_n 为断面 n 的 t 月平均下泄流量；$q_{n,\min}$ 为断面 n 的最小下泄流量。

3. 下泄水量约束

$$Q_n \geqslant Q_{n,\min},\ n=1,\ 2,\ \cdots,\ N \tag{9.4-6}$$

式中，Q_n 为断面 n 的年下泄水量。

$Q_{n,\min}$ 为断面 n 的年最小下泄水量。

4. 需水量约束

本着资源节约和有效利用原则，水源供给各分区各用水部门的供水量不应多于其需水量。

$$\sum_{i=1}^{I} Q_{ijkt} \leqslant D_{jkt} \tag{9.4-7}$$

式中，D_{jkt} 为第 j 分区 k 部门 t 时段的需水量。

5. 供水能力约束

各分区的输水河道及泵站等都有各自的供水能力，因此在计算时，供水水源对各分区各用水部门的供水量不应大于其最大输水能力。

$$\sum_{k=1}^{K} Q_{ijkt} \leqslant Q_{\max ij} \tag{9.4-8}$$

式中，$Q_{\max ij}$ 为第 i 个供水水源对第 j 分区的输水工程过水能力。

6. 水库约束

（1）水库库容约束

$$VD_{m,t} \leqslant V_{m,t} \leqslant VX_{m,t} \tag{9.4-9}$$

式中，$VD_{m,t}$ 为第 m 个水库第 t 时段的死库容；$VX_{m,t}$ 为第 m 个水库第 t 时段的最大允许蓄水库容，在非汛期对应的是兴利库容，汛期防洪限制水位对应的库容；$V_{m,t}$ 为第 m 水库第 t 时段的库容。

（2）水库水量平衡约束

$$V_{m,t} = V_{m,t-1} + WI_{m,t} - \sum_{j=1}^{Jm} Q_{mjt} - VS_{m,t} - q_{\text{下泄}m,t} \quad j = 1,2,\cdots,J_m \tag{9.4-10}$$

式中，$V_{m,t-1}$ 为第 m 水库第 $t-1$ 时段的库容；$WI_{m,t}$ 为第 m 水库第 t 时段的来水量；Q_{mjt} 为第 m 水库第 t 时段向第 j 子区的供水量；$VS_{m,t}$ 为第 m 水库第 t 时段的损失水量；$q_{\text{下泄}m,t}$ 为第 m 水库第 t 时段的下泄水量；J_m 为第 m 水库所供水的子区数目。

7. 变量非负约束

$$Q_{ijkt} \geqslant 0 \tag{9.4-11}$$

9.5 水量调度实践

水量调度的实践过程涵盖：①调度执行前对指标可达性的分析阶段，②依托于来水预测、需水预测、可供水量分析等环节的调度计划编制，③月调度计划滚动修正，④水量调度成效评估与总结等阶段。

9.5.1 水量分配指标可达性（2020 年）分析

2010 年水利部在已开展的全国及流域水资源综合规划等有关工作的基础上，进一步开展全国主要江河流域水量分配方案制订工作，一般流域面积 1000km^2 以上的跨省河流均考虑纳入流域水量统一分配与调度，使这些江河流域水资源配置工作得到进一步细化和落实，为明晰流域和区域取水许可总量创造良好的条件，为实行最严格的水资源管理制度、确定用水总量控制红线奠定坚实基础。

9.5.1.1 试验流域简介

淮河流域第一、二批水量分配河湖的基本情况见表 9.5-1。其中，南四湖的湖区面积以南四湖三级区面积作为替代。从分布方位上来看，淮河流域第一、二批水量分配河流大致集中在淮河水系的大别山区或沂沭泗水系，面积均在 5000km^2 以上。除骆马湖、入海水道相关的一部分面积无须开展相关工作外，淮河流域大部分面积上都已经开展水量分配工作，淮河流域对跨省江河流域水量分配工作的重视程度可见一斑。

水量分配涉及的要素主要包括：①各省分配地表水资源量；②控制断面最小下泄水量；③控制断面最小下泄流量或生态水位。第一批水量分配河流中，淮河流经湖北、河南、安徽、江苏四省，流域面积约 19 万 km^2，多年平均水资源量 583.5 亿 m^3，其中地表水资源量 452.4 亿 m^3。2030 年水平年多年平均条件下，上述四省分配地表水资源量分别为 1.5 亿 m^3、65.5 亿 m^3、100.6 亿 m^3、68.4 亿 m^3。第一、二批量分配河流的水量分配指标统计见表 9.5-1。

表 9.5-1 淮河流域第一、二批水量分配河流最小下泄水量/流量指标统计

批次	河流	断面	交界省份	多年平均下泄水量（万 m^3）	最小下泄流量（m^3/s）
第一批	淮河干流	王家坝	豫、皖	70.5	16.14
		吴家渡		197.6	48.35
		小柳巷	皖、苏	205.8	48.35
	沂河[a]	临沂		14.27	2.48
		港上	鲁、苏	9.64	1.74
	沭河[a]	大官庄		7.07	1.14
		红花埠	鲁、苏	3.9	0.65
第二批	洪汝河	班台	豫、皖	20.48	3.8
	沙颍河	界首	豫、皖	32.12	5.5
		沈丘	豫、皖	3.33	0.7
		颍上		39.23	7.4
	涡河	黄庄[b]	豫、皖	1.36	0.69
		安溜	豫、皖	1.56	0.97
		蒙城		7.46	2.5
	史灌河	蒋家集		19.74	4.3
		叶集	皖、豫	8.15	0.6
		陈村	豫、皖	22.51	4.92

a 根据沂河、沭河水量分配方案，沂河末端、沭河末端也分别作为两条河流的出口控制站，由于目前两站尚未建成，因此暂未列入。

b 黄庄站以下游付桥闸站点作为代替，并且在付桥闸具备流量监测功能之前暂时采用上游玄武闸的流量替代统计。

9.5.1.2 水资源本底条件

第一批三条及第二批四条水量分配河流中，淮河的面积与地表水资源量均为相对最大；沭河的面积最小为 5970km²，涡河的地表水资源量及径流深相对最小，分别仅为 14 亿 m³、88.02mm。史灌河径流深为 524.02mm，其水资源本底条件相对最好。淮河流域第一批水量分配河流基本情况统计见表 9.5-2、图 9.5-1。

表 9.5-2 淮河流域第一、二批水量分配河流基本情况统计

河流	涉及省份	干流长（km）	面积（万 km²）	地表水资源量（亿 m³）	径流深（mm）
淮河	鄂豫皖苏	1000	19.00	452.40	238.11
沂河	鲁苏	333	1.18	30.92	261.59
沭河	鲁苏	300	0.64	18.19	284.22
史灌河	豫皖	261	0.69	36.10	524.02
沙颍河	豫皖	620	3.67	55.00	149.75
洪汝河	豫皖	94	1.24	30.21	244.02
涡河	豫皖	421	1.59	14.00	88.02

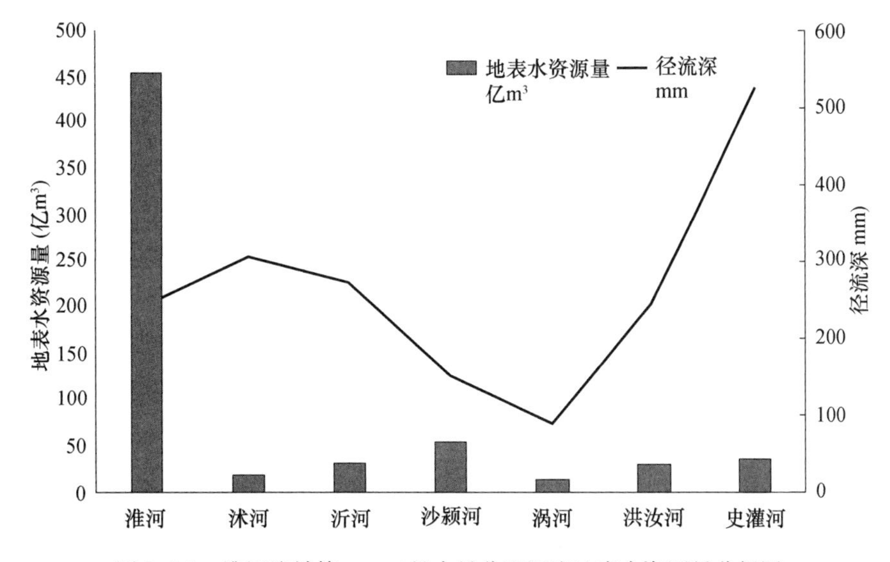

图 9.5-1 淮河流域第一、二批水量分配河流地表水资源量分析图

从上面图中能够更清晰地发现，第一、二批共 7 条水量分配河流中，淮河的地表水资源量远大于其他几条河流，涡河的地表水资源量相对最小。在以径流深作为指标评价河流的水资源本底条件时，明显发现史灌河的径流深远高于其他几条河流，涡河的径流深依然是相对最小的。综合上述分析，各条河流中涡河地表水资源量相对最不充沛，水资源本底条件相对最差。

9.5.1.3 工程调度条件

库径比是以流域内水库总库容与流域地表水水资源量的比值，来表征流域水资源调蓄能力的指标。库径比的取值范围一般在 [0～∞)，库径比越大表示流域对自身地表水资源量的水库调蓄能力越强。当库径比为 1 时，表示流域内水库能够完全存蓄本流域的地表水资源量；当库径比小于 1 时，表明流域内的水库不能够完全控制本流域的地表水资源量。淮河流域第一、二批水量分配河流大中型水库数量及库径比等参数见表 9.5-3。

表 9.5-3　淮河流域第一、二批水量分配河流库径比指标统计

河流	大中水库数量	8月末蓄水量	总库容（亿 m^3）	多年平均径流量（亿 m^3）	库径比
淮河	27	49.69	143.76	452.4	0.32
沂河	5	9.28	18.514	30.92	0.60
沭河	4	4.59	9.3872	18.19	0.52
洪汝河	4	6.48	29.43	30.21	0.97
沙颍河	6	8.79	35.9	55.00	0.65
史灌河	2	16.26	31.79	36.10	0.88
涡河	0	0	0	14.00	0.00

第一、二批水量分配河流中，洪汝河、史灌河的库径比最大、涡河最小。其中，洪汝河的库径比为 0.97，其流域 4 座大中型水库的总库容仅仅比流域地表水资源量少 0.78 亿 m^3，洪汝河上游石漫滩、板桥、薄山、宿鸭湖 4 座水库基本上能够完全调蓄洪汝河流域的地表水，流域的工程调控能力相对最强。紧随其后的是史灌河流域，史灌河流域的库径比指标为 0.88，流域内两座大型水库鲇鱼山、梅山的总库容为 31.79 亿 m^3，仅比流域地表水资源量少 4.31 亿 m^3，史灌河上游水库能够对流域上游地表水资源量形成有效控制，水库的控制能力较强。与之相对应的是涡河，涡河流域不存在任何大中型水库，流域内水资源调蓄仅能通过东孙营闸、涡阳闸等大中型水闸来适当控制，流域水资源调蓄的工程调度能力非常有限。

9.5.1.4　下泄流量及水量指标可达性分析

为分析水量分配方案下泄水量、下泄流量指标的可达性，即回答在实际的调度过程中，水量分配方案所约定控制断面下泄水量、流量是否能够满足，选择水量较为丰沛的 2020 年作为示例，统计 1～8 月的各断面下泄流量、下泄水量，并通过与水量分配方案的各项指标做对比，来回答各条河流水量分配方案指标是否可达的问题。假如在丰水年份，该条河流某断面的下泄流量、水量指标基本不可达，那么该河流的水量分配方案指标的落实可能面临较多实际困难。淮河流域第一、二批水量分配河流 2020 年 1～8 月雨情统计情况见表 9.5-4。

表 9.5-4　淮河流域第一、二批水量分配河流 2020 年 1～8 月雨情统计

河流	面积（km^2）	多年平均降水深（mm）	不同频率年降水深（mm）			2020 年 1～8 月累积降水（mm）
			50%	75%	95%	
淮河	19.11	916	905	796	655	922
沂河	1.18	799	785	669	523	1037
沭河	0.65	818	807	703	569	1066
洪汝河	1.22	903	884	742	568	853
史灌河	0.69	1218	1200	1037	830	1395
沙颍河	3.87	761	751	654	529	712
涡河	1.58	720	710	618	500	647

2020 年 1～8 月，淮河流域降水量 917.7mm，较历史同期偏多 29%；淮河水系 922.5mm，偏多 24%；沂沭泗水系 903.1mm，偏多 41%。从表 9.5-4 中可以看出，淮河、沂河、沭河、史灌河的 1～8 月累积降水量均已超过多年平均降雨水平。洪汝河、沙颍河、涡河降水相对偏少，但是也接近多年平均或 50%年型的降雨水平。各控制断面在 2020 年

1～8月下泄水量、最小下泄流量统计情况见表9.5-5。

表9.5-5 控制断面下泄水量、最小下泄流量满足度统计

河流	断面	流量（m^3/s）		1～8月累计下泄水量	最小下泄流量满足度	
		最大	最小	亿 m^3	满足天数*	满足程度%
淮河	王家坝	2990	16.1	76.5	243	100
	吴家渡	8370	27.4	339.2	201	82
	小柳巷	7860	36.4	330	240	98
沂河	临沂	5710	0.8	34.1	205	84
	港上	6310	0	24.1	178	73
沭河	大官庄	3960	0	28.5	40	16
	红花埠	1618	0	7.9	234	96
洪汝河	班台	1200	1.5	16.2	209	86
沙颍河	界首	1110	11	14.8	244	100
	沈丘	257	0	4.5	135	55
	颍上	1330	0	26.5	200	82
涡河	黄庄	5	0	0	1	0
	安溜	114	0	2	90	37
	蒙城	858	0	10.6	60	25
史灌河	蒋家集	5100	1.5	42.4	233	95
	叶集	1080	1.4	14.6	244	100
	陈村	4220	4.9	41.1	242	99

注：2020年1月1日—8月31日，共计244天。

从表9.5-5中可以看到七条水量分配河流中，洪汝河、沙颍河、涡河三条河流都有出现实际累积下泄水量小于下泄水量的指标，尤其洪汝河上的界首、颍上以及涡河的黄庄站，下泄水量远小于下泄水量指标的情况。截至2021年11月30日，各条河流的主汛期均基本过去，洪汝河、涡河上述三条断面是否能在随后的枯水期切实保障年度下泄水量还存在较大困难。

从最小下泄流量的保障程度上对比发现，淮河干流、洪汝河、史灌河控制断面最小下泄流量指标在80%以上，2020年度（截至2021年11月30日）的下泄流量保障程度较高；沭河、沙颍河、涡河均有部分断面的最小下泄流量指标处于较低水平，尤其涡河黄庄站的下泄流量日保证程度为零，在本年度汛期亦基本不能保证下泄流量。黄庄作为豫皖省界，同时也是涡河干流控制站，为保障跨省河流水量分配、调度方案实施，务必要在黄庄站开展调度工作，因此也就造成了对于黄庄、涡河的考核变得极为困难，水量分配、调度方案在本流域实施的可达性极低，难度很大。

总体来看，史灌河、洪汝河的水资源本底条件及工程调度条件相对较好，且2020年的实际下泄水量、流量指标满足情况良好，2020年的水量调度方案可达性较高。相对地，沭河、涡河的基本条件较差，尤其涡河的水资源本底条件与工程调度能力均较差，在2020年豫皖省界黄庄断面的水量调度指标均基本不能够满足，涡河水量调度方案指标的可达性相对最差。

可以大致得出如下结论，淮河流域各条水量分配河流的水资源本底条件、工程调度能力以及其在实际年份的水量分配方案可达性均存在显著差异性。对于不同河流的水量分配实践，务必充分开展河流本底状况、工程调度能力及可达性分析。以涡河为例，若不提前开展相关工作，水量调度相关工作在真正的落实过程中势必会遇到重重困难，甚至无法顺利实施。

9.5.2 水量调度计划编制示例

以史灌河流域为例说明水量调度计划编制流程。史灌河流域水量调度范围涉及河南、安徽两省，流域总面积6889平方千米。调度管理对象包括陈村断面以上干支流水库、闸坝、引调水工程等，重点是对省际和流域用水影响较大的干支流水利水电工程。本示例所采用的调度期为2020年10月1日—2021年9月30日。

9.5.2.1 水情分析

2020年5月1日—10月1日，史灌河流域降水量1344.6mm，相应径流量97.01亿m^3，比历年同期（864mm）偏多55.7%。根据中长期降水预测成果，史灌河流域2020年10月—2021年9月降水量为999～1292mm。2020年汛后：10～12月史灌河流域预测降水102～142mm，比历年同期（71mm）平均偏多72%。2021年汛前：1～4月史灌河流域预测降水192～261mm，比历年同期（284mm）平均偏少20%。2021年汛期：5～9月史灌河流域预测降水705～890mm，比历年同期（864mm）平均偏少8%。

由于中长期降水预测存在较大不确定性，加之近年来气候复杂多变，难以对2020—2021年度雨水情势做出准确预测。史灌河流域2020—2021年度水量调度计划中降水量预测结果采用下限值999mm，相应年径流量24.79亿m^3。通过对1956—2016年天然径流系列频率分析，史灌河流域2020—2021年度天然来水可能发生的频率为80%。史灌河流域2020—2021年度来水预测成果见表9.5-6。

表9.5-6 史灌河流域2020—2021年度来水预测　　单位：亿m^3

月份	叶集	蒋家集	陈村
10	0.43	0.97	1.19
11	0.66	1.89	2.35
12	0.34	0.78	0.96
1	0.36	0.98	1.21
2	0.50	1.03	1.26
3	0.81	2.34	2.92
4	0.33	0.84	1.04
5	0.55	1.16	1.42
6	0.56	1.43	1.78
7	1.99	4.71	5.80
8	1.12	2.25	2.75
9	1.12	1.76	2.11
合计	8.77	20.14	24.79

9.5.2.2 工情分析

2020年10月1日8时，史河干流梅山水库水位为123.77m，灌河干流鲇鱼山水库水位为105.87m。2020年汛期来水偏多，各工程总体蓄水量较大，汛末（10月1日）梅山、鲇鱼山水库累计可调节水量（死水位以上蓄水量）12.04亿m^3，距正常蓄水位待蓄库容2.25亿m^3。2020年10月1日8时蓄水情况见表9.5-7。史灌河流域大型水库特征参数见表9.5-8，现状各大型水库、水利枢纽工程均正常运行。

表9.5-7 史灌河流域2020年10月1日8时大型水库蓄水情况

水库名称	库水位（m）	蓄水量（亿m^3）	距正常蓄水位待蓄库容（亿m^3）
梅山水库	123.77	11.14	1.76
鲇鱼山水库	105.87	4.63	0.49

表9.5-8 史灌河流域大型水库特征参数

水库名称	正常蓄水位（m）	兴利库容（亿m^3）	死水位（m）	死库容（亿m^3）	校核水位（m）	总库容（亿m^3）
梅山水库	128.00	9.32	107.07	4.02	139.93	22.63
鲇鱼山水库	107.00	4.97	84.00	0.15	114.50	9.16

9.5.2.3 水量调度指标分解

1. 各省用水计划建议

河南、安徽两省报送的史灌河流域2020—2021年度地表水用水计划建议为：河南省计划用水量11.08亿m^3，安徽省计划用水量8.91亿m^3。

2. 年度水量分配

根据各省不同频率河道外水量分配方案，结合2020—2021年度史灌河流域来水预测情况、各省上报的用水计划建议等，确定年度分配指标。河南省上报的年度用水计划超过预测年型下分配水量，根据《河湖生态环境需水计算规范》（SLZ 712—2014）等行业标准相关规定，对河道外生态及农业用水进行复核调整。依据水量分配与调度原则，综合确定史灌河流域各省年度分配水量见表9.5-9。

表9.5-9 史灌河流域2020—2021年度各省分配水量 单位：亿m^3

区域	河南省	安徽省	史灌河流域
分配水量	7.77	8.91	16.68

注：1. 安徽省分配水量含从史河总干渠调出水量；
2. 河南省分配水量含从安徽省经南干渠向河南省分水量；
3. 河南省分配水量含供潢川县用水。

3. 主要断面控制指标

史灌河流域主要断面为叶集、蒋家集、陈村，根据各断面不同频率下泄水量指标，结合史灌河流域2020—2021年度来水预测情况、各水库调蓄能力等，经计算，史灌河流域主要断面2020—2021年度下泄水量指标见表9.5-10。主要断面的最小下泄流量指标见表9.5-11。

表9.5-10 史灌河流域主要断面2020—2021年度下泄水量指标

断面名称	所在位置	下泄水量（亿m^3）
叶集	史河干流	1.55
蒋家集	史灌河干流	4.47
陈村	史灌河干流	6.07

表 9.5-11 史灌河流域主要断面最小下泄流量指标

断面名称	所在位置	最小下泄流量（m³/s）
叶集	史河干流	0.60
蒋家集	史灌河干流	4.30
陈村	史灌河干流	4.92

4. 重要工程最小下泄流量

史灌河流域重要工程最小下泄流量见表 9.5-12。

表 9.5-12 史灌河流域重要工程最小下泄流量

工程名称	所在位置	最小下泄流量（m³/s）
梅山水库	史河干流	1.75
红石嘴枢纽（史河干流）	史河干流	0.60
黎集枢纽（史河干流）	史河干流	0.60
鲇鱼山水库	灌河干流	0.78
马堽枢纽	灌河干流	1.01

9.5.2.4 水量调度计划建议

1. 各省供水计划

根据河南省、安徽省用水计划建议及年度水量分配成果，提出史灌河流域 2020—2021 年度各省逐月供水计划见表 9.5-13。

表 9.5-13 史灌河流域 2020—2021 年度各省逐月供水计划 单位：亿 m³

月份	河南	安徽	合计
10	0.11	0.22	0.32
11	0.11	0.11	0.21
12	0.10	0.11	0.21
1	0.22	0.13	0.35
2	0.22	0.11	0.32
3	0.28	0.29	0.57
4	0.54	0.70	1.25
5	2.23	1.74	3.96
6	1.49	1.55	3.04
7	1.50	1.47	2.97
8	0.89	1.78	2.68
9	0.08	0.71	0.79
合计	7.77	8.91	16.68

2. 主要断面下泄过程

根据主要断面来水预测情况，结合水利工程调度规则及区间耗水，提出 2020—2021 年度主要断面逐月下泄水量见表 9.5-14，主要断面的下泄过程应满足最小下泄流量要求。

表 9.5-14 史灌河流域主要断面 2020—2021 年度下泄过程 单位：亿 m³

主要断面	叶集	蒋家集	陈村
10 月	0.02	0.24	0.41
11 月	0.07	0.22	0.37
12 月	0.02	0.19	0.33
1 月	0.02	0.35	0.51
2 月	0.05	0.30	0.44
3 月	0.19	0.26	0.36
4 月	0.16	0.23	0.27
5 月	0.16	0.32	0.13
6 月	0.26	0.17	0.13
7 月	0.38	1.41	1.81
8 月	0.12	0.33	0.54
9 月	0.12	0.45	0.77
合计	1.55	4.47	6.07

3. 重要工程调度计划

纳入史灌河流域水量统一调度的重要工程包括：梅山水库、鲇鱼山水库、马堽枢纽、红石嘴枢纽、黎集枢纽等。重要工程 2020—2021 年度供水调度计划建议方案见表 9.5-15。

9.5.3 月调度计划编制示例

以史灌河流域 2021 年 5 月水量调度计划编制为例，说明滚动修正及月计划编制的技术内容。具体内容涉及水量调度执行情况评估、来水条件分析及方案更新三个方面。

9.5.3.1 水量调度执行情况评估

1. 四月水量调度评估

史灌河流域以叶集、蒋家集、陈村三个断面作为考核断面，根据三个考核断面实际的逐日下泄情况（表 9.5-16），评估 2021 年 4 月水量调度执行情况。

2021 年 4 月 1～25 日，蒋家集断面最大日流量为 201m³/s，最小日流量为 82.8m³/s，月平均流量为 146m³/s，月下泄水量 3.555 亿 m³，大于计划下泄水量 0.3043 亿 m³。蒋家集断面按最小下泄流量 4.30m³/s 进行评估，达标率为 100%。叶集断面最大日流量为 78.1m³/s，最小日流量为 22.8m³/s，月平均流量为 52.7m³/s，月下泄水量 1.237 亿 m³，大于计划下泄水量 0.1126 亿 m³。叶集断面按最小下泄流量 0.60m³/s 进行评估，达标率为 100%。陈村断面最大日流量为 201m³/s，最小日流量为 93.6m³/s，月平均流量为 155m³/s，月下泄水量 4.023 亿 m³，大于计划下泄水量 0.4952 亿 m³。叶集断面按最小下泄流量 4.92m³/s 进行评估，达标率为 100%。

表 9.5-15　重要工程 2020—2021 年度供水调度计划建议方案

水库(闸坝)	项目	单位	10 月	11 月	12 月	1 月	2 月	3 月	4 月	5 月	6 月	7 月	8 月	9 月	年水量
梅山水库	来水量	万 m^3	3454	5287	2770	2923	4014	6495	2682	4438	4473	15960	9005	8958	70458
	月初水位	m	123.77	124.01	124.81	125.13	125.43	125.96	125.26	124.13	121.52	118.93	119.40	117.74	—
	月末水位	m	124.01	124.81	125.13	125.43	125.96	125.26	124.13	121.52	118.93	119.40	117.74	118.35	—
	供水量	万 m^3	1195	318	318	516	318	318	793	1399	1827	2136	1764	1327	12229
	下泄量	万 m^3	680	689	692	696	702	10101	8053	17170	15708	11665	14762	4854	85772
鲇鱼山水库（灌河干流）	来水量	万 m^3	1565	3572	1271	1780	1540	4464	1481	1771	2554	7915	3290	1868	33072
	月初水位	m	105.87	105.28	106.12	106.50	106.50	106.50	105.14	105.14	102.49	102.22	103.69	104.14	—
	月末水位	m	105.28	106.12	106.50	106.50	106.50	105.14	105.14	102.49	102.22	103.69	104.14	104.39	—
	供水量	万 m^3	177	176	174	267	270	180	384	1793	699	1105	699	89	6011
	下泄量	万 m^3	262	262	311	1286	1080	7977	865	9122	1850	262	262	262	23800
马堽枢纽	来水量	万 m^3	1446	2965	1273	2633	2245	11356	1986	10463	3783	6251	2752	1676	48829
	下泄量	万 m^3	1074	2606	911	2201	1830	10986	1474	8875	3019	5171	1978	1382	41508
红石嘴枢纽（史河干流）	来水量	万 m^3	786	851	777	785	824	10300	8136	17306	15845	12154	15038	5129	87930
	下泄量	万 m^3	29	38	46	53	61	935	1612	1338	2437	1269	35	35	7817
黎集枢纽（史河干流）	下泄量	万 m^3	3454	5287	2770	2923	4014	6495	2682	4438	4473	15960	9005	8958	70458

表 9.5-16 史灌河流域 2021 年 3 月考核断面逐日下泄流量 单位：m³/s

日期	蒋家集	叶集	陈村
2021/4/1	82.8	34.05	93.55
2021/4/2	122	48.8	132
2021/4/3	173	64.5	187
2021/4/4	183	71.7	197
2021/4/5	201	78.1	201
2021/4/6	167	65.1	180
2021/4/7	151	58.8	151
2021/4/8	178	69.8	194
2021/4/9	175	68.3	189
2021/4/10	158	59.9	166
2021/4/11	132	51.5	143
2021/4/12	116	45.2	125
2021/4/13	120	46.8	130
2021/4/14	124	48.4	134
2021/4/15	87	33.9	94
2021/4/16	167	42.9	119
2021/4/17	148	51.9	144
2021/4/18	133	54.05	150
2021/4/19	144	56.2	156
2021/4/20	148	57.7	160
2021/4/21	151	58.9	163
2021/4/22	163	63	176
2021/4/23	173	42.9	169.5
2021/4/24	151	22.8	163
2021/4/25	94.5	22.8	156.5
2021/4/26			
2021/4/27			
2021/4/28			
2021/4/29			
2021/4/30			
月最大流量（m³/s）	201	78.1	201
月最小流量（m³/s）	82.8	22.8	93.55
月平均流量（m³/s）	146	52.7	155
月下泄水量（亿 m³）	3.555	1.237	4.023

4 月调度小结：从 4 月蒋家集、叶集、陈村断面逐日下泄流量来看，最小下泄流量指标满足程度均为 100%，当月实际下泄水量高于计划下泄量。

2. 调度计划合理性评估

(1) 实际降雨统计

截至2021年4月25日，2020年10月—2021年4月期间，史灌河流域降雨深334.8mm，折合降雨量23.06亿m^3。史灌河流域2020年10月—2021年4月期间预测与实际逐月降雨量对照情况见表9.5-17。

表9.5-17 史灌河流域预测与实际逐月降雨量对照表

时间	调度期期初预测降水(mm)	逐月预测降水(mm)	实际降雨量(mm)
2020年10月	34.51	—	98.51
2020年11月	54.32	—	26.39
2020年12月	13.25	—	29
2021年1月	41.98	21	23.9
2021年2月	25.45	66	48
2021年3月	78.17	86	67
2021年4月	46.06	77	42
小计	293.74	—	334.8
2021年5月	95.82	131	
2021年6月	172.56		
2021年7月	239.54		
2021年8月	81.92		
2021年9月	115.43		
全年	999.01		

从2020年10月—2021年4月期间预测与实际降雨的统计结果来看，实际降雨量较调度期期初的预测降雨深偏大41.06mm、折合降雨量偏多2.829亿m^3，降雨深变幅为14%。

(2) 最小下泄流量满足情况统计

依据2020年10月1日—2021年4月25日期间考核断面逐日流量，统计叶集、蒋家集两个断面的最小下泄流量指标满足天数均为207天，满足程度均为100%；陈村断面最小下泄流量指标满足天数为201天，满足程度为97%。

(3) 主要断面下泄水量情况统计

依据三个考核断面在2020年10月1日—2021年4月25日期间逐日下泄水量，统计蒋家集、叶集、陈村断面下泄水量分别为7.223亿m^3、3.074亿m^3、7.538亿m^3；各断面相应的下泄水量建议值分别为1.868亿m^3、0.4616亿m^3、2.914亿m^3，各断面实际下泄水量均高于建议下泄水量数值。

(4) 调度执行情况小结

从史灌河流域截至2021年4月25日的调度执行情况来看：①实际降雨与预测降雨偏多14%，偏差不显著；②考核断面最小下泄流量日满足程度在90%以上；③考核断面实际下泄水量均高于建议值。

综合研判得出以下结论，截至2021年4月25日：①下泄水量、逐日下泄流量均满足调度计划要求；②史灌河流域2020—2021年度降雨预测与实际偏差不大，所采用的中长期降雨预测产品较好地预测出了2020年10月—2021年4月的降雨总量。

9.5.3.2 来水条件分析

1. 来水预测方法原理

（1）逐项还原法

逐项还原法所采用水量平衡公式如下：

$$W=W_1+W_2+W_3+W_4\pm W_5\pm W_6\pm W_7 \tag{9.5-1}$$

式中，W 为天然河川径流量，m^3；W_1为实测河川径流量，m^3；W_2为农业灌溉耗损量，m^3；W_3为工业用水耗损量，m^3；W_4为城镇生活用水耗损量，m^3；W_5为跨流域（或跨区间）引水量，引出为正，引入为负，m^3；W_6为河道分洪不能回归后的水量，分出为正，分入为负，m^3；W_7为大中型水库蓄水变量，增加为正，减少为负，m^3。

在进行降雨-径流关系分析时，水库蓄变量默认为零；农业、工业、生活用水耗损量直接采用2020—2021年流域内逐月用水；史河调出水量参照2012—2018年口门实测逐月流量确定，灌河的分洪流量恒定为2020—2021年计划分潢川水量；区间无蓄滞洪区，$W_6=0$。根据实测资料，依据2012—2016年实测、天然逐月降雨、实测流量、天然径流、调出流量推算天然径流。

（2）经验法

在粗略估计天然径流量时，也可以直接依据实测流量缩放得到天然径流，其关键在于获取还原比［还原比＝（天然－实测）/天然］。依据2012—2016蒋家集站逐月实测下泄水量与逐月天然径流量进行分析。图9.5-2中，剔除系列中还原比显著偏大或偏小的点据，以消除偶然因素影响，可以大致获得多年平均条件下的蒋家集控制站的还原比。

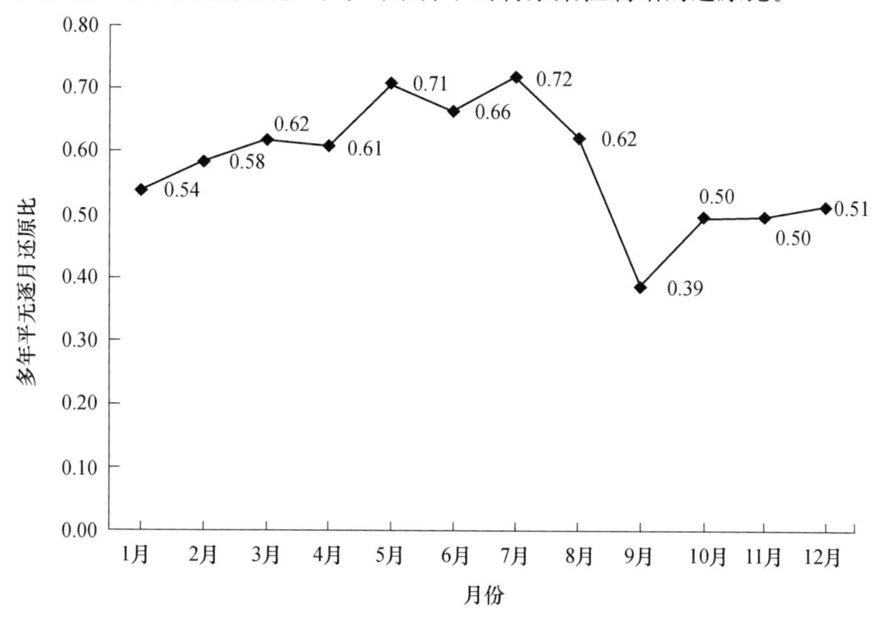

图9.5-2 多年平均条件下蒋家集逐月还原比示意图

在实际使用中，可以根据蒋家集当月下泄水量，参照当月的还原比推算蒋家集控制站以上的天然径流量。根据2012—2016蒋家集、史灌河流域天然径流系列，可知两者呈现较好的线性关系（图9.5-3）。

可以根据推算得到的蒋家集天然径流量，预测史灌河流域天然径流量。鉴于陈村站的建站时间较短，从2019年1月起才有流量测量功能，因而不适合采用陈村的实测径流量推算全流域的天然径流量。

（3）综合法

综合逐项还原法、经验方法，根据蒋家集实测流量估算控制断面以上相应天然径流量，推算得到全流域尺度之后，加上实际的调出水量得到全流域天然径流量。

（4）LSTM 模型预测

近年来，长短时记忆神经网络模型（LSTM）在时间序列预测方面应用较为成功。依据 1956—2016 年，流域降水、蒋家集站实测流量、全流域天然径流量（鉴于蒋家集、全流域径流量之间具有良好的线性相关关系，可参照蒋家集逐月径流量将全年径流量分解到逐月）的逐月系列数据，建立以当月、上一月降水、蒋家集当月、上一月实测流量、流域上一月天然径流量为输入，以全流域当月天然径流量为输出的 LSTM 黑箱子模型。以 1956-02—2011-12 系列数据作为训练集，以 2012-01—2016-12 系列作为验证集进行模型训练与验证。

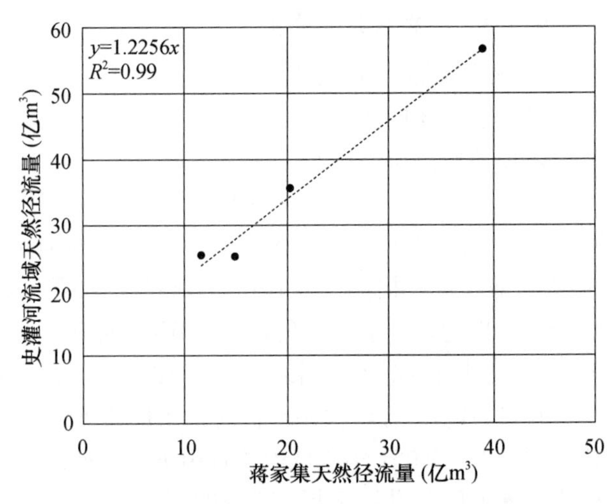

图 9.5-3 蒋家集—史灌河流域天然径流量相关图

2. 方法验证

除上述四种方法以外，考虑采用多模型组合，为每个模型估算径流量赋值 0.25 的均衡权重，加权平均得到来水量。四种单一方法及多模型组合预测估计天然径流量系列成果见图 9.5-4、表 9.5-18。

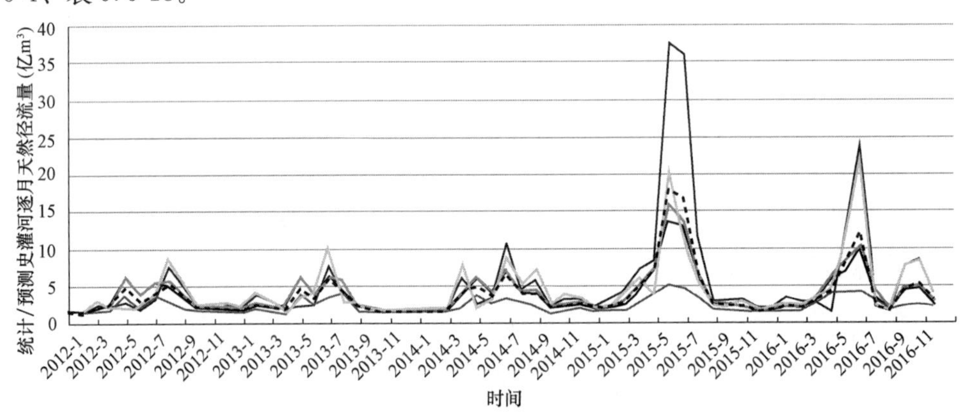

图 9.5-4 史灌河流域天然径流量预测成果对照图

表 9.5-18 史灌河流域天然径流量预测成果对照表

方法	R2	RMSE	NSE
逐项还原	0.65	24905	0.60
经验法	0.74	40960	−0.05
综合法	0.42	34939	0.00
LSTM	0.67	23693	0.65
AVG	0.86	20798	0.72

上述采用相关系数指标（R2）、RMSE（均方根误差）、NSE（确定性系数）指标评价各方法模拟精度。R2 数值越大越接近 1，说明相关性越强；RMSE 指标越小，说明平均预报误差较小；NSE 指标越接近 1，说明模拟系列与原系列的重合程度越高、模拟精度越高。

从图 9.5-4、表 9.5-18 中可以看到，模型组合方法的各项指标均为最优；而且 NSE 指标、R2 指标值均属于中长期预测应用中的较高水平，基本可以满足应用需求。因而选用模型方法进行天然径流量模拟。

3. 来水预测

采用实测降雨量，依据来水组合模拟策略对 2020 年 10 月—2021 年 4 月期间逐月来水量进行分析。

基于 2020 年 10 月—2021 年 4 月期间大型水库（梅山、鲇鱼山）蓄变量、陈村与蒋家集实际下泄水量、调出水量、降雨量等要素，应用组合预测公式得到期间史灌河流域逐月来水量，见表 9.5-19。

表 9.5-19　史灌河流域预测径流量表

月份	MIN	MAX	组合预测
10	18906	28498	24479
11	8083	17005	12147
12	3173	10857	6396
1	2071	34950	14122
2	3183	14243	7477
3	23380	44423	34089
4	19693	154995	71024

依照史灌河流域各分区 9 个雨量代表站的典型年降雨量，在泰森多边形将降雨插值到整个流域之后，继续分割插值分区到计算分区。据此得到梅山水库及其他计算分区逐月径流量，结果见表 9.5-20。

表 9.5-20　史灌河流域各计算单元逐月径流量估计值

序号	计算单元名称	省份	权重	10 月	11 月	12 月	1 月	2 月	3 月	4 月
1	梅山水库以上	安徽	0.28	6854	3401	1791	3954	2094	9545	19887
2	红石嘴以上	安徽	0.01	245	121	64	141	75	341	710
3	叶集以上区间	安徽	0.06	1469	729	384	847	449	2045	4261
4	黎集以上区间	河南	0	0	0	0	0	0	0	0
5	蒋集以上区间	河南	0.22	5385	2672	1407	3107	1645	7500	15625
6	蒋集—陈村区间	河南	0.14	3427	1701	895	1977	1047	4772	9943
7	鲇鱼山水库以上	河南	0.14	3427	1701	895	1977	1047	4772	9943
8	马堽以上区间	河南	0.1	2448	1215	640	1412	748	3409	7102
9	叶集区、霍邱县	安徽	0.05	1224	607	320	706	374	1704	3551
	合计	—	1	24479	12147	6396	14122	7477	34089	71024

与调度期期初预测来水量相对比，以当前估算来水值一调度期期初预测来水量的差值作为来水预测偏差，统计来水预测偏差结果见表 9.5-21。

表 9.5-21　流域各计算单元来水预测偏差统计表　　单位：万 m^3

分区	10月	11月	12月	1月	2月	3月	4月	偏差值合计	偏离幅度（%）
梅山水库以上	−3400	1886	979	−1031	1920	3050	13710	17113.7	51
红石嘴以上	−139	40	21	−52	48	142	490	549.632	46
叶集以上区间	−728	405	210	−221	412	652	2938	3667.792	51
黎集以上区间	0	0	0	0	0	0	0	0	0
蒋集以上区间	−2757	3326	726	−118	941	4	10772	12893.9	49
蒋集—陈村区间	−1826	1953	404	−157	528	206	6855	7962.848	47
鲇鱼山水库以上	−1617	1993	439	−56	568	308	6855	8489.848	50
马堽以上区间	−1263	1489	322	−65	418	30	4896	5827.32	48
叶集区、霍邱县	−601	347	180	−178	351	532	2448	3079.16	51
偏差值合计	−12331	11439	3281	−1878	5186	4924	48963	59584.2	49

9.5.3.3　五月调度方案更新

1. 初始状态更新

根据前述内容，用水计划条件目前均不更新，需要更新来水、水量调度约束条件、更新工程初始状态，在重新运算后提出相应的断面、工程调度方案。更新后梅山水库等工程的初始状态见表 9.5-22。

表 9.5-22　史灌河流域工程初始状态表

站点名称	水位（m）	蓄量（亿 m^3）
梅山水库	127.2	13.09
鲇鱼山水库	104.5	4.174

2. 余留期月下泄水量更新

（1）断面下泄水量

依据 10～4 月来水（多模型组合预测）情况，以及 5 月预测来水、6～9 月原始预测来水量组成新的逐月来水系列，代入模型中。年度来水总量修正为 34.93 亿 m^3，来水年型修正为 58%、相应典型年为 1958 年；叶集、蒋家集、陈村断面（全年）下泄水量指标沿用 75%年型的指标值，分别为 1.72 亿 m^3、4.69 亿 m^3、6.34 亿 m^3。综合考虑余留期来水、10～4 月实际断面下泄情况以及 4 月方案中所涉及各断面下泄计划，将余留期叶集、蒋家集、陈村断面下泄水量指标修正为 1.045 亿 m^3、2.207 亿 m^3、3.404 亿 m^3。

考核断面、管理断面最小下泄流量指标、各省地表水分配水量指标值保持不变。在余留期计划用水量、6～9 月来水量保持不变的前提下，采用更新之后的水库起调蓄水情况重新进行水量调度计算，得到修正后的余留期断面、工程下泄过程。模型验证成果表明，各单元、各行业计划用水量能够 100%满足。在来水等条件变更之后，模型重新调算得到流域考核断面及部分管理断面逐月下泄水量数据见表 9.5-23。

表 9.5-23 史灌河流域考核断面及部分管理断面逐月下泄水量 单位：亿 m^3

控制断面	5月	6月	7月	8月	9月	余留期合计
叶集	0.3336	1.0004	0.5851	0.4231	0.2483	2.591
蒋集	1.3381	2.5929	2.3378	1.0238	0.7131	8.006
陈村	1.7446	2.6997	3.0665	1.3097	1.0619	9.882
梅山	1.538	2.673	1.542	1.921	0.6113	8.285
鲇鱼山	0.380	1.4233	0.4850	0.1946	0.0202	2.503

根据叶集、蒋家集、陈村三个考核，以及梅山水库（站码：50500301）、鲇鱼山水库（站码：50502400）2020 年 10 月—2021 年 4 月期间实际逐月下泄水量，对余留期断面、工程的下泄水量过程进行修正。安徽省所提供梅山的数据系列不完整；缺少鲇鱼山数据，因而，管理断面各站均采用实时库的数据。表中数据仅为通过史河干流、灌河干流或史灌河干流下泄水量，各断面实际下泄过程见表 9.5-24。

表 9.5-24 史灌河流域考核断面及部分管理断面逐月实际下泄水量 单位：亿 m^3

断面	10月	11月	12月	1月	2月	3月	4月
叶集	0.2202	0.1742	0.1165	0.2876	0.0741	0.5976	1.237
蒋家集	1.036	0.5773	0.3383	1.119	0.34	1.212	3.555
陈村	0.7207	0.4768	0.3197	0.9689	0.1833	1.664	4.023
梅山	0.1018	0.1008	0.0992	0.5561	0.3941	0.1042	1.800
鲇鱼山	0.3230	0.2290	0.1873	0.4635	0.0092	0.2556	0.7559

结合表 9.5-23～表 9.5-24 可知，10～4 月实际下泄与 5～9 月计划下泄水量之和，要比修正后的全年下泄指标高，拟对余留期逐月下泄水量指标做适当折减。在余留期方案调整过程（表 9.5-25）中，需要注意保障断面逐日下泄流量、兼顾协调下游用水需求与上游供水能力。

表 9.5-25 调整后考核断面及部分管理断面余留期逐月下泄水量 单位：亿 m^3

断面	5月	6月	7月	8月	9月	余留期 2021.05—2021.09
叶集	0.1346	0.4036	0.2361	0.1707	0.1002	1.045
蒋家集	0.3689	0.7148	0.6445	0.2822	0.1966	2.207
陈村	0.6010	0.9300	1.0563	0.4511	0.3658	3.404

5 月份水量调度方案中，叶集、蒋家集、陈村断面建议下泄水量，可参照表 9.5-25 提供，分别为 0.1346 亿 m^3、0.3689 亿 m^3、0.6010m^3。

（2）梅山、鲇鱼山水库下泄指标

基于水量平衡对工程调度方案表中，相应工程调度方案进行更新。5 月水量调度方案的更新内容涉及梅山水库、鲇鱼山水库的月末水位、蓄量。鉴于梅山水库、鲇鱼山水库5月份的供水量、来水量、下泄水量可由表9.5-24得到，在不考虑调入、调出等因素前提下，将供水量、来水量、下泄水量代入水量平衡公式求得月末蓄水量，依据库容关系曲线即可反推得到修正后月末水位（表9.5-26）。

表9.5-26 史灌河流域2021年5月重要工程调度计划

水库（闸坝）	月初水位（m）	月初蓄水量（亿 m^3）	月末水位（m）	月末蓄水量（亿 m^3）	下泄水量（亿 m^3）
梅山水库	127.2	13.09	127.9	13.51	1.5380
鲇鱼山水库（灌河干流）	104.5	4.174	105.1	4.601	0.3800

验证梅山水库的正常蓄水位为128.0m、鲇鱼山水库正常蓄水位为107.0m，鲇鱼山水库月末水位未超出正常蓄水位。5月份月方案中，最终参照表9.5-25采用梅山水库、鲇鱼山水库（灌河干流）建议下泄水量，分别为1.5380亿 m^3、0.3800亿 m^3。

9.5.4 年计划执行情况总结示例

2020年10月—2021年9月期间，淮河流域境内沙颍河、史灌河、沂河、沭河四条跨省河流率先开展水量调度实践。经过为期一年的调度后，各控制断面及水库等控制工程的调度执行情况如何，最小下泄或最小生态流量满足程度如何，月下泄水量指标的满足程度如何？为回答上述问题，对四条河流的控制断面及控制工程逐日下泄流量、月下泄水量等评价进行统计分析如下（表9.5-27～表9.5-30）。

表9.5-27 沂河2020年10月—2021年9月水量调度主要断面指标达标情况

控制断面	月份		最小生态下泄流量/生态基流（m^3/s）			月生态水量（万 m^3）			月下泄水量（万 m^3）		
			指标值	未达标天数	达标率	指标值	实际值	是否满足	计划值	实际值	是否满足
临沂	2020年	10月	2.48	2	93.5%	643	6370	是	1370	6370	是
		11月	2.48	2	93.3%	643	10063	是	1770	10063	是
		12月	2.48	0	100.0%	643	10202	是	910	10202	是
	2021年	1月	2.48	2	93.5%	643	7442	是	910	7442	是
		2月	2.48	0	100.0%	643	7364	是	620	7364	是
		3月	2.48	0	100.0%	643	8278	是	660	8278	是
		4月	2.48	2	93.3%	643	6249	是	1200	6249	是
		5月	2.48	0	100.0%	643	12906	是	660	12906	是
		6月	2.48	0	100.0%	643	13203	是	640	13203	是
		7月	2.48	4	87.1%	643	57985	是	43780	57985	是
		8月	2.48	0	100.0%	643	38229	是	12440	38229	是
		9月	2.48	0	100.0%	643	84646	是	15190	84646	是
	合计			12	96.7%		262936	100%	80150	262936	是

续表

控制断面	月份		最小生态下泄流量/生态基流（m³/s）			月生态水量（万 m³）			月下泄水量（万 m³）		
			指标值	未达标天数	达标率	指标值	实际值	是否满足	计划值	实际值	是否满足
港上	2020 年	10 月	1.74	7	77.4%	4104	43016	是	500	4046	是
		11 月	1.74	9	70.0%				460	2249	是
		12 月	1.74	10	67.7%				470	6761	是
	2021 年	1 月	1.74	8	74.2%				470	4105	是
		2 月	1.74	3	89.3%				470	8110	是
		3 月	1.74	25	19.4%				500	1737	是
		4 月	1.74	19	36.7%				570	2401	是
		5 月	1.74	1	96.8%				500	6483	是
		6 月	1.74	7	76.7%				540	7124	是
		7 月	1.74	6	80.6%	451	24026	是	24360	24026	否
		8 月	1.74	6	80.6%	451	15263	是	8060	15263	是
		9 月	1.74	0	100.0%	451	18834	是	11480	18834	是
	合计			101	72.3%		101139	100%①	48380	101139	是②

① 合计一栏中，月生态水量的满足程度＝满足生态水量的月份数/12×100；

② 合计一栏中，当年度实际下泄水量大于等于年度计划下泄量则为“是”；否则为“否”。

表 9.5-28　沭河 2020 年 10 月—2021 年 9 月水量调度主要断面指标达标情况

控制断面	月份		最小生态下泄流量/生态基流（m³/s）			月生态水量（万 m³）			月下泄水量（万 m³）		
			指标值	未达标天数	达标率	指标值	实际值	是否满足	计划值	实际值	是否满足
大官庄	2020 年	10 月	1.14	31	0.0%	295	0	否	7300	0	否
		11 月	1.14	24	20.0%	295	1069	是	2300	1069	否
		12 月	1.14	25	19.4%	295	1273	是	2900	1273	否
	2021 年	1 月	1.14	0	100.0%	295	2071	是	2100	2071	否
		2 月	1.14	0	100.0%	295	541	是	300	541	是
		3 月	1.14	0	100.0%	295	3703	是	4100	3703	否
		4 月	1.14	3	90.0%	295	6819	是	3710	6819	是
		5 月	1.14	0	100.0%	295	4075	是	3940	4075	是
		6 月	1.14	0	100.0%	295	7370	是	8600	7370	否
		7 月	1.14	0	100.0%	295	8389	是	10000	8389	否
		8 月	1.14	0	100.0%	295	15528	是	21800	15528	否
		9 月	1.14	0	100.0%	295	16938	是	3700	16938	是
	合计			83	77.3%		67776	91.7%	70750	67776	否

续表

控制断面	月份		最小生态下泄流量/生态基流（m³/s）			月生态水量（万 m³）			月下泄水量（万 m³）		
			指标值	未达标天数	达标率	指标值	实际值	是否满足	计划值	实际值	是否满足
红花埠	2020 年	10 月	0.65	19	38.7%	1533	17716	是	2600	202	否
		11 月	0.65	1	96.7%				900	1814	是
		12 月	0.65	10	67.7%				1100	1845	是
	2021 年	1 月	0.65	2	93.5%				700	1267	是
		2 月	0.65	0	100.0%				700	1479	是
		3 月	0.65	0	100.0%				2600	1310	否
		4 月	0.65	0	100.0%				900	5728	是
		5 月	0.65	0	100.0%				170	2739	是
		6 月	0.65	0	100.0%				2600	1331	否
		7 月	0.65	0	100.0%	168	10782	是	1700	10782	是
		8 月	0.65	0	100.0%	168	13276	是	4300	13276	是
		9 月	0.65	0	100.0%	168	27926	是	1200	27926	是
	合计			32	91.2%		69700	100%	19470	69700	是

表 9.5-29　沙颍河 2020 年 10 月—2021 年 9 月水量调度主要断面指标达标情况

控制断面	月份		最小下泄流量/生态基流（m³/s）			月下泄水量（万 m³）		
			指标值	未达标天数	达标率	计划值	实际值	是否满足
周口	2020 年	10 月	4.3	0	100.0%	—	14527	—
		11 月	4.3	1	96.7%	—	9231	—
		12 月	4.3	0	100.0%	—	8259	—
	2021 年	1 月	4.3	0	100.0%	—	10218	—
		2 月	4.3	0	100.0%	—	5621	—
		3 月	4.3	0	100.0%	—	11953	—
		4 月	4.3	0	100.0%	—	11384	—
		5 月	4.3	0	100.0%	—	18298	—
		6 月	4.3	0	100.0%	—	11356	—
		7 月	4.3	0	100.0%	—	137827	—
		8 月	4.3	0	100.0%	—	65915	—
		9 月	4.3	0	100.0%	—	265360	—
	合计			1	99.7%		569948	
界首	2020 年	10 月	5.5	0	100.0%	1500	14573	是
		11 月	5.5	3	90.0%	1900	8892	是
		12 月	5.5	0	100.0%	1500	10647	是

续表

控制断面	月份		最小下泄流量/生态基流（m^3/s）			月下泄水量（万 m^3）		
			指标值	未达标天数	达标率	计划值	实际值	是否满足
界首	2021 年	1 月	5.5	0	100.0%	1900	10226	是
		2 月	5.5	0	100.0%	1400	6147	是
		3 月	5.5	0	100.0%	1500	14493	是
		4 月	5.5	4	86.7%	1560	10119	是
		5 月	5.5	0	100.0%	2310	17736	是
		6 月	5.5	0	100.0%	14500	12933	否
		7 月	5.5	0	100.0%	58400	172046	是
		8 月	5.5	0	100.0%	10000	76162	是
		9 月	5.5	0	100.0%	10800	280498	是
	合计			7	98.1%	107270	634472	是
沈丘	2020 年	10 月	0.70	0	100.0%	300	3705	是
		11 月	0.70	9	70.0%	400	2374	是
		12 月	0.70	6	80.6%	500	6129	是
	2021 年	1 月	0.70	15	51.6%	300	2284	是
		2 月	0.70	5	82.1%	500	2307	是
		3 月	0.70	8	74.2%	400	1891	是
		4 月	0.70	0	100.0%	380	3340	是
		5 月	0.70	0	100.0%	900	3434	是
		6 月	0.70	0	100.0%	700	3540	是
		7 月	0.70	0	100.0%	2400	19194	是
		8 月	0.70	0	100.0%	1000	11828	是
		9 月	0.70	0	100.0%	1000	25045	是
	合计			43	88.2%	8780	85071	是
颍上	2020 年	10 月	7.40	0	100.0%	2300	13247	是
		11 月	7.40	8	73.3%	2500	7604	是
		12 月	7.40	0	100.0%	2100	16919	是
	2021 年	1 月	7.40	0	100.0%	2500	12115	是
		2 月	7.40	3	89.3%	2000	7254	是
		3 月	7.40	0	100.0%	2500	13557	是
		4 月	7.40	0	100.0%	2160	11348	是
		5 月	7.40	0	100.0%	2760	18106	是
		6 月	7.40	0	100.0%	14800	9930	否
		7 月	7.40	0	100.0%	69200	221543	是
		8 月	7.40	0	100.0%	12500	103412	是
		9 月	7.40	0	100.0%	14900	302504	是
	合计			11	97.0%	130220	737540	是

表 9.5-30　史灌河 2020 年 10 月—2021 年 9 月水量调度主要断面指标达标情况

控制断面	月份		最小下泄流量（m³/s）			月下泄水量（万 m³）		
			指标值	未达标天数	达标率	计划值	实际值	是否满足
叶集	2020 年	10 月	0.60	0	100.0%	200	2202	是
		11 月	0.60	0	100.0%	700	1742	是
		12 月	0.60	0	100.0%	200	1165	是
	2021 年	1 月	0.60	0	100.0%	200	2876	是
		2 月	0.60	0	100.0%	500	741	是
		3 月	0.60	0	100.0%	1900	5976	是
		4 月	0.60	0	100.0%	1130	13282	是
		5 月	0.60	0	100.0%	1350	6620	是
		6 月	0.60	0	100.0%	2600	3578	是
		7 月	0.60	0	100.0%	3800	41402	是
		8 月	0.60	0	100.0%	1200	13066	是
		9 月	0.60	0	100.0%	1200	1774	是
	合计			0	100.0%	14980	94424	是
蒋家集	2020 年	10 月	4.30	0	100.0%	2400	19427	是
		11 月	4.30	0	100.0%	2200	5773	是
		12 月	4.30	0	100.0%	1900	4984	是
	2021 年	1 月	4.30	0	100.0%	3500	11187	是
		2 月	4.30	0	100.0%	3000	3400	是
		3 月	4.30	0	100.0%	2600	14482	是
		4 月	4.30	0	100.0%	3040	34225	是
		5 月	4.30	0	100.0%	3690	20964	是
		6 月	4.30	0	100.0%	1700	27577	是
		7 月	4.30	0	100.0%	14100	154388	是
		8 月	4.30	0	100.0%	3300	55083	是
		9 月	4.30	0	100.0%	4500	19172	是
	合计			0	100.0%	45930	370664	是
陈村	2020 年	10 月	4.92	0	100.0%	2400	7207	是
		11 月	4.92	0	100.0%	2200	4768	是
		12 月	4.92	0	100.0%	1900	3197	是
	2021 年	1 月	4.92	0	100.0%	3500	7856	是
		2 月	4.92	6	78.6%	3000	1833	否
		3 月	4.92	0	100.0%	2600	16643	是
		4 月	4.92	0	100.0%	3040	36264	是
		5 月	4.92	0	100.0%	3690	22198	是
		6 月	4.92	0	100.0%	1700	34429	是
		7 月	4.92	0	100.0%	14100	157473	是
		8 月	4.92	0	100.0%	3300	56418	是
		9 月	4.92	0	100.0%	4500	18419	是
	合计			6	98.4 %	45930	366704	是

沂河流域水量调度控制断面主要有临沂、港上两站，在水量分配方案中约定的沂河末端

站暂未建成，因而未统计进去。从沂河流域各站最小生态下泄流量（生态基流）统计数据来看，临沂站2020年10月—2021年9月各月最小生态下泄流量的月满足程度在87.1%～100%，其中在7月最小生态下泄流量指标的满足程度最低，当月有4天未达标；其余未100%达标的月份分别为10月、11月、1月、4月；调度期综合达标率（年达标天数/年内天数）为96.7%。对照沂河水量调度方案、2020—2021年沂河水量调度计划中所规定最小生态下泄流量满足指标为90%，临沂站在调度期内逐日流量满足最小生态下泄流量指标的控制要求。

根据水利部第一、二批重点河湖生态流量保障目标文件规定，临沂站月生态水量指标为643万m^3/月，从临沂站2020年10月—2021年9月各月实际下泄水量来看，每月实际下泄水量均在月生态水量指标的十倍以上，生态水量的满足情况较好。根据2021年10—12月发布的沂河水量调度计划中对临沂站逐月下泄水量的建议，结合2021年4—5月水量方案的更新情况，得到2020年10月—2021年9月各月计划下泄水量。与实际下泄水量相对照，可见临沂站逐月下泄水量均高于建议值，年度下泄水量高于年度建议下泄水量，计划下泄水量指标的保证程度较好。另外，从表9.5-27中也可以看到，临沂站2月的月计划下泄水量指标小于月生态水量，这是因为临沂站月生态水量指标的公布时间要稍晚于调度计划的编制、下达时间，在一般情况下断面的月计划下泄水量应当不小于月生态水量。

沭河流域水量调度控制断面主要有大官庄、红花埠两站，在水量分配方案中约定的沭河末端站暂未建成，因而未统计进去。从沭河流域各站最小生态下泄流量（生态基流）统计数据来看（表9.5-28），大官庄站2020年10月—2021年9月各月最小生态下泄流量的月满足程度在0%～100%之间，其中在10月最小生态下泄流量指标的满足程度最低，当月每天都不达标；其余各月以11月、12月两月的达标情况相对较低，均在20%以下。调度期综合达标率（年达标天数/年内天数）为77.3%。对照沭河水量调度方案、2020—2021年沭河水量调度计划中所规定最小生态下泄流量满足指标为90%，大官庄站在调度期内逐日流量不满足最小生态下泄流量指标的控制要求。经与地方沟通之后，认为2020年10～12月的逐日流量只包含了老沭河方向部分水量，所统计监测信息不完整，在2021年1月以后，监测数据逐步完善起来，该断面统计指标有了明显改善。

根据水利部第一、二批重点河湖生态流量保障目标文件规定临沂站月生态水量指标为295万m^3/月，从大官庄站2020年10月—2021年9月各月实际下泄水量来看，除2020年10月统计数据失真以外，其后各月实际下泄水量均在月生态水量指标以上，生态水量的满足情况较好。根据2021年10—12月发布的沭河水量调度计划中对大官庄站逐月下泄水量的建议，结合2021年4～5月水量方案的更新情况，得到2020年10月—2021年9月各月计划下泄水量。与实际下泄水量相对照，可见大官庄站部分月份的逐月下泄水量出现低于建议值的情况，尤其是2021年6～8月的实际下泄水量偏小，而年度下泄也未达到建议下泄量。

沙颍河流域水量/生态流量调度控制断面主要有周口、界首、沈丘、颍上站。从沙颍河流域各站最小生态下泄流量（生态基流）统计数据来看，界首站2020年10月—2021年9月各月最小生态下泄流量的月满足程度在86.7%～100%之间，其中在4月最小生态下泄流量指标的满足程度最低，当月有4天未达标；其次是2020年11月有3天未达标，其余各月均达标；调度期综合达标率（年达标天数/年内天数）为98.1%。对照沙颍河水量调度方案、2020—2021 年水量调度计划中所规定最小生态下泄流量满足指标为 90%，界首站在调度期内逐日流量满足最小生态下泄流量指标的控制要求（表 9.5-29）。

根据 2021 年 10～12 月发布的沙颍河水量调度计划中对临沂站逐月下泄水量的建议，结合 2021 年 4～5 月月方案的更新情况，得到 2020 年 10 月—2021 年 9 月各月计划下泄水量。与实际下泄水量相对照，可见，除 2021 年 6 月略有偏低之外，界首站逐月下泄水量均高于建议值，年度下泄水量高于年度建议下泄水量，计划下泄水量指标的保证程度较好。

史灌河流域水量/生态流量调度控制断面主要有叶集、蒋家集、陈村站。从史灌河流域各站最小生态下泄流量（生态基流）统计数据来看，叶集站 2020 年 10 月—2021 年 9 月各月最小生态下泄流量的月满足程度均为 100%。对照史灌河水量调度方案、2020—2021 年水量调度计划中所规定最小生态下泄流量满足指标为 90%，叶集站在调度期内逐日流量满足最小生态下泄流量指标的控制要求（表 9.5-30）。

根据 2021 年 10～12 月发布的史灌河水量调度计划中对叶集站逐月下泄水量的建议，结合 2021 年 4～5 月月方案的更新情况，得到 2020 年 10 月—2021 年 9 月各月计划下泄水量。与实际下泄水量相对照，可见叶集站逐月下泄水量均高于建议值，年度下泄水量高于年度建议下泄水量，计划下泄水量指标的保证程度较好。

10 流域水资源调度管理信息平台

淮河流域水资源调度管理信息平台是以淮委国家水资源监控能力建设项目成果为核心，经过2019年、2020年重构、拓展后得到的系统应用平台。其中淮委国控系统分两期建设，总投资5080万元。一期项目总投资3315万元，于2012年开始实施，2016年通过水利部组织的验收；二期项目总投资1775万元，于2016年开始实施，2020年9月通过水利部终验。

10.1 平台建设背景

10.1.1 政策背景

2011年1月，中共中央和国务院《关于加快水利改革发展的决定》第一次提出要实行最严格的水资源管理制度，并把严格水资源管理作为加快转变经济发展方式的战略举措。明确提出了全国水资源管理目标：到2020年，全国年用水总量力争控制在6700亿m^3以内，万元国内生产总值和万元工业增加值用水量明显降低，农田灌溉水有效利用系数提高到0.55以上，主要江河湖泊水功能区水质明显改善，城镇供水水源地水质全面达标，地下水超采基本遏制。针对中央关于水资源管理的战略决策，2012年2月，国务院发布了《关于实行最严格水资源管理制度的意见》，对实行最严格水资源管理制度工作进行全面部署和具体安排，进一步明确水资源管理"三条红线"的主要目标，提出具体管理措施，部署工作任务，全面推动最严格水资源管理制度贯彻落实，促进水资源合理开发利用和节约保护，保障经济社会可持续发展。

2003—2007年，淮委会同流域五省完成了《淮河流域水资源综合规划》，2012年该规划成果获得国务院批复。在此成果基础上，淮委提出了淮河流域"三条红线"控制指标：到2030年用水总量控制在742亿m^3以内；确立用水效率控制红线；确立水功能区限制纳污红线，到2030年重要河湖库水功能区水质达标率提高到95%以上。为实现上述目标，到2015年，用水总量控制在665亿m^3以内；到2015年农田灌溉水有效利用系数提高到0.55以上，万元工业增加值用水量下降28%；重要河湖库水功能区水质达标率提高到65.8%以上。到2020年，用水总量控制在700.8亿m^3以内；重要河湖库水功能区水质达标率提高到81%以上。

全面实行最严格的水资源管理制度，必须加强水资源监控设施建设，实时掌握来水、取水、用水和排水动态，保证第一手信息的准确性、科学性和精细化，为最严格水资源管理制度考核提供手段和依据。然而，目前我国水资源管理基础设施薄弱，监控手段缺乏，管理调度方式落后，直接影响"三条红线"的划定和实施，难以适应最严格水资源管理制度的工作要求，无法保障到2020年基本建成水资源合理配置和高效利用体系任务目标的实现。

实行最严格的水资源管理制度，目前的关键是解决水资源管理基础薄弱的问题。取用水户未实现实时监控，难以考核用水效率；水功能区和入河排污口监测能力不足，不能控制入河排污总量和入河污染物总量，无法实现水功能区监督管理，难以考核水功能区水质达标率；行政边界断面水量水质在线监测设施缺乏，无法监管区域用水总量，也难以落实区域节能减排责任。因此，必须加强水资源监控体系建设，对重点取用水户、重要江河湖泊水功能区和行政边界主要河流关键断面进行监控，对水资源开发利用进行有效和及时评价，落实总量控制、定额管理以及水权分配，完成节能减排任务。

为此，水利部组织编制了《国家水资源监控能力建设项目实施方案（2012—2014 年）》（以下简称《实施方案》），提出利用三年左右时间，开展国家水资源监控能力建设项目近期建设，初步形成与实行最严格水资源管理制度近期目标相适应的国家水资源监控能力，为支撑水资源管理定量考核工作奠定基础。

2012 年 12 月 18 日，水利部《关于印发国家水资源监控能力建设项目各流域建设内容的通知》（水资源〔2012〕542 号），下达了淮委国家水资源监控能力建设内容及建设资金规模。

2012 年 12 月 27 日，国家监控能力建设项目办公室印发了《关于编制国家水资源监控能力建设项目流域技术方案的通知》（水资源办〔2012〕39 号），要求各流域项目办根据《水利部 财政部关于印发国家水资源监控能力建设项目实施方案（2012—2014 年）的通知》（水资源〔2012〕411 号）、《水利部 财政部关于印发国家水资源监控能力建设项目管理办法的通知》（水资源〔2012〕412 号）和水利部《关于印发国家水资源监控能力建设项目各流域建设内容的通知》（水资源〔2012〕542 号）的要求，为进一步规范流域建设任务，确保实现中央、流域和省级水资源管理系统之间的资源共享和互联互通，保证项目总体目标的实现，在国家水资源监控能力建设项目总体框架内，按照《〈国家水资源监控能力建设项目流域技术方案（2012—2014 年）〉编制基本要求》，组织编制《国家水资源监控能力建设项目流域技术方案（2012—2014 年）》，《技术方案》经国家项目办技术评审后将作为流域项目实施和验收的技术依据。

为落实最严格水资源管理，淮委做了大量的前期调研和方案编制等基础工作，2009—2010 年，结合淮河流域水资源管理与需求进行了大量调研，于 2011 年完成《淮河流域水资源管理系统实施方案》，明确提出了淮河流域近期（2012—2014 年）和远期（2015—2017 年）建设任务。

依据《国家水资源监控能力建设项目实施方案（2012—2014 年）》和《国家水资源监控能力建设项目流域技术方案（2012—2014 年）编制基本要求》，在《淮河流域水资源管理系统实施方案》的基础上，编制完成了《国家水资源监控能力建设项目淮河流域技术方案（2012—2014 年）》。

项目实施后，能够及时、准确、全面地掌握流域内水资源监测、统计信息的宏观与微观信息以及各类业务处理的综合信息；实现流域机构日常水资源管理业务处理的电子化、网络化，进一步提高流域水资源信息共享能力；以模型计算与模拟仿真为基础增强智能调度和水资源应急管理能力，使淮河流域水资源管理逐步走向智能化，为支撑水资源管理定量考核工作奠定基础。

10.1.2 建设目标

淮河流域水资源监控能力建设的目标：充分依托淮委和流域五省现有水利信息化基础设施，整合和共享现有信息资源，以全面提升水资源管理业务为核心，以流域主要河流省界断面水质水量监测、重要水功能区监测为重点，通过与流域五省共享取用水大户信息，建成流域水资源信息管理平台；以淮委水利政务外网和政务内网为依托，开发水资源业务管理、水资源配置、调度、应急等应用系统，搭建淮河流域水资源管理系统框架，形成支持淮委水资源管理体系的工作业务平台和决策支持环境，为更好地履行水资源管理职责，落实最严格水资源制度，实现水资源优化配置、高效利用和科学保护目标提供技术支撑。具体目标是：

（1）基本建成取用水监控体系，对占全部颁证取用水总量的70％以上的重点用水大户实现监测或计量。主要包括：

① 淮委颁发：取水许可证的的全部取水户；

② 流域五省：地表取水年许可取水量在300万m^3以上集中取用水大户；地下取水年许可取水量在50万m^3以上的集中取用水大户；淮河流域3处水事敏感水域重要取水户（地表水年取水200万m^3以上）：淮河干流蚌埠闸上、洪泽湖周边、南四湖周边等3个区域取水的重点取水户。

（2）基本建成水功能区监控体系。主要包括：

① 对淮委实施的39个省界缓冲区监测覆盖率达到100％；

② 对列入《全国重要江河湖泊水功能区划》考核名录的394个重要江河湖泊水功能区（以下简称“重要水功能区”）监测覆盖率达到100％；

③ 对已核准公布的14个全国重要饮用水水源地基本实现100％监测。

10.1.3 建设内容

淮河流域水资源监控能力建设重点是省界断面设备配置、淮河流域水环境中心实验室能力建设、水资源监控管理平台建设三个方面，水资源信息主要来自现有水文信息，流域各省取用水信息，淮委监测主要河流省界缓冲区水质信息，流域各省重要水功能区水质信息等。

1. 建立包括国控取用水、水功能区、省界断面等三大监控体系

（1）取用水监控体系

取用水监控体系由流域五省负责建设并监测，取用水信息报送淮委。

监控对象主要为淮河水利委员会、流域内各省水行政主管部门批准颁发取水许可证的大取水户，以及部分由地市水行政主管部门批准颁发取水许可证的重点取水户。包括：

① 淮委发放取水许可证的全部取水户；

② 流域五省，地表水年许可取水量300万m^3以上；

③ 流域五省，地下水年许可取水量50万m^3以上；

④ 淮河流域3处水事敏感水域重要取水户（地表水年取水200万m^3以上）：淮河干流蚌埠闸上、洪泽湖周边、南四湖周边等3个区域取水的重点取水户。

（2）水功能区监控体系

① 水功能区监控体系主要由流域五省负责监测并建设，水功能区水质信息报送淮委。包括：重点是对淮河流域列入《全国重要江河湖泊水功能区划》的394个水功能区进行监测，监测频次为每月1次。

② 省界缓冲区之外的355个水功能区建设和监测任务由流域五省负责，水功能区水质信息报送淮委；淮河水保局重点对淮河流域39个省界缓冲区进行监测，监测频次为每月

2 次。

③ 流域各省人民政府批复的未列入《全国重要江河湖泊水功能区划》的水功能区由各省负责监测。

④ 淮委对列入已核准公布的全国重要饮用水水源地名录中的 14 个重要饮用水源区进行监测，各省其他饮用水源地由各省负责监测。

(3) 省界断面监控体系

省界断面监控体系包括水量监测和水质监测两个方面。

① 省界水量监测断面

根据淮河流域水资源水量监测断面规划，要达到对淮河流域省界断面水量控制 85%以上的目标，需要对淮河流域主要省际河流及重要省际湖泊南四湖共 147 处省界断面开展监测，由淮委水文局和流域五省水文局共同完成。

本项目选取可以利用现有水文站的 41 处断面安排建设，水文站中高水已实现水位自记，本项目借用水文站自记井等设施，配置 41 台水位计，可以实现中低水位自记；经对 41 个水文站现场调研，3 站 RTU 新近配置，已满足要求，需要配置传输设备 RTU38 台。

② 省界水质监测断面

2010 年淮委会同流域四省水利、环保部门完成淮河流域近 50 条主要跨省河流省界缓冲区监测断面的复核工作，经与上下游省环保、水利部门协商确定了 47 条跨省河流 60 个（其中 9 个辅助断面）省界水质监测断面，由淮委水资源保护局开展水质监测。

省界水质监测断面均采用巡测方式，通过加强淮河流域水环境监测中心以及信阳、临沂分中心实验室能力建设，提高省界水质监测覆盖率和监测频次。

2. 建立淮河流域水资源监控管理平台

淮委水资源监控管理平台建设内容包括计算机网络、数据库、应用支撑平台、业务应用系统和应用交互等层面，为水行政主管部门、社会公众、管理对象、规划设计单位提供水资源信息服务。

淮河流域水资源监控管理平台具备以下 9 个方面的功能：

(1) 实时监测淮河流域主要省界控制断面水量、重要河流省界缓冲区水质信息；

(2) 实时掌握流域内大型取用水户、重要水功能区及重要城市饮用水水源地、重要江河行政控制断面的水量水质信息等；

(3) 在线监督流域内各省区及地方取水许可、水资源论证、计划用水、节约用水、入河排污等水资源管理制度的执行情况；

(4) 动态掌握流域内各省区用水总量控制、用水效率控制、水功能区限制纳污“三条红线”考核指标完成情况；

(5) 实现流域级取水许可、水资源论证、计划用水、节约用水、入河排污口设置等水资源管理业务的在线处理；

(6) 实现流域内水资源调配业务处理，对流域内重要水资源配置工程、水源地、取水口实施远程管理；

(7) 对流域内重大涉水事件做出应急反应和决策支持；

(8) 建成流域水利数据中心水资源主题数据库群，实现与国家、流域五省水资源信息交换；

(9) 水资源信息发布，建成淮河流域水资源信息发布门户。

10.2　总体设计

依据系统需求分析的成果，结合淮河流域水资源信息服务系统项目的特点，分析研究系统建设的关键问题，以水资源业务管理为核心，满足水资源信息监控和管理的需要，为决策提供强大的支持环境。充分考虑系统建设的开放性、可靠性，进行系统建设方案设计，设计方案要求体现经济实用、技术先进、安全可靠、具有前瞻性和可扩展性，在数据库建设、支撑平台、应用系统、安全保障、标准规范等方面为平台设计提供坚实基础和建设依据。

10.2.1　架构设计

10.2.1.1　信息采集层

1. 系统组成

信息采集系统主要由水位自动监测站、流量自动监测站、水质自动监测站、移动巡测车、现地监控站等监测站点构成，各监测站点由传感器（或监测仪）、数据采集终端、传输设备及电源系统组成。监测指标包括水位、流量、水质等。

2. 传输信道

水资源管理系统建设的信息监测站点分布于流域的广大区域，信息传输通道依据站点本身特点和周边通信条件确定，目前公共移动通信网络（GPRS、CDMA、3G）已基本覆盖淮河流域，因此，信息采集系统通信优先选择 GPRS 或 CDMA 方式。

3. 时空基准

系统工作统一采用北京时间作为标准计时基准，日界统一为北京时间 8 时。水资源信息监测站点每日首次报信时间遵从水文或防汛部门规定的每日首次报信时间即 8 时为准。位置描述使用全球定位系统 GPS 和具有我国自主知识产权的北斗导航定位系统对水资源信息监测站点的坐标定位，统一采用 2000 地心坐标系经纬度坐标进行位置描述。已有数据逐步过渡到 2000 地心坐标系。绝对高程基准采用 1985 黄海高程基准，对确需采用地方基准或相对基准进行水位观测的测站，进行地表水水体水位流量关系转换时，在其预处理环节先行滤除因高程基准不统一导致的监测误差。

4. 信息流向

监测信息由现地监测站通过 RTU 向站点内安装的传感器进行数据采集，并经数据通信终端通过 GPRS/GSM/租用光纤等方式向专用网络发送数据，专用网络通过 VPN 专用通道向监控中心传送监测数据。四省的水资源管理系统的监测信息先传输至各省监控中心，汇聚后与淮委水资源管理系统进行信息交换，如图 10.2-1 所示。

10.2.1.2　数据资源层

1. 逻辑组成

数据资源层是对数据进行统一存储与管理的体系，主要包括数据管理、数据存储管理等部分，并对综合数据库及元数据库两大类数据进行存储。数据资源层的系统结构如图 10.2-2 所示。

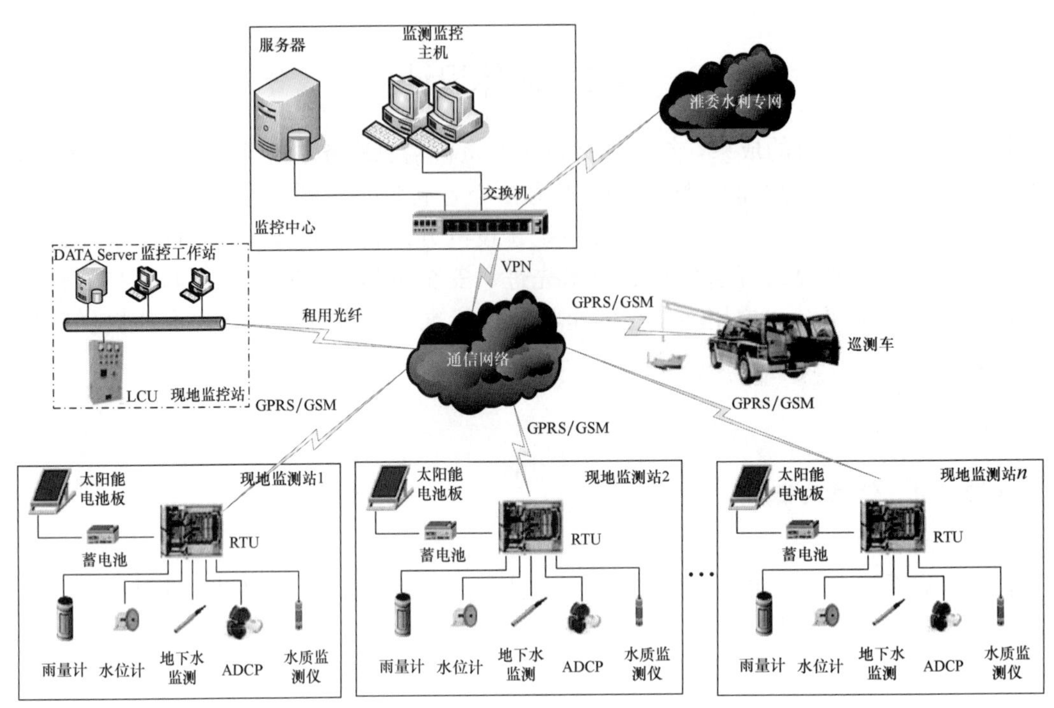

图 10.2-1 信息采集与传输系统结构图

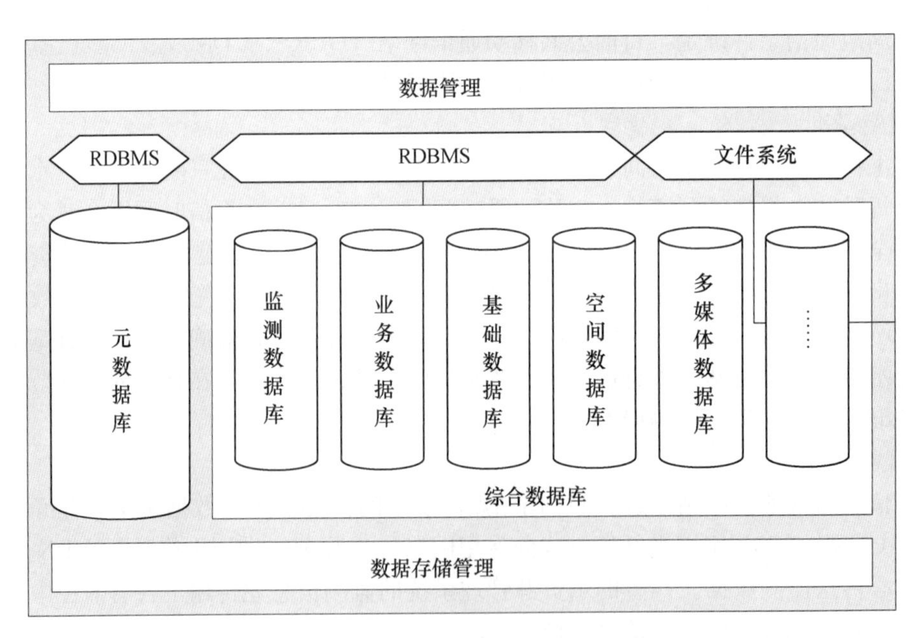

图 10.2-2 数据资源层的系统结构图

（1）数据存储管理

数据存储管理主要是完成对存储和备份设备、数据库服务器及网络基础设施的管理，实现对数据的物理存储管理和安全管理。

（2）数据管理

数据管理主要包括建库管理、数据输入、数据查询输出、数据维护管理、代码维护、数据库安全管理、数据库备份恢复、数据库外部接口等数据库管理功能。

（3）综合数据库及元数据库

综合数据库包括监测数据库、业务数据库、基础数据库、空间数据库和多媒体数据库等多个逻辑子库，根据数据种类分别存储于RDBMS与文件系统中；元数据库将综合数据库中的数据进行分类及抽取，形成数据集元数据、数据元数据，并存储在RDBMS中。

2. 数据库设计

数据库设计针对指定的应用环境，构造出较优的数据库模式，并能有效地存储数据。数据库设计立足于信息资源开发并建立稳定的信息结构，满足水资源管理的应用需求，联合运用基本和扩展的EE-R建模技术。

数据库设计结果统一采用ERWIN进行建模，用于数据库结构的自动创建和后期数据库恢复的备档。数据库设计过程按照数据库总体设计、信息需求分析、概念数据模型设计、逻辑数据模型设计、物理数据模型设计、建库实施等阶段进行。

3. 数据分类

水资源管理系统数据分为在线监测数据、业务数据、基础数据、空间数据和多媒体数据五大类。

另外，为了应用系统安全有效运行，需要系统运行维护相关的专用数据，如用户、功能控制、版本维护等，该部分内容统称为系统信息。

（1）在线监测数据：本类数据又包括两个子类型，一类是通过自身系统直接采集的，包括取水、输水、供水、用水、排水等水资源开发利用方面数据，以及水功能区、行政边界河流断面等的实测数据，另一类是其他系统采集，通过数据管理平台交换接入到本系统的，包括旱情、雨水情等实时水雨情数据。

（2）业务数据：在业务应用系统处理过程中产生与需要的业务数据，包括取水许可管理、水资源费征收使用管理、计划用水管理、地下水管理、水功能区管理等各类与水资源日常业务相关的数据。

（3）基础数据：实现业务处理需要的水资源、生态及经济社会基础数据，包括水资源评价、基础水文、经济社会等水资源管理相关基础信息。

（4）空间数据：为描述所有水资源要素空间分布特征的数据库，主要包括行政区划、城镇与农村居民点、地形、河流、水系等国家基础地理层面信息以及包括水资源分区、独立取水户、输水线路、供水水厂、地下水超采区、用水户、监测站点、水资源工程、机构分布等水资源基础层面信息。

（5）多媒体数据：水资源管理过程中涉及的图形、影像、声音、视频等多媒体数据。

（6）系统信息：水利资源管理系统本身所涉及的一些信息。

10.2.1.3 信息传输层

信息采集传输层主要包括取用水、水功能区和省界断面三大监测体系的建设，实现取用水在线监测、水源地在线监测、水功能区水质巡测、省界断面在线监测、相关系统接入及人工录入等功能。

其中，对直接监测信息采集的实现根据信息来源情况分为在线自动采集和人工录入两种方式：在线自动采集方式是指监测点采集相关数据后，通过移动、有线、光纤等通信方式通过数据接收层到省或流域，进入系统的数据资源层；人工录入方式则是由工作人员将监测数据通过系统应用各层级的客户端导入或录入系统，直接进入系统的数据资源层。对间接监测信息采集的实现宜采用信息交换的方式进行，即数据资源层依托应用支撑层的交换中间件直接实现数据的汇集任务。信息采集传输系统结构如图 10.2-3 所示。

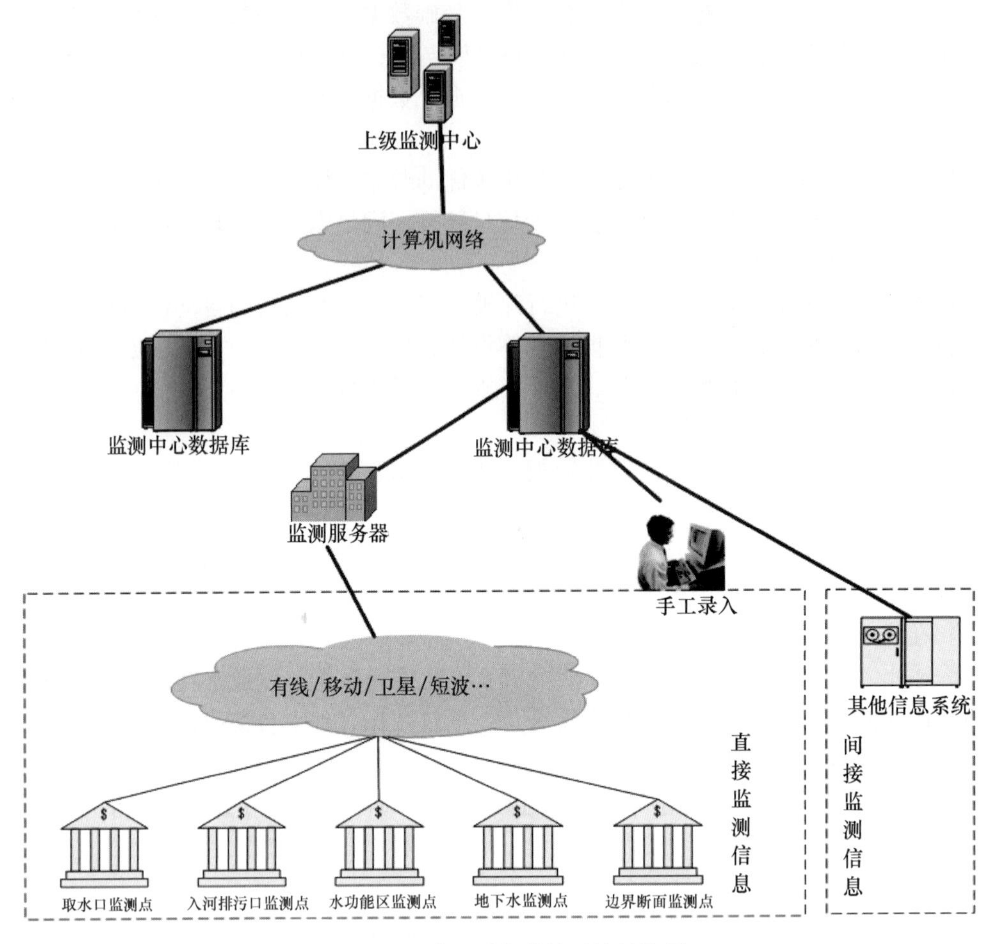

图 10.2-3 信息采集传输系统结构图

10.2.1.4 软硬件结构

国家水资源监控管理平台部署在淮委水资源管理部门，淮委需要掌握的在线监测信息（包括水源地、取用水户、水功能区、省界断面等）通过采集和传输系统按需求进入省和流域，流域同时汇集所辖各省的监测信息。

三级信息平台采用统一设计、分级部署的建设方式，其中共有的建设内容（即三级通用软件）由中央信息平台进行统一集中开发，并在淮委进行部署，并通过个性化定制来满足淮河流域的个性化需求。

在部署时，可以将水资源管理信息平台的各层建设内容划分为硬件设备、支撑软件和应用系统三类。平台的组成如图 10.2-4 所示。

硬件设备主要包括：网络与安全设备、存储设备、服务器、调度会商设备等。

支撑软件主要包括：数据库管理软件、数据备份软件、J2EE 服务器软件、应用集成软件、工作流引擎、消息软件、GIS 软件、综合报表软件、数据汇集交换子系统、统一用户管理与统一认证子系统、元数据管理子系统等。

应用系统主要包括：综合数据库、元数据库及管理系统，水资源信息服务、水资源业务

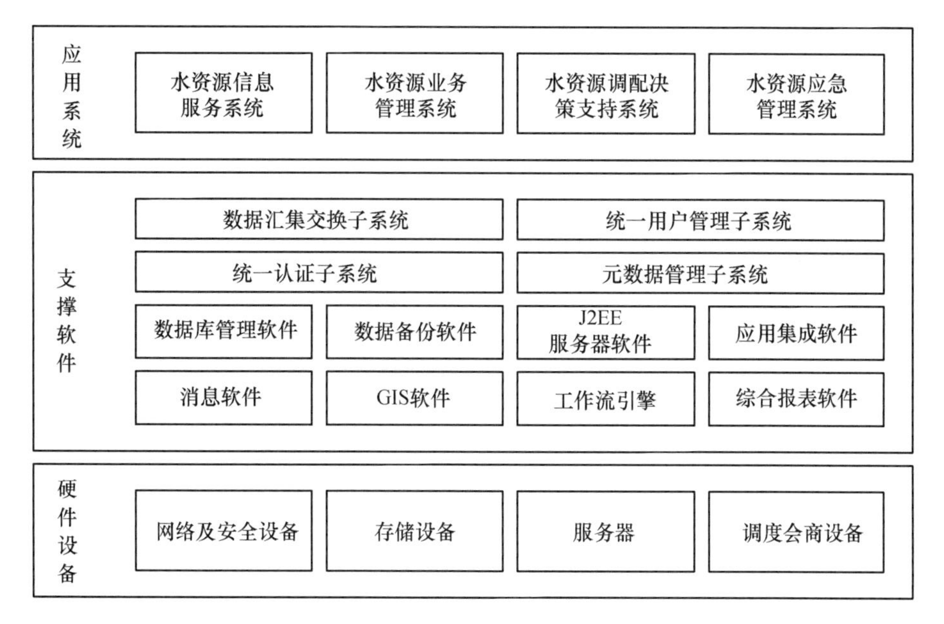

图 10.2-4　平台总体框架结构

管理、水资源调配决策支持、水资源应急管理等应用系统以及水资源业务门户、水资源信息服务门户。

平台集成主要包括数据层、应用层、界面层及方法层等各个层次的集成与整合。其中：数据层集成的适用范围主要包括信息资源交互和信息资源共享；应用层集成的适用范围主要包括应用系统的功能衔接，即跨系统的功能调用，需遵循 SOA 架构，将关键功能封装成 Web 服务，同时制定业务数据的交换标准才能实现；界面层集成主要通过门户来实现，将水资源管理所有办公业务和信息服务统一集中到一个门户界面上，提供水资源管理全部应用的统一入口，通过统一用户登录，提供统一的业务界面和结构更清晰、内容可定制的信息服务，实现各信息资源、各业务应用的集中与整合，达到信息资源的全方位共享。

10.2.1.5　信息系统结构设计

淮河流域水资源调度管理信息平台采用 B/S 架构，分为应用层、业务层和数据层等三个层次，系统的整体架构如图 10.2-5 所示。应用层直接面向用户，也是系统与用户交互的界面层，用于显示数据和接收用户输入的数据，提供了信息服务、业务管理、应急管理、调度决策、决策会商等五大类服务。业务层也称业务逻辑层，是系统架构中核心价值的体现，通过对具有高复用性的类模块和模型库的集成，实现对数据的业务逻辑处理，并封装成统一的服务接口对用户提交的事务进行响应，在数据层和应用层的数据交换中起到承上启下的作用。数据层也称持久层，通过与数据库的交互，完成对数据库表的删除、插入、更新等持久化操作。系统通过连接池的方式优化了与数据库的连接速度，同时采用高性能 key-value 缓存数据库加快了数据的读取速度。

根据淮河流域水资源监控能力建设项目总体目标，报国务院批准的淮河流域重要江河湖泊水功能区由淮委负责组织监测，淮河流域水资源保护局水环境监测中心重点对淮河流域 39 个省界缓冲区进行监测，省界缓冲区监测频次为每月 2 次。其余各省批复的水功能区由各省监测，流域机构可以进行监督。

通过流域局域网的建设，完成终端用户接入，实现对各种资源的访问；在此基础上通过广域网的建设，实现流域与水利部、所辖省水资源管理单位的互联互通。省界水质监测由淮委负责并进行实时输入传报；其他水功能区监测信息主要依靠地方水资源管理部门转报淮委或通过流域内各省水资源管理系统互联共享。

10.2.1.6 开发框架

系统主要是在Java环境下基于SpringBoot框架开发完成，支持跨平台部署。其中包括采用RabbitMQ实现消息通信和异种语言调用、Redis数据库作为缓存服务、Tomcat作为主要的WebContent中间件、Maven作为主要的项目管理工具、CXF作为Web/Service的发布框架等；在数据库交互方面，采用MyBatis作为主要的持久层框架，可以支持SQL Server/Oracle/MySQL等当前主流的数据库。此外，集成了模型库、异种语言调用、多线程并发等关键技术，丰富了模型计算方法，提高了系统运行速度。

对系统开发中主要应用的主要框架简单介绍如下。

1. SpringBoot框架

SpringBoot是由Pivotal团队提供的全新框架，其设计目的是用来简化新Spring应用的初始搭建以及开发过程。该框架使用了特定的方式来进行配置，从而使开发人员不再需要定义样板化的配置。

SpringBoot框架是JavaEE编程领域的一个全新的轻量级框架，属于Spring框架的衍生物，从根本上看，SpringBoot是一些第三方库的集合，是框架中的框架，只需要配置相应的依赖，就可以在项目构建过程中使用需要的框架。“开箱即用”（Out of Box）是SpringBoot框架的一个重要理念，集中体现了其简化编码、配置、部署、监控等优势，使开发者能够更专注于业务逻辑。在编码方面，SpringBoot采用JavaConfig的方式，对Spring进行配置，并且提供了大量的注解，极大地提高了工作效率；在配置方面，SpringBoot提供了许多默认配置，同时支持自定义配置，并将所有配置集中于application.properties或application.yml这一个配置文件中，便于维护；在部署方面，SpringBoot内置了三种Servlet容器，Tomcat、Jetty、undertow。只需要一个Java的运行环境就可以运行SpringBoot项目。此外，SpringBoot的项目可以打包成一个jar包，然后通过Java -jar xxx.jar来运行（SpringBoot项目的入口是一个main方法，运行该方法即可）；在监控方面，SpringBoot提供了actuator包，可以使用它来对应用进行监控。

在Web项目中，SpringBoot内置的Spring和SpringMVC为系统开发提供了基础的技术保证。其中，Spring框架作为面向切面（AOP）和控制反转（IOC）的轻量级容器框架，以统一、高效的方式实现了系统各层次之间的松散耦合。SpringMVC则通过Model-View-Controller的模式实现了展示、业务和数据三者之间的分离，充分体现了MVC模式在系统设计中的应用。

2. Maven框架

Apache Maven是一个Apache的开源项目，主要服务于基于Java平台的项目构建、依赖管理和项目信息管理。Maven包含了一个项目对象模型（Project Object Model），一组标准集合，一个项目生命周期（Project Lifecycle），一个依赖管理系统（Dependency Management System）和一组标准集合，如图10.2-5所示。

其中，项目对象模型通过pom.xml文件定义项目的坐标、项目依赖、项目信息、插件目标、打包方式；依赖管理系统通过定义项目所依赖组件的坐标由Maven进行依赖管理；

对于项目清理、编译、测试、部署等生命周期，Maven 将其抽象统一为清理、初始化、编译、测试、报告、打包、部署、站点生成等，保证一致的项目构建流程，通过执行一些简单的命令即可实现上面生命周期的各个过程；一组标准集合是指 Maven 工程有自己标准的工程目录结构、定义坐标有标准。

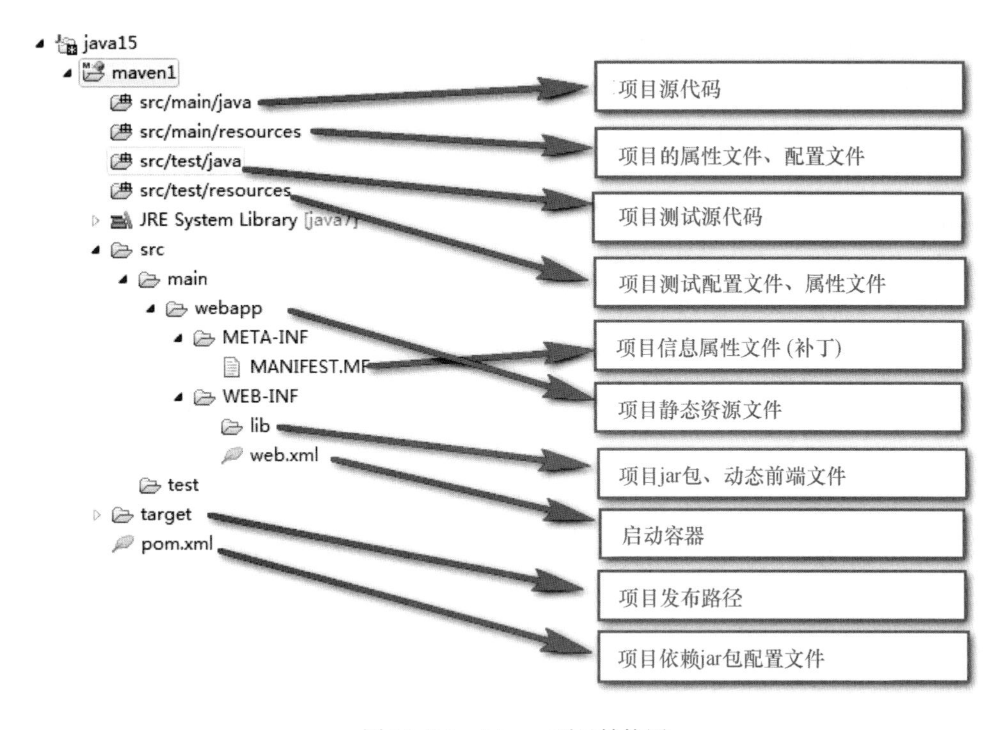

图 10.2-5　Maven 项目结构图

Maven 可以负责管理项目开发过程中的几乎所有的内容，例如在项目构建方面，支持许多种应用程序类型，对于每一种支持的应用程序类型都定义好了一组构建规则和工具集；在输出物管理方面，可以管理项目构建的产物，并将其加入到用户库中；在依赖关系方面对依赖关系的特性进行细致的分析和划分，避免开发过程中的依赖混乱和相互污染行为；在文档和构建结果方面，Maven 的 site 命令支持各种文档信息的发布，包括构建过程的各种输出、javadoc、产品文档等；在处理项目关系方面，一个大型的项目通常由几个小项目或者模块组成，用 Maven 可以很方便地管理；在移植性管理方面，Maven 可以针对不同的开发场景，输出不同种类的输出结果。

3. MyBatis 框架

MyBatis 是一款优秀的轻量级持久层框架，完全基于 JDBC 实现持久化的数据访问。它对 JDBC 的操作数据库的过程进行封装，使开发者只需要关注 SQL 本身，而不需要花费精力去处理例如注册驱动、创建 connection、创建 statement、手动设置参数、结果集检索等 JDBC 繁杂的过程代码。开发者只需通过 xml 或注解的方式将要执行的各种 statement 配置起来，MyBatis 就可以通过 java 对象和 statement 中的 SQL 进行映射生成最终执行的 SQL 语句，在 SQL 语句执行成功后，将结果映射成 java 对象并返回。MyBatis 提供了统一的 SQL 执行方法，支持以 XML 和注解的形式进行配置，并能够简单、灵活地进行 SQL 映射，支持动态 SQL 功能，充分满足了开发中的个性化需求。通过提供 DAO 层，MyBatis 将业务逻辑和数据访问逻辑分离，使系统的设计更加清晰和易于维护。

4. RabbitMQ 框架

MQ 全称为 Message Queue，是一种分布式应用程序的通信方法，它是消费-生产者模型的一个典型代表，Producer 往消息队列中不断写入消息，而另一端 Consumer 则可以读取或者订阅队列中的消息。RabbitMQ 是 MQ 产品的典型代表，是一款基于 AMQP 协议可复用的企业消息系统。业务上，可以实现服务提供者和消费者之间的数据解耦，提供高可用性的消息传输机制，在实际生产中应用相当广泛。RabbitMQ 内建的集群功能可以实现其高可用，允许消费者和生产者在 RabbitMQ 节点崩溃的情况下继续工作，同时可以通过添加更多的节点来提高消息处理的吞吐量。

Rabbitmq 系统最核心的组件是 Exchange 和 Queue，Exchange 和 Queue 是在 Rabbitmq server（又叫作 broker）端，Producer 和 Consumer 在应用端。Queue 是指消息队列，提供了 FIFO 的处理机制，具有缓存消息的能力。Rabbitmq 中，队列消息可以设置为持久化，临时或者自动删除。Exchange 类似于数据通信网络中的交换机，提供消息路由策略。Rabbitmq 中，Producer 不是通过信道直接将消息发送给 Queue，而是先发送给 Exchange，一个 Exchange 可以和多个 Queue 进行绑定，Producer 在传递消息的时候，会传递一个 Routing _ Key，Exchange 会根据这个 Routing _ Key 按照特定的路由算法，将消息路由给指定的 Queue。和 Queue 一样，Exchange 也可设置为持久化，临时或者自动删除。Exchange 有 4 种类型：direct（默认），fanout，topic 和 headers，不同类型的 Exchange 转发消息的策略有所区别。

5. Redis 数据库

Redis 是一个是完全开源的、遵守 B/SD 协议、高性能的 key-value 数据库。Redis 支持数据的持久化，可以将内存中的数据保存在磁盘中，重启的时候可以再次加载进行使用。Redis 不仅仅支持简单的 key-value 类型的数据，同时还提供 list、set、zset、hash 等数据结构的存储。此外，Redis 还支持即 master-slave 模式的数据备份。

Redis 数据库的优势在于极高的性能、丰富的数据类型、原子性等方面。首先，在性能方面 Redis 能读的速度是 110000 次/s，写的速度是 81000 次/s；在数据类型方面，Redis 支持二进制案例的 Strings、Lists、Hashes、Sets 及 Ordered Sets 数据类型操作；原子性是指 Redis 的所有操作都是原子性的，意思就是要么成功执行，要么失败完全不执行，单个操作是原子性的。对于多个操作，Redis 也支持原子性，通过 MULTI 和 EXEC 指令包起来。此外，Redis 还支持 publish/sub/Scribe、通知、key 过期等特性。

与其他 key-value 存储相比，Redis 有着更为复杂的数据结构并且提供对它们的原子性操作，这是一个不同于其他数据库的进化路径。Redis 的数据类型都是基于基本数据结构的同时对开发者透明，无须进行额外的抽象。此外，Redis 运行在内存中但是可以持久化到磁盘，所以在对不同数据集进行高速读写时需要权衡内存，因为数据量不能大于硬件内存。在内存数据库方面的另一个优点是，相比在磁盘上相同的复杂的数据结构，在内存中操作起来非常简单，这样 Redis 可以做很多内部复杂性很强的事情。同时，在磁盘格式方面它们是紧凑的以追加的方式产生的，因为它们并不需要进行随机访问。

10.2.2 关键技术

1. 基于多线程的 Java 并发编程技术

一般地，具有一定独立功能的程序在一个数据集上的一次动态执行过程称作进程，而线程就是进程中的一个独立控制单元，控制着进程的执行，多线程指的是在进程运行时产生了多个线程。在运行过程中，每一个线程可以具备各种状态。

通过采用基于多线程机制的并发编程技术，将程序划分为多个分离的、独立运行的任务，结合其切分CPU时间的底层机制，充分利用处理器的每一个核，达到最高的处理性能。系统开发中采取生产者-消费者、Future、ForkJoin线程池等并发设计模式，在产汇流计算、水力学演算、成果展示等模块大量应用，提高了系统的运行效率和对用户提交事务响应的敏捷性。系统可以在60s内生成淮河全流域洪水预报计算结果，30s内生成包括水库、闸坝、行蓄洪区等在内的所有水利工程调度计算结果，对各预报调度方案计算成果的查询展示功能基本可以做到即时响应，即响应时间小于1s。

2. 前端框架主要技术

（1）Apache CXF技术

Apache CXF＝Celtix＋XFire，以下简称为CXF。CXF继承了Celtix和XFire两大开源项目的精华，提供了对JAX-WS全面的支持，并且提供了多种Binding、DataBinding、Transport以及各种Format的支持，还可以根据实际项目的需要，采用代码优先（Code First）或者WSDL优先（WSDL First）来轻松地实现Web Services的发布和使用。

Apache CXF的主要特点：支持多种Web Services标准，包含SOAP、Basic Profile、WS-Addressing、WS-Policy、WS-ReliableMessaging和WS-Security；CXF支持多种“Frontend”编程模型，CXF既支持WSDL优先开发，也支持从Java的代码优先开发模式；CXF设计得更加直观与容易使用；CXF的设计是一种可插拔的架构，既可以支持XML，也可以支持非XML的类型绑定，如JSON和CORBA。

（2）Openlayers技术

Openlayers是一个专为WebGIS客户端开发提供的JavaScript类库包，用于实现标准格式发布的地图数据访问。OpenLayers支持的地图来源包括谷歌地图、天地图、高德地图、百度地图等，用户还可以用简单的图片地图作为背景图，与其他图层在OpenLayers中进行叠加。OpenLayers实现访问地理空间数据的方法都符合行业标准。OpenLayers支持Open GIS协会制定的WMS（Web Mapping Service）和WFS（Web Feature Service）等网络服务规范，可以通过远程服务的方式，将以OGC服务形式发布的地图数据加载到基于浏览器的OpenLayers客户端中进行显示。通过调用各电子地图服务的服务API，进行查询及分析功能调用。

（3）HTML5技术

HTML5是HyperText Markup Language 5的缩写，HTML5技术结合了HTML4.01的相关标准并革新，符合现代网络发展要求，在2008年正式发布。HTML5由不同的技术构成，其在互联网中得到了非常广泛的应用，提供更多增强网络应用的标准机。与传统的技术相比，HTML5的语法特征更加明显，并且结合了SVG的内容。这些内容在网页中使用可以更加便捷地处理多媒体内容，而且HTML5中还结合了其他元素，对原有的功能进行调整和修改，进行标准化工作。HTML5将Web带入一个成熟的应用平台，在这个平台上，视频、音频、图像、动画以及与设备的交互都进行了规范。

10.3 需求分析

10.3.1 项目服务对象分析

淮河流域水资源监控能力建设项目服务对象（即系统的用户）主要包括：政府水行政主管部门、取用水户、社会公众、科研及规划设计部门和政府相关职能部门五大类，又分为重点服务对象和一般服务对象。

1. 重点服务对象

（1）政府水行政主管部门水利部。

水利部淮河水利委员会本级及各直属单位、沂沭泗水利管理局及下属单位。

流域内省级水行政主管机构（湖北、河南、安徽、江苏、山东），流域内地市级和县级的水资源管理机构等。

（2）取用水户

包括取用水单位和个人，以及供水、排水企业等。

（3）社会公众

包括需要获取水资源及其政策、法规、标准、规范的相关信息，了解水资源供需情况的社会公众。

2. 一般服务对象

（1）科研及规划设计部门

包括为水资源管理提供支撑的建设项目水资源论证资质单位、水文水资源调查评价资质单位，以及有关科研院所及水利水电规划设计部门等。

（2）政府相关职能部门

包括国土资源、城建、环保、农业、气象、电力等与水资源管理相关的政府职能部门。

淮河流域水资源监控管理能力建设项目主要满足重点服务对象的业务需求，兼顾一般服务对象的业务需求。

10.3.2 政务目标分析

通过淮河流域水资源监控能力建设项目的实施，在国家水资源管理系统框架下，通过与中央及流域内省级平台（湖北、河南、安徽、江苏、山东）的互联互通，应实现以下政务目标：

1. 建立最严格水资源管理制度“三条红线”考核的技术支撑框架体系

用水总量控制、用水效率控制和水功能区限制纳污控制是实行最严格水资源管理制度提出的三条控制红线。配合水利部对淮河流域内五省的用水总量控制指标、用水效率控制指标、水功能区限制纳污控制指标进行定期考核。

通过本项目的建设，建立起省界主要断面、重要取水户和重要水功能区三大监控体系和淮河流域水资源监控管理平台，搭建起最严格水资源管理制度“三条红线”考核的技术支撑框架体系。

2. 为最严格水资源管理制度“三条红线”考核提供技术支撑

通过省界断面、重要取水户、重要水功能区监控体系建设，获取工业用水大户（地表水

年取水大于 300 万 m^3，地下水年取水大于 50 万 m^3）、大型灌区取用水信息，实现对流域跨省河流总水量监测 85%以上，实现对 39 处跨省河流省界缓冲区和 394 个重要水功能区水质监测全覆盖。

通过淮河流域水资源监控管理平台基本建成并试运行，使淮委实时掌握流域内重要工业取水户取用水信息，重要大型灌区取用水信息，重要地表水水功能区水质、水量信息，重要城市饮用水水源地水质、水量、供水信息，重要江河省界控制断面水量、水位信息等。项目初步为最严格水资源管理制度“三条红线”考核提供技术支撑。

3. 水资源管理业务在线处理

通过开发取水许可、水资源论证、计划用水、节约用水、入河排污口设置等水资源管理业务子系统建设，实现淮委水资源管理业务的网络在线处理，实现淮委对流域内水资源管理业务的动态监管，实现流域水资源量、水资源开发利用量以及水源地、水功能区、地下水超采区、供水工程等基本信息服务的实时掌握，提高管理效率与服务水平。

4. 初步实现水资源定量化、精细化管理

通过三类监测体系、流域及省级平台和应用系统的建设，初步实现水量分配、水资源调度、应急水事件处置等定量化、精细化管理，提升淮委水资源管理能力和水平。

总之，项目建成有利于强化对最严格水资源制度执行情况的监督考核，提高流域水资源利用水平；有利于提高日常业务管理工作效率，提高信息资源利用率，降低管理成本；有利于提升淮委处置突发水事件处置能力，提高水资源管理水平；有利于促进资源共享，避免重复建设。

10.3.3 现状描述

10.3.3.1 水资源监控现状描述

1. 水量监测情况

截至 2012 年，全流域共有水文站 351 处，水位站 172 处，雨量站 1845 处，蒸发站 124 处，水质站 793 处（不含入河排污口测站），地下水站 3520 处，水文实验站 3 处。

目前，流量观测以流速仪法和浮标法为主，在条件成熟的地方，利用水工建筑物和量水建筑物测流、桥上测流，在一些大河控制站，声学多普勒测流剖面仪（ADCP）已经投入使用；水位观测除直立式水尺外，普遍采用了浮子式、气泡式、超声波等自记水位计。

淮河流域面积大于 1000km^2 的跨省河流 34 条，其中 25 条河流由水文站控制；流域面积大于 500km^2 的跨省河流 50 条，其中 28 条由水文站控制。这些水文站中，有 30%分布在省界附近，经过一定改造升级后，可应用在水资源监测中，为水资源监测提供了一定的基础。现有水文站监测多为固定缆道、流速仪，监测方式 80%以上为驻测、人工测验。目前还没有依托这些水文站开展省界水量监测，淮河干流豫皖省界、皖苏省界建有 2 座自动流量站，处于试运行阶段。省界水量巡测也几乎没有开展。流域针对水资源管理的水量监测工作起步晚、基础设施薄弱，专门为水资源管理服务监测网还没有建立。

此外，根据《中华人民共和国水文条例》流域机构的职责“负责省界水体、重要水域和直管江河湖库及跨流域调水的水量监测工作”等要求，为了更好地实行最严格的水资源管理，在《淮河流域综合规划》和《淮河流域水文事业发展规划》里，淮河水系中淮委共规划建设 3 个水文巡测基地，即淮河中上游水文巡测基地、淮河中下游水文巡测基地、淮河洪涝灾情巡测基地。在淮河流域重点平原洼地治理工程外资项目已经安排了淮河洪涝灾情巡测基地的建设，目前工程在实施阶段。在“十二五”建设规划里规划建设淮河中上游水文巡测基地、淮河中下游水文巡测基地2个基地。

2. 水质监测状况

按照流域水资源保护管理工作的要求，流域机构承担了省界断面（每月2次）、重点入河排污口、城镇饮用水源地的水质监测，并承担了突发性水污染事件的应急监测任务和部分生态监测任务。同时，组织四省对淮河流域各省批复的1017个水功能区进行监测。

3. 存在问题

（1）省界水资源监测站点严重不足

淮河流域大于50km^{2}以上省界河流161条，34条大于1000km^{2}的河流中，25条河流布设有水文站，据分析，仅有8个水文站可直接应用于省界水量监测，目前这些站也没有开展为水资源管理的省界水量监测。要满足淮河水系80%的省界水量监测，需要布设监测断面105处，现有的省界断面严重不足。

（2）监测装备不足，监测能力低

水量自动监测或者通过水位推算流量的自动监测，在适宜的条件下，尽可能地采用自动监测是省界水量监测发展方向。但目前省界水量多为人工监测方式，仅建成淮河干流皖苏省界小柳巷站和豫皖省界王家坝站2座水量自动站。现有的8个省界水文站水量监测方式为缆道或船测，仅能测到中高水位，枯水期水量监测能力不足，不能满足流域机构对省界水资源监测管理的要求。

（3）水质监测主要以监控污染和掌握河流（湖库）总体水质情况而设立的。随着水资源保护与管理工作的不断深入和需要，原站网表现出功能单一、代表性差、密度不足、自动监测能力差等问题，不能适应水资源保护与管理工作的需要。

（4）实时采集信息化程度低

目前水资源水量水质监测是采取人工监测，监测时间长，时效性差，很难及时掌握水体水资源量、质的动态实时变化，无法满足管理部门提出对省界和重点监测断面水资源管理要求。

（5）应急监测能力不足

淮河水系突发水事件时有发生，目前因应急监测能力不足，对突发性水污染事故难以起到预警作用，事后也难以全面追踪调查和采取相应措施。

10.3.3.2 淮委水利信息化建设现状

近年来，随着国家加大水利信息化的重视和投入，淮委信息化建设也得到了较大发展，在基础设施、信息资源、业务应用和人才队伍诸方面都有了一定程度的积累，这些都是国家水资源监控能力建设项目建设的有利条件和宝贵资源。

1. 基础设施

随着电子政务系统和国家防汛指挥系统建设的逐步完成，淮委网络环境已相当完备，政务内域已覆盖淮委机关，形成了千兆高速互连的稳定的运行环境；淮委政务外域已覆盖淮委机关及企事业单位，成为支撑淮委日常业务工作的主要网络平台；存储备份系统框架已经搭建并初具规模；安全体系建设正在逐步完善；实现用户单点登录和统一应用入口的淮委信息门户框架基本完成，为系统集成和资源共享提供了有利条件。

2. 信息资源

水利行业一些全局性的基础数据包括水利基础地理信息、水文水资源信息、气象信息以及其他一些信息都由淮委水文局（信息中心）负责收集、存贮和管理，其中最基础性的水文水情已经具备一定的规范性，部分信息已实现向委内或社会发布；此外，目前已有大量各专

业数据库建成，包括了水文、水质、工程、防汛、政务等多方面。

3. 业务系统

较多业务应用通过信息系统得以实现。主要表现在：淮河防汛抗旱指挥系统一期工程已经建成投入使用、二期工程目前正在建设，已建成淮河中下游实时洪水预报调度系统等相关系统已投入了应用；电子政务已基本建成，网上办公正逐步实现，淮委政务公开网站已经推出；行政许可内部审批系统初步建立，实现了与互联网信息的互动发布；水土保持与监测、水资源保护和水资源管理相关应用系统正在筹划建设；基于GIS技术的数字淮河系统正在建设之中。

4. 管理队伍

信息化建设人才建设及技术储备取得了较大成绩。通过近几年国家防汛指挥系统、电子政务系统及其他系统的建设，造就了一批系统规划、设计和开发人员。对相关的系统集成、数据库设计和开发、3S技术、接口开发等技术已基本掌握，对数据的存储和备份技术也有了相应的认识，形成了比较稳定的人才队伍。

5. 存在问题

流域水资源信息化总体水平不高。流域内信息采集系统建设有一定的基础，但还没有统一规划，存在小而分散、标准不统一等问题。采集的信息主要是防汛气象水情信息、部分工情、水质信息，旱情、灾情、地下水、水资源、社会经济等信息的采集尚未展开。流域内国家级、省级的水文监测站点的设施较好，水资源监测的设施比较陈旧，监测、传输、处理的手段比较落后，站点管理也跟不上。

10.3.3.3 淮委水资源监控管理信息平台建设现状描述

目前淮委尚未建立统一的水资源管理信息系统，仅针对各项具体水资源管理业务，开发了部分信息管理系统以及分项决策分析系统。淮委水文局2003年开发了“淮河流域水文数据管理系统”，主要是淮河流域四省历史水文整编资料入库、查询、统计和分析；淮河水保局2010年起，建设“淮河流域水质信息管理系统”，主要信息包括：入河排污口数据、省界缓冲区水质、淮河流域重要水功能区水质信息，实现了重要水功能区水质信息的分类汇总、查询、报表、分析评价等功能。

2008年，水利部水资源司组织开展“全国水资源管理系统实施方案”编制工作，淮委也于2009年启动“淮河流域水资源管理系统实施方案”编制工作，在进行大量调研和需求分析的基础上，于2011年8月完成了《淮河流域水资源管理系统建设实施方案》，12月并通过了水利部专家审查。

淮委现有水文、水质信息管理系统，分散在不同的单位运行管理，由于没有统一的规划，系统开发小而分散、标准不统一，整合难度大，影响了系统功能的发挥。

目前，淮河流域用水集中区有相当一部分取水工程没有控制、监测措施，缺乏水资源监控手段与水资源信息化管理平台，制约了取水许可管理、计划用水、水资源配置、联防调度、应急水事件处置等业务管理工作的开展，难以实现水资源的总量控制与定额管理，使得水量分配、水资源配置方案难以落实，水资源统一管理难以深入。

淮委水资源监控管理存在以下问题：

1. 水资源信息共享程度低

淮委目前没有建立水资源数据库，仅有实时和历史水文数据库、省界缓冲区水质数据库，由于在不同的单位管理，格式不统一，开发利用不充分，信息共享交换困难，整合难度大，没有形成淮河流域可以共享的公共资源。

2. 技术标准和开发平台不统一，难以实现互连互通

淮委水文局、淮河水保局、淮委沂沭泗局等一些单位先期建设的水文、水质、工管数据管理及其相关系统，根据各自的管理需要进行单独开发，没有统一的技术标准，开发平台、应用软件不统一，难以实现系统的互连互通，整合难度较大。

3. 系统应用覆盖面不够

淮委水资源监控管理系统建设刚刚起步，同时受到建设资金的制约，省界断面信息监测仅仅购置了一些水位和传输设备，缺少水量监测设施和相应的软件支持，水资源管理系统开发仅仅是在摸索阶段，亟待开发适合淮委水资源管理需求的水资源应用系统。

10.3.3.4 业务需求及流程分析

水资源业务管理系统主要服务于水资源管理各项日常业务处理，主要是水资源业务管理系统中的相关软件，包括用水总量控制管理、用水效率控制管理、水功能区限制纳污管理、水资源管理监督考核及支撑保障管理五大类别，如图 10.3-1 所示。

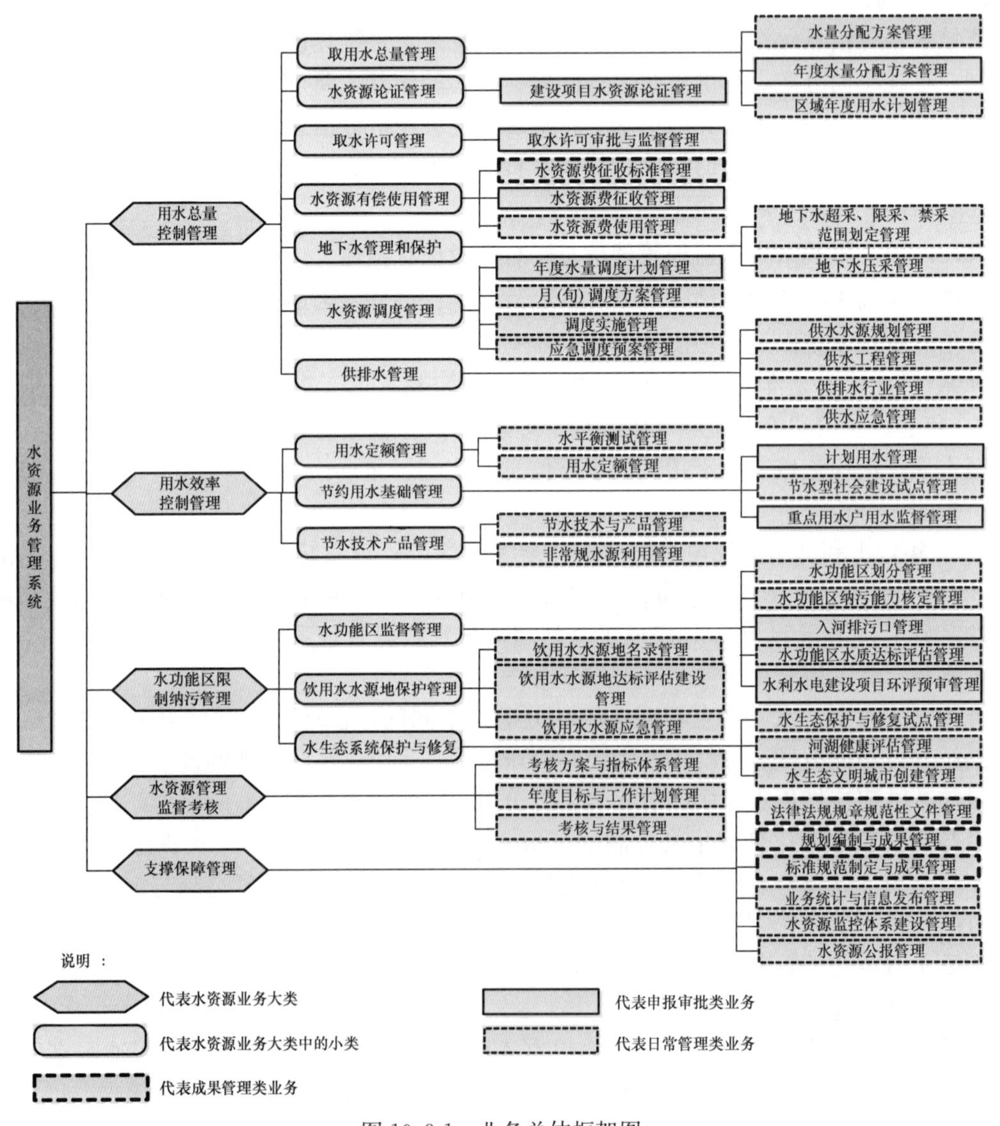

图 10.3-1 业务总体框架图

10.4 信息服务功能设计

10.4.1 实时监测信息服务

水资源监测信息服务提供对各类在线监测数据的信息服务，包括水资源在线监测信息汇集、运行实况监视、监测信息预警、监测信息统计分析、监测信息发布。通过水资源实时监测信息服务建设，可以实时掌握取用水、水功能区、河流省界控制断面等水资源开发利用过程中的各类信息，掌握水质水量动态变化规律，逐步实现水资源的定量化管理。

10.4.2 三条红线监督（预警）服务

三条红线监督（预警）服务首先能将用水总量控制指标、省界最小流量下泄指标、水功能区水质达标率指标，按行政区域以图表、图形等多种方式予以展现。

1. 用水总量控制红线

（1）监测

根据用水总量控制指标制定分省主要河流水量分配方案和年度用水计划（含地下水）。

系统依据监测的监测点的取水数据，以及监测与统计数据，汇集出月（旬）用水情况，实现对用水情况监督。

（2）预警

对年度用水计划中的水量划定红、黄、蓝三项指标，系统对各省用水总量通过 GIS 方式以红、黄、蓝展示，超过黄、红线指标的以闪烁的方式预警。

对确定了边界控制断面下泄流量的河流，也划定下泄流量红、黄、蓝指标，系统对河流边界控制断面通过 GIS 方式以红、黄、蓝展示，小于黄、红指标的，以闪烁的方式预警。

对于红、黄闪烁的区域，淮委通过调度、许可限批以及行政管理等方式予以干预。

2. 水功能区达标控制红线

（1）监测

淮委实时监测 39 个重要省界缓冲区，各省监测 1017 个水功能区。

断面监测的实时水量、水质数据及其实验室化验数据经过汇总分析，得出水功能区考核期内的监测评估结果。

水功能区纳污能力分析包括污染物源判别和限制纳污总量判别。通过源汇判别，结合入河排污口管理信息和断面监测数据，得出边界通量和边界水体达标率指标。依据各项纳污指标和水功能区纳污管理情况，对水功能区限制纳污控制红线进行考核。

（2）预警

对水功能区限制纳污控制指标划定红、黄、蓝三项指标，系统对主要河流省界水功能区达标情况通过 GIS 方式以红、黄、蓝展示，超过黄、红线指标的以闪烁的方式预警。

对于红、黄闪烁的区域，淮委通过许可限批或行政管理等方式予以干预。

10.4.3 综合信息服务

水资源综合信息服务是对水资源规划、水资源调查评价、水资源开发利用综合信息、水资源公报等进行结构化处理后，对综合信息进行公开发布。

实现淮委与中央、流域各省水行政主管部门之间信息上传下达的交换；淮委与沂沭泗以及淮委各管理部门之间的信息交换；水资源管理系统与工情、水情、防汛抗旱、水土保持、电子政务等水利信息化应用系统之间的信息交换。

水资源信息服务系统主要包含水资源分布图、水资源信息查询、数据维护三个模块。

淮河流域取用水监控对象主要为淮委批准颁发取水许可证的大取水户，以及部分由各省水行政主管部门批准颁发取水许可证的重点取水户。包括工业取水、农业取水和公共集中供水（工业、服务业和生活用水）等用途；包括地表取水和地下取水等方式，地表取水又包括从蓄水工程取水、引水工程取水和调水工程取水等。按照取水工程的具体形式不同，监测的指标包括流量、水位等主要指标，以及闸门开度、用电量等辅助指标。

在淮河流域水资源监控能力建设中，针对国控监测点，主要采用在线监测和传输方式。

截至2012年年底，淮委共发证178份，总审批水量66528.76万m^3，其中，沂沭泗直管区范围内160份，包括沂沭河局管辖范围内68份，审批总水量7306.95万m^3，南四湖局管辖范围内66份，审批总水量25094.81万m^3，骆马湖局管辖范围内26份，审批水量6347万m^3。

按照用水类型分，用水以农业用水为主，共159份，审批水量46928.76万m^3；各类工业用水共16份，审批水量18480万m^3；城市生活用水3份，审批水量1120万m^3。

水源类型以地表水为主，共174份，审批水量65088.76万m^3，地下水3份，审批水量1120万m^3，中水水源1份，审批水量320万m^3。

10.4.4 取用水监控体系

取用水监控体系是考核用水总量控制和用水效率控制的重要信息来源。监控体系以信息自动采集传输为基础，通过对信息采集传输基础设施设备的改造和建设，配置先进的适合各地水资源特性的新仪器、新设备，提高信息采集、传输、处理的自动化水平，提高信息采集的精度和传输的时效性，形成较为完善的信息采集体系，为淮河流域的取用水管理和监控工作提供及时准确的信息服务。

取用水监控体系由监测点、监控中心，以及监测点与监控中心的信息传输信道构成。监控中心统一部署在淮委和流域内各省水行政主管部门的水资源监控管理平台。

目前淮委对于取用水户情况无直接监测，信息来源主要通过流域内五省的监测数据的共享，实施监管。淮委水资源监控管理信息平台通过与中央和省际平台的互联互通，能够实现对流域内各省区建设的取用水监控体系的接入。初步实现淮河流域水资源信息的交换与共享，为水资源管理工作提供信息化平台。

淮委需要各省提供取用水信息，总的要求是占全部颁证取用水总量的70%以上的重点用水大户实现在线监测，选取标准如下：

（1）淮委发放取水许可证的全部取水户（178户）；

（2）地表水年许可取水量300万m^3以上；

（3）地下水年许可取水量50万m^3以上；

（4）在敏感水域地表水年取水在200万m^3以上（淮河干流蚌埠闸上、南四湖周边、洪泽湖周边取水的取水户）。

10.4.5 水功能区监控对象及现状

1. 水功能区划分

水功能区是指为满足水资源开发利用和节约保护的需求，根据水资源自然条件和开发利用现状，按照流域综合规划、水资源保护规划和经济社会发展要求，在相应水域按其主导功能划定范围并执行相应水环境质量标准的水域。

水功能区划采用两级体系。一级区划分为保护区、保留区、开发利用区、缓冲区四类，旨在从宏观上调整水资源开发利用与保护的关系，主要协调地区间用水关系，同时考虑区域可持续发展对水资源的需求；二级区划将一级区划中的开发利用区细化为饮用水源区、工业用水区、农业用水区、渔业用水区、景观娱乐用水区、过渡区、排污控制区七类，主要协调不同用水行业间的关系。

按照《中华人民共和国水法》第三十二条的有关规定和《中共中央国务院关于加快水利改革发展的决定》的有关要求，水利部会同环境保护部、国家发展改革委编制完成了《全国重要江河湖泊水功能区划》，国务院以国函〔2011〕167号文进行了批复。全国重要江河湖泊一级水功能区共2888个，区划河长177977km，区划湖库面积43333km^2，二级水功能区共2738个，区划长度72018km，区划面积6792km^2，全国重要一、二级水功能区合并总计为4493个（开发利用区不重复统计），81%的水功能区水质目标确定为Ⅲ类或优于Ⅲ类。

2. 淮河流域水功能区划分与批复

截至2006年1月，淮河流域各省水功能区划全部由相关省人民政府批准实施，淮河区（淮河流域及山东半岛）共区划水功能区1017个，区划河长26482km，区划湖库面积6507km^2。其中一级区划中保护区83个、保留区51个、缓冲区42个；二级区划中饮用水源区125个、工业用水区62个、农业用水区375个、渔业用水区42个、景观娱乐用水区46个、过渡区67个、排污控制区124个。

2011年12月28日，国务院以国函〔2011〕167号正式批复了《全国重要江河湖泊水功能区划（2011—2030年）》，淮河区列入全国重要江河湖泊水功能区划共有394个，区划河长12036km，区划湖库面积6434km^2。其中一级区划中保护区64个、保留区16个、缓冲区39个；二级区划中饮用水源区42个、工业用水区15个、农业用水区116个，渔业用水区12个、景观娱乐用水区16个、过渡区28个、排污控制区46个。

3. 水功能区监测状况

为更好地实施淮河流域水资源保护和水污染防治，流域水资源保护机构需要掌握全流域水功能区水量水质状况。目前对水功能区的监测范围分为两个层次：一是全流域水功能区监测，目前监测水功能区1017个，断面数达1200余个，监测频次为每年6次。二是对重要水功能区进行了监测，目前监测的重要水功能区394个，监测频次为每月1次。水功能区监测项目主要为《地表水环境质量标准》（GB 3838—2002）中的21项，饮用水源区增加硫酸盐、氯化物、硝酸盐、铁和锰5项。

10.4.6 水资源分布图

制作并发布水资源WebGIS专题地图，在水资源专题地图上，综合展示淮河流域水资源调度决策相关信息，如水库、水位站、水文站、取水口等分布情况。

（1）水资源要素查询定位：水资源要素查询定位模块提供水资源基础信息的查询定位功

能。基础信息主要包括水库、水位站、水文站、取水口等。

（2）水资源在线监控：在 WebGIS 地图的基础上，实现淮河流域水量的在线监控，监测内容可以是文字、图片和在线视频等内容。

水量监测系统能够为用户提供在线水量监测信息展示。展示信息包括：实时水量监测数据、历史水量数据、水量数据统计分析等。能够帮助用户快速全面地了解水量情况，为日常运行维护提供决策支持。

10.4.7 水资源信息查询

（1）雨量统计：提供指定时段内淮河流域行政区划降水统计。

（2）水情查询：提供淮河流域内水文站、水位站、水库站的水情查询功能。包含河道水情和水库水情两个模块。

（3）供水查询：查询指定年份、指定行政区划的可供水量。统计内容包含地表水供水量、地下水供水量、其他水源供水量。

10.4.8 数据维护

水资源基础数据是系统运行的基石，基础数据维护模块实现基础信息的管理和维护功能。对应用系统的基础数据、业务数据、监测数据等进行核查、补充、更新；系统功能完善。根据淮委水资源管理工作实际需要，对系统部分功能进行完善调整，提升系统应用服务能力；系统故障处置。对系统运行过程中遇到的卡顿、死机问题进行及时处置，恢复至正常运行；系统应用服务。管理人员利用系统开展信息发布、业务管理、调配决策等工作。

对实时监测数据库、基础信息数据库、空间数据库、多媒体数据库产生的取用水、省界断面水质水量、南水北调东中线水量、饮用水水源地基础信息及监测信息进行整理分析，形成年度数据整理分析总结报告，为淮河流域生态流量监管、饮用水水源保护以及河湖健康提供支撑。主要数据包括：

资质管理：建设项目水资源论证资质申请表、变更申请表，资质初审、审批意见，受理及审批书面通知、资质证书、资质台账。评审专家管理：评审专家申请、续聘表，评审专家初评、评定意见、自治区专家台账。报告书审查管理：报告书审查申请表、报告书概要表、报告书，受理通知，专家（组）审查意见，初审、审批意见，报告书台账。

水资源论证管理业务需要基础信息管理、取水许可管理、标准规范管理、法律法规管理及统计发布管理业务提供数据支撑，并为业务统计信息、水资源管理考核业务提供信息支持，如图 10.4-1 所示。

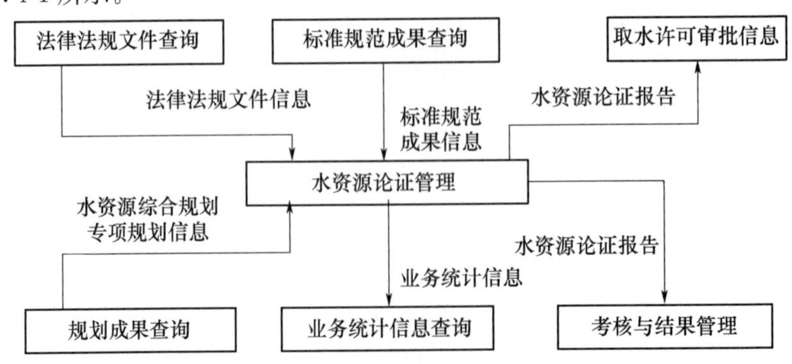

图 10.4-1　水资源论证管理与其他业务数据关系示意图

水资源论证资质管理为水资源论证报告书管理与水资源论证监督管理提供论证资质成果查询接口，水资源论证评审专家管理为水资源论证报告书管理与水资源论证监督管理提供评审专家资质成功查询接口，水资源论证报告书管理为水资源论证监督管理提供论证报告书查询接口，如图 10.4-2 所示。

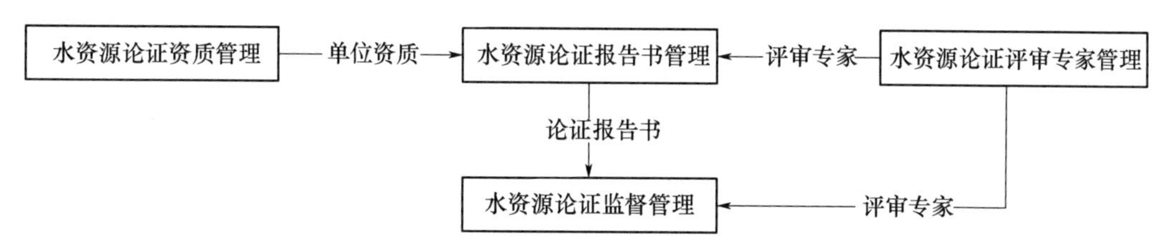

图 10.4-2　水资源论证管理内部接口关系示意图

10.5　水资源业务服务设计

为应对我国水资源短缺、水污染严重、水生态与环境恶化等问题，2002 年修订的《中华人民共和国水法》中明确要建立流域管理与区域管理相结合的水资源管理体制，建立取水许可与水资源有偿使用制度、用水总量控制和定额管理制度、计划用水和节约用水制度、用水计量收费和超定额累进加价制度、水功能区监督管理制度、饮用水水源地保护制度、建设项目水资源论证制度等多项水资源管理制度，加强对水资源这种关系国计民生的稀缺资源管理。

淮委水资源业务管理的重点：主要河流水量分配管理、计划用水与节约用水管理、取水许可审批与监督管理、建设项目水资源论证管理、水资源年月调度管理、重点用水户用水管理、省界缓冲区水质达标管理、水功能区纳污核定管理、入河排污口设置与监督管理、主要河流污染联防管理、饮用水水源地达标管理、河湖健康评估管理、水资源管理监督考核、水资源突发事件应急管理等，见表 10.5-1。

表 10.5-1　淮委水资源监控管理平台功能需求表

业务大类	业务小类	具体业务	业务功能需求
用水总量控制管理	取用水总量管理	主要江河流域水量分配方案	淮河干流、沂河、沭河等 7 条河流水量分配方案综合查询
		流域年度水量分配管理	流域各省年度用水需求建议管理
	水资源论证管理	建设项目水资源论证管理	资质管理
			报告书审查管理
			评审专家管理
			监督检查管理
	取水许可管理	取水许可审批与监督管理	已批取水许可台账管理
			取水许可审批管理
			取水许可监督管理
			取水许可综合分析

续表

业务大类	业务小类	具体业务	业务功能需求
用水总量控制管理	地下水管理和保护	地下水超采、限采、禁采区划定管理	流域地下水超采、限采、禁采区信息综合查询
		地下水漏斗区压采管理	地下水漏斗区压采方案制定与管理
	水资源调度管理	年度水量调度计划管理	流域年度水量调度计划制定与管理
		月（旬）调度方案管理	主要河湖月（旬）水量调度方案制定与管理
		调度实施管理	区域调度指令下达
			主要水工程控制站点水量监测
			调度报表
	供排水管理	供水水源工程管理	供水水源工程的审批与监督管理
			供水水源工程的综合查询
用水效率控制管理	用水定额管理	水平衡测试管理	试点城市水平衡测试成果管理
		用水定额制定与管理	流域各省（地市）用水定额综合查询
	节约用水基础管理	节水型社会建设试点管理	节水型社会试点申请
			节水型社会试点项目管理
			节水型社会试点项目监督检查与验收
		重点用水户用水监督管理	重点用水户信息管理
			重点用水户用水监督管理
水功能区限制纳污管理	水功能区监督管理	水功能区划管理	水功能区综合查询
		水功能区纳污能力核定管理	水功能区纳污能力综合查询
		入河排污口设置同意与监督管理	入河排污口设置同意管理
			区域内已设置入河排污口监督管理
		水功能区水质达标评估管理	年度水功能区水质达标评估管理
		水利水电建设项目环境影响报告书预审管理	水利水电建设项目环境影响报告书预审管理
			水利工程环境影响评价审查结果管理
	饮用水水源地保护	饮用水水源地名录管理	饮用水水源地综合查询
		饮用水水源地达标评估建设管理	流域内饮用水水源地达标总体方案
			饮用水水源地达标建设目录管理
			饮用水水源地达标建设目录实施管理
			饮用水水源地达标建设结果管理
		饮用水水源地应急管理	饮用水水源地应急预案管理
	水生态系统保护与修复	水生态保护与修复试点管理	试点方案管理与试点申请
			试点项目管理
			试点项目监督检查与验收管理
		河湖健康评估管理	试点河湖健康评估管理
水资源管理监督考核		考核方案与指标体系管理	流域各省考核方案管理
			考核指标体系综合查询

续表

业务大类	业务小类	具体业务	业务功能需求
水资源管理监督考核		年度目标与工作计划管理	年度目标综合查询
			年度工作计划综合管理
		考核与结果管理	各省年度自查报告管理
			抽查与现场检查管理
			各省综合评价结果管理
水资源管理支撑保障		法律法规规章规范性文件管理	法律法规查询
			规章查询
			规范性文件查询
		规划编制与成果管理	相关各类规划成果的综合查询
		标准规范制定与成果管理	相关各类标准规范成果的综合查询
		业务统计与信息发布管理	水资源管理各项业务统计管理
			水资源公报、年报、通报等编制与发布
		水资源监控体系建设管理	淮委水资源监控体系建设项目的监控管理

10.6 业务逻辑设计与实现

10.6.1 业务逻辑整体设计

根据对水资源管理主要业务的需求分析，应用系统的建设涵盖水资源信息服务、水资源业务管理、水资源调度配置、水资源应急管理等四大功能应用系统，支撑用水总量、用水效率、水功能限制纳污三条红线管理和水资源管理监督考核等主要业务应用，其结构如图 10.6-1所示。

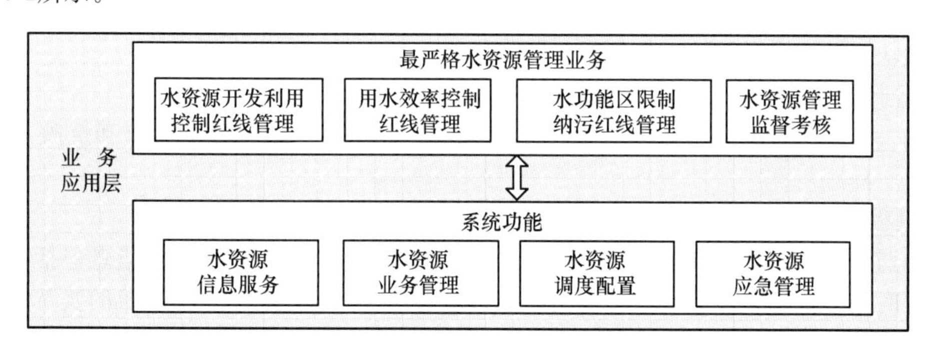

图 10.6-1 业务应用层系统结构

水资源信息服务系统：提供对各类监测数据的综合信息服务，包括水资源监测信息接收处理、运行实况综合监视与预警、统计分析等。

水资源业务管理系统：服务于水资源管理的各项日常业务处理，涵盖“水资源开发利用控制红线管理”“用水效率控制红线管理”“水功能区限制纳污红线管理”“水资源管理监督考核”和“水资源管理支撑保障”等五大类，“取用水总量管理”等十三子类，“主要江河流域水量分配”等四十八项，实现以上业务处理过程的电子化、网络化，以提高业务人员工作效率，构建协同工作的环境，逐步实现水资源的一体化管理。

水资源调度配置系统：在监测、统计、模型相结合的基础上，为决策者提供多角度、可选择的水资源配置、调度方案，供决策参考，并为业务管理提供边界条件和审批依据。

水资源应急管理系统：应急管理系统能对各种紧急状况应急监测的信息进行接收处理、实况综合监视与预警、统计分析等，以积极应对各种突发状况和事故。

水资源信息服务、水资源业务管理、水资源调度配置、水资源应急管理四个系统相互支持，相辅相成，协同完成水资源业务的管理。根据水资源监测信息服务系统所展示的实时数据，进行水资源的日常业务管理，并根据实时数据，以及各地对水源地、取水和排水的需求，通过决策支持系统进行分析预测与模拟仿真，更好地指导业务管理，并对监测信息服务提出更多的需求。

应用系统运行在应用支撑平台架构上，根据业务处理的需要，对应用支撑平台请求各种服务，完成业务处理功能，实现应用系统的集成。应用系统构建在数据库管理平台之上，与数据相关的服务由数据管理平台提供。应用系统为业务人员与决策者提供高效与便利的服务，并为政府相关部门、取用水户、社会公众提供一个了解水资源形势、参与监督水资源管理的便利的渠道。

10.6.2 水资源信息服务

水资源信息服务系统包括水资源实时信息服务、水资源信息发布、水资源综合信息服务等功能模块。水资源信息服务在信息采集传输系统采集信息的基础上，对数据信息进行展现、分析与整理，直观地反映水资源形势及开发利用状况。

10.6.2.1 交互逻辑设计

1. 数据接收

系统实时接收遥测站发送的遥测信息，将遥测站的信息解译成流量、水位、设备状态等数据并存入数据库；系统生成召测、设置等命令并通过监测站的主信道发送到遥测站。

接收遥测站的信息包括 GPRS 信息和 SMS 信息两种功能，发送指令仅为 GPRS 信息。

本模块安装在淮委的接收控制服务器中，单独自动运行，没有界面。

2. 站点管理

增加、修改、删除遥测站点资料。增加的站点即时显示在 GIS 平台上和反映在查询统计中。

3. 远程监测

远程监测是对遥测点的实时信息数据进行监视和召测，监视和召测的信息包括各监测点遥测站实时值、报警、最近一个月历史记录、最近一次充值记录、水泵电机的实时值、事件开关量参数、遥测站的时钟、遥测站地址、数据上报时间、流量仪表的实时值、水位实时值、水值实时值、井口高程和水位、累计成功充值的数据、水泵电机额定值、事件开关量状态、遥测站的工作模式、遥测站的 SIM 卡号、遥测站的阶梯水价等。

远程监测包括监视模块、召测模块、设置模块和命令模块。

(1) 监视模块

监控主机以 GIS 方式或列表方式监视遥测站的实时信息。在 GIS 方式下，在 GIS 地图中各遥测站旁边以标注的方式显示各遥测站的实时信息，在列表方式下，则以列表的方式显示各遥测站的实时信息。

由于各遥测站的实时信息比较多，难以一次完全显示，则需要定制显示信息类别和分页显示功能。定制功能则由用户选择显示内容，分页功能则在显示内容较多时，自动在一定的时间内交替显示不同的内容。

在监视的方式下，对各遥测站可利用鼠标点击查询与遥测站相关的其他信息，如历史信息、相关图片等。

当遥测站发生异常时，系统自动报警。报警方式可以是遥测站图标闪烁、颜色发生变化，报警声音，并能自动通过手机短信和E-mail发送一个错误信息警告给事先指定的手机号码、E-mail地址，可指定的手机号码、E-mail地址不少于10个。

（2）召测模块

向遥测站发送传输实时信息的命令，召测的实时信息存入数据库。召测方式分定时召测和临时召测：定时召测是在固定时间对所有遥测站进行召测，召测时间可以是每个整点1次，也可以是每天1次，可以设定；临时召测则直接向所需遥测站召测实时信息。

（3）设置模块

设置遥测站的基础信息，包括：遥测站充值量、遥测站表底值、遥测站时钟、遥测站地址、遥测站阶梯水价、事件及开关量、遥测站剩余水量、遥测站数据上报、遥测站工作模式、遥测站SIM卡号、井高水位下限量程、水泵电机额定。

（4）命令模块

向遥测站发送控制命令，包括清空遥测站历史、开启测控站IC卡、遥测站复位、关闭测控站IC卡等。

4. 统计分析

统计分析模块主要是对各种实时信息数据进行批量查询和统计分析。主要包括：

（1）进行单站数据分析，可生成任意时段数据列表、过程线图，日、月、年统计报表。

（2）按行政区划、流域统计生成日报、月报、年报等报表。

（3）按行政区、流域生成日（月、年）动态数据统计图，统计结果以折线图和柱状图表示。

（4）按行政、流域查询统计结果，以饼状图、柱状图展示历史数据信息报表、进行统计分析等。

5. 日志管理

管理遥测系统的监测日志，监测日志包括召测日志、设置日志、命令日志3类。

召测日志是对操作中的召测动作进行记录。每条记录包括操作对象、操作人、操作命令类型以及命令操作时间等。这些日志包括：遥测站实时值、报警、最近一个月历史记录、水泵电机的实时值、事件开关量参数、遥测站的时钟、遥测站地址、数据上报时间、流量仪表的实时值、水位实时值、井口高程和水位、水泵电机额定值、遥测站的工作模式、SIM卡号等。

设置日志是对操作中的设置动作的记录。每条记录包括设置对象、设置人、设置命令类型、设置值以及命令操作时间等。这些日志包括：遥测站表底值、遥测站时钟、遥测站地址、事件及开关量、遥测站数据上报、遥测站工作模式、井高水位下限量程等。

命令日志是对操作中的命令动作的记录。每条记录包括命令操作对象、命令操作人、命令类型以及命令操作时间等。这些日志包括：清空遥测站历史数据、测控站复位等。

监测日志管理的功能包括查询、保存和清除。

(1) 查询。查询显示相关日志，查询方式包括按时间和按类型查询，显示的方式为列表显示，在显示中不同类型的日志可分不同颜色显示，如表示遥测站出现问题的日志用红色表示等。

(2) 保存。查询的日志以文本或 Excel 等文件方式保存到本地计算机。

(3) 清除。将查询的日志从数据库中删除。

6. 数据录入编辑

(1) 数据修改

当遥测系统发生错误时，系统按用户的权限对相应遥测站的数据进行修改，修改后更新相应的数据库。修改的方式采用列表的方式。

(2) 数据录入

对于非遥测站点的信息采用人工录入的方式将数据存入数据库。

7. 数据汇集

对流域内各省的遥测站实时数据进行汇集。数据汇集方式采用主动上传为主，被动上传为辅的方式。

(1) 设置汇集站点

设置需要上传的遥测站点，并根据站点的归属通知相应的省市级系统。

(2) 主动上传

省市级系统在定时召测、临时召测和数据修改后将需上传信息站点的实时信息上传到淮委，淮委将上传的数据存入数据库。

(3) 被动上传

淮委可根据需要，向省市级系统发出数据上传请求，省市级系统在收到请求后，将所需信息上传到淮委。

8. 系统用户

水资源实时信息服务系统的用户主要包括两类：取水户、淮委水资源管理部门。

取水户实现的功能包括：

(1) 查询、统计分析与取水户相关的遥测站的实时信息。

(2) 淮委水资源管理部门用户实现的功能包括：数据接收、站点管理、查询、统计分析遥测站的实时信息、召测、设置、命令、日志管理。

10.6.2.2 水资源信息发布平台

水资源信息发布平台发布的主要内容包括：

(1) 水资源数量和质量。发布区域水资源概况、水资源调查评价成果、水资源丰枯形势、计划用水节约用水情况、水环境和水生态状况、已划定的水功能区及其质量状况等。按年、季、月、旬等不同时间段定期发布水资源公报、水功能区通报、水质简报、地下水超采区状况等。

(2) 取水信息。实时发布监测系统采集的主要取水户的取水情况；定期发布分区域分时段的取水统计数据等。

(3) 重大水资源事件。向社会发布重大水污染等突发事件及其处理情况等。

信息维护和发布是针对系统开发者的，通过此功能实现网站内容的管理和信息发布。包括模板管理、站点管理、频道管理、文档管理、工作统计等功能。一般通过购买专门的网站内容建设软件实现。

信息浏览功能是针对系统用户而言的，用户可通过点击网站链接，浏览、阅读和打印相

关内容。信息查询服务功能实现文本类信息的关键字查询和模糊查询、数据类信息的条件查询和组合查询等。用户交互功能实现社会公众和取用水户的信息上传和交互功能，包括留言板、讨论组等功能。水资源综合信息服务通过地理信息系统和综合数据库，实现各类水资源信息的汇总和综合展示、统计、对比分析等。

水资源综合信息服务满足跨各项在线监测和非在线监测的信息服务需求，在大屏幕和图形工作站环境下，以 GIS 为平台，能以简洁鲜明的图、文、声、像等方式显示，基于水资源分区和行政分区，方便快捷地查询各类水资源调查评价、水资源开发利用、水资源工程、水资源规划配置以及有关背景资料，能以简洁、明了的图表方式显示各类综合信息，并能将查询到的信息通过基于 GIS 建立的电子图上进行仿真显示，从而提供全面、详细、及时、准确的信息服务。

10.6.3　水资源日常业务管理

根据淮委水资源管理业务需求，水资源日常业务管理系统包括：水资源论证管理系统、取水许可管理系统、省界断面水量水质控制管理系统、计划用水与节水管理系统、水功能区管理系统、入河排污口管理系统、水源地管理系统、供水工程管理系统、地下水超采区管理系统、水资源规划管理系统和水生态系统保护与修复管理系统、水资源公报管理等 12 个业务管理系统。

业务管理系统是淮河流域水资源调度管理信息平台的主要子系统之一，包括与水资源管理业务工作密切相关的 44 个功能模块，包括：取水许可管理、水资源论证管理、公报年报管理等。

业务管理系统建设实现了取水许可、水资源论证、公报年报等业务的在线管理，提高了淮河流域水资源管理工作的信息化水平，基本建成了比较完善的淮委水资源监控管理体系，基本形成与实行最严格水资源管理制度相适应的水资源监控能力。

水资源业务管理系统主要服务于水资源管理各项日常业务处理，主要是水资源业务管理系统中的相关软件，包括用水总量控制管理、用水效率控制管理、水资源管理监督考核及支撑保障等。主要的业务模块功能结构图如图 10.6-2、图 10.6-3 所示。

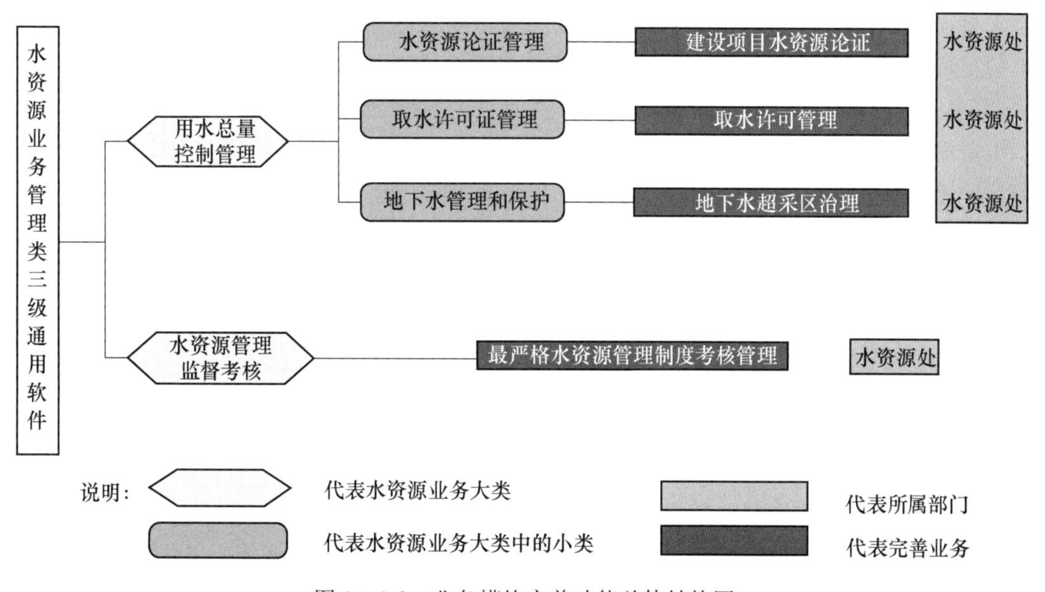

图 10.6-2　业务模块完善功能总体结构图

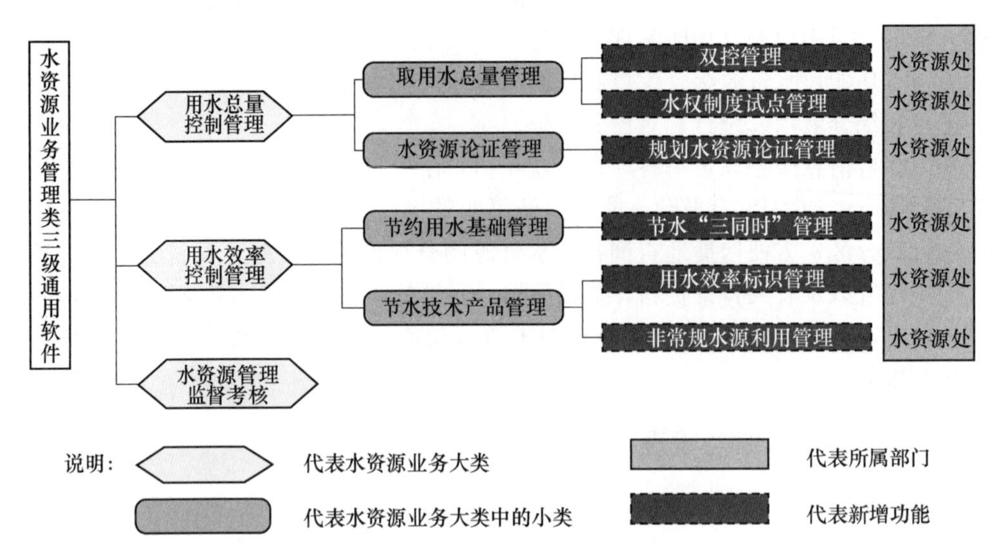

图 10.6-3 业务模块新增功能总体结构图

饮用水水源地保护区是指国家为防治饮用水水源地污染、保证水源地环境质量而划定，并要求加以特殊保护的一定面积的水域和陆域。按照不同的水质标准和防护要求分级划分饮用水水源保护区，饮用水水源地保护区一般划分为一级保护区和二级保护区，必要时可增设准保护区。

水源地保护区基础信息和空间信息主要包括饮用水水源地所处的地理位置、水文地质条件、供水的数量、开采方式和污染源的分布划定等信息。系统提供饮用水水源地保护区基础信息和空间信息上报管理功能，辅助水资源管理部门决策分析。

10.6.4 水资源调度管理

水资源调度管理系统组成框架，包括用水计划管理、水量调度方案制定、调度计划制定、水量调度后评价等内容。应用水资源信息服务子系统基础数据和监测数据，运用开发的来水预报模型、需水预报模型、水资源优化配置模型进行枯水期水量调度分析，对水量调度执行情况以及水量调度进行后评估。

水资源调度子系统主要包括：水资源调度模型管理功能、水资源调度年计划编制功能、水资源调度月计划编制功能、水资源调度方案管理功能，详细功能模块设计如图 10.6-4 所示。

10.6.4.1 水资源调度模型管理

提供水资源资源调度年/月计划编制所需水资源调度的应用模型的管理功能，涉及的相关模型有：中长期来水预报模型、径流演进模型、可供水量计算模型、需水预测模型、水资源调度模型。主要管理功能包括：模型参数方案管理、模型参数率定。

10.6.4.2 水资源调度年计划编制

水资源调度年计划编制模块是根据流域长期径流预报和水库蓄水情况，按照一定算法确定年度流域可供水量，再分配到省（区），作为省（区）年度可供水量；根据干流和主要来水区来水量预估、水库调度运行计划以及省（区）面临年份的用水过程，并考虑水流传播时间、河道损失等因素，逐段进行水量平衡演算，确定各河段及各省（区）引退水流量、耗水量及省际断面下泄流量。

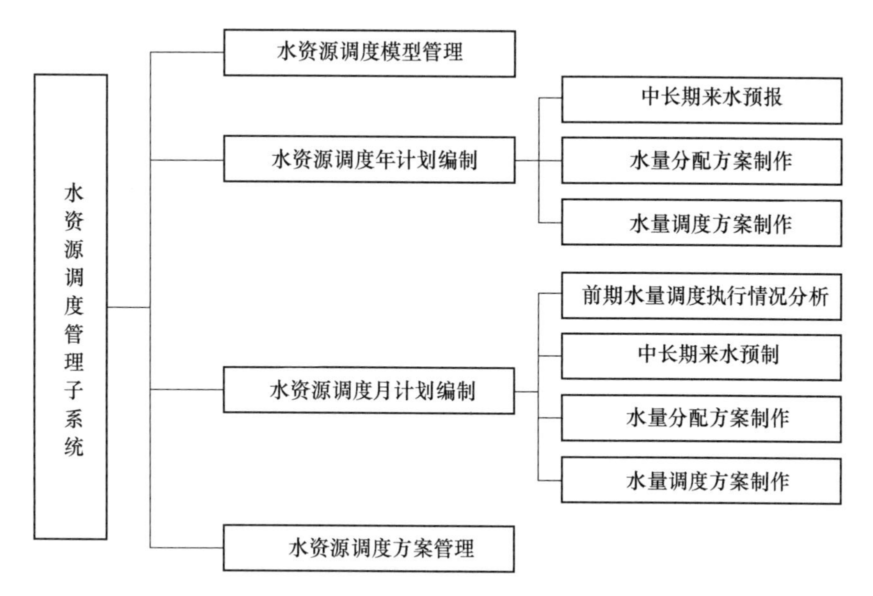

图 10.6-4 水资源调度管理子系统功能模块

1. 枯水期来水预报

运用典型年、时间序列分析、遥相关等多种径流预报模型方法对关键水文断面、水利工程的来水过程进行中长期预报，为流域枯水期可供水量分析、水资源调度计划制定提供数据支撑。

2. 水量分配方案制作

水量分配方案制作主要分为可供水量计算、需水预测和水量分配方案三部分。

(1) 可供水量计算：根据来水预报的来水情况及重要水库汛蓄水情况，并基于枯水期来水预报信息，运用可供水量计算方法，得到当年的年度可供水量，并对当年来水频率进行分析，为年度水量分配及枯水期水量调度计划制定提供数据支持。

(2) 需水预测：根据流域各用水户的经济社会人口数据、用水定额、用水效率和月分配系数等数据，运用需水预测模型，预测流域各用水单元的需水量。系统也提供以各用水户多年平均需水量、国家批复的水量分配方案需水量和各用水户上报的需水量作为需水预测的成果。

(3) 水量分配方案：根据可供水计算和需水预测的成果，按照等比例折减等方法，确定流域各用水单元的水量分配方案。

3. 水量调度方案制作

年方案编制包括控制条件、水量调度计算、结果显示、模型修正和结果分析五部分。

(1) 控制条件：提供流量约束、水位约束两种约束条件。流量约束包括控制流量（保证不断流或生态要求的节点最小流量）、初始流量（河道演算时，各节点的初始流量，它等于该节点最近 t 天的平均流量，其中 t 是该节点到下节点的传播时间）、防凌流量（为满足防凌要求的节点流量）。水位约束包括计算水位（水库调度过程中各时段的最大最小位约束）、初始水位（水库调度的开始水位和结束水位）。

（2）水量调度计算：系统应根据控制条件以及放流目标，如蓄水量目标、发电量目标、放流过程目标等，建立年调度计划编制模型，结合常规算法或优化算法进行水资源年调度计算，生成水资源年调度计划。

（3）结果显示：当模型计算完成后会显示各省区及省区内各河段每月的可供水量分配计划。

（4）模型修正：用户根据本方案中主要断面的流量过程及其与统一调度以来主要断面流量的最大值、最小值、平均值的比较情况，结合本方案中水库的水位变化过程与水库申报计划中水位变化过程对比情况，可对某一断面的流量进行修改，重新对方案进行计算。

（5）结果分析：可从用水统计（本方案各省份干流耗水情况）、断面流量（主要断面的流量过程）、水库流量（本方案中各水库的入流过程、出流过程、水位变化过程）三个方面对方案结果分析。

10.6.4.3 水资源调度月计划编制

水资源调度月计划编制模块一是在年水量调度方案的基础上根据来水预报、水库运行情况和前期引水情况等边界条件进行滚动修正，轨迹跟踪；二是依据更新后的数据进行方案的计算，从而实现对前期的年月方案在当前月的细化，给出时间尺度为月的水量调度计划。

1. 水资源调度前期执行情况

通过对比分析预报来水和实际来水、计划用水和实际用水、计划供水和实际供水的情况，对当年水量调度的执行情况进行评价。如果执行情况较好，水库蓄水量与预期蓄水量偏差较小，则按照既定的年水量调度方案，确定下月的水量调度计划；如果执行情况较差，水库蓄水量与预期蓄水量偏差较大，则以当前月份为起始时间，重新制作余留期的水量调度计划，再细化下月的水量调度计划。

2. 枯水期来水预报

运用典型年、时间序列分析、遥相关等多种径流预报模型方法对关键水文断面、水利工程的来水过程进行中长期预报，为流域枯水期可供水量分析、水资源调度计划制定提供数据支撑。

3. 水量分配方案制作

水量分配方案制作主要分为可供水量计算、需水预测和水量分配方案三部分：

（1）可供水量计算：根据来水预报的来水情况及重要水库蓄水情况，并基于枯水期来水预报信息，运用可供水量计算方法，得到下月的可供水量。

（2）需水预测：根据流域各用水户的经济社会人口数据、用水定额、用水效率和月分配系数等数据，运用需水预测模型，预测流域各用水单元的需水量。系统也提供以各用水户多年平均需水量、国家批复的水量分配方案需水量和各用水户上报的需水量作为需水预测的成果。

（3）水量分配方案：根据可供水计算和需水预测的成果，按照等比例折减等方法，确定流域各用水单元的水量分配方案。

4. 水量调度方案制作

月方案编制包括控制条件、优化计算、结果显示、模型修正和结果分析五部分，其制作流程与年计划编制方法相同。

10.6.4.4 水资源调度方案管理

水资源调度方案管理提供对制作的年、月计划的增、删、改、查的功能，以及方案的评价、对比功能。

10.6.5 水资源应急调度

应急水资源调度子系统组成框架，包括应急事件实时监测报警，对应急事件全过程管理，应急事件水量调度方案，调度计划制定等内容。对应急调度进展进行展示，重点对特殊干旱应急调度，进行应急会商，进行调度后评估。

应急水量调度系统主要包括：实时监控与预警模块、应急调度模型管理模块、特殊干旱事件应急调度模块和应急调度方案管理模块，具体功能模块如图 10.6-5 所示。

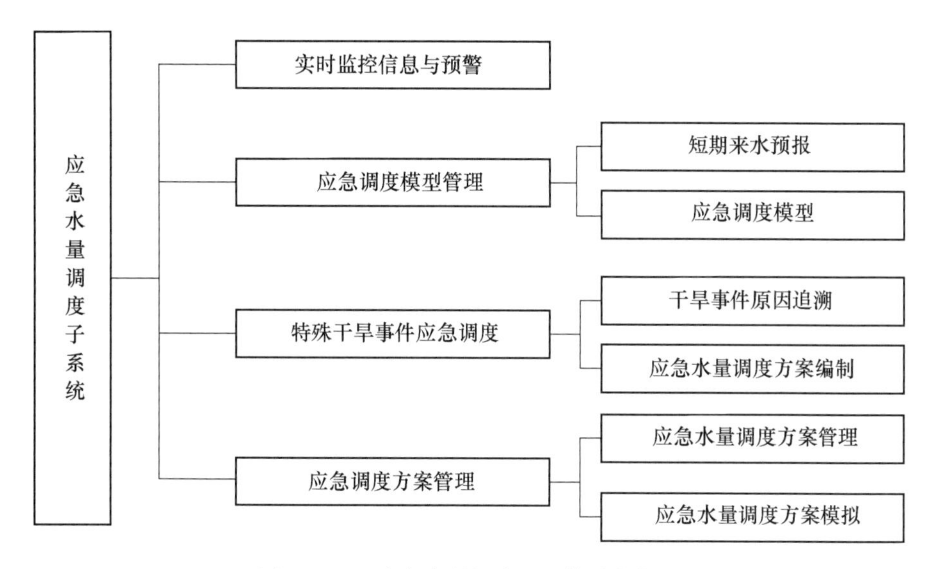

图 10.6-5 应急水量调度子系统功能模块

10.6.5.1 实时监控信息与预警

实时监控信息与预警服务提供在突发性事件发生时，能对实时监测的水资源信息进行处理及分析，当监测信息超过阈值时，以图像闪烁、声音等多种方式提供报警，能及时定位到突发事件发生的时间、地点以及事件类型。实时监控与预警子系统实现应急事件实时监控和预警网络一体化信息流程，增强断面水量预警应急响应速度，为相关管理者提供有效的决策辅助信息。系统在自动监测站网和应急数据中心数据库的基础上，通过平台进行基于 GIS 技术的应急事件实时监测、断面水量自动预警、水力学模型计算成果的管理等多项功能，实现从监测预警、事件预处理、预警分析、预警上报全过程的信息化和可视化。系统功能划分为三个部分：实时监测、预警信息判研、预警信息报送。

10.6.5.2 应急调度模型管理

提供应急水量调度追踪溯源、特殊干旱事件应急调度所需应用模型的管理功能，涉及的相关模型有：短期来水预报模型、特殊干旱事件应急调度模型。主要管理功能包括：模型参数方案管理、模型参数率定。

10.6.5.3 特殊干旱事件应急调度

特殊干旱事件应急调度方案编制是在特殊干旱事件发生后，通过对特殊干旱的原因追溯，确定确定特殊干旱时间的原因、程度和演进趋势，通过查询特殊干旱应急调度预案，制定应对该事件的多个应急调度方案，并通过应急调度方案的模拟和比选，确定建议的应急调度方案。

1. 干旱事件原因追溯

对应急事件事态发展及处置过程进行实时监控，实现应急事件处置过程中事故发展态势和处理情况相关各类数据信息的采集，为应急事件发生处置过程中的业务分析和决策提供数据支撑。

2. 特殊干旱事件应急调度方案编制

功能1：干旱描述

通过监测数据异常、与控制指标对比、实际来水与预报结果对比等工作分析水量不足原因。

功能2：水资源系统模拟预测

模拟预测缺水断面、时段、不足水量等信息，分析突发性水量不足事件对流域内供水的影响，对突发事件影响的范围及程度进行实时预警，为应急调度决策提供数据支撑。

功能3：缺水情况下的水量分配方案管理功能。包括缺水时满足用水户用水的优先次序设置、该时段水量分配方案设置（如定量分配或按比例缩减）、可参与应急调度的水库运行状态等。

10.6.5.4 应急调度方案管理

应急调度方案管理主要包含两个子功能：应急调度方案管理以及应急调度方案模拟功能。

1. 应急调度方案管理

水资源调度方案管理提供对制作的年、月计划的增、删、改、查的功能，以及方案的评价、模拟、对比功能。

2. 应急调度方案模拟

系统会根据用户选择，载入调度系统生成的水量调度方案，并且对调度方案进行解析（方案生成的参数描述），然后将基于整个流域GIS地图对调度方案进行动态演进模拟，演示调度方案的运行效果。

10.6.6 调度决策会商

通过会议的形式，以群体（包括会商决策、决策辅助以及其他有关人员）会商的方式，从所做出的应急方案中，协调各方甚至牺牲局部保护整体利益的原则，进行群体决策，选择出满意的应急响应方案并付诸实施。

对淮河流域水量分配系统成果进行展示，调用已存储的相应预案，生成调度方案，为水资源会商提供决策支持。供管理决策人员开展水资源实时调度提供会商系统和决策支持，如图10.6-6所示。

水资源决策会商系统主要包含会商信息管理、会商材料管理、会商成果管理、决策知识库管理、常规水资源会商和应急水资源会商六个模块，具体如图10.6-7所示。

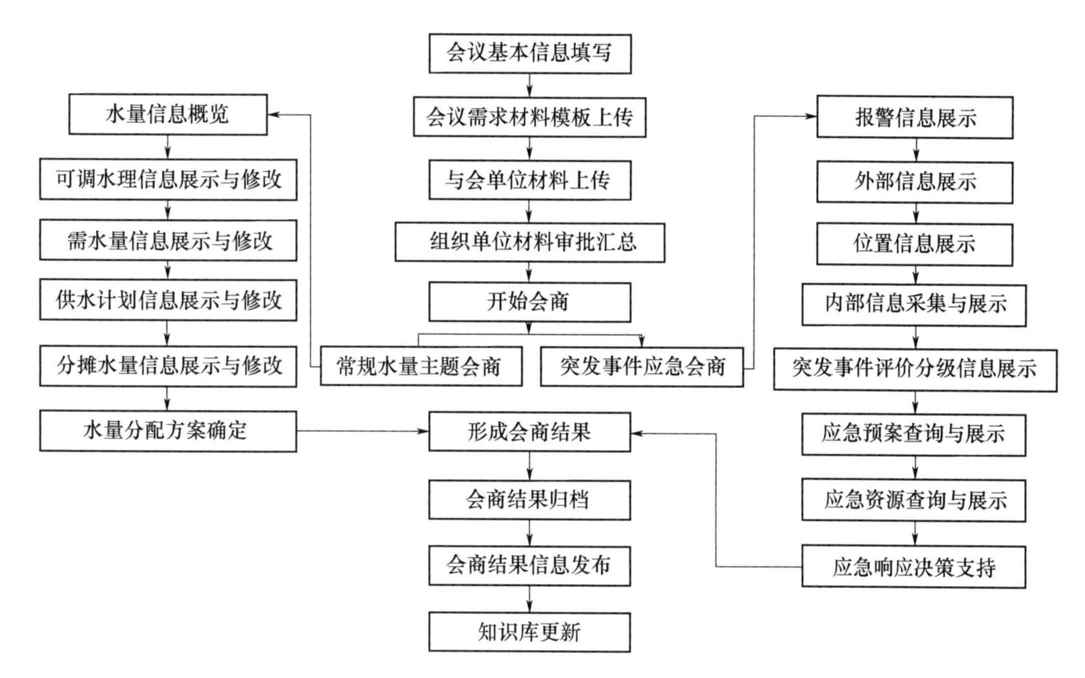

图 10.6-6　水资源决策会商流程图

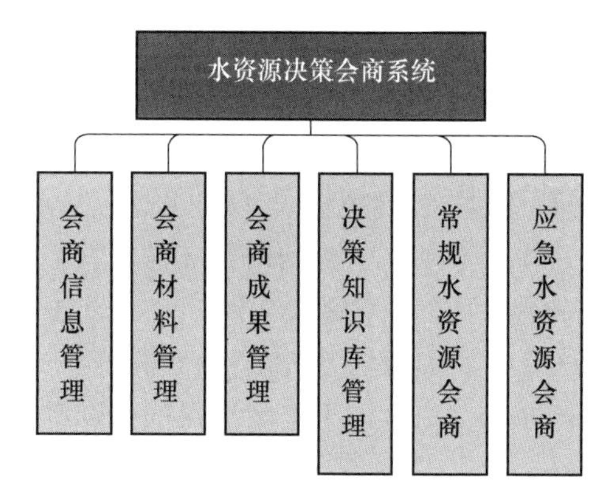

图 10.6-7　水资源决策会商系统功能模块图

10.6.6.1　会商信息管理

实现会商信息的管理功能，主要包含会商管理、参会部门及人员管理两个子模块（图 10.6-8）。

1. 会商管理

会商管理功能实现会商的新增、查询、修改、删除功能。会商管理一般由系统管理或者会议组织者完成。

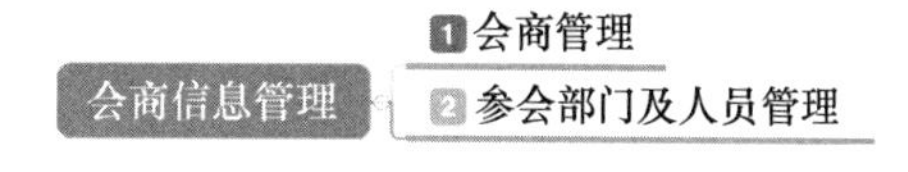

图 10.6-8　会商信息管理子功能结构图

新增会商：建立新的会商。

会商查询：查询已完成的会商，查询结果以列表方式显示。

会商编辑：对会商信息如会商主题、时间、位置、参会部门及人员等信息进行编辑和修改。

删除会商：删除指定会商。

2. 参会人员管理

对水资源会商部门及人员进行管理，包括部门信息、人员信息的新增、修改、查询、删除等操作。

参会部门管理：对水资源决策会商参会部门进行设置和管理。实现参会部门的新增、修改、删除等操作。

参会人员管理：对水资源决策会商参会人员进行设置和管理，实现参会人员的新增、修改、删除等操作。

10.6.6.2 会商材料管理

根据会议对于材料的需求，按照会议材料模板要求，各相关单位上传准备的材料，由会议组织人员进行检查审批，并参照相关模板对材料进行整理和汇总，为会商提供讨论依据和材料支持。主要包含两个功能（图 10.6-9）：

1. 材料模板下载

实现会商材料模板的新增、修改、删除等操作。

2. 会商材料上传

相关参会单位根据组织方要求，按照模板填写相关材料，并上传至会议组织方。

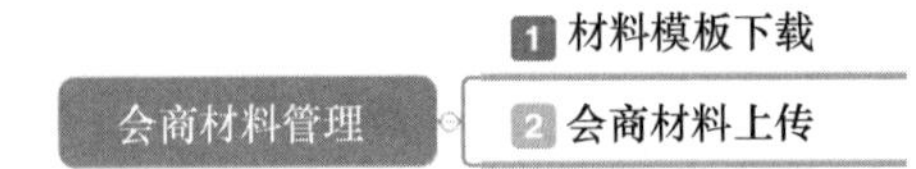

图 10.6-9 会商材料管理子功能结构图

参会人员可查询已开会议的相关原始材料。

会议组织单位相关人员对各参会单位上传的材料进行审批，对于审批合格的材料进行加工汇总，为会商提供资料支持。

10.6.6.3 会商成果管理

会商结束后，会议组织单位相关人员可利用该系统进行会商结果管理。可进行会议纪要填写，也可将写好的会议纪要等附件通过该系统上传，使与本次会商有关的相关结果或附件得到统一管理；结果整理完成后，可对本次会商进行归档操作，将相关内容存入档案库，以便今后查询；此外，会议组织单位还可利用本系统进行信息发布，将本次会议中的相关信息向相关部门进行发布。

1. 成果整理归档

实现会商内容、材料及会商成果的整理与归纳功能。

会商结束后，会议组织者填写本次会议简要信息，并进行会议纪要的填写和导出，同时能上传与本次会商相关的附件文件；结果整理完毕后，填写档案相关信息，将本次会商进行归档。

2. 会商成果发布

实现水资源决策会商的内容、材料及会商成果下载功能。

会商结束后，提供会商成果及相关文件的下载功能，参会相关单位可以对本次会商的内容和成果进行下载和查看。

10.6.6.4 决策知识库管理

实现水资源调度相关业务知识的内容管理功能，包含文章发布、编辑、查询、删除等操作。

10.6.6.5　常规水资源调度会商

针对常规水资源会商主题，将常规水量调度会商所需的信息进行展示，在展示过程中，亦可根据与会人员的相关要求进行修改，并最终形成水量分配方案相关决议，以满足常规水量会商的相关需求，为水资源管理者提供决策支持。

1. 会商地图展示

显示淮河流域水资源管理 WebGIS 地图，主要展示取水口、水文站、水位站位置分布。显示取水口、重要断面等实时监测数据。

2. 会商材料展示

综合展示各参会方上传的相关会议材料。会议材料以在线 PDF 浏览的方式进行查看，支持放大缩小操作。

3. 会商成果编辑

对参会各方的交流意见进行记录保存。形成会议纪要及会商成果文件。

10.6.6.6　应急水资源调度会商

针对水资源管理过程中可能发生或已经发生的各种突发事件进行会商。在会商过程中，可对突发事件的相关信息进行展示，并能够针对不同的突发事件类型搜索相应的应急预案及应急资源分布情况，为应急事件的处置提供决策支持。

1. 会商地图展示

显示淮河流域水资源管理 WebGIS 地图，主要展示取水口、水文站、水位站位置分布。显示取水口、重要断面等实时监测数据。

显示应急事故点的现场资料、图片、视频等。

2. 会商材料展示

综合展示各参会方上传的相关会议材料。会议材料以在线 PDF 浏览的方式进行查看，支持放大缩小操作。

3. 应急预案查询展示

根据当前应急事件的特点及发展趋势，搜索相关的水资源应急预案并展示。

4. 决策知识库查询展示

根据当前应急事件的类型，搜索相关的决策支持库并展示。

5. 应急事件处置

根据水资源应急预案内容及参会人员讨论结果，形成应急事件处置方案。

11 技术成果与展望

本成果已在淮河流域及安徽、河南等5省取得推广应用，在推动河湖水量精细调度、水资源监测监控技术等方法和技术进步成效明显，取得的社会效益、经济效益显著。依托于本成果，2013—2020年期间支撑安徽水科院、淮委水文局、安徽淮河水资源公司分别创收超5144万元、2136万元、4485万元经济效益显著。成果支撑史灌河、沙颍河等跨省河流水量调度年计划及月方案发布、逐日最小下泄流量预警，其业务化应用及对生态流量保障程度提升成效显著，社会效益凸显。

11.1 支撑项目基本情况

本成果依托于国家重点研发计划、水利部“948”项目等，部分项目的基本信息摘录如下。

（1）国家重点研发计划项目（2016YFC0400909），项目名称：流域复杂系统洪水多目标协同调控技术，提供者：淮河水利委员会水文局（信息中心）。

（2）国家重点研发计划项目（2017YFC0404504），项目名称：河湖沼系统生态需水保障技术体系及应用，提供者：安徽省（水利部淮河水利委员会）水利科学研究院。

（3）国家水资源监控能力建设项目（1261420310016；12616203100016），提供者：淮河水利委员会水文局（信息中心）。

（4）水利部科技推广计划项目（任务书编号：TG1133），项目名称：土壤墒情监测预报技术的推广应用，提供者：安徽省（水利部淮河水利委员会）水利科学研究院。

（5）水利部“948”项目（合同编号：CT200616），项目名称：淮北平原黄潮土区“四水”转化水文实验研究，提供者：安徽省（水利部淮河水利委员会）水利科学研究院。

（6）水利部“948”项目（合同编号：200528），项目名称：水文预报及水资源优化管理关键技术，提供者：淮河水利委员会水文局（信息中心）。

（7）水利部公益性行业科研专项“淮河流域水资源系统模拟与调度关键技术研究”（项目编号：201101011），提供者：淮河水利委员会水文局（信息中心）。

（8）安徽省科技计划项目（编号：08010302111），项目名称“淮北地区采煤沉陷区水生态修复和综合利用研究与示范”，提供者：安徽省（水利部淮河水利委员会）水利科学研究院。

（9）农业科技成果转化资金项目（合同编号：2010GB23320640），项目名称：“四水”转化水文模型在淮北平原应用推广，提供者：安徽省（水利部淮河水利委员会）水利科学研究院。

（10）《沂河、沭河年度水量调度计划编制》（合同编号：水利部淮委机关合同第2017049号），提供者：安徽淮河水资源科技有限公司。

（11）淮河区第三次水资源调查评价（合同编号：水利部淮委机关合同第2017089号），

提供者：淮河水利委员会水文局（信息中心）。

（12）《水资源配置与调度管理Ⅵ包-史灌河水量调度方案编制》（合同编号：水利部淮委机关合同第2019064号），提供者：安徽淮河水资源科技有限公司。

（13）《水资源配置与调度管理Ⅳ包-涡河水量调度方案编制》（合同编号：水利部淮委机关合同第2019086号），提供者：安徽淮河水资源科技有限公司。

（14）《沙颍河2020—2021年度水量调度计划编制》（合同编号：水利部淮委机关合同第2020094号），提供者：安徽省（水利部淮河水利委员会）水利科学研究院。

（15）《安徽省重点河湖生态流量（水量）保障实施方案编制》（合同编号：SW202101），提供者：安徽省（水利部淮河水利委员会）水利科学研究院。

（16）《阜阳市重点河、湖生态流量（水量）保障方案与河流水量分配方案》（合同号SW202014），提供者：安徽省（水利部淮河水利委员会）水利科学研究院。

11.2 流域水资源监控能力建设相关思考

实行最严格水资源管理制度关键是围绕水资源配置、节约和保护，确立水资源管理三条红线，建立水资源管理责任制和考核制度。2011年中央一号文件和中央水利工作会议提出“加强水量水质监测能力建设，为强化监督考核提供技术支撑”。《国务院关于实行最严格水资源管理制度的意见》明确要求“加强取水、排水、入河湖排污口计量监控设施建设，加快建设国家水资源管理系统，逐步建立中央、流域和地方水资源监控管理平台，全面提高监控、预警和管理能力”。目前一期项目（2012—2014年）、二期项目（2016—2018年）均已经通过水利部组织的验收并投入运行。

11.2.1 建设任务

淮委国家水资源监控能力建设项目的主要任务是实时监测取用水户、重要水功能区及城市饮用水水源地、江河省界控制断面的水量水质信息等；在线监督和处理流域内各省区取水许可、水资源论证、入河排污等业务；实现流域内水资源调配业务处理；动态掌握突发性供水安全事件及应急处置情况，进行应急反应和决策支持。

一期项目（2012—2014年），总投资3315.27万元，建设内容包括省界断面水资源监测能力、流域水环境（分）中心实验室监测能力和流域水资源监控管理平台建设。省界断面水资源监测能力建设是改善省界断面已建驻测站水量水质监测设施在线采集和传输能力，提高监测时效性和准确性；巡测断面通过加强流域水环境监测中心、分中心实验室基础设施建设、仪器设备更新与完善，提高实验室分析自动化水平和移动监测能力；水资源监控管理平台建设包括硬件设备、商业软件购置和应用系统开发，开发信息服务、业务管理、应急管理、调配决策4大应用系统。

二期项目（2016—2018年），总投资1775万元，主要实施内容包括淮河流域水资源监控管理信息平台运行环境完善、水资源管理应用系统完善、沂沭泗流域水资源监控体系建设等方面。在一期项目的基础上，进一步完善淮委水资源管理应用系统，重点任务包括完善信息服务系统、业务管理系统。其中，沂沭泗水资源监控能力建设主要建设复新河闸、梁济运河（后营）等19处南四湖周边河流及宿迁闸、大官庄枢纽北引水闸（金牛电站）在线监测站。

11.2.2 任务完成情况

淮委国家水资源监控能力建设项目（2012—2014 年）从 2012 年开始，经过 3 年多的建设，项目建设任务全部完成。2016 年 1 月，项目通过了水利部组织的验收。在省界断面水资源监测能力建设任务方面，完成了淮河水系 19 处水质自动监测站信息传输系统改造，将系统原短信传输系统改造成 GPRS 信息传输系统。在流域（分）中心实验室监测能力建设方面，淮河流域（分）中心实验室监测能力建设包括流域中心（蚌埠）实验室建设和山东临沂、河南信阳两个分中心实验室监测能力建设。项目主要购置了离子发射光谱仪、气相色谱仪、叶绿素测定仪等 44 台（套）监测设备和 1 台小型移动实验室，目前已全部并投入使用，显著提高了实验监测能力。

在一期项目的基础上，进一步完善淮委水资源管理应用系统，重点任务包括完善信息服务系统、业务管理系统，二期项目 2020 年 9 月通过验收。在信息服务系统升级完善方面，补充完善淮河流域重要取用水户、省界断面水量信息，水源地、重要控制工程闸坝水量信息等，充分整合各类信息资源，初步搭建智能、高效的综合数据分析服务平台。在完善水资源监控平台运行环境方面，完善了对政务外网进行加速；购置企业服务总线 ESB 软件、虚拟服务器 CPU 许可授权等。在沂沭泗流域水资源监控体系建设方面，完成了复新河等 19 个监控站点布设监测站，完成了宿迁闸、大官庄闸［金牛水电站取水口］2 处水闸进行水量在线监控体系建设。

11.2.3 思考与展望

按照水利部印发的《水利信息化资源整合顶层设计》总体架构和目标要求，应当以流域水资源监控能力建设成果为龙头，整合防汛抗旱指挥、财务系统等项目成果，将基础设施、数据资源、业务应用、安全系统等水利信息化资源进行梳理，按照“共享、公用”的原则全面规划水利信息化资源配置，落实水利信息化资源整合共享的技术实现方法、路径，保证现有各种监测和信息化资源的充分整合、共享利用，发挥其最大效能。未来应当在流域水资源监控能力建设成果基础上，进一步加强水资源要素监测能力、整合共享现有数据资源。

11.2.3.1 进一步加强水资源要素的监测能力

进一步加强淮河流域取用水监控、省界断面、水功能区三大监控体系。在取用水国控监测点基础上，进一步扩大取水在线监控范围，工业和生活取水按实际用水量实现计量和在线监测的比率达到 90%以上，年取水 50 万 t 用水户全部实现在线监测；农业用水按实际用水量计算监测比率要达到 60%以上，万亩以上地表水灌区主要取水口实现在线监测。在加强省界断面水资源监测站网建设基础上，加大对淮河干支流大中型水库、跨流域调水工程、重要引水涵闸等实施远程监控，建设淮河干流及重要支流主要枢纽闸门监控系统，南水北调东线沿线南四湖入（出）湖河流共计 53 条。加强入河排污口建设。水功能区方面，加大入河排污口、水源地监测能力建设。沂沭泗流域管理范围内现有 26 座直管水闸，大多数没有流量监测设施。

省界断面国控监测点以满足以下条件之一选取：大江大河干流的省界；流域内一级支流或水系集水面积大于 1000km^{2}的河流所涉及省界断面；重要调水（供水）工程沿线跨省界、跨流域的监测断面；水系集水面积小于 1000km^{2}水事敏感区域或水质污染严重的河流所涉及的省界监测断面。对省界断面通过加强水量水质监测设施在线采集传输能力建设，提高监测时效性和准确性。

11.2.3.2 进一步整合共享现有数据资源

基础数据是水资源监控平台发挥作用和效益的关键。要充分整合流域内各省及淮委各部门的数据信息，破除封闭的业务条块和机构约束，组织水资源管理、水资源保护、水文、信息化等部门联合开发，共同使用，确保项目建设始终围绕最严格水资源管理工作的实际要求，达到全面支撑最严格水资源管理考核工作的目标。开展水资源管理系统集成相关工作。对淮委水资源监控平台与基础数据、业务数据集成整合，满足淮委数据共享的需求。同时，做好对流域五省基础数据、取用水监测数据，省界断面水资源监测数据等数据整合工作。例如，可整合已建成的国家防汛抗旱指挥系统一期工程、国家地下水监测工程，这些都为流域水资源监控能力建设提供了有利的实施条件。

11.2.3.3 加快省级平台建设步伐

流域内各省区的建设成效很大程度上决定了项目的建设成效。根据总体进度，省级平台需要基本搭建起来。虽然各省市的总体进度不一样，但数据采集成果都必须汇集到省级平台，并能完成向中央平台报送。年底要前实现省级平台与流域平台、中央平台的互联互通。但目前在平台建设和部署上存在的问题还比较多，一些软硬件采购、开发部署和系统集成项目招投标明显滞后。省水资源管理部门着力解决项目进展滞后的问题，按照工作方案和监控能力建设的总体要求，加快项目建设步伐。

11.3 最严格水资源管理制度实施相关思考

水资源管理的基本目标是以水资源的可持续利用支撑经济社会的可持续发展，供给管理和需求管理是实现上述目标的两条重要途径。供给管理是通过对水资源供给侧的管理，增加供水量，满足经济社会的水资源需求。需求管理则是通过对水资源需求侧管理，抑制不合理用水需求，实现水资源供需平衡。随着经济社会的快速发展，水资源开发利用程度越来越高，代价越来越大，但仍然无法满足不断增长的用水需求，同时出现了用水效率低下、水污染严重、生态环境日益恶化等问题。人们开始意识到单纯依靠增加供给并不能有效解决水资源问题，必须对需求进行管理。

淮河流域水资源短缺、开发潜力有限、用水效率不高、水生态与环境恶化等问题已成为制约淮河流域经济社会发展的主要瓶颈，流域发展不能再走传统的以需定供的老路，必须加快推进供水管理向需水管理转变，在水资源规划、配置、节约和保护等各个环节都要体现需水管理的理念，提高用水效率和效益。因此，水资源需求管理是有效缓解有限资源与无限需求间矛盾的必然选择，是淮河流域落实最严格水资源管理制度的重要手段。

11.3.1 流域水资源需求管理

水资源需求管理框架的构建基本可以归结为 2 个内容：管理制度和实施机制。管理制度是水资源需求管理措施实施的基本保障，而实施机制是需求管理制度发挥有效作用的必要条件。

在管理制度方面，至今我国已经初步建立了水资源需求管理的基本制度框架，并在《中华人民共和国水法》及其他相关配套法律法规中得到了体现。在宏观的区域、行业及流域层面，建立了总量控制制度、水量分配制度、年度水量调度制度、国民经济社会发展总体规划、城市发展规划和高用水行业发展规划的水资源论证制度等。在微观的单位和个人层面，建立了取水许可制度、定额管理制度、计划用水制度、建设项目水资源论证制度、水资源有偿使用制度等。

在实施机制方面，水资源需求管理是综合性的管理行为，在核心层面上包括行政措施、经济手段、自我管理、工程技术和文化教育等，强调水资源需求管理的执行能力和支撑条件。行政措施一般通过总量或用量控制，水资源管理部门以强制的形式限制流域、区域或取用水户的取用水行为和取用水量。经济手段一般以激励（抑制）措施的形式，如水价调整、水资源费征收等，让取用水户自动调节其取用水行为。自主管理一般以用水户自行管理形式出现，包括制定和实施行业规范和标准、成立自主管理协会（行业用水者协会、农民用水者协会）实施水资源管理。工程技术手段以水资源评价、规划、节约及保护的技术为主，辅以水量水质监测技术、水价制定技术及经济分析技术等，为水资源需求管理提供全方位、多来源的技术支撑。

11.3.2 最严格水资源管理制度解析

在2009年全国水利工作会议上，回良玉副总理提出要从我国的基本水情出发，实行最严格的水资源管理制度，对水资源进行合理开发、综合治理、优化配置、全面节约、有效保护。陈雷部长在2009年3月召开的全国水资源工作会议上明确提出了实行最严格水资源管理制度的基本思路和工作框架，强调要围绕水资源配置、节约和保护，明确水资源开发利用红线，严格实行用水总量控制；明确水功能区限制纳污红线，严格控制入河排污总量；明确用水效率控制红线，坚决遏制用水浪费。2010年12月《中共中央国务院关于加快水利改革发展的决定》明确要求把严格水资源管理作为加快转变经济发展方式的战略举措，实行最严格水资源管理制度，建立用水总量控制制度、建立用水效率控制制度、建立水功能区限制纳污制度、建立水资源管理责任和考核制度，并要求确立水资源管理“三条红线”。

11.3.3 需求与制度之间内在联系解析

供水管理和需水管理是落实最严格水资源管理制度的两条重要途径，但最严格水资源管理制度更多体现的是需求管理的理念和方法。在最严格水资源管理制度中，“三条红线”对供水增加形成硬性限制，即在明确给定供给量的前提下，通过提高用水效率和效益、防止水质污染来满足用水需求，这是从传统的供水管理转向需水管理的明确政策导向。

水资源需求管理契合了最严格水资源管理制度的核心理念。水资源管理制度需要体现不同时期水资源管理所需要解决的问题，并可以针对不同情况及时做出调整。水资源需求管理恰好契合了当前水资源开发利用过度、水资源供给短缺以及水环境问题严重情况下的应对措施，水资源管理应当从被动适应经济社会发展用水需求，转向保障与约束并重，在提高水资源保障水平的同时，遏制不合理的用水需求，从注重开发转向注重节约保护，从侧重增量管理转入侧重存量管理，从关注数量管理转为关注结构调整。因此，实行最严格水资源管理制度，将实质性推动从供水管理向需水管理的全面深刻转变。

水资源需求管理可以更好地促进最严格水资源管理制度的实施。水资源需求管理包括法律、行政、经济、科技、宣传等一系列措施及运作方式，最严格水资源管理制度的关键是综合应用各种水资源管理措施落实水资源管理“三条红线”。在“最严格”的水资源管理目标

约束下，通过改变社会经济结构、用水部门结构、用水空间结构、水源结构、用水技术结构，推动经济发展方式转变，走集约式和内涵增长式发展道路。因此，可以认为在水资源管理中最严格水资源管理制度是目标，水资源需求管理是手段，水资源需求管理是贯彻落实最严格水资源管理制度的重要途径。

11.3.4 需求与制度两者结合点

用水总量控制制度重点是确立水资源开发利用红线，即各地区允许的水资源开发利用量，实际上体现的就是水需求管理的行政管理措施，包括建立覆盖流域和区域的用水总量控制指标体系和取水总量控制指标体系等。由于水资源开发利用的资源态势、经济成本和环境影响，我国的水资源开发利用量将在一定的时间内达到上限，水资源管理必须从供水管理向需水管理转变，通过推进水资源论证和取水许可等制度建设，从规划和前置管理实现区域用水总量控制。因此，执行和落实用水总量控制制度是水资源需求管理的具体目标。

用水效率控制制度主要是用水效率控制红线的确立，建立涵盖区域、行业和用水产品的用水效率控制指标体系。用水效率红线的实现需要水资源需求各项管理手段的密切配合，比如用水定额与计划管理制度、缺水地区高耗水行业项目准入制度、建设项目节水“三同时”制度等。此外，通过水资源需求管理中的各项节水措施：高耗水行业节水技术改造、节水技术普及推广与节水示范工程示范建设、重点用水户监控、节水强制性标准制定与推行等推进用水效率控制红线的落实。

水功能区限制纳污制度关键是水功能区纳污红线的确立，严格核定水功能区水域纳污能力，作为水污染物排放许可证发放的依据（扣除面源污染）。因此，限制纳污红线是水资源需求管理的目标的体现，其实现需要水需求管理措施的全面实施。例如，通过严格入河排污口管理制度和水功能区水质预警监督管理制度，对排污量超出水功能区限制排污总量的地区，要限制审批新增取水和入河排污口，同时建立水功能区水质评价体系，完善水质预警监督管理制度。

水资源管理责任与考核制度是最严格水资源管理制度能否实现预期目标的关键，同样也是水资源需求管理有效执行的重要保障。该项制度包括三个层次的内容：明确政府作为实行最严格水资源管理制度责任主体。严格实施水资源管理考核制度，作为地方政府相关领导干部综合考核评价的主要依据。切实完善水资源管理监督考核的支撑体系，包括区域取水、用水和排水的计量、监测、统计和信息化管理制度与系统的建立。

11.3.5 淮河流域水资源管理的实践及存在的问题

11.3.5.1 水资源管理的需求

目前，淮河流域水资源管理工作也取得了一些实质性的进展。一是流域及区域层面的总量控制工作取得实质性进展。全面启动了取水许可总量控制指标体系制订工作，正在编制淮河、沂河和沭河取水许可总量控制指标体系。山东省淮河流域率先将流域取水许可总量控制指标细化分解到支流及市县。二是定额管理全面加强。流域各省发布了用水定额，农业灌溉用水定额基本编制完成，部分高耗水工业行业用水定额已发布实施，为微观层面水资源需求管理的量化提供了可能。三是加强微观层面的取水许可管理。根据《取水许可和水资源费征收管理条例》，流域取水许可证换发工作基本完成，重新核定了许可水量，建立了取水许可管理台账；推进计划用水管理，2006 年流域实施计划用水管理的水量达到总许可水量的

70%。四是全面实施水价格体系改革。各地水资源费征收标准普遍提高，征收范围普遍扩大，大部分地区改革了水价的定价模式、计收方式。五是加强了产业需水管理。淮河流域加强对火力发电、钢铁、纺织、造纸、化工、等高用水行业的取水定额监控，流域万元工业增加值用水量从2003年的186.1m^3降低到2009年的64.29m^3，火电、钢铁、造纸等高用水行业主要产品单位取水量平均下降20%～40%。六是建设项目水资源论证工作取得明显成效。流域管理机构和省级水行政主管部门加强对火电、化工等高耗水行业建设项目的水资源论证，从源头上遏制了盲目兴建高耗水、高污染项目，促进了节能减排和水资源的优化配置。拓展论证工作领域，正在开展“引江济淮”跨流域调水工程等区域规划水资源论证及利用非常规水源的建设项目水资源论证。七是积极探索水资源需求管理的自主机制。各地把创建节水型城市、企业和社区活动作为落实节水型社会各项任务的重要载体，淮北市、淄博市、淮安市等开展节水型社会建设，公众参与节水型社会建设的机制正在形成。

11.3.5.2 水资源管理的主要问题与难点

在取得成效的同时，当前淮河流域实施水资源需求管理工作还存在许多问题和难点：

(1) 对水资源需求管理缺乏足够的认识。对不同个人、单位、区域以及生产、生活和生态的需水特性缺乏深入的研究。对于各类用水需求，往往简单叠加需水总量，可能难以满足或者全过程地满足供水需求。

(2) 对水资源需求管理重视不够。长期以来供水和用水管理不协调，供水部门主要偏重开发水源，尽可能多供水，对经济发展和用水需求的客观规律没有认识清楚，误以为随着经济发展，用水量也必须不断增加。当前，淮河流域部分城市供水规划过大和供水能力闲置的现象。

(3) 水资源管理各项措施没有完全落实。流域已经建立了相对比较完善的水资源需求管理制度及其框架，但从实施来看，流域各项水资源需求管理制度并没有落实或完全落实。目前流域还没有完成主要河流的水量分配方案，只有淮河、沂河和沭河正在开展年度水量调度计划的编制和实施；建设项目水资源论证还没有在宏观领域全面开展；水资源费征收率偏低。

(4) 水资源需求管理手段偏重行政管理，市场调节手段发挥不完全、自主管理不重视。受传统的行政管理的传统影响，更多地采用以行政管理手段为主的水资源需求管理手段，以政府机构或管理部门为中心开展工作；基于市场调节的手段的功能还没有充分发挥，手段比较单一。同时，不重视基于用水单位和个人的自主管理，没有充分发挥广大取用水的节约用水的积极性。

(5) 水资源需求管理基础工作薄弱。实施水资源需求管理的关键支撑是水资源监测和计量系统，但淮河流域的水资源监控与用水计量设施等必要的硬件设施不到位，绝大多数省界和重要控制断面没有监控措施。

11.4 持续推进落实最严格水资源管理

(1) 加强水资源配置和调度，建立水资源开发利用红线

加强淮河流域水资源配置工程建设。建设出山店、前坪、庄里等10座对区域水资源配置具有重要功能的大型水库，推进南水北调东、中线，“引江济淮”工程等跨流域调水工程建设，以及临淮岗洪水控制工程综合利用、污水处理回用工程等其他水资源利用工程等；全

面推行水量分配和取水总量控制。尽快完成淮河、沂河、沭河、南四湖、洪泽湖等主要跨省区江河、湖泊水量分配方案的编制。提出淮河流域分省用水总量控制指标，各省根据本行政区域的用水总量控制目标，逐级分配水量，最终形成覆盖流域和省、市、县三级行政区域的用水许可总量控制指标体系；实行严格的取用水管理，各行政区按照总量控制指标制定年度用水计划，实行行政区域年度用水总量控制，建立相应的监管制度。严格取水许可审批，加强取水计量监管；切实加强水资源论证工作。大力推进流域国民经济和社会发展规划、城市总体规划和重大建设项目布局的水资源论证工作，推动水资源论证尽快从微观层面转入宏观层面，从源头上把好水资源开发利用关；强化水资源统一调度。优化各项调度方案，完善调度管理制度，健全调度机制和手段。做好跨流域、跨行政区域的水资源调度，满足重点缺水地区、生态脆弱地区的用水需求。

（2）推进节水型社会建设，建立用水效率控制红线

深入推进节水型社会建设工作。加大对试点工作的指导和支持力度，巩固淮北市、淄博市、泰州市等试点成果，扩大试点范围，探索不同水资源条件、不同发展水平地区节水型社会建设的模式与途径，建立健全节水型社会水资源需求管理体系；强化节水考核管理。淮委要协调建立淮河流域用水效率和效益评价与考核指标体系，健全节水责任制和绩效考核制，实行严格的问责制，严格考核监督；加强用水定额管理，明确用水定额红线。用水户用水效率低于最低要求的，要依据定额依法核减取水量。用水产品和工艺不符合节水要求的，要限制生产取用水；要抓好重点领域节水工程建设。农业领域继续抓好大中型灌区和井灌区的节水改造，大力推广喷灌、滴灌和管道输水等实用灌溉技术。工业领域要重点抓好钢铁、火电、化工等高耗水行业节水。城市生活领域要加快城市供水管网改造，降低供水管网漏失率。促进海水和苦咸水、再生水、矿井水、雨水等非常规水源利用。

（3）加强水资源保护，建立水功能区限制纳污红线

强化水功能区监督管理。进一步完善水功能区管理的各项制度，科学核定水域纳污能力，根据流域节能减排总体目标，提出分阶段入河污染物排放总量控制计划，向流域各省提出限制排污的意见。严格入河排污口的监督管理，加强省界和重要控制断面水质监测，强化入河排污总量的监控；切实加强地下水资源保护。加快制定完善地下水保护政策，建立地下水动态监测和监督管理体系。加快地下水超采区划定工作，逐步削减开采量，遏制地下水过度开发和超采。当前要重点抓好南水北调东、中线受水区和淮北地区地面沉降区地下水压采工作，强化深层地下水禁采和限采措施；加强水生态系统保护与修复。加快淮河干流、沙颍河、南四湖等重点流域的水环境治理，开展生态用水调度，改善河湖生态和环境用水状况，对于生态敏感期和敏感水域，利用闸坝的调节能力提高枯季河湖生态流量和水位，保障其最小生态流量；加强饮用水水源地保护。加快重要饮用水水源地综合治理，近期全面解决建制市和县级城镇的集中式饮用水水源地安全保障问题，推进农村饮水水源保护，制定水源地保护的监管政策与标准，强化饮用水源保护监督管理，完善水源地水质监测和信息通报制度，提高水污染事件快速反应机制。

（4）加强水资源管理体制改革，推进水权制度建设

完善流域管理与行政区域管理相结合的水资源管理体制。淮委严格按照国家法律法规，切实履行职责，加强流域水资源统一规划、统一配置、统一调度，建立各方参与、民主协商、共同决策、分工负责的流域议事协调机制和高效执行机制；推进水权制度建设。在做好初始水权分配的基础上，加快推进水权转让制度建设。做好水权转换试点，扩大试点范围，

探索水权流转的实现形式，鼓励水权合理有效流转。健全相关监管制度，规范水权的分配、登记、管理、转让等行为；推进城乡水务一体化。加强行政区域内涉水行政事务的综合管理，统筹城乡水资源评价、规划、配置、调度、节约、保护，统筹水源地建设、防洪、取水、供水、用水、节水、排水、污水处理与回用等工作，实现对水资源全方位、全领域、全过程的统一管理。

（5）严格水资源费征收，健全合理水价形成机制

严格水资源费征收、使用和管理。综合考虑淮河流域各地区水资源状况、产业结构与用水户承受能力，合理调整水资源费征收标准，扩大水资源费征收范围，要依法征收水资源费，加强监督管理，确保足额征收、足额上缴、规范使用；积极推进淮河流域水价改革，建立既充分体现各地水资源紧缺状况和符合市场经济规律，又兼顾社会可承受度和社会公平，有利于合理配置水资源、促进水资源可持续利用的水价形成机制。按照促进节约用水和降低农民水费支出相结合的原则，逐步实行水利工程水价加末级渠系水价的终端水价制度，加快完善计量设施，推进农业用水计量收费，实行以供定需、定额灌溉、节约转让、超用加价的经济激励机制。按照补偿成本、合理盈利的原则，合理调整非农业供水水价，继续推行超定额累进加价制度，缺水城市实行高额累进加价制度，适当拉开高耗水行业与其他行业水价差价。

（6）加强流域监测监控体系建设，提高水资源管理水平

定期开展淮河流域水资源实地考察和调查评价，及时准确掌握流域水资源及其开发利用状况，摸清水资源变化规律，分析用水变化趋势，为水资源管理决策提供科学依据；加快水资源监控体系建设。抓紧建立与用水总量控制、水功能区管理和水源地保护要求相适应的监控体系。加强对社会取用水户取水、入河排污口的计量监控设施建设，建立以奖代补等激励机制，调动广大用户安装计量设施的积极性。抓紧建设流域水资源管理信息系统，逐步建成流域与地方水资源监控管理平台，全面提高水资源监管能力；加强水资源统计及信息发布工作。紧密结合流域经济社会发展需求，建立水资源统计指标体系，加强水资源公报等信息发布制度建设，及时向社会发布科学、准确和权威的水资源信息，增强信息透明度。

参考文献

[1] 汤奇成，程天文，李秀云．中国河川月径流的集中度和集中期的初步研究［J］．地理学报，1982，49（4）：383-393.

[2] 杨远东．河川径流年内分配的计算方法［J］．地理学报，1984（2）：218-227.

[3] 曾瑜，厉莎，胡煜彬．1961—2014 年鄱阳湖流域降雨侵蚀力时空变化特征［J］．生态与农村环境学报，2019，35（1）：106-114.

[4] 王式成，王慧玲，王向东．围绕流域“三条红线”管理 做好水资源论证工作［J］．治淮，2014，（12）：55-56，57.

[5] 孙鹏，孙玉燕，张强，等．淮河流域径流过程变化时空特征及成因［J］．湖泊科学，2018，30（2）：497-508.

[6] 贾晓云，江琴，黄一民．衡阳盆地降水时空特征分析［J］．衡阳师范学院学报，2017，38（6）：96-99.

[7] 李英杰，延军平，刘永林．秦岭南北气候干湿变化与降水非均匀性的关系［J］．干旱区研究，2016，33（3）：619-627.

[8] 栗忠魁，胡卓玮，魏铼，等．1951～2013 年华北地区极端降水事件的变化［J］．遥感技术与应用，2016，31（4）：773-783.

[9] 刘永林，延军平，岑敏仪．中国降水非均匀性综合评价［J］．地理学报，2015，70（3）：392-406.

[10] PENG J，YUAN XM，LI QL. A study of multi-objective dynamic water resources allocation modeling of Huai River3. 10.

[11] 尚晓三，王式成，王振龙，等．基于样本熵理论的自适应小波消噪分析方法［J］．水科学进展，2011，22（2）：7.

[12] 王振龙，陈玺，郝振纯，等．淮河干流径流量长期变化趋势及周期分析［J］．水文，2011，31（6）：7.

[13] 王振龙，刘猛，李瑞．安徽省沿淮淮北水资源情势及缺水对策研究［J］．水利水电技术，2012.

[14] 汪跃军，陈竹青．淮河干流洪泽湖以上区域水资源系统模型研究［C］．2013：173-179.

[15] 王振龙，章启兵，李瑞．采煤沉陷区雨洪利用与生态修复技术研究［J］．自然资源学报，2009，（7）：8.

[16] 王式成，周峰，李晓龙，等．淮河流域跨省界河流（区域）水资源水量监测规划［C］．//中国水文科技新发展——2012 中国水文学术讨论会论文集．中国水利学会；水利部；国际水文科学协会中国国家委员会，2012.

[17] 尚晓三，王振龙，王栋．基于贝叶斯理论的水文频率参数估计不确定性分析——以 P-Ⅲ型分布为例［J］．应用基础与工程科学学报，2011，19（4）：11.

[18] 王振龙，孙乐强，郝振纯，等．淮北平原降水时空变化规律研究［J］．水文，2010，30（006）：78-84，94.

[19] 周峰，吴向东．省界河流水量监测方案调研与分析［J］．治淮，2012（10）：57-59.

[20] 熊海晶，王式成，王振龙，等．淮河干流蚌埠闸上水资源形势与供水安全评价［C］．//第十六届海峡两岸水利科技交流研讨会论文集，2013：161-163.

[21] 李其梁，苑希民，杨敏，等．淮沂水系洪泽湖—骆马湖水资源联合优化调度研究［J］．南水北调与

水利科技，2013 (2)：S.
[22] 杨桂莲，章树安，张留柱，等．对全国省界断面水资源监测站网规划主要成果的认识与建议 [J]．水文，2013，33 (2)：29-34.
[23] 肖珍珍，赵瑾，王天友，等．淮河流域省界断面水资源监测站网建设项目综述 [J]．治淮，2019 (1)：4-5.
[24] 江守钰，王天友，赵瑾，等．完善淮河水文站网体系为流域水资源论证提供信息支撑 [J]．治淮，2014 (3)：33-34.
[25] 戴丽纳，赵瑾，汪跃军，等．流域水文基础设施项目建设实施经验探讨 [J]．治淮，2021 (9)：65-66.
[26] 蒋蓉，孙世雷，李夏．省界断面水资源监测站网建设实施与探讨 [J]．水文，2016，36 (05)：54-57 +28.
[27] 艾立忠．论水文基础工程项目的前期与建设管理 [J]．河北农机，2019 (6)：37.
[28] 王景深．自记水位井自动清淤装置：CN205444280 [P]．2016-04-09.
[29] 刘力源，崔亚军，张文胜．水文基本建设计划管理探讨 [J]．水文，2003 (1)：63-64.
[30] 张慧．基于内控视角的水文基础设施建设项目财务管理探析 [J]．东北水利水电，2020，38 (7)：59-61.
[31] 方元华．分析水文水资源建设项目管理存在的问题及对策 [J]．低碳世界，2020，10 (8)：160-161.
[32] 陈晶晶，王聪聪，张雪，等．省水文基本站达标建设工程项目建设的思考 [J]．江苏水利，2019 (S1)：73-75.
[33] 欣金彪，王启猛，张志刚，等．淮河流域水资源监控能力建设及思考 [J]．治淮，2020 (11)：7-9.
[34] 赵瑾，江守钰，钱名开．淮河流域省界断面水资源监测站网管理体制的几点思考 [J]．治淮，2015 (12)：34-36.
[35] 范辉，柳华武，马金一．海河流域省际河流省界断面水文监测的思考 [J]．水利信息化，2017 (2)：58-61.
[36] 魏新平，蒋蓉，刘晋，等．水文基础设施建设形势与任务浅析 [J]．水文，2015，35 (1)：77-80.
[37] 林祚顶．加快推进水文现代化 全面提升水文测报能力 [J]．水文，2021，41 (3)：10002-10005.
[38] 张群智，黄侃．水文水资源监测现状及应对措施的思考 [J]．节能与环保，2019 (2)：34-35.
[39] 苏铁．幸福河建设必须重视和加强水文基础支撑能力建设 [J]．中国水利，2020 (11)：35-37.
[40] 娄利华．我国水文现代化建设现状及对策探讨 [J]．地下水，2018，40 (3)：224-225.
[41] MORLET J，ARENS G，FOURGEAU E，et al. Wave propagation and sampling theory. Part I：Complex signal and scattering in multilayered media，Geophysics 47 (2 [J]．Geophysics，1982，(2)：203.
[42] 桑燕芳，王中根，刘昌明．小波分析方法在水文学研究中的应用现状及展望 [J]．地理科学进展，2013，32 (9)：1413-1422.
[43] KUMAR，FOUFOULA-GEORGIOU. Wavelet analysis in geophysics：an introduction [C]．//Wavelets in Geophysics. 1994：1.
[44] 李贤彬，丁晶，李后强．子波分析及其在水文水资源中的潜在应用 [J]．四川联合大学学报（工程科学版），1997，1 (4)：49-52.
[45] KUMAR P，FOUFOULA-GEORGIOU E. A multicomponent decomposition of spatial rainfall fields：1. segregution of Large-and Small - Scale features using Wavelet transforms [J]．Water Resources Research. 1993 ，29 (8) ：2515-2532.
[46] VENCKP V，FOUFOULA-GEORGIOU E. Energy decomposition of rainfall in the time-frequency-scale domain using wavelet pack-ets [J]．Journal of Hydrology ，1996 ，27 (3) ：3 - 271.
[47] 刘东，付强．基于小波变换的三江平原井灌区主汛期降水序列多时间尺度分析 [J]．水土保持研究，2008，15 (6)：42-45.

[48] 郭高轩，辛宝东，朱琳，等．基于小波变换的北京地区1724～2009年降水量多尺度分析［J］．水文，2012，32（3）：29-33.

[49] 孔兰，梁虹，黄法苏，等．基于喀斯特流域径流量多时间尺度小波分析［J］．人民长江，2008，39（5）：17-18.

[50] 蔺秋生，范北林，黄莉．宜昌水文站年径流量演变多时间尺度分析［J］．长江科学院院报，2009，26（4）：1-3.

[51] 张剑明，黎祖贤，章新平．长沙近50年来降水的多时间尺度分析［J］．水文，2007，27（6）：78-80.

[52] 张萍，秦天玲，冯婧，等．基于小波分析的宜昌水文站径流演变规律研究［J］．人民长江，2011，42（17）：24-27.

[53] 王文圣，丁晶，向红莲．小波分析在水文学中的应用研究及展望［J］．水科学进展，2002，13（4）：515-520.

[54] 王文圣，赵太想，丁晶．基于连续小波变换的水文序列变化特征研究［J］．四川大学学报（工程科学版），2004，36（4）：6-9.

[55] 郑昱，张闻胜．基于小波变换的水文序列的近似周期检测法［J］．水文，1999（006）：22-25.

[56] 王红瑞，叶乐天，刘昌明，等．水文序列小波周期分析中存在的问题及改进方式［J］．自然科学进展，2006，16（8）：1002-1008.

[57] 陈仁升，康尔泗，张济世．小波变换在河西地区水文和气候周期变化分析中的应用［J］．地球科学进展，2001（3）：339-345.

[58] 赵永龙，丁晶．相空间小波网络模型及其在水文中长期预测中的应用［J］．水科学进展，1998.

[59] 朱跃龙，李士进，范青松，等．基于小波神经网络的水文时间序列预测［J］．山东大学学报（工学版），2011，41（4）：119-124.

[60] 郭其一，路向阳，李维刚，等．基于小波分析和模糊神经网络的水文预测［J］．同济大学学报（自然科学版），2005，33（1）：130-133.

[61] 欧阳永保，丁红瑞．小波分析在水文预报中的应用［J］．海河水利，2006（6）：44-46.

[62] 王红瑞，刘晓红，唐奇，等．基于小波变换的支持向量机水文过程预测［J］．清华大学学报（自然科学版），2010（9）：1378-1382.

[63] 李辉，练继建，王秀杰．基于小波分解的日径流逐步回归预测模型［J］．水利学报，2008，39（12）：1334-1339.

[64] 王文圣，熊华康，丁晶．日流量预测的小波网络模型初探［J］．水科学进展，2004，15（3）：382-386.

[65] 桑燕芳，王栋．水文序列小波分析中小波函数选择方法［J］．水利学报，2008，39（3）：295-300.

[66] 章启兵，柏菊，胡勇．淮河蚌埠闸上取水水源论证研究［J］．安徽水利水电职业技术学院学报，2018，18（2）：14-16.

[67] 王振龙等．淮北平原水资源综合利用与规划实践［M］．合肥：中国科学技术大学出版社，2008.

[68] 王式成．淮河流域实行最严格水资源管理制度的思考［J］．治淮，2012（10）：31-32.

[69] 王振龙，陈玺，郝振纯，等．淮北平原水文气象要素长期变化趋势和突变特征分析［J］．灌溉排水学报，2010.

[70] 王振龙．安徽省水文水资源科学实验站网规划研究［J］．中国农村水利水电，2007（8）：13-14-17.

[71] 王振龙．平原灌区灌溉水资源优化模型研究［J］．灌溉排水学报，2005（12）：87-89.

[72] 王振龙．安徽淮北地区地下水资源开发利用潜力分析评价［J］．地下水，2008.

[73] 王振龙，高建峰．实用土壤墒情监测预报技术［M］．北京：中国水利水电出版社，2006.

[74] 王辉．采煤沉陷区湿地建设与水资源调蓄作用研究［J］．人民黄河，2013（7）.

[75] 陈小凤，王振龙，李瑞．安徽省淮北地区干旱评价指标体系研究［J］．中国农村水利水电，2013.

[76] 陈小凤．安徽省淮河流域旱灾成因分析及防治对策 [J]．安徽农业科学，2013，41 (8)．

[77] 陈小凤，胡军，王振龙，等．淮河流域近 60 年来干旱灾害特征分析 [J]．南水北调与水利科技，2013，11 (6)．

[78] 钱筱暄．滁州市水资源可持续利用对策 [J]．江淮水利科技，2013 (2)．

[79] 钱筱暄．基于负载指数的皖中皖北地区水资源开发潜力研究 [J]．中国农村水利水电，2013 (10)．

[80] 陈小凤，章启兵，王振龙．采煤沉陷区水资源综合利用研究与水生态修复方案 [J]．中国农村水利水电，2014 (2)：6-8.

[81] 刘猛，王振龙．安徽省沿淮淮北地区水资源情势及缺水对策建议 [C]．//中国水利学会；水利部．2013.

[82] 徐邦斌．关于淮河流域用水总量控制管理的几点思考 [J]．治淮，2012 (10)：23-25.

[83] 许一．定远县水资源优化配置问题与思考 [J]．江淮水利科技，2013 (1)：28-30.

[84] 刘猛，王怡宁，李瑞．沿淮淮北水资源情势及缺水对策研究 [J]．水利水电技术，2012.

[85] 杨志峰，崔保山，刘静玲，等．生态环境需水量理论、方法与实践 [M]．北京：科学出版社，2003.

[86] BRAKENRIDGE，R. MODIS-based flood detection，mapping and measurement. The potential for operational hydrological applications，Transboundary Floods. Reducing Risks Through Flood Management，2006，1：1-12.

[87] CARPENTER，T，GEORGAKAKOS，K，and SPERFSLAGEA，J. On the parametric and NEXRAD-radar sensitivities of a distributed hydrologic model suitable for operational use. Journal of Hydrology，2001，253：169-193.

[88] BEVEN，K，and BINLEY，A. Future of distributed models. Model calibration and uncertainty prediction. Hydrological processes，1992，6：279-298.

[89] BEVEN，K，and KIRKBY，M. A physically based，variable contributing area model of basin hydrology. Hydrological Sciences Bulletin，1979，24：43-69.

[90] BRAKENRIDGE，R. MODIS-based flood detection，mapping and measurement. The potential for operational hydrological applications，Transboundary Floods. Reducing Risks Through Flood Management，2006，1：1-12.

[91] GAN，T，and BURGES，S. Assessment of soil-based and calibrated parameters of the Sacramento model and parameter transferability，Journal of Hydrology，2006，320：117-131.

[92] GRAHAM，L，HAGEMANN，S，JAUN，S，et al. On interpreting hydrological change from regional climate models. Climatic Change，2007，81：97-122.

[93] GREEN W H，AMPT G A. Study on soil physics. flow of air and water through soils. Agri. Sci.，1991，(4)：1-24.

[94] 陈建耀，刘昌明，吴凯．利用大型蒸渗仪模拟土壤-植物-大气连续体水分蒸散 [J]．应用生态学报，1999，10 (1)：45-48.

[95] 陈广淳，潘强．安徽省淮北农田除涝现状、存在问题及对策 [J]．治淮，2011 (8)：2.

[96] 程先军．有作物生长影响和无作物时潜水蒸发关系的研究 [J]．水利学报，1993 (6)：37-42.

[97] 范荣生，李长兴，李占彬，等．考虑降雨空间变化的流域产流模型 [J]．水利学报，1994 (3)：33-39.

[98] 冯广龙．根-土界面调控方法与模型研究 [R]．北京：中国科学院地理研究所，1997：17-23.

[99] 贾金生．华北平原地下水动态及其对不同开采量响应的计算——以河北省栾城县为例 [J]．地理学报，2002，57 (2)．

[100] 贾仰文，王浩．分布式流域水文模型原理与实践 [M]．北京：中国水利水电出版社，2005：283.

[101] 金光炎．水资源可持续开发利用及其环境制约问题 [J]．安徽地质，1997 (4)：16-18.

[102] 肖幼．奋力谱写新时代治淮事业发展新篇章 [J]．中国水利，2018.

[103] 国家发展改革委．水利部批复淮河水量分配方案［J］．水电站机电技术，2017，40（07）：70.
[104] 张翔，李良，吴绍飞．淮河水量水质联合调度风险分析［J］．中国科技论文，2014，9（11）：1237-1242.
[105] 刘玉年，施勇，程绪水，等．淮河中游水量水质联合调度模型研究［J］．水科学进展，2009，20（2）：177-183.
[106] 张永勇，夏军，王纲胜，等．淮河流域闸坝联合调度对河流水质影响分析［J］．武汉大学学报（工学版），2007（4）：31-35.
[107] 吴漩，王敬磊，刘开磊，等．浅谈涡河流域水资源系统及配置网络概化［J］．治淮，2020（11）：14-16.
[108] 刘开磊，冯志刚．淮河流域跨省河流水量分配指标可达性分析［J］．治淮，2020（11）：17-20.
[109] 王敬磊，欣未，刘开磊，等．水量调度计划来水年型修正技术方法探讨及实例分析［J］．治淮，2020，（11）：24-26.
[110] 刘开磊，王敬磊，汪跃军，等．跨省江河流域水量调度关键技术研究［J］．治淮，2020（10）：10-12.
[111] 戴欢，沈丹，王敬磊，等．沂沭河水量监控体系及管理现状探讨［J］．治淮，2019（1）：6-7.
[112] 王成文．基于 WebGIS 的城市水资源实时监测管理平台的研究与实现［J］．测绘与空间地理信息，2021，44（8）：142-145.
[113] 姚广华．国家水资源监控能力建设河南省项目建设经验与建议［J］．河南水利与南水北调，2021，50（6）：70-71.
[114] 杜亚平．中小流域水文站监测设施设计与建设分析［J］．陕西水利，2021（6）：39-40＋43.
[115] 张翔宇，宋瑞明，李舒，等．水资源管理系统开发及关键技术研究［J］．水力发电，2021，47（7）：39-42.
[116] 钱龙娇．淮河流域山东省重点监控用水单位监督管理工作研究［J］．陕西水利，2021（5）：234-236.
[117] 田进宽，吴青松，左其亭，等．沙颍河流域水生态监控框架体系及建设内容［J］．水电能源科学，2021，39（4）：56-59.
[118] 任庆海，王荧，陆云扬．国家水资源省级项目运维系统现状及发展探析［J］．水利信息化，2021（1）：85-88.
[119] 雍熙，魏旭强，赖明东．国家水资源监控工程的大数据平台建设［J］．工程研究-跨学科视野中的工程，2021，13（1）：3-9.
[120] 周川辰，任庆海，胡勇飞，等．国控水资源项目监控系统建设典型问题分析［J］．水利信息化，2020（6）：57-59.
[121] 欣金彪．淮河流域水资源监控能力建设进展［J］．治淮，2014（12）：66-68.
[122] 吴凌颖，郭旭宁，赵红莉，等．地理信息系统在水资源监控与管理实践中的应用［J］．水利信息化，2014（4）：1-4＋16.